中国石油科技进展丛书（2006—2015年）

海外碳酸盐岩油气田开发理论与技术

主　编：范子菲

副主编：郭　睿　郭春秋　宋　珩

石油工业出版社

内 容 提 要

本书系统论述了中国石油 2005—2016 年，尤其是"十二五"期间在海外碳酸盐岩油气藏开发理论和技术方面取得的重要进展和生产应用实效，其中主要包括油气藏储层表征技术、碳酸盐岩油气藏开发机理、大型生物碎屑灰岩油藏整体优化部署技术、带凝析气顶碳酸盐岩油藏油气协同开发技术、复杂碳酸盐岩气田群开发技术、碳酸盐岩油气藏钻采和地面工程关键技术，分析了海外碳酸盐岩油气藏开发面临的挑战，展望了海外碳酸盐岩油气藏开发的技术发展方向。

本书可供从事油气田开发的工程技术人员及石油高等院校相关专业的师生参考使用。

图书在版编目（CIP）数据

海外碳酸盐岩油气田开发理论与技术 / 范子菲主编 .
—北京：石油工业出版社，2019.5
（中国石油科技进展丛书 .2006—2015 年）
ISBN 978-7-5183-3394-3

Ⅰ . ① 海… Ⅱ . ① 范 Ⅲ . ① 碳酸盐岩油气藏 – 油田开发 – 研究 Ⅳ . ① TE344

中国版本图书馆 CIP 数据核字（2019）第 087676 号

审图号：GS（2019）3692 号

出版发行：石油工业出版社
　　　　　（北京安定门外安华里 2 区 1 号　100011）
　　　　　网　址：www.petropub.com
　　　　　编辑部：（010）64523543　图书营销中心：（010）64523633
经　　销：全国新华书店
印　　刷：北京中石油彩色印刷有限责任公司

2019 年 5 月第 1 版　2019 年 5 月第 1 次印刷
787×1092 毫米　开本：1/16　印张：25.25
字数：630 千字

定价：200.00 元

《海外碳酸盐岩油气田开发理论与技术》
编　写　组

主　　编：范子菲

副 主 编：郭　睿　郭春秋　宋　珩

编写人员：（按姓氏笔画排序）

王　玺　王良善　史海东　朱光亚　杜　磊　李孔绸

李建新　吴学林　何　伶　陈烨菲　赵　伦　赵丽敏

胡丹丹　郭同翠　崔明月　韩海英　程木伟

序

习近平总书记指出，创新是引领发展的第一动力，是建设现代化经济体系的战略支撑，要瞄准世界科技前沿，拓展实施国家重大科技项目，突出关键共性技术、前沿引领技术、现代工程技术、颠覆性技术创新，建立以企业为主体、市场为导向、产学研深度融合的技术创新体系，加快建设创新型国家。

中国石油认真学习贯彻习近平总书记关于科技创新的一系列重要论述，把创新作为高质量发展的第一驱动力，围绕建设世界一流综合性国际能源公司的战略目标，坚持国家"自主创新、重点跨越、支撑发展、引领未来"的科技工作指导方针，贯彻公司"业务主导、自主创新、强化激励、开放共享"的科技发展理念，全力实施"优势领域持续保持领先、赶超领域跨越式提升、储备领域占领技术制高点"的科技创新三大工程。

"十一五"以来，尤其是"十二五"期间，中国石油坚持"主营业务战略驱动、发展目标导向、顶层设计"的科技工作思路，以国家科技重大专项为龙头、公司重大科技专项为抓手，取得一大批标志性成果，一批新技术实现规模化应用，一批超前储备技术获重要进展，创新能力大幅提升。为了全面系统总结这一时期中国石油在国家和公司层面形成的重大科研创新成果，强化成果的传承、宣传和推广，我们组织编写了《中国石油科技进展丛书（2006—2015年）》（以下简称《丛书》）。

《丛书》是中国石油重大科技成果的集中展示。近些年来，世界能源市场特别是油气市场供需格局发生了深刻变革，企业间围绕资源、市场、技术的竞争日趋激烈。油气资源勘探开发领域不断向低渗透、深层、海洋、非常规扩展，炼油加工资源劣质化、多元化趋势明显，化工新材料、新产品需求持续增长。国际社会更加关注气候变化，各国对生态环境保护、节能减排等方面的监管日益严格，对能源生产和消费的绿色清洁要求不断提高。面对新形势新挑战，能源企业必须将科技创新作为发展战略支点，持续提升自主创新能力，加快构筑竞争新优势。"十一五"以来，中国石油突破了一批制约主营业务发展的关键技术，多项重要技术与产品填补空白，多项重大装备与软件满足国内外生产急需。截至 2015 年底，共获得国家科技奖励 30 项、获得授权专利 17813 项。《丛书》全面系统地梳理了中国石油"十一五""十二五"期间各专业领域基础研究、技术开发、技术应用中取得的主要创新性成果，总结了中国石油科技创新的成功经验。

《丛书》是中国石油科技发展辉煌历史的高度凝练。中国石油的发展史，就是一部创业创新的历史。建国初期，我国石油工业基础十分薄弱，20 世纪 50 年代以来，随着陆相生油理论和勘探技术的突破，成功发现和开发建设了大庆油田，使我国一举甩掉贫油的帽子；此后随着海相碳酸盐岩、岩性地层理论的创新发展和开发技术的进步，又陆续发现和建成了一批大中型油气田。在炼油化工方面，"五朵金花"炼化技术的开发成功打破了国外技术封锁，相继建成了一个又一个炼化企业，实现了炼化业务的不断发展壮大。重组改制后特别是"十二五"以来，我们将"创新"纳入公司总体发展战略，着力强化创新引领，这是中国石油在深入贯彻落实中央精神、系统总结"十二五"发展经验基础上、根据形势变化和公司发展需要作出的重要战略决策，意义重大而深远。《丛书》从石油地质、物探、测井、钻完井、采油、油气藏工程、提高采收率、地面工程、井下作业、油气储运、石油炼制、石油化工、安全环保、海外油气勘探开发和非常规油气勘探开发等 15 个方面，记述了中国石油艰难曲折的理论创新、科技进步、推广应用的历史。它的出版真实反映了一个时期中国石油科技工作者百折不挠、顽强拼搏、敢于创新的科学精神，弘扬了中国石油科技人员秉承"我为祖国献石油"的核心价值观和"三老四严"的工作作风。

《丛书》是广大科技工作者的交流平台。创新驱动的实质是人才驱动，人才是创新的第一资源。中国石油拥有 21 名院士、3 万多名科研人员和 1.6 万名信息技术人员，星光璀璨、人文荟萃、成果斐然。这是我们宝贵的人才资源。我们始终致力于抓好人才培养、引进、使用三个关键环节，打造一支数量充足、结构合理、素质优良的创新型人才队伍。《丛书》的出版搭建了一个展示交流的有形化平台，丰富了中国石油科技知识共享体系，对于科技管理人员系统掌握科技发展情况，做出科学规划和决策具有重要参考价值。同时，便于科研工作者全面把握本领域技术进展现状，准确了解学科前沿技术，明确学科发展方向，更好地指导生产与科研工作，对于提高中国石油科技创新的整体水平，加强科技成果宣传和推广，也具有十分重要的意义。

掩卷沉思，深感创新艰难、良作难得。《丛书》的编写出版是一项规模宏大的科技创新历史编纂工程，参与编写的单位有 60 多家，参加编写的科技人员有 1000 多人，参加审稿的专家学者有 200 多人次。自编写工作启动以来，中国石油党组对这项浩大的出版工程始终非常重视和关注。我高兴地看到，两年来，在各编写单位的精心组织下，在广大科研人员的辛勤付出下，《丛书》得以高质量出版。在此，我真诚地感谢所有参与《丛书》组织、研究、编写、出版工作的广大科技工作者和参编人员，真切地希望这套《丛书》能成为广大科技管理人员和科研工作者的案头必备图书，为中国石油整体科技创新水平的提升发挥应有的作用。我们要以习近平新时代中国特色社会主义思想为指引，认真贯彻落实党中央、国务院的决策部署，坚定信心、改革攻坚，以奋发有为的精神状态、卓有成效的创新成果，不断开创中国石油稳健发展新局面，高质量建设世界一流综合性国际能源公司，为国家推动能源革命和全面建成小康社会作出新贡献。

2018 年 12 月

丛书前言

石油工业的发展史，就是一部科技创新史。"十一五"以来尤其是"十二五"期间，中国石油进一步加大理论创新和各类新技术、新材料的研发与应用，科技贡献率进一步提高，引领和推动了可持续跨越发展。

十余年来，中国石油以国家科技发展规划为统领，坚持国家"自主创新、重点跨越、支撑发展、引领未来"的科技工作指导方针，贯彻公司"主营业务战略驱动、发展目标导向、顶层设计"的科技工作思路，实施"优势领域持续保持领先、赶超领域跨越式提升、储备领域占领技术制高点"科技创新三大工程；以国家重大专项为龙头，以公司重大科技专项为核心，以重大现场试验为抓手，按照"超前储备、技术攻关、试验配套与推广"三个层次，紧紧围绕建设世界一流综合性国际能源公司目标，组织开展了50个重大科技项目，取得一批重大成果和重要突破。

形成40项标志性成果。（1）勘探开发领域：创新发展了深层古老碳酸盐岩、冲断带深层天然气、高原咸化湖盆等地质理论与勘探配套技术，特高含水油田提高采收率技术，低渗透/特低渗透油气田勘探开发理论与配套技术，稠油/超稠油蒸汽驱开采等核心技术，全球资源评价、被动裂谷盆地石油地质理论及勘探、大型碳酸盐岩油气田开发等核心技术。（2）炼油化工领域：创新发展了清洁汽柴油生产、劣质重油加工和环烷基稠油深加工、炼化主体系列催化剂、高附加值聚烯烃和橡胶新产品等技术，千万吨级炼厂、百万吨级乙烯、大氮肥等成套技术。（3）油气储运领域：研发了高钢级大口径天然气管道建设和管网集中调控运行技术、大功率电驱和燃驱压缩机组等16大类国产化管道装备，大型天然气液化工艺和20万立方米低温储罐建设技术。（4）工程技术与装备领域：研发了G3i大型地震仪等核心装备，"两宽一高"地震勘探技术，快速与成像测井装备、大型复杂储层测井处理解释一体化软件等，8000米超深井钻机及9000米四单根立柱钻机等重大装备。（5）安全环保与节能节水领域：

研发了 CO_2 驱油与埋存、钻井液不落地、炼化能量系统优化、烟气脱硫脱硝、挥发性有机物综合管控等核心技术。（6）非常规油气与新能源领域：创新发展了致密油气成藏地质理论，致密气田规模效益开发模式，中低煤阶煤层气勘探理论和开采技术，页岩气勘探开发关键工艺与工具等。

取得 15 项重要进展。（1）上游领域：连续型油气聚集理论和含油气盆地全过程模拟技术创新发展，非常规资源评价与有效动用配套技术初步成型，纳米智能驱油二氧化硅载体制备方法研发形成，稠油火驱技术攻关和试验获得重大突破，井下油水分离同井注采技术系统可靠性、稳定性进一步提高；（2）下游领域：自主研发的新一代炼化催化材料及绿色制备技术、苯甲醇烷基化和甲醇制烯烃芳烃等碳一化工新技术等。

这些创新成果，有力支撑了中国石油的生产经营和各项业务快速发展。为了全面系统反映中国石油 2006—2015 年科技发展和创新成果，总结成功经验，提高整体水平，加强科技成果宣传推广、传承和传播，中国石油决定组织编写《中国石油科技进展丛书（2006—2015 年）》（以下简称《丛书》）。

《丛书》编写工作在编委会统一组织下实施。中国石油集团董事长王宜林担任编委会主任。参与编写的单位有 60 多家，参加编写的科技人员 1000 多人，参加审稿的专家学者 200 多人次。《丛书》各分册编写由相关行政单位牵头，集合学术带头人、知名专家和有学术影响的技术人员组成编写团队。《丛书》编写始终坚持：一是突出站位高度，从石油工业战略发展出发，体现中国石油的最新成果；二是突出组织领导，各单位高度重视，每个分册成立编写组，确保组织架构落实有效；三是突出编写水平，集中一大批高水平专家，基本代表各个专业领域的最高水平；四是突出《丛书》质量，各分册完成初稿后，由编写单位和科技管理部共同推荐审稿专家对稿件审查把关，确保书稿质量。

《丛书》全面系统反映中国石油 2006—2015 年取得的标志性重大科技创新成果，重点突出"十二五"，兼顾"十一五"，以科技计划为基础，以重大研究项目和攻关项目为重点内容。丛书各分册既有重点成果，又形成相对完整的知识体系，具有以下显著特点：一是继承性。《丛书》是《中国石油"十五"科技进展丛书》的延续和发展，凸显中国石油一以贯之的科技发展脉络。二是完整性。《丛书》涵盖中国石油所有科技领域进展，全面反映科技创新成果。三是标志性。《丛书》在综合记述各领域科技发展成果基础上，突出中国石油领先、高端、前沿的标志性重大科技成果，是核心竞争力的集中展示。四是创新性。《丛书》全面梳理中国石油自主创新科技成果，总结成功经验，有助于提高科技创新整体水平。五是前瞻性。《丛书》设置专门章节对世界石油科技中长期发展做出基本预测，有助于石油工业管理者和科技工作者全面了解产业前沿、把握发展机遇。

《丛书》将中国石油技术体系按 15 个领域进行成果梳理、凝练提升、系统总结，以领域进展和重点专著两个层次的组合模式组织出版，形成专有技术集成和知识共享体系。其中，领域进展图书，综述各领域的科技进展与展望，对技术领域进行全覆盖，包括石油地质、物探、测井、钻完井、采油、油气藏工程、提高采收率、地面工程、井下作业、油气储运、石油炼制、石油化工、安全环保节能、海外油气勘探开发和非常规油气勘探开发等 15 个领域。31 部重点专著图书反映了各领域的重大标志性成果，突出专业深度和学术水平。

《丛书》的组织编写和出版工作任务量浩大，自 2016 年启动以来，得到了中国石油天然气集团公司党组的高度重视。王宜林董事长对《丛书》出版做了重要批示。在两年多的时间里，编委会组织各分册编写人员，在科研和生产任务十分紧张的情况下，高质量高标准完成了《丛书》的编写工作。在集团公司科技管理部的统一安排下，各分册编写组在完成分册稿件的编写后，进行了多轮次的内部和外部专家审稿，最终达到出版要求。石油工业出版社组织一流的编辑出版力量，将《丛书》打造成精品图书。值此《丛书》出版之际，对所有参与这项工作的院士、专家、科研人员、科技管理人员及出版工作者的辛勤工作表示衷心感谢。

人类总是在不断地创新、总结和进步。这套丛书是对中国石油 2006—2015 年主要科技创新活动的集中总结和凝练。也由于时间、人力和能力等方面原因，还有许多进展和成果不可能充分全面地吸收到《丛书》中来。我们期盼有更多的科技创新成果不断地出版发行，期望《丛书》对石油行业的同行们起到借鉴学习作用，希望广大科技工作者多提宝贵意见，使中国石油今后的科技创新工作得到更好的总结提升。

2018 年 12 月

前　言

　　碳酸盐岩油气藏剩余可采储量占全球油气剩余可采储量的一半以上，是全球未来新增动用储量和油气开发的重点领域，引起越来越多的关注，随着中国石油天然气集团有限公司（以下简称中国石油）跨国油气经营合作的发展，碳酸盐岩油气藏是今后中国石油海外增储上产的重要领域。经过"十二五"期间的科技攻关与实践，海外碳酸盐岩油气藏开发理论与技术取得了重要进展和显著的生产实效，丰富了碳酸盐岩油气藏开发理论，形成了不同类型碳酸盐岩油气藏开发配套技术。这些研究成果支撑了中国石油海外碳酸盐岩新油气田规模建产和快速上产，老油气田开发效果也得到明显改善。

　　本书内容主要源自公司重大科技专项"中国石油海外油气上产2亿吨开发关键技术研究"项目中的碳酸盐岩油气藏部分研究成果及公开发表的文献，系统论述了中国石油"十二五"期间在海外碳酸盐岩油气藏开发理论和技术方面取得的重要进展和生产应用实效，包括不同类型碳酸盐岩储层表征技术、碳酸盐岩油气藏开发机理、大型生物碎屑灰岩油藏整体优化部署技术、带凝析气顶碳酸盐岩油藏油气协同开发技术、复杂碳酸盐岩气田群高效开发技术、碳酸盐岩油气藏钻采及地面工程关键技术。最后，分析了海外碳酸盐岩油气藏开发面临的挑战，展望了海外碳酸盐岩油气藏开发的技术发展方向。

　　本书各章具体编写人员如下：第一章由赵丽敏、李建新、程木伟、陈烨菲负责编写；第二章由宋珩、王良善、郭春秋负责编写；第三章由郭睿、赵丽敏、何伶、郭同翠、李孔绸、李建新等负责编写；第四章由范子菲、郭春秋、宋珩、朱光亚、韩海英等负责编写；第五章由郭睿、王良善、胡丹丹等负责编写；第六章由范子菲、宋珩、赵伦、吴学林、李建新等负责编写；第七章由郭春秋、史海东等负责编写；第八章由王玺、崔明月、杜磊等负责编写；第九章由范子菲、郭春秋、王良善、宋珩、王玺、崔明月、陈烨菲等负责编写。

在编写过程中，中国石油勘探开发研究院多位有关专家参与了资料整理和编写工作，在此表示真挚的谢意！限于水平，书中难免出现不当之处，敬请读者批评指正！

目 录

第一章　海外碳酸盐岩油气藏地质特征

中国石油海外油气勘探开发业务中涉及碳酸盐岩油气藏主要有以下三类：以伊拉克地区为代表的大型生物碎屑灰岩孔隙型油藏，以哈萨克斯坦地区为代表的带凝析气顶裂缝孔隙型层状碳酸盐岩油气藏，以土库曼斯坦为代表的裂缝孔隙型边底水碳酸盐岩气藏。与国内缝洞型碳酸盐岩油气藏相比这三类典型碳酸盐岩油气藏有显著差异，本章主要介绍其典型的地质特征。

第一节　大型生物碎屑灰岩油藏地质特征

中国石油海外大型生物碎屑灰岩油藏主要为伊拉克的四大油田，包括鲁迈拉油田、哈法亚油田、艾哈代布油田和西古尔纳油田。

一、地层和构造特征

伊拉克的油田主要分布在扎格罗斯和阿拉伯两个盆地中。阿拉伯盆地被划分为几个独立的次盆地，包括扎格罗斯（Zagros）—美索不达米亚（Mesopotamia）次盆地、维典（Widyan）次盆地、辛贾尔（Sinjar）次盆地和鲁特拜（Rutbah）隆起[1]。鲁迈拉、哈法亚、艾哈代布、西古尔纳四大油田位于美索不达米次盆地（图1-1）。储层主要在白垩系和古近—新近系中，侏罗系、三叠系和古生界的油气潜力还有待于进一步勘探。

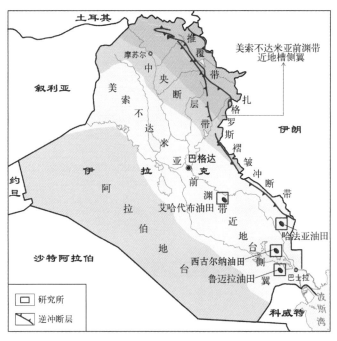

图 1-1　伊拉克四大油田所处构造及地理位置图

1. 地层特征

伊拉克地层发育齐全，厚度巨大，从始寒武系到第四系均有分布，现今残余最大厚度超过 14000m。其中古生界（包括始寒武系）以陆相和海陆交互相沉积为主，中—新生界主要为陆棚盆地沉积[2]。

根据 Sharland 等的划分方案，可以将伊拉克地层划分为 11 个巨层序（AP1～AP11），如图 1-2 所示。其中古生界包括 5 个巨层序（AP1～AP5），中—新生界包括 6 个巨层序（AP6～AP11）。

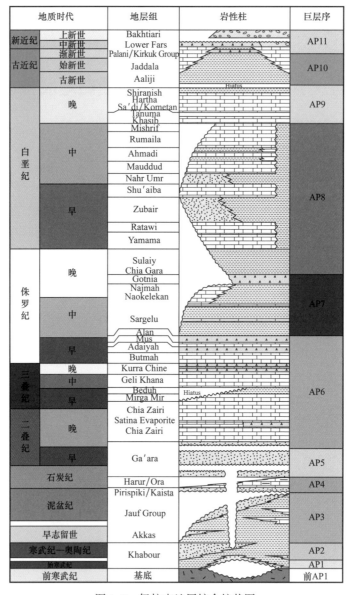

图 1-2　伊拉克地层综合柱状图

1）地层层序划分

（1）巨层序 AP1：包括始寒武系与下寒武统，为覆盖在基底之上的第一套沉积盖层。

在伊拉克西部，该巨层序可能发育火山岩和凝灰岩及河流相硅质碎屑岩，在局部地区的盆地中可能发育类萨布哈型碳酸盐岩与蒸发岩[3]。

（2）巨层序 AP2：包括中寒武统至奥陶系，为一套河流—滨浅海相硅质碎屑岩夹陆棚相碳酸盐岩。根据重力、磁力资料及地震资料分析，伊拉克西部地区的寒武系—奥陶系沉积厚度约为 4000m，而在中部和东部地区沉积厚度较薄，在局部地区甚至缺失。

（3）巨层序 AP3：包括志留系至中泥盆统（弗拉阶），为一套海相沉积层序。

（4）巨层序 AP4：包括上泥盆统（上法门阶）至上石炭统（威斯特伐利亚阶），由一套海陆交互相碎屑岩和海相砂岩、碳酸盐岩组成。在伊拉克北部，该巨层序只发育上泥盆统—杜内阶地层，下部以陆相沉积为主，岩性主要为石英砂岩、泥灰质砂岩、粉砂岩、页岩和砾岩；向上变为潮下—潮间带沉积环境，岩性以白云质灰岩和黑色页岩为主。

（5）巨层序 AP5：包括上石炭统（威斯特伐利亚阶）至下二叠统（空谷阶），主要由河流三角洲和泛滥平原沉积的硅质碎屑岩组成。

（6）巨层序 AP6：包括中二叠统至中侏罗统，又可以进一步划分为 9 个超层序：分别为中二叠统上部—三叠系底部（印度阶）超层序、下三叠统（奥伦尼克阶）超层序、中三叠统（安尼阶）超层序、中三叠统（拉丁阶）超层序、上三叠统（中—下卡尼阶）超层序、上三叠统（上卡尼阶—下诺利阶）超层序、三叠系顶部—下侏罗统（上诺利阶—辛涅缪尔阶）超层序、下侏罗统（普林斯巴阶—下土阿辛阶）超层序、中侏罗统（中土阿辛阶—下阿林阶）超层序。

（7）巨层序 AP7：包括中—上侏罗统，在中、西部地区由台地相和台地边缘相的碎屑岩和碳酸盐岩沉积组成，东部地区主要为盆地相的黑色钙质泥岩及鲕粒灰岩和微晶灰岩，是伊拉克主要的烃类系统。

（8）巨层序 AP8：包括侏罗系顶部（上提塘阶）至下土伦阶，主要是上超边缘向东部盆地的简单过渡地层单元。西部以碎屑岩和碳酸盐岩沉积为主，向东部过渡为盆地相泥灰岩和泥岩。在伊拉克西部地区，代表性地层由祖拜尔组和 Ratawi 组三角洲至海相陆棚相砂岩、页岩和泥灰岩组成。东部地区代表性地层为 Garau 组泥灰岩。

（9）巨层序 AP9：包括上土伦阶—马斯特里赫特阶，主要为一套硅质碎屑岩和碳酸盐岩混合的陆棚中部至次盆沉积体系，岩性主要为泥灰岩和泥质灰岩及钙质泥岩，上部夹浅水沉积夹层。在东北部的逆冲前缘，相变为粗碎屑岩沉积。

（10）巨层序 AP10：包括古新统—始新统，在东北部，该巨层序厚度较大，最厚达 1700m，该巨层序上部在盆地中心为石灰岩和泥灰岩沉积，盆地周边为台地相碳酸盐岩沉积。在美索不达米亚盆地的扎格罗斯边缘沉积了厚层的硅质碎屑岩，厚达 1000m。

（11）巨层序 AP11：包括渐新统至第四系。渐新统主要由礁相灰岩和盆地相泥灰岩组成，部分地区含有砂质碎屑岩。中新统下部为局限沉积环境下形成的蒸发岩和砾岩沉积。中新统中部以蒸发岩和细粒硅质碎屑岩沉积为主。中新统上部至第四系以河流相—湖相和局部海相沉积为主，沉积了厚层的砂砾岩。

2）地层层序分布

伊拉克鲁迈拉、哈法亚、艾哈代布和西古尔纳四大主力油层主要分布在白垩系，对应的巨层序为 AP8 和 AP9，伊拉克白垩系不同区域其发育的地层及厚度均有所差别（图 1–3）。

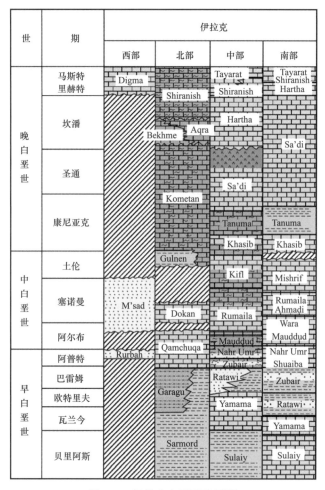

图 1-3 伊拉克白垩系地层图

白垩系包括上白垩统、中白垩统、下白垩统。上白垩统有 Shiranish 组、Hartha 组、Sa'di 组、Tanuma 组和 Khasib 组。中白垩统有 Mishrif 组、Rumaila 组、Ahmadi 组、Mauddud 组和 Nahr Umr 组[4]。下白垩统有 Shuaiba 组、Zubair 组、Ratawi 组和 Yamama 组。其中 Mishrif 组是伊拉克东南部重要的碳酸盐岩储集单元，该组原油储量占中国石油四大油田白垩系储量的 40% 和伊拉克总石油储量的 30%。Mishrif 组上覆地层为 Khasib 组，下伏地层为 Rumaila 组，在哈法亚油田其厚度最大，局部地区厚达 400m 以上，艾哈代布油田次之，厚度在 250m 左右，鲁迈拉油田和西古尔纳油田厚度最薄，但也在 100～200m（图 1-4）。

2. 构造特征

1）中东油气区构造位置

中东地区油气资源极其丰富，已探明的原油主要分布于美索不达米亚前渊次盆地、大贾瓦尔隆起、扎格罗斯褶皱带和鲁布哈利次盆地。探明的天然气主要分布于卡塔尔隆起、扎格罗斯褶皱带、美索不达米亚前渊次盆地、大贾瓦尔隆起和鲁布哈利次盆地（图 1-5）。其中维典—美索不达米亚前渊次盆地位于阿拉伯板块的陆地部分，北以扎格罗斯褶皱带为界，东邻中阿拉伯地质省，西以西阿拉伯地质省为界，南界为阿拉伯地盾的露头。在构造上，维典—美索不达米亚前渊次盆地分属于两个构造单元：稳定陆架内地台和稳定陆架内单斜，前者由于受中新世阿拉伯板块和欧亚板块之间碰撞的影响而部分变形，后者则没有受到中新世造山运动的影响。

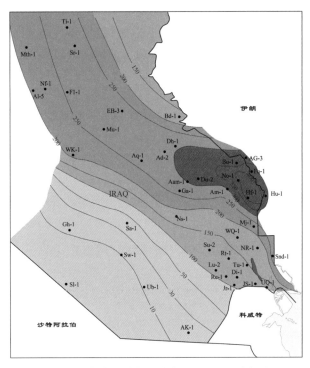

图 1-4　伊拉克南部和中部 Mishrif 组厚度图

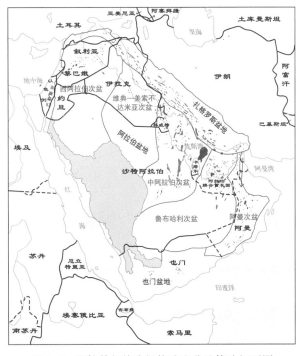

图 1-5　阿拉伯板块次级构造和盆地构造纲要图

2）重点油田构造特征

伊拉克艾哈代布、哈法亚、鲁迈拉、西古尔纳油田和伊朗阿扎德甘油田均位于美索不达米亚前渊次盆地，该次盆地是在古近—新近系陆陆碰撞、扎格罗斯造山带形成的过程中逐渐形成的。扎格罗斯推覆体由东北向西南的推覆过程中，随着传递应力的减弱，褶皱变形逐渐减弱，到美索不达米亚前渊次盆地发育宽缓背斜带和潜伏背斜构造带，构造面积一般数百平方千米，最大约900km²，一般约300km²。油田构造简单，基本为长轴背斜，断层不发育。

（1）艾哈代布油田构造特征。

艾哈代布油田位于伊拉克首都巴格达东南约180km的瓦斯特省首府库特城西部，合同区面积298km²。为一个北西西—南东东走向的长轴背斜，长约29km，宽约8km，主要目的层段Khasib—Mauddud断裂不发育。沿长轴背斜方向存在3个构造高点，自东向西依次为AD-1井、AD-2井和AD-4井区高点，背斜最高点在AD-1井区。背斜两翼不对称，南翼倾角为0.7°～0.9°，北翼倾角约为2°，北翼陡于南翼。主力层Kh2构造圈闭面积约165km²，构造高点海拔为-2578m，闭合幅度约62m（表1-1，图1-6）。

表1-1 艾哈代布油田圈闭要素表

序号	层位	高点海拔，m	闭合等值线，m	闭合幅度，m	圈闭面积，km²
1	Kh2	-2578	-2640	62	165
2	Mi1	-2682	-2730	48	141
3	Mi4	-2744	-2795	51	128
4	Ru1	-2781	-2825	44	105
5	Ru2a	-2878	-2930	52	137
6	Ru2b	-2919	-2970	51	143
7	Ru3	-2953	-3005	52	153
8	Ma1	-3053	-3100	47	102

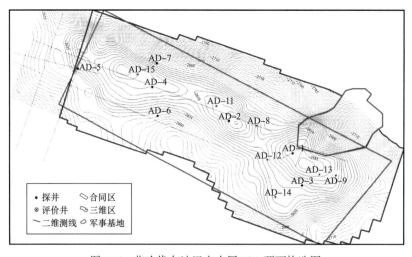

图1-6 艾哈代布油田主力层Kh2顶面构造图

（2）哈法亚油田构造特征。

哈法亚油田位于伊拉克 Missan 省南部、首都巴格达东南约 400km 处，合同区面积 288km²。构造上处于美索不达米亚前渊平缓穹隆带，为北西—南东走向的长轴背斜，长约 35km（合同区内约 30km）、宽约 8.5km。背斜构造形态比较完整，主体部位两翼地层倾角为 2°～3°，高点位于 HF-1 井附近。哈法亚背斜形成于新近纪，自下而上背斜高点基本一致，具有继承性，油田范围内新近系及白垩系断裂不发育。新近系目的层 Jeribe 和 Upper Kirkuk 闭合幅度 75m、区内圈闭面积约 75km²；白垩系目的层 Hartha—Yamama 闭合幅度 135～210m，区内圈闭面积 149～162km²（表 1-2，图 1-7）。

表 1-2　哈法亚油田圈闭要素表

序号	目的层		高点海拔，m	闭合等值线，m	闭合幅度，m	合同区圈闭面积，km²
1	Jeribe		−1875	−1950	75	74
2	Kirkuk	Upper	−1885	−1960	75	75
		Middle	−2050	−2130	80	90
3	Hartha		−2545	−2680	135	169（152）
4	Sadi	A	−2590	−2725	135	162（150）
		B	−2640	−2780	140	161（151）
5	Tanuma		−2715	−2860	145	157（149）
6	Khasib-B		−2790	−2935	145	156（151）
7	Mishrif	MA1	−2805	−2960	155	165（156）
		MA2	−2820	−2980	160	163（155）
		MB1-2A	−2850	−3010	160	168（159）
		MB2	−2950	−3110	160	166（159）
		MC1	−3000	−3160	160	170（162）
		MC2	−3080	−3240	160	168（157）
		MC3	−3170	−3335	165	163（154）
8	Rumaila		−3200	−3370	170	165（157）
9	Nahr Umr B		−3630	−3800	170	167（156）
10	Yamama		−4200	−4410	210	177（155）

（3）鲁迈拉油田构造特征。

鲁迈拉油田位于伊拉克东南部 Basrah 市西 65km，合同区面积 1464km²，为北北西—南南东至北南向的长轴背斜构造，长约 80km，宽约 10～18km。构造形态清楚，断层不发育，两翼地层倾角为 2.1°～3.5°。南北构造之间以低鞍连接，进一步划分为南鲁迈拉和北鲁迈拉两个构造高点，分别命名为南鲁迈拉和北鲁迈拉油田。南鲁迈拉构造长约 40km，宽 8～12km；北鲁迈拉构造近南北向，长约 40km，宽 10～14km。主力油藏 Mishrif 顶深海拔为 2140～2470m，构造幅度约 220m，构造面积约 830km²（图 1-8）。

（4）西古尔纳油田构造特征。

西古尔纳油田位于伊拉克东南部巴士拉西北约 50km，合同区面积 443km²。为近南北向的长轴背斜构造，是鲁迈拉背斜构造向北延伸的一部分，构造长约 26km、宽约 17km。自下而上构造具有继承性，断层不发育，两翼地层倾角为 2.1°～3.2°，构造闭合幅度 205～235m，主力层 Mishrif 组顶面构造面积约 398km² （图 1-9）。

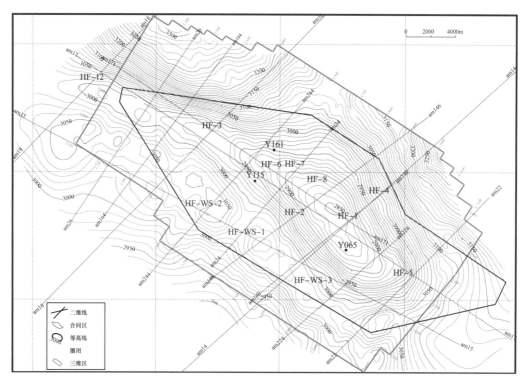

图 1-7　哈法亚油田主力层 MB1-2A 顶面构造图

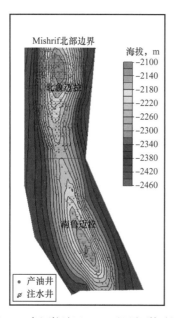

图 1-8　鲁迈拉油田 Mishrif 组顶面构造图

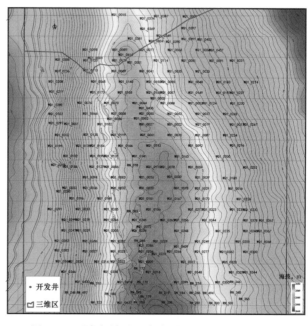

图 1-9　西古尔纳油田主力层 Mishrif 组顶面构造图

（5）阿扎德甘油田构造特征。

阿扎德甘油田处于伊朗西部，西邻两伊边界，位于扎格罗斯逆掩断裂带轴部南侧，南北阿扎德甘油田合同区面积分别约为 740km² 和 460km²。构造为近南北向的长轴背斜，两翼地层倾角为 2°～5°，从深至浅构造具有继承性，断层不发育（图 1–10）。

二、沉积和储层特征

1. 白垩系储层占主导

晚二叠世至早白垩世，随着特提斯洋的张开，阿拉伯盆地发育在被动大陆边缘之上，且发育宽广的浅海陆架，形成物性非常好的沉积物，这一时期是阿拉伯盆地主要储层发育期。

白垩系含油气系统是伊拉克在阿拉伯盆地最重要的一个含油气系统，其原油和天然气储量分别占原油和天然气总探明储量的 98.2% 和近 100%。伊拉克 4 大油田主力油藏均为发育于白垩系中的平缓长轴背斜的灰岩构造油藏，提塘阶至下白垩统的烃源岩为伊拉克中部和南部的白垩系储层、伊拉克北部和东北部的白垩系和新生界储层提供了油气。

白垩系是伊拉克、科威特、伊朗、阿联酋和阿曼的主要产油层。中东油气区白垩系的下、中、上 3 个统都是重要的储层段。

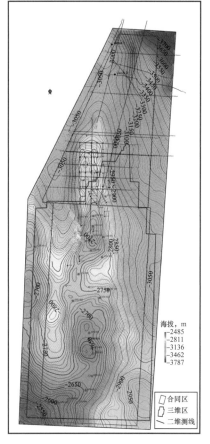

图 1–10　阿扎德甘油田主力层 Sar–3 顶面构造图

下白垩统的主要碳酸盐岩产油层包括 Minagish 组、Ratawai 组、Shuaiba 组和 Yamama 组。约 70% 储量分布于碳酸盐岩，30% 储量分布于砂岩。在科威特，Minagish 组岩性主要为中—粗鲕粒灰岩，孔隙度为 22%，渗透率近 500mD，孔隙度主要受控于方解石化和白云岩化作用。Yamama 组是伊拉克中南部下白垩统的主要储层，其滩坝鲕粒灰岩是西古尔纳、鲁迈拉油田的好储层，往北到哈法亚油田 Yamama 组变差为裂缝性致密油藏。

中白垩统的主要碳酸盐岩产层包括 Mishrif 组、Sarvak 组，约 95% 储量分布于碳酸盐岩，5% 储量分布于碎屑岩。Mishrif 组在伊拉克地区广泛分布，高能环境的边缘滩相碳酸盐岩储层孔隙度为 20%～25%，渗透率为 10～500mD，台内滩环境下孔隙度降至 8%～15%，渗透率降至约 10mD。Sarvak 组的下部由泥质石灰岩组成，上部由块状微孔灰岩和结核燧石组成，石灰岩储层孔隙度为 7%～14%，储层厚度 5～185m，是伊朗众多油气田的主力产层，是伊朗中白垩统最重要的储层。

上白垩统与中、下白垩统相比，产油状况要差得多。Sadi、Khasib 和 Tanuma 组是上白垩统重要地层，这 3 组地层中的原油储量大约占白垩系已探明总储量的 14%，但由于储层为低渗透—特低渗透，处于经济极限边缘，实现经济有效开发难度大。

2. 两种碳酸盐沉积环境占主导

从二叠纪到新近纪晚中新世，阿拉伯盆地和扎格罗斯盆地主要为碳酸盐岩沉积，往东过渡为特提斯海洋，往西被从阿拉伯地盾剥蚀下来的边缘相碎屑岩所取代。

伊拉克中部和南部 Mishrif 组下部与 Ahmadi 组、Rumaila 组的深水沉积环境可能源于森诺曼早期的一次海侵事件。Mishrif 组下部的海退序列开始于美索不达米亚盆地的东部，盆地东部的持续下沉使得该区域形成一套很厚的台缘礁滩相。盆地东部的构造演化可能受控于 Amara 古突起的抬升和整个地区海平面的下降。盆地变浅导致沉积环境逐渐从开阔陆棚环境转换为礁前斜坡和礁坪、浅滩沉积环境，再到最后的台内沉积环境[5]。

在这个广阔的碳酸盐台地上，基本上包含两种类型的碳酸盐沉积环境。

（1）缓坡型台地，它是一种均匀缓斜的碳酸盐岩台地，其时代由二叠纪到早侏罗世，哈法亚油田的 Sadi 组、哈法亚油田和艾哈代布油田的 Khasib 组均属于缓坡型台地。

（2）镶边型台地，其时代由中侏罗世到新近纪中新世末。哈法亚、鲁迈拉和阿扎德甘油田的主力层沉积环境类似，均为台地边缘礁滩复合体，前两者均为生屑滩夹薄层高渗透的厚壳蛤条带。鲁迈拉油田的 Mishrif 组实际上是由一系列条带状的前积体复合而成，沉积相的变迁导致了不同井区油水界面的变迁，即油水界面随着前积前沿的起伏而变化。

3. 储层类型复杂

优质的储层广泛分布于中东油气区，这些储层以厚度大、储层类型多样为主要特征。一方面由于沉积范围广、构造运动弱，使储层的横向连通性较好，而且储层的横向变化呈非常缓慢的渐变过程。另一方面，这些储层在沉积和成岩过程中经历了不同的演化过程，因此储层的垂向非均质性十分明显。

孔隙型、裂缝型、复合型储层同时存在，宏观上体现在沉积相、成岩作用和构造作用这3个方面，微观上则体现在多种多样的空隙（孔、洞、缝）类型。哈法亚、阿扎德甘和鲁迈拉油田主力层均为台地边缘礁滩复合体，孔隙类型以粒间孔为主；艾哈代布油田的 Khasib 组发育台内生屑滩，以溶蚀孔为主，主力层段的垂直渗透率大于水平渗透率；阿扎德甘与艾哈代布主力层顶部均存在喀斯特岩溶特征；哈法亚油田的 Yamama 组发育裂缝性储层。

（1）哈法亚、阿扎德甘和鲁迈拉油田储层均以粒间孔为主，艾哈代布油田储层以粒间溶孔为主，但哈法亚油田与鲁迈拉油田主力层内的微裂缝在一定程度上改善了渗流能力。

（2）主力层中只有阿扎德甘油田孔渗关系比较简单。

（3）哈法亚油田的 Mishrif 组储层微裂缝发育，艾哈代布油田的 Khasib 组裂缝不发育，但粒间溶孔发育，非均质性较强，Kh2 和 Ma1 层的垂直渗透率分别是水平渗透率的1.5倍、1.3倍；阿扎德甘和鲁迈拉油田主力层裂缝总体不发育，仅局部发育微裂缝和溶孔。

（4）哈法亚油田的 Mishrif 组和阿扎德甘的 Sarvak 组储层虽然为块状底水油藏，但内部分布有稳定的夹层，艾哈代布油田为薄储层，内部夹层不发育，鲁迈拉油田 Mishrif 组储层发育薄层高渗透层段，哈法亚油田 Mishrif 组储层也有可能存在类似的高渗透条带。

对于高孔低渗透储层，由于沉积微相多样，生物沉积改造和溶蚀作用强烈，具有极强的非均质性，存在高渗透层以及特低渗透层叠置，微裂缝分布不均匀，夹层分布复杂。对这些因素描述和识别存在困难，影响井网部署和水驱的波及体积。

除艾哈代布油田为薄层外，其他均为巨厚油层，巨厚层的开发在纵向水驱波及不均衡，动用难度大。油田规模大，储层有特殊性，类似油田国内外成功开发经验很少，鲁迈拉 Mishrif 组注水井网长期废弃，显示常规注水难度大。

4. 储层分布控制因素

中东油气区最好的碳酸盐岩储层为高能条件下形成的鲕粒颗粒灰岩，科威特的下白垩统 Minagish 组，沙特阿拉伯、卡塔尔和阿布扎比海上的上侏罗统阿拉伯组是这类碳酸盐岩储层的典型代表；其次较好的碳酸盐岩储层为沿陆架边缘分布的厚壳蛤灰岩和藻粘结岩，中白垩统 Mishrif 组和阿联酋、阿曼的下白垩统 Shuaiba 组是这类碳酸盐岩储层的典型代表。生物碎屑灰岩储层内的高渗透性薄层条带广泛存在，且多位于优势相带中部，成为水驱开发不利因素。

除了艾哈代布油田为薄储层而隔夹层不发育外，非渗透性的隔夹层在中东几大油田均呈不稳定发育，如哈法亚油田的 Mishrif-A、Mishrif-B 之间存在稳定分布非渗透性夹层；阿扎德甘油田的主力层 Sarvak 组隔夹层分布不稳定，主要分布在 S3 和 S4 之间。

三级层序、沉积、成岩和构造活动四大地质因素控制着宏观储层的形成和演化。其中，三级旋回控制了储层在垂向上的宏观展布，从层序地层的角度，最有利的储层分布在两个三级层序的交界处，如哈法亚油田 Mishrif 组的 MB2-1 与 MB1-2C 小层就属于这种情形（图 1-11）。沉积作用和成岩作用是控制储层形成的基本因素，构造活动则是改造储层的重要因素。

沉积作用是根本因素，台地边缘礁滩沉积环境控制了该区生物骨架孔和粒间孔等原生孔隙的发育。哈法亚、鲁迈拉等油田的成岩作用显示主要为组构选择性溶蚀，溶蚀作用优先发生在孔渗较高的相对高渗透相带，从这个角度来看，生屑灰岩中沉积作用的影响要大于成岩作用。

成岩和构造作用是改造因素，早期胶结作用虽然破坏了原生孔隙，但避免了大气淡水的进入及生屑等颗粒过早的溶蚀，为晚期溶蚀孔、铸模孔的形成提供了条件，对储层演化具有建设性作用；台地边缘礁滩沉积环境中的溶蚀作用形成各类溶蚀孔隙，改善了储集性；低角度褶皱背景下，由于挤压应力产生的张性垂直裂缝可形成溶蚀孔或者裂缝性储层，又可作为油气运移的通道，对该区储渗性能有重要影响。

层序及其控制的沉积作用是内因，成岩作用和构造作用是外因，四大因素共同控制着碳酸盐岩储层的形成和演化。只有当这四大主控因素良好匹配时，才最有利于储层形成。

三、流体和油藏特征

中东地区主要含油层系为白垩系，油气产层自下而上分布于塞诺曼阶 Yamama 组、Mauddud 组、Rumaila 组、Mishrif 组，以及土伦阶 Khasib 组、Sadi 组和 Tanuma 组。伊拉克主力油藏为 Mishrif 组，其次为 Khasib 组，伊朗主力油藏为 Sarvak 组，均为生物碎屑灰岩油藏，储层物性为中低孔、低渗透—超低渗透。

1. 流体特征

中东地区原油主要为常规原油，特点是黏度低、气油比高、有些油藏含硫量比较高。地面原油密度较高，最小为 $0.714kg/m^3$（伊拉克哈法亚油田 Yamama 油藏），最大为 $0.95kg/m^3$（伊朗北阿扎德甘油田 Sarvak 油藏）。地层原油黏度较低，最低为 $0.55mPa \cdot s$（伊拉克哈法亚油田 Yamama 油藏），最高为 5～7mPa·s（伊朗北阿扎德甘油田 Sarvak 油藏）。体积系数中等，分布范围为 1.1～1.48m³/m³；气油比中等，分布范围为 16.4～130.6m³/m³；原油含硫量较高，主要分布范围为 2.5%～3%。

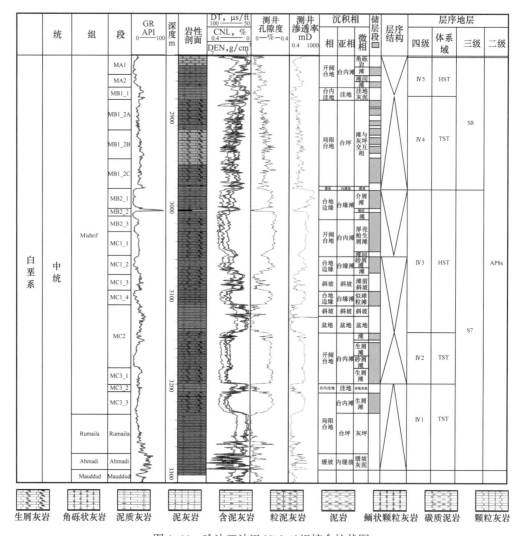

图 1-11　哈法亚油田 Mishrif 组综合柱状图

溶解气主要成分甲烷含量中等，平均含量为 63%～70%，属于湿气，哈法亚油田 Mishrif 油藏和艾哈代布油田 Khasib 油藏溶解气含 H_2S，含量主要为 0.15%～0.5%。

地层水类型为 $CaCl_2$ 型，矿化度较高，为 73.1～220mg/L，地层水密度为 1.08～1.17g/cm³，pH 值 6.13～6.18。

2. 压力温度系统

通常情况下，油田地层压力接近于相同深度的静水柱压力，压力系数等于 1。中东地区大多数油藏压力系数介于 1.1～1.2 之间，属于正常压力系统，如哈法亚油田 Mishrif 油藏和艾哈代布油田的 Khasib 油藏；但 Yamama 油藏压力系数主要为 1.2～1.9，为异常高压油藏，主要分布在伊拉克南部的多个油田；其次哈法亚油田的 Sadi 油藏和 Khasib 油藏压力系数为 1.29，也属于高压系统。

大多数油藏地温梯度正常，但哈法亚油田在 3500m 以上地层地温梯度偏低，为 2～2.7℃ /100m，艾哈代布油田 Khaisb 油藏地温梯度偏低，为 2.26℃ /100m。

3. 油藏类型

中东地区油藏地饱压差大，属于未饱和油藏。油藏类型主要包括厚层块状底水油藏、层状边水油藏和岩性圈闭油藏。其中伊拉克哈法亚油田、西古尔纳油田的 Mishrif 油藏和伊朗的 Sarvak 油藏主要为厚层块状油藏（图 1–12），油层厚度可达 70～118m，具有边底水。艾哈代布油田主要为层状边水油藏（图 1–13）。

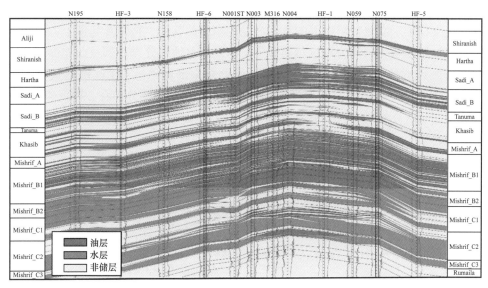

图 1–12 哈法亚油田油藏剖面图

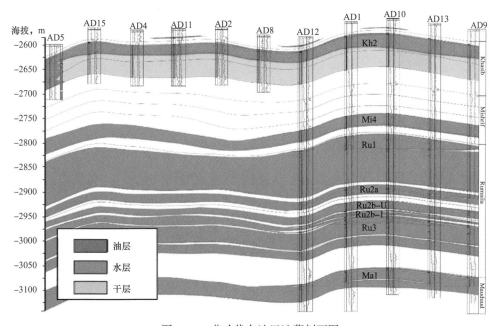

图 1–13 艾哈代布油田油藏剖面图

第二节 带气顶碳酸盐岩油藏地质特征

中国石油海外带气顶碳酸盐岩油藏包括哈萨克斯坦让纳若尔油气田、北特鲁瓦油气田，本节以让纳若尔油气田为例介绍带气顶碳酸盐岩油藏地质特征。

一、地层和构造特征

1. 地理位置与区域构造位置

让纳若尔带气顶碳酸盐岩油田位于哈萨克斯坦阿克纠宾州，在阿克纠宾市正南 240km 处。在构造上位于东欧地台东南部的滨里海盆地东缘的扎尔卡梅斯隆起带上，西侧为滨里海盆地的中部坳陷带，东侧为乌拉尔褶皱带。滨里海盆地可分为北部及西北部断阶带、中部坳陷带、阿斯特拉罕—阿克纠宾斯克隆起带和东南部坳陷带 4 个次级构造单元，每个单元又包括若干个隆起和坳陷。让纳若尔油气田储层深度主要分布在 2900～4000m 之间，其周围有同属于阿克纠宾油气股份公司的肯基亚克油田以及北特鲁瓦油气田（图 1-14）。

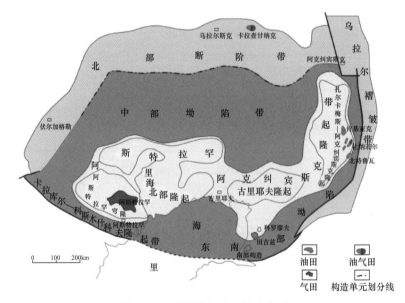

图 1-14 让纳若尔油田构造位置

2. 地层特征

滨里海盆地内充填了巨厚的古生代、中生代和新生代沉积物，在剖面上分为三个组合：盐下层系、含盐层系和盐上层系。

盐下层系：为下古生界—下二叠统，埋藏很深，在盆缘厚度仅 3～4km，而在中心部位可达 10～13km。盐下层系为巨厚的碎屑岩和碳酸盐岩层序。

含盐层系：为下二叠统上部空谷阶，全盆地广泛发育，主要由盐岩、硬石膏夹层构成（夹在碎屑岩之中），偶见陆源碳酸盐岩，并含有钾盐、镁盐等矿物。盐层厚度为 1～6km。

盐上层系：为上二叠统—第四系，主要是碎屑岩，厚 5～9km。由于含盐层系的上隆而在盐上层系形成许多正向构造。空谷阶—三叠系多由陆源碎屑岩组成，颜色混杂，海相碳酸盐岩仅在盆地西部三叠系中分布；侏罗系至下白垩统主要为灰色的滨岸相沉积和杂色陆源沉积；上白垩统主要由碳酸盐岩组成；古近系—第四系主要为砂质泥岩和杂岩。

让纳若尔油气田钻揭层位为第四系、白垩系，中下侏罗统，下三叠统，二叠系和石炭系。含油气层系为石炭系，其中格舍尔阶、卡西莫夫阶、莫斯科上亚阶的碳酸盐岩层（厚度393~730m）称为第一碳酸盐岩层，即KT-Ⅰ层；莫斯科下亚阶、巴什基尔下亚阶、谢尔普霍夫阶、维宪阶的碳酸盐岩层（厚度509~931m）称为第二碳酸盐岩层，即KT-Ⅱ层。该区油气主要集中在KT-Ⅰ、KT-Ⅱ中。将KT-Ⅰ之上的下二叠统阿瑟尔阶和萨克马尔阶的砂泥岩层（15~600m）称为第一盐下陆源层，它是KT-Ⅰ油气藏的盖层；将KT-Ⅱ与KT-Ⅰ之间的砂泥岩层（205~417m）称为第二盐下陆源层，它是KT-Ⅱ油气藏的盖层；将维宪阶的中下亚阶砂泥岩互层，称为第三盐下陆源层，其钻揭厚度470m。KT-Ⅰ层包括 А、Б、В 3个油组，А 油组划分为 А$_1$、А$_2$ 和 А$_3$3个油层，Б 层划分为 Б$_1$ 和 Б$_2$ 两个油层，В 层划分为 В$_1$、В$_2$、В$_3$、В$_4$ 和 В$_5$5个油层。KT-Ⅱ层包括 Г、Д 两个油组，其中 Г 油组又分为 Г$_1$、Г$_2$、Г$_3$、Г$_4$、Г$_5$5个油层；Д 油组分为 Д$_0$、Д$_1$、Д$_2$、Д$_3$、Д$_4$、Д$_5$6个油层（表1-3）。

表1-3　让纳若尔油田地层划分表

统	阶（亚阶、层）			油层组	油层
下二叠统（P$_1$）	阿瑟利阶+萨克马尔阶（P$_1$a+P$_1$s）			第一盐下陆源层	
上石炭统（C$_3$）	格舍尔阶（C$_3$g）			上碳酸盐岩层（KT-Ⅰ） A	А$_1$
					А$_2$
					А$_3$
	卡西莫夫阶（C$_3$k）			Б	Б$_1$
					Б$_2$
中石炭统（C$_2$）	莫斯科阶（C$_2$m）	上亚阶（C$_2$m$_2$）	穆雅奇科夫层（C$_2$m$_2$mc）	В	В$_1$
					В$_2$
					В$_3$
			波多尔斯克层（C$_2$m$_2$pd）		В$_4$
					В$_5$
				第二盐下陆源层	
		下亚阶（C$_2$m$_1$）	卡什尔层（C$_2$m$_1$k）	下碳酸盐岩层（KT-Ⅱ） Г	Г$_1$
					Г$_2$
					Г$_3$
			维列依层（C$_2$m$_1$v）		Г$_4$
					Г$_5$

续表

统	阶（亚阶、层）			油层组	油层
中石炭统（C_2）	巴什基尔阶（C_2b）	下亚阶（C_2b_1）		下碳酸盐岩层（KT-Ⅱ）	Д	Д$_0$
					Д$_1$
					Д$_2$
					Д$_3$
下石炭统（C_1）	谢尔普霍夫阶（C_1s）	上亚阶（C_1s_2）	普罗特文层（C_1s_2pr）		Д$_4$
			斯切舍夫层（C_1s_2st）		Д$_5$
		下亚阶（C_1s_1）	塔鲁斯克层（C_1s_1tr）		
	维宪阶（C_1v）	上亚阶（C_1v_3）	维涅夫斯克层（C_1v_3vn）		
		中下亚阶（C_1v_{1+2}）	第三盐下陆源层		

3. 构造特征

1）构造演化

滨里海盆地的构造演化分为裂谷阶段、被动大陆边缘阶段、碰撞阶段和坳陷阶段[6]。

裂谷阶段从里菲代—早古生代，由于断裂作用，使得东欧克拉通分裂成许多微板块，形成了裂谷型盆地。在滨里海盆地的北部和中部部分地区，裂谷作用引起了强烈的火山作用，使深部的裂谷凹槽中充填了火山岩系，形成了巨厚的文德群—里菲群地层。

被动大陆边缘发育在晚泥盆世—早石炭世，整个盆地属于东欧克拉通的被动大陆边缘，盆地内形成了被动大陆边缘型沉积物。沉积岩厚度和组分研究表明，滨里海中部这一时期存在深水盆地。沿着该深水盆地的大陆坡边缘，形成大陆坡碳酸盐岩沉积，整个上泥盆统陆棚碳酸盐岩的分布范围很广，东南部发育多个碳酸盐岩台地。沿大陆坡向下，生物碳酸盐岩沉积被泥质岩的沉积所取代，盆地中部的深水区沉积厚度很薄。

碰撞阶段发育在石炭世晚期—早二叠世，周边板块发生碰撞，周缘褶皱造山带形成，盆地为封闭环境，形成了巨厚盐膏层。哈萨克斯坦板块与东欧地台发生碰撞，并逆冲到其东缘，古乌拉尔洋关闭；乌斯丘尔特板块与东欧地台发生碰撞，形成南恩巴逆掩褶皱带；曼格什套板块与欧亚大陆南缘发生碰撞，形成卡尔平脊逆掩褶皱带。期间，陆块和微陆块的聚敛并不完全，碰撞陆块间的洋壳保留了下来，形成了现今滨里海盆地的基底。

坳陷阶段发育在早二叠世晚期，特别是早空谷阶沉积期发生了快速沉降，可能与孤立的大洋岩石圈的冷却发生的相态变化有关，以至于盆地内形成由边缘至中心逐渐加厚的晚二叠世—三叠纪的碎屑岩沉积。三叠纪后期—早侏罗世，盆地发生短暂的整体抬升，广泛接受剥蚀。中侏罗世整个盆地开始趋于稳定，并发生缓慢、持续的沉降，接受侏罗系及以后地层的沉积。在区域构造挤压以及上覆沉积载体重力作用下，盐岩发生强烈变形，造成盐岩底辟或盐岩的刺穿，由此形成一系列盐相关构造，原始沉积被强烈改造。新生代的构造运动进一步加强了盆地的改造作用，形成盆地现今存在的大地构造格局。

2）油田构造特征

让纳若尔油田构造具有一定的继承性，KT–Ⅰ和KT–Ⅱ层顶面构造形态具有相似特征，均为近南北向的长轴背斜，由南、北两个穹隆组成，中间以鞍部相连。以鞍部断层为界，KT–Ⅰ层南部穹隆顶面圈闭面积为36.96km²，闭合线深度为–2510m，高点埋深为–2320m，闭合幅度为190m；北部穹隆圈闭面积为44.85km²，闭合点深度为–2510m，高点埋深为–2270m，闭合幅度为240m。KT–Ⅱ层南部穹隆顶面圈闭面积为49.19km²，闭合线深度为–3330m，高点埋深为–3110m，闭合幅度为220m；北部穹隆圈闭面积为46.67km²，闭合点深度为–3380m，高点埋深为–3070m，闭合幅度为310m。含油气区构造范围内断层发育北西向、近东西向和北东向3组断层，断层面倾角大，多为近直立断层，断距10～25m，延伸1～10km不等（图1–15、图1–16）。

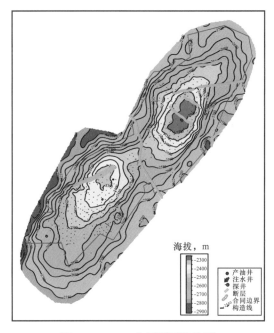

图1–15 KT–Ⅰ层顶面构造图

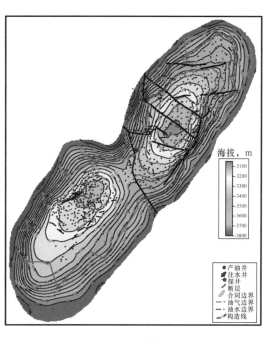

图1–16 KT–Ⅱ层顶面构造图

二、沉积和储层特征

1. 岩石学特征

让纳若尔油气田岩性由石灰岩、白云岩、灰质云岩、云质灰岩、硬石膏五大类构成。KT–Ⅰ层下部以灰岩为主，上部岩性变化较大，石灰岩、白云岩交互出现，局部夹泥岩层。A层以硬石膏、白云岩为主，上部夹石灰岩、泥岩薄层。KT–Ⅱ层以亮晶颗粒灰岩为主，其中亮晶藻灰岩和亮晶有孔虫灰岩最为发育，其次为亮晶包粒灰岩和亮晶鲕粒灰岩，各层岩石类型有较大差异。

白云岩、灰质云岩主要为晶粒结构，包括泥粉晶结构和细—中晶结构；石灰岩主要为颗粒灰岩，以粒屑结构为主，泥晶结构较少，粒屑中生屑占优势，泥质含量少。不同层位颗粒类型差异较大，以生物颗粒为主，常见生物为有孔虫、蜓、藻类、棘屑，其次为非生物成因的颗粒，主要有鲕粒、内碎屑和少量球粒（图1–17、图1–18）。

(a) 粉晶云岩(2815.75m，孔隙度11.8%)　　　　　(b) 细晶云岩(2821.46m，孔隙度8.2%)

(c) 中晶云岩(2830.31m，孔隙度10.1%)　　　　　(d) 粗晶云岩(2836.49m，孔隙度10%)

图 1-17　晶粒结构（2092 井）

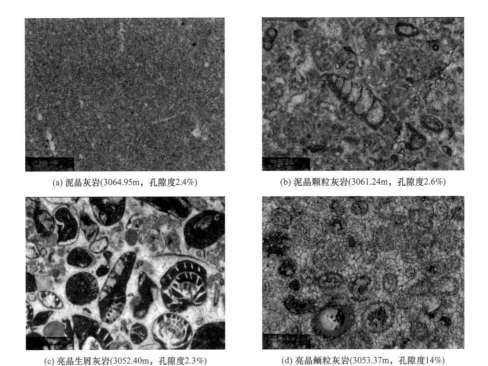

(a) 泥晶灰岩(3064.95m，孔隙度2.4%)　　　　　(b) 泥晶颗粒灰岩(3061.24m，孔隙度2.6%)

(c) 亮晶生屑灰岩(3052.40m，孔隙度2.3%)　　　　　(d) 亮晶鲕粒灰岩(3053.37m，孔隙度14%)

图 1-18　颗粒、碎屑结构（3477 井）

总体上让纳若尔油气田石炭系碳酸盐岩储层具有岩性质纯、结构粗的特点，有利于溶蚀孔洞的形成，少数泥质含量较高的薄层则形成孔洞不发育的隔夹层。

2. 沉积特征

让纳若尔油气田为陆棚边缘隆起区，石炭系属于孤立碳酸盐台地相区，台地东西宽约50km，南北长约100km。自早石炭世开始由陆源碎屑陆棚演变为碳酸盐台地，沉积了厚逾千米的石炭系碳酸盐岩。KT-Ⅰ和KT-Ⅱ层内局部夹有少量厘米至米级横向变化大的泥岩薄层。隆起带东部为乌拉尔海槽，西侧为水体较深的混积陆棚盆地，沉积了一套富含有机质的硅质、泥质碳酸盐岩和泥岩，厚度只有碳酸盐岩台地相区的三分之一左右。

让纳若尔油田石炭系划分为开阔台地亚相、局限台地亚相和蒸发台地亚相，开阔台地亚相进一步划分为台内滩、滩间洼地、潟湖和潮汐通道4种微相，台内滩微相又划分出藻屑滩、生屑滩、包粒滩、砂屑滩和鲕粒滩5种岩相。局限台地亚相进一步划分为灰坪、白云坪和潟湖3种微相，蒸发台地亚相进一步划分为膏盐湖和膏岩坪微相。石炭系主要沉积微相特征见表1-4。KT-Ⅱ层沉积时期以开阔台地亚相为主，局部发育局限台地亚相（图1-19）。该时期水体具有早深晚浅、北深南浅的特点，自下而上，由东北往西南方向滩体厚度呈减少趋势。KT-Ⅰ层沉积相类型丰富，开阔台地、局限台地和蒸发台地均有发育（图1-20），该时期水体具有早深晚浅、南深北浅的特点，自下而上，由西南往东北方向开阔台地亚相逐步演化为局限台地亚相和蒸发台地亚相。

表1-4 让纳若尔油气田石炭系沉积相特征表

相带	蒸发台地	局限台地	开阔台地
微相	膏盐湖、膏岩坪	灰坪、白云坪、潟湖	台内滩、滩间洼地、潟湖、潮汐通道
水深，m	0	0～30	0～50
水动力特征	潮上低能带	潮间—潮下带，低能带	潮下浅水低能带，浪基面之下
沉积特征	石膏、岩盐、灰泥岩与粉晶白云岩互层等，藻席、藻丛、藻纹层十分发育	灰泥、球粒、藻团块、骨屑、藻屑（常发生白云化）	藻骨架、骨屑、藻屑、鲕粒、藻包粒、藻团块和砂屑等颗粒岩变至泥岩
生物	极为稀少，可有蓝细菌活动	棘皮类、见介形虫、苔藓虫、鲢类和单射钙质骨针	鲢、腕足类、苔藓虫、有孔虫、棘屑、介形虫，局部发育点滩
沉积构造	具纹层、鸟眼、膏盐假晶、帐篷构造等	具纹层、鸟眼、递变层理	生物潜穴、钻孔丰富
储集性能	含膏粉晶云岩，可因差异溶蚀作用形成储集岩	中等、好、差	好、中等
分布层位	$A_3～Б_2$	$B_1～B_3$	$B_4～B_5、Γ_1～Γ_6$

3. 储层特征

让纳若尔油田石炭系储集空间复杂多样，可归纳为孔隙、溶洞和裂缝3类[7]，21个亚类，其中以粒间（溶）孔和晶间（溶）孔为主，常见体腔孔、晶间孔、方解石弱充填的溶洞和溶蚀缝、方解石强烈充填的构造缝等（表1-5，图1-21），不同层位储集空间类型不尽相同。

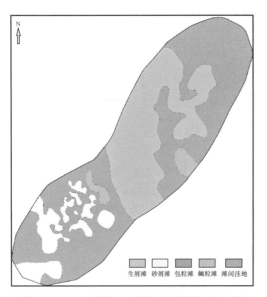

图 1-19　KT-Ⅱ层 Γ₃ 层沉积微相平面分布图

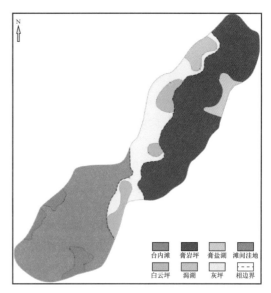

图 1-20　KT-Ⅰ层 A₁ 小层沉积微相平面分布图

表 1-5　让纳若尔油田储层储集空间分类表

空隙分类		大小，mm	特征及发育程度
类	亚类		
孔隙	体腔孔	0.05～0.15	生物肉体腐烂而成，受生物内骨格控制，常见
	壳模孔	0.1～0.2	生物硬壳被完全溶蚀形成铸模，偶见
	壳壁孔	0.05	主要是瓣鳃类硬壳被部分溶蚀成孔，偶见
	粒间溶孔	0.05～0.3	颗粒之间原生残余孔隙和溶蚀扩大孔隙，丰富
	内碎屑内孔	0.1	砂、砾屑颗粒内部被溶蚀成孔，少见
	包粒内孔	0.1～0.3	鲕粒、核形石、藻团块内被溶蚀成孔，少见
	粒模孔	0.1～0.2	颗粒全部被溶仅保留外部轮廓，偶见
	骨架孔	0.3～0.5	骨架间原生孔隙及溶蚀扩大成因，偶见
	晶间溶孔	0.05～0.2	粉、细晶之间的孔隙及溶蚀扩大孔，丰富
	晶间孔	0.01～0.05	泥晶及内碎屑内泥晶之间的孔隙，常见
	晶内孔	0.02	见于粗大晶体内部，常见
	晶模孔	0.1～0.3	易溶矿物晶体全部被溶成孔，常见
	角砾间溶孔	0.5～1	角砾间微隙基础上的溶扩孔，偶见
	非选择性溶孔	0.2～0.5	不受组构限制的不规则溶孔，少见
	沥青收缩孔	0.03～0.1	沥青干涸收缩而成的微隙，少见
溶洞	强充填溶洞	2～30	早期溶蚀成因，多被方解石充填殆尽，偶见
	弱充填溶洞	2～100	晚期溶蚀形成，被方解石弱充填，部分被沥青强充填，常见

续表

空隙分类		大小，mm	特征及发育程度
类	亚类		
裂缝	构造缝	0.03～0.1	延伸远、平直，多被方解石强烈充填，常见
	溶蚀缝	0.03～0.15	不规则弯曲状，多被方解石部分充填，常见
	压溶缝	0.03～0.05	主要是缝合线，空隙见于缝合柱面，少见
	成岩缝（颗粒裂纹）	0.02～0.03	地层压力将颗粒压裂形成的破裂纹，少见

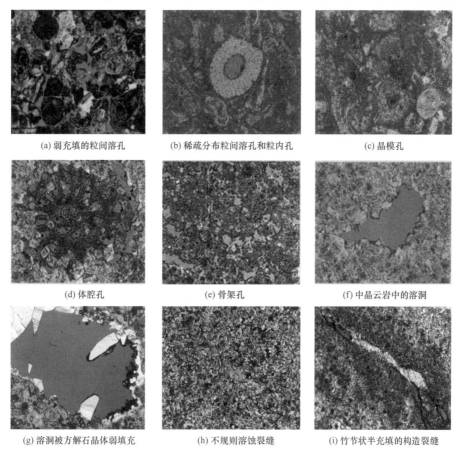

(a) 弱充填的粒间溶孔　　(b) 稀疏分布粒间溶孔和粒内孔　　(c) 晶模孔

(d) 体腔孔　　(e) 骨架孔　　(f) 中晶云岩中的溶洞

(g) 溶洞被方解石晶体弱填充　　(h) 不规则溶蚀裂缝　　(i) 竹节状半充填的构造裂缝

图 1-21　不同储集空间类型图

不同岩性储层物性有所差异，KT-Ⅰ层生物结构灰岩、团粒生物灰岩、次生白云岩三类岩性储层孔隙度最高，微粒灰岩、凝块灰岩和微粒白云岩储层孔隙度最低。KT-Ⅱ层生物结构灰岩、生物碎屑灰岩、凝块灰岩和微粒白云岩孔隙度最高，而碎屑灰岩、微粒灰岩、次生白云岩孔隙度最低。复杂的岩性和储集空间类型导致让纳若尔油气田储层具有复杂的孔渗关系和极强的储层非均质性。各油组储层平均孔隙度为 9.0%～14.3%，油田平均孔隙度为 11%，各油组储层平均渗透率为 29.1～117.3mD，油田平均渗透率为 51.4mD[8]。

三、流体和油藏特征

1. 流体特征

让纳若尔油气田地层原油为弱挥发原油，具有低密度、低黏度、气油比高、体积系数高、H_2S 含量高等特点，主力油藏地层原油物性参数见表 1-6。气顶气为高含 H_2S、低含 CO_2、低含 N_2 的凝析气。KT-Ⅰ层气顶气原始露点压力为 25.2MPa，原始凝析油含量为 $250g/m^3$，地面凝析油密度为 $731.8kg/m^3$。KT-Ⅱ层气顶气原始露点压力为 28.82MPa，原始凝析油含量为 $360g/m^3$，地面凝析油密度为 $748.4kg/m^3$。

表 1-6　让纳若尔油气田各油藏原油物性参数

指标	KT-Ⅰ层	KT-Ⅱ层 Г 北油藏	KT-Ⅱ层 Д 南油藏
海拔深度，m	−2600	−3475	−3400
地层温度，℃	61	79	78
原始地层压力，MPa	29.10	37.57	36.80
泡点压力，MPa	25.77	34.03	28.52
地层原油密度，kg/m^3	659.1	614.7	677.4
地层原油黏度，$mPa \cdot s$	0.32	0.16	0.34
气油比，m^3/t	248.4	350.8	225.7
体积系数，m^3/m^3	1.5193	1.744	1.468
20℃温度下的原油密度，kg/m^3	812.1	809.1	828.2
20℃温度下的原油黏度，$mPa \cdot s$	6.39	6.36	8.45
原油中的硫含量，%	0.86	1.11	1.12
原油中的石蜡含量，%	6.74	9.5	8.28
天然气中的 H_2S 含量，%	3.17	2.77	3.86

2. 油藏类型

让纳若尔油气田为带凝析气顶和边底水的岩性构造油藏，储层发育程度受沉积微相及溶蚀作用控制，纵向上呈层状特征，平面上不同层不同井区储层连续性差异较大（图 1-22）。构造鞍部的断层按油组将油田划分 А 南、А 北、Б 南、Б 北、В 南、В 北、Г 南、Г 北、Д 南、Д 北 10 个油气藏，其中 А 南、А 北、Б 南、Б 北、В 南、В 北和 Г 北为带凝析气顶的油藏，Г 南、Д 南和 Д 北为油藏。KT-Ⅰ层各油藏和 KT-Ⅱ层各油气藏均具有统一的油气界面，分别为 −2560m 和 −3385m，但是各油藏各断块油水界面不尽相同，KT-Ⅰ层在 −2630.4～−2656.6m，KT-Ⅱ层在 −3551.3～−3606m。

带气顶的油藏气顶指数大小不一，在 0.1～3.1，平面上油层多以油环的形式分布在气顶周围，不同油藏、相同油藏不同构造部位油环宽度不同，从 0.5～7.6km 不等。

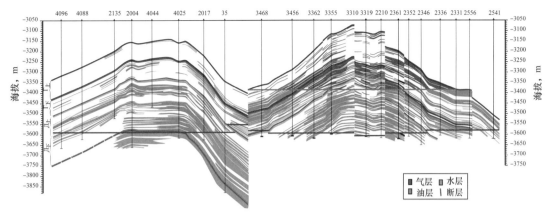

图 1-22　让纳若尔油田 KT-Ⅱ层南北向油藏剖面图

第三节　边底水碳酸盐岩气藏地质特征

以土库曼斯坦阿姆河盆地阿姆河右岸 B 区中部别—皮、扬—恰等气田为例介绍边底水碳酸盐岩气藏地质特征。

一、地层和构造特征

根据地层发育特征，阿姆河盆地自下而上包括三大构造层系，即前寒武—古生界基底、二叠—三叠系过渡层和中新生界沉积盖层（图 1-23）。阿姆河盆地基底包括前寒武纪变质基底和海西期构造运动形成的褶皱基底，基底埋深变化较大（2000~14000m）；二叠—三叠系的过渡层主要为红色磨拉石建造，由砾岩、砂岩、粉砂岩、薄石灰岩和泥页岩组成，有轻度变质，坳陷内厚度较大，古隆起上厚度较薄；从侏罗纪盆地开始稳定广泛沉积，从早侏罗世到第四纪，经历了两次大的海进与海退，盆地大部分地区表现为连续沉积，只有在局部地区存在沉积间断或剥蚀不整合面。

阿姆河右岸 B 区块中部气田自上而下钻揭了新近系、古近系、白垩系和侏罗系，其中上侏罗统卡洛夫—牛津阶为边底水碳酸盐岩气藏主要目的层段，自下而上划分为 XVI、XVa2、Z、XVa1、XVhp 和 GAP 层 6 个小层，气藏平均埋深 3300m 左右，其地层岩性特征见表 1-7。

表 1-7　B 区块中部地层层序特征表

地　层　时　代				地层厚度，m	岩性
系	统	阶	段（层）		
第四系				0~95	砂质黏土
新近系	中新统—上新统			0~241	砂岩、泥岩、砂质泥岩互层
	渐新统			0~221	
古近系	始新统		松扎克层	25~55	砂岩与泥岩互层，夹泥灰岩和石膏薄夹层
	古新统		布哈尔层	48~98	石灰岩

地　层　时　代				地层厚度，m	岩性
系	统	阶	段（层）		
白垩系	上统	谢农阶		380～541	砂岩、粉砂岩、泥岩及泥板岩互层
		土伦阶		153～316	泥岩及泥板岩互层，夹少量砂岩及石灰岩夹层
		塞诺曼阶		230～301	砂岩、粉砂岩和泥岩互层
	下统	阿尔布阶		319～345	泥岩及泥板岩
		阿普特阶		85～100	上部为致密砂岩，下部为泥岩、泥板岩和石灰岩
		巴雷姆阶		39～105	砂岩与泥板岩和石灰岩交替
		欧特里夫阶		107～238	砂岩、泥岩、泥板岩、石灰岩互层
侏罗系	上统	提塘阶		30～81	泥岩、砂岩、石灰岩互层，时有硬石膏夹层
		钦莫利阶（高尔达克阶）	上石膏层 HA	10～115	块状硬石膏
			上岩盐层 HC	176～302	白色岩盐
			中石膏层 HA	24～63	块状硬石膏
			下岩盐层 HC	64～181	白色岩盐
			下石膏层 HA	4.5～16.5	层状硬石膏
		卡洛夫—牛津阶	高伽马泥灰岩 GAP	15～35	泥岩夹薄层泥晶灰岩
			礁下层 XVhp	46-102	厚层状致密灰岩，可夹一定数量含孔隙、裂缝的石灰岩
			块状石灰岩 XVa1	8～52	含生物礁体的块状石灰岩
			致密岩层 Z	7～30	致密石灰岩
			块状石灰岩 XVa2	26～63	含生物礁体的块状石灰岩
			致密层状灰岩 XVI	50～60	厚层状致密石灰岩，几乎不含渗透性石灰岩
	中、下统	巴通阶		142.5～161	以泥岩、砂质泥岩为主，夹砂岩、粉砂岩及碳质页岩薄夹层
二叠—三叠系				>400	砾岩、砂岩、粉砂岩、凝灰岩和泥板岩组成的交互层

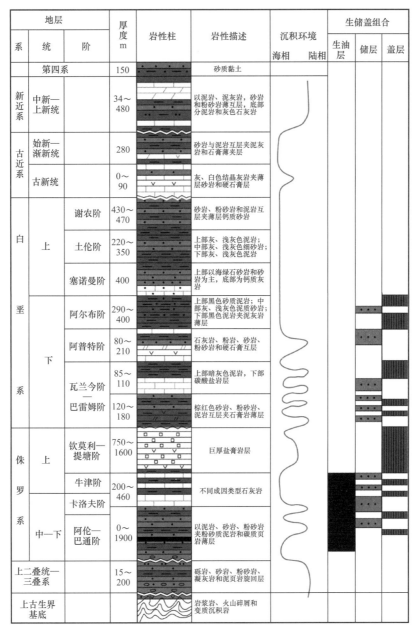

图 1-23 阿姆河盆地地层综合柱状图

根据现今构造分布特征，阿姆河右岸区块划分为查尔朱隆起、坚基兹库尔隆起、桑迪克雷隆起、卡拉别克坳陷、别什肯特坳陷和西南吉萨尔山前冲断带等 6 个构造带（图 1-24）。

B 区中部二叠—三叠纪基底为潜伏古隆起，属于桑迪克雷隆起构造带，卡洛夫—牛津期的别—皮气田表现为一短轴背斜，构造走向近东西，高点海拔 -2800m，最低圈闭线 -2940m，主要发育走滑断层，走向为西北向和近东西向；而扬—恰气田表现为逆掩断裂背斜，构造走向与逆断层走向一致，为北东向，整体上较别—皮气田略低（图 1-25）。

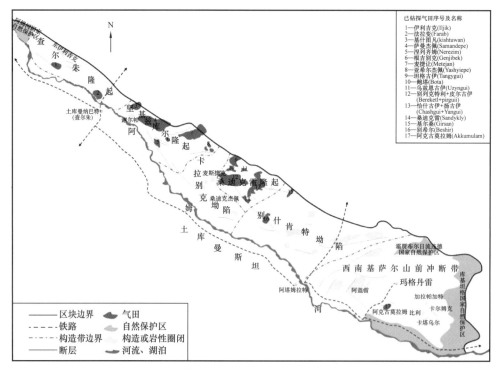

图 1-24　阿姆河右岸构造单元划分与油气田分布

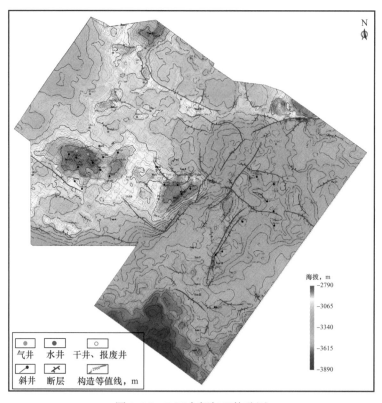

图 1-25　B 区中部气田构造图

二、沉积和储层特征

阿姆河盆地中上侏罗统卡洛夫期—牛津期发育大型碳酸盐岩台地，油气储层本身为一套浅水碳酸盐岩台地相—较深水斜坡相的碳酸盐岩沉积组合[9]。根据区域沉积特征研究，从中侏罗世起，阿姆河盆地开始接受稳定沉积，晚巴通期—早卡洛夫期盆地发生海侵，沉积一套薄层泥岩及灰质泥岩，此后阿姆河右岸地区进入缓坡型碳酸盐岩台地沉积阶段，B区块中部处于中缓坡外带，位于潮下带浪基面之上，水体能量相对较高，礁滩体较为发育，主要沉积了高能的生物礁滩体（图1-26）[10]。牛津期随着海侵进一步扩大，将卡洛夫期形成的缓坡碳酸盐岩台地淹没，台地向陆地方向退缩，形成牛津期镶边陆架型碳酸盐台地沉积体系。早牛津期，卡洛夫期中缓坡外带形成的礁滩复合体在开阔陆棚内带环境下继承性生长，形成追补型生物礁滩体（图1-27）；晚牛津期，B区块中东部碳酸盐岩缓坡被完全淹没，生物礁滩体停止生长，沉积了高伽马泥灰岩GAP层灰黑色泥岩段，在礁滩体部位沉积厚度薄，而礁滩间厚度大，可达20～30m。不同沉积相带的沉积厚度差异较大，别—皮、扬—恰地区碳酸盐岩厚度在60～120m。

阿姆河右岸B区中部卡洛夫期—牛津期的碳酸盐岩台地沉积体系，根据石灰岩结构和成因分类，可以分为泥—微晶灰岩、颗粒灰岩及生物礁丘灰岩等三大类[11]。泥—微晶灰岩主要为礁间海及斜坡泥微相沉积，一般形成于较安静、能量较低的水体环境中，以薄层状为主，岩性较为致密，生物碎屑含量较少（图1-28a、b）。颗粒灰岩为相对高能的滩相沉积，B区块中部碳酸盐颗粒类型丰富，根据颗粒类型可分为砂屑灰岩、生屑灰岩和球粒灰岩，偶见鲕粒灰岩（图1-28c、d），因其位于台地边缘斜坡带，总体上水体能量较低，含有一定的灰、泥质，以泥晶、微晶砂屑生物屑灰岩为主。生物礁丘可进一步细分为障积礁丘和粘结礁丘。障积礁丘由原地生长的障积生物（例如枝状、丛状苔藓虫、珊瑚、海百合等）及其障积作用所形成，研究区主要发育苔藓虫和钙藻礁丘（图1-28e），粘结礁丘由原地生物形成的薄板状或纹层状的结壳组成，因沉积颗粒微生物的捕获作用而具有纹理状、凝块状和隐晶质组构，主要包括两种类型，一种为具薄层和柱状结构的叠层石礁丘（图1-28f），另一种为具凝块和微晶结构的凝块石礁丘。剖面上常见到多层障积灰岩和粘结灰岩与生屑、砂屑灰岩的频繁互层，常称为礁滩复合体，简称生物礁滩体。

B区中部碳酸盐岩储集空间类型较为丰富，包括孔、洞、缝三大类，以孔隙和裂缝为主。孔隙分为原生孔隙和次生孔隙，主要储集空间有剩余原生粒间孔、粒内孔、晶间孔、生物体腔孔、粒内溶孔、粒间溶孔、铸模孔、非组构选择性溶孔、构造缝和溶蚀缝等。根据薄片和扫描电镜资料分析，研究区基质储层以管状喉道、片状喉道为主，点状喉道次之，喉道较为狭窄，渗流能力整体较差，以细孔小喉型储层为主。

阿姆河右岸经历多期构造运动，构造裂缝较为发育，沿着构造裂缝进一步扩大溶蚀，可形成非常好的缝洞型储层，裂缝不仅是重要的储集空间，而且是良好的渗流通道，因此，裂缝是气田高产的一个关键因素。B区中部气田裂缝的充填程度较低，充填裂缝占裂缝总数的比重小于7%，绝大多数裂缝为半充填缝，其中充填物主要为方解石。裂缝走向与断层走向基本保持一致，以北西走向为主，次为北东和近东西向，裂缝倾角近似正态双峰分布，即发育一组20°～40°的低角度缝和一组70°～80°的高角度缝，总体上看，低角度裂缝发育密度更大，平均裂缝倾角36.27°（图1-29）。

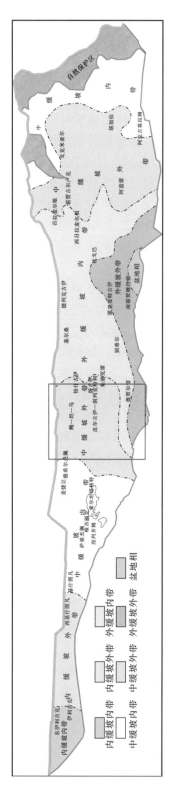

图1-26 阿姆河右岸卡洛夫期沉积相平面图

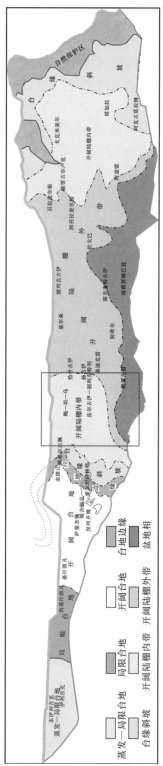

图1-27 阿姆河右岸牛津期沉积相平面图

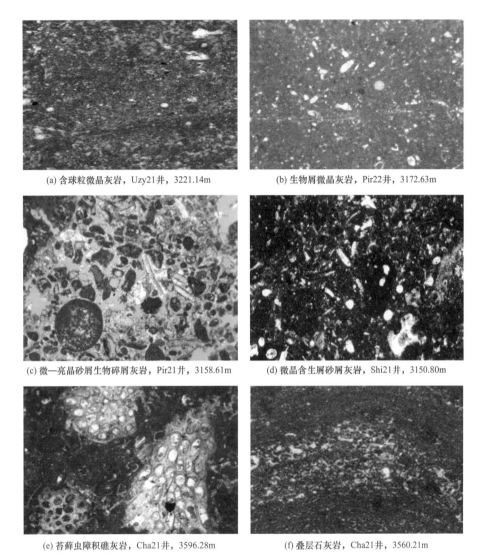

(a) 含球粒微晶灰岩，Uzy21井，3221.14m

(b) 生物屑微晶灰岩，Pir22井，3172.63m

(c) 微—亮晶砂屑生物碎屑灰岩，Pir21井，3158.61m

(d) 微晶含生屑砂屑灰岩，Shi21井，3150.80m

(e) 苔藓虫障积礁灰岩，Cha21井，3596.28m

(f) 叠层石灰岩，Cha21井，3560.21m

图 1–28　阿姆河右岸 B 区中部典型岩石类型

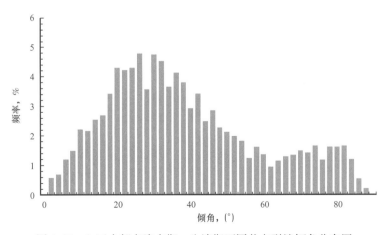

图 1–29　B 区中部卡洛夫期—牛津期不同井点裂缝倾角分布图

根据岩心物性分析资料统计结果，孔隙度分布在 0.1%～27.8%，平均值为 5.61%，孔隙度在 2%～8% 分布较为集中，渗透率分布在 0.000063～6557mD，几何平均为 0.07mD，从渗透率分布直方图上可以看出大部分样品点渗透率小于 1mD，约占总数的 80%（图 1-30、图 1-31）。

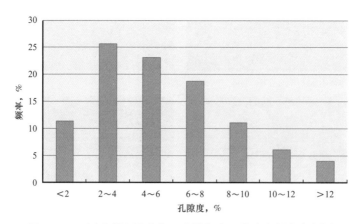

图 1-30　B 区中部卡洛夫期—牛津期岩心孔隙度频率直方图

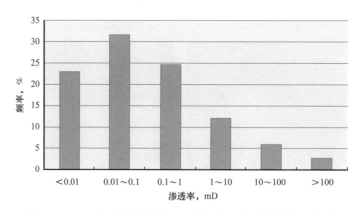

图 1-31　B 区中部卡洛夫期—牛津期岩心渗透率频率直方图

综合利用岩心、测井、地震、测试及流体等静动态资料，在阿姆河右岸识别出孔隙（洞）型、裂缝—孔隙型、缝洞型、裂缝型等四种主要储层类型。B 区中部以裂缝—孔隙型储层为主，此类储层孔隙度和渗透率线性关系不明显，部分岩样具有低孔高渗透特征，双对数曲线中导数曲线出现明显的"凹子"，具有双重介质特征。

卡洛夫—牛津阶碳酸盐岩储层主要发育在 XVhp 层、XVa1 层和 XVa2 层，平面上别一皮气田、桑迪克雷气田储层厚度大，连续性好，扬—恰气田储层厚度分布不均，横向变化较大。储层厚度分布主要受构造及沉积微相的控制，构造高部位及有利的沉积微相带储层发育，构造低部位储层欠发育（图 1-32）。

三、流体和气藏特征

1. 流体特征

根据 B 区中部多口探井和评价井的组分分析资料，气藏天然气组分以 CH_4 为主，含量约为90%，C_{5+}以上重烃含量为1%左右。Pir-21井进行了地下流体井口分离器取样，取样深度为3083.0～3151.6m，现场地面取样分析天然气相对密度0.652，凝析油密度0.8086g/cm³，在分离器条件（压力1.61MPa，温度11.5℃）下凝析油含量约35g/m³。分离器气、油罐油和井流物摩尔组成见表1-8。气藏原始地层条件下，天然气体积系数0.00306，天然气黏度0.0313mPa·s。

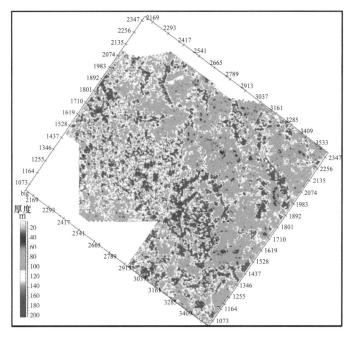

图 1-32　B区中部卡洛夫—牛津阶储层厚度平面图

根据 Pir-21 井地下流体样品组成进行相图计算（图1-33），气藏在初始和井口条件下始终位于单相区，不会出现反凝析现象，而分离器条件位于两相区，有凝析油的析出，表明气藏属于低含凝析油的湿气气藏。Pir-21 井 H_2S 含量0.02%～0.37%，CO_2 含量3.25%～4.6%，属于低含 H_2S、中含 CO_2 碳酸盐岩气藏。

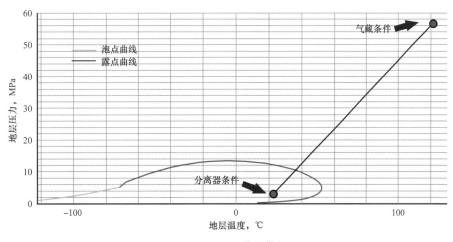

图 1-33　Pir-21 井流体相图

表1-8　Pir-21井流体摩尔组成

序号	组分	分离器气摩尔组成，%	油罐油摩尔组成，%	井流物摩尔组成，%
1	C_1	89.542		89.0339
2	C_2	3.955	0.0092	3.9326
3	C_3	0.916	0.1939	0.9119
4	iC_4	0.165	0.3915	0.1663
5	nC_4	0.203	0.6572	0.2056
6	iC_5	0.078	1.2671	0.0847
7	nC_5	0.061	1.2232	0.0676
8	C_6	0.028	2.6977	0.0431
9	C_7	0.123	14.0495	0.2020
10	C_8	0.066	24.0653	0.2022
11	C_9	0.067	19.5744	0.1777
12	C_{10}	0.080	10.0026	0.1363
13	C_{11}		5.9179	0.0336
14	C_{12}		4.3823	0.0249
15	C_{13}		4.1125	0.0233
16	C_{14}		2.8209	0.0160
17	C_{15}		2.4042	0.0136
18	C_{16}		1.3462	0.0076
19	C_{17}		0.8480	0.0048
20	C_{18}		0.6956	0.0039
21	C_{19}		0.5340	0.0030
22	C_{20}		0.6788	0.0039
23	C_{21}		0.5049	0.0029
24	C_{22}		0.4097	0.0023
25	C_{23}		0.4625	0.0026
26	C_{24}		0.3110	0.0018
27	C_{25}		0.1028	0.0006
28	C_{26}		0.1011	0.0006
29	C_{27}		0.0800	0.0005

续表

序号	组分	分离器气摩尔组成，%	油罐油摩尔组成，%	井流物摩尔组成，%
30	C_{28}		0.0636	0.0004
31	C_{29}		0.0442	0.0003
32	C_{30}		0.0272	0.0002
33	N_2	0.402		0.3997
34	CO_2	4.240		4.2159
35	H_2S	0.012		0.0119
36	He	0.031		0.0308
37	H_2	0.031		0.0308

根据水分析资料，研究区地层水密度为 1.03～1.08g/cm³，总矿化度 74639mg/L，水型为 $CaCl_2$ 型，pH 值约 6.6。

2. 气藏特征

根据测井解释成果，XVhp、XVa1 层以气层为主，而 XVa2 层以气水同层或水层为主。新钻井测试结果表明，B 区中部构造高部位以产气为主，构造最低圈闭线以下主要产水或气水同产。从常规测井解释结果分析，卡洛夫—牛津阶 XVhp、XVa1 层储层物性一般较好，电阻率相比水层高，含水饱和度低，表现为气层特征，构造最低圈闭线以下储层物性与上部气层相似条件下，电阻率逐渐降低、含水饱和度变高，气水过渡带较长，扬—恰气田卡洛夫—牛津阶未见到纯水层，别—皮气田构造最低圈闭线以下以水层为主，表明构造是控制 B 区中部气藏的主要因素，同时由于礁滩体碳酸盐岩储层非均质性强，各单井压力数据折算到同一海拔高度存在差异，单井气水界面也存在一定差异，表明气藏局部可能还受岩性控制。整体上 B 区中部以受构造控制的边—底水气藏为主，局部受岩性影响（图 1-34、图 1-35）。

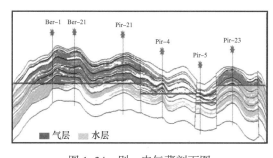

图 1-34　别—皮气藏剖面图

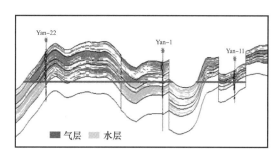

图 1-35　扬—恰气藏剖面图

根据测井解释及测试成果等资料确定各气田气水界面，其中别—皮气田主体受构造控制，气水界面 -2945m，礁间受岩性因素控制，气水界面变化较大；扬古伊气田受构造控制，具有统一的气水界面，确定为 -3300m；恰什古伊气田单井测试未发现纯水层，综合考虑多口井以 -3330m 作为气水界面；鲍—坦—乌气田主要受构造控制，气水界面 -2960m；桑迪克雷气田受构造控制，气水界面为 -3350m（表 1-9）。

表 1-9 研究区气田气水界面统计表

序号	气田	气水界面，m
1	别—皮气田	−2945
2	扬古伊气田	−3300
3	恰什古伊气田	−3330
4	桑迪克雷气田	−3350
5	鲍—坦—乌气田	−2960

参 考 文 献

［1］Sharland P R，Archer R，Casey D M，et al. Arabian Plate Sequence Stratigraphy［J］. GeoArabia Special Publication，Gulf Petrolink，Bahrain，2001，2：387.

［2］Sharland P R，Archer R，Casey D M，et al. Arabian Plate Sequence Stratigraphy-revisions to SP2［J］. GeoArabia，2004，9：199-214.

［3］Jassim S Z. Palaeozoic Megasequences AP1-AP5［M］. Geology of Iraq. Dolin，Prague and Moravian Museum，Brno，Czech Republic，2006.

［4］Aqrawi A A M，Thehni G A，Sherwani G H，et al. Mid-Cretaceous rudist-bearing carbonates of the Mishrif Formation：An important reservoir sequence in the Mesopotamian Basin［J］. Journal of Petroleum Geology，1998，21（1）：57-82.

［5］Alsharhan，Narin.伊拉克油气地质与勘探潜力［M］.何登发，何金有，文竹，等译.北京：石油工业出版社，2013.

［6］梁爽，王燕琨，金树堂，等.滨里海盆地构造演化对油气的控制作用［J］.石油实验地质，2013，35（2）：174-178.

［7］何伶，赵伦，李建新，等.复杂碳酸盐岩储集层裂缝发育特征及形成机制——以哈萨克斯坦让纳若尔油田为例［J］.石油勘探与开发，2010，37（3）：304-309.

［8］何伶，赵伦，等.碳酸盐岩储集层复杂孔渗关系及影响因素——以滨里海盆地台地相为例［J］.石油勘探与开发，2014，41（2）：206-214.

［9］张兵，郑荣才，刘合年，等.土库曼斯坦萨曼杰佩气田卡洛夫—牛津阶碳酸盐岩储层特征［J］.地质学报，2010，84（1）：117-125.

［10］李浩武，童晓光，王素花，等.阿姆河盆地侏罗系成藏组合地质特征及勘探潜力［J］.天然气工业，2011，30（5）：6-12.

［11］张宝民，刘静江，边立曾，等.礁滩体与建设性成岩作用［J］.地学前缘，2009，16（1）：270-289.

第二章　海外碳酸盐岩油气藏开发特征

海外油气开发资源归资源国所有，国际油公司只是一定期限内的油气开发经营者，受资源国法规、合同模式、安保形势、合作伙伴等多方面制约，必须规避政治、政策、金融、安全等风险。针对海外特殊的油气开发环境，油田开发早期普遍采取"有油快流，延迟注水，快速回收投资，规避投资风险"的开发模式；气田开发普遍采取"稀井高产，高速开发，快速回收投资，滚动勘探开发实现有序接替和稳定供气"的开发模式。在海外特殊开发模式和碳酸盐岩油气藏储层非均质性等因素影响下，普遍存在地层压力保持水平低、油气生产井见水快等问题。因此需要对海外不同类型碳酸盐岩油气藏的开发特征进行分析[1]，为下一步综合调整提供依据。

本章以中国石油海外中东、中亚地区复杂碳酸盐岩油气藏为例，分别对大型生物碎屑灰岩油藏、带气顶碳酸盐岩油藏、边底水碳酸盐岩气藏的开发特征进行详细介绍。

第一节　大型生物碎屑灰岩油藏开发特征

中东地区大型生物碎屑灰岩油藏储集空间以粒间溶孔为主，局部发育溶洞和微裂缝，储层类型以孔隙型为主。该类油藏受储层厚度大、平面及纵向非均质性强等因素影响，普遍存在单井产能差异大、平面压力分布不均、储层纵向动用程度差异大、部分井见水速度快等开发难题，制约油田整体高效开发。以伊拉克哈法亚油田为例，对大型生物碎屑灰岩油藏的开发特征进行阐述。

一、单井产能特征

哈法亚油田 Mishrif 为巨厚生物碎屑灰岩油藏，油层厚度最大超过 150m。油藏纵向上分为 MA、MB1、MB2、MC1、MC2、MC3 6 个大层，其中 MA 层又细分为 MA1 和 MA2 两个小层；MB1 层细分为 MB1-1、MB1-2A、MB1-2B、MB1-2C 等 4 个小层，其中 MB1-2A、MB1-2B、MB1-2C 统称为 MB1-2 油层组；MB2 层细分为 MB2-1、MB2-2、MB2-3 等 3 个小层；MC1 层细分为 MC1-1、MC1-2、MC1-3 和 MC1-4 等 4 个小层。油藏储层非均质性强，纵向上局部发育高渗透层，其中 MB1 小层储层物性相对较差，平均孔隙度 18.6%、平均渗透率 4.5mD，小层内部的 MB1-2 油层组渗透率平均只有 3.6mD，但其下部的 MB1-2C 油层发育一个 2～4m 高渗透带，渗透率达到 300mD 以上；MB2 和 MC1 小层储层物性相对较好，平均孔隙度 21%，平均渗透率 32.9mD；在早期生产过程中，产量贡献主要以 MB2 等物性较好的小层为主；而渗透率较小、厚度较大的 MB1 层产量贡献相对较小；另外，MC1 层作为避水段没有射孔（表 2-1、表 2-2）。

从表 2-1 和表 2-2 可以看出，钻遇 MB2 层的直井和大斜度水平井的平均储层渗透率和单井初产均高于只钻遇 MB1 层的井，其中钻遇 MB2 层直井的平均渗透率在 13.2～34.0mD，初产在 319～790t/d，平均为 615t/d，而只钻遇 MB1 层直井的平均渗透率在

3.6～8.5mD，初产在 185～282t/d，平均为 224t/d，约为钻遇 MB2 层直井初产的 1/3；钻遇 MB2 层大斜度水平井的平均渗透率在 29.4～38.2mD，初产在 455～1078t/d，平均为 796t/d，而只钻遇 MB1 层大斜度水平井的平均渗透率在 8.3～17.9mD，初产在 173～633t/d，平均为 390t/d，约为钻遇 MB2 层水平井初产的 62%。

对 Mishrif 油藏现有 23 口井的产液测试资料进行分析得出，油藏采油井初产主要与储层物性以及生产层段厚度相关；M279 井射孔厚度尽管比 M281 小，但射孔段平均渗透率（34mD）大于 M281 井平均渗透率（27mD），因此 M279 井单井产能明显高于 M281 井。表 2-1 中的单井产能与单井地层系数（生产层段厚度与渗透率乘积）两者之间为良好的线性关系（图 2-1）。

表 2-1 哈法亚油田 Mishrif 油藏直井产能参数统计表

井名	生产层段	射孔厚度 m	MB2 层厚度 比例，%	生产段平均孔隙度，%	生产段平均渗透率，mD	单井产量 t/d
M346	MB1-2、MB2-1、MB2-2	46	40.3	18.4	34	790
M279	MA2、MB1-2、MB2-1	37	38.8	19.7	34	758
M307	MB1-2、MB2-1、MB2-2	42	39.2	20.2	37	751
M281	MB1-2、MB2-1	46	41.6	19.2	27	693
M266	MB1-2、MB2-1	44	42.3	19.3	26.7	682
M075D1	MB1-2、B2-1	44	37.5	19.2	26.7	681
M324	MB1-2、MB2-1、MB2-3	45	40.3	18.3	25.4	656
M268	MB1-2、MB2-1、MB2-2	47	38.7	18.9	26.6	645
M306	MB1-2、MB2-1、MB2-3	42	43.4	19.4	25.3	612
M052D2	MB1-2、MB2-1、MB2-2	47	46.4	23.4	21.3	591
M267	MB1-2、MB2-1	43	43.1	20.7	20.6	553
M278	MB1-2、MB2-1、MB2-2	46	45.4	21.7	19.1	546
M325	MB1-2、MB2-1、MB2-3	49	38.6	21.5	18.7	530
M081D1	MA2、MB1-2、MB1-2	52	36.5	20.4	18.4	521
M297	MB1-2、MB2-1	46	48.5	19.8	17.3	507
M059D2	MB1-2、MB2-2	46	29.8	19.4	13.2	319
M054D1	MB1-2	53		18.6	8.5	282
M009D1	MB1-2	42		18.9	7.3	255
M045D1	MB1-2	43		18.5	5.6	238
M287	MB1-2	38		20.1	4.6	196
M009D2	MB1-2	37		18.7	4.7	187
M013D1	MB1-2	33		19.6	3.6	185

表 2-2 哈法亚油田 Mishrif 油藏大斜度水平井产能参数统计表

井名	生产层段	井段长度 m	MB2 层水平段长度，m	生产段平均孔隙度，%	生产段平均渗透率，mD	单井产量，t/d
M009H	MB1-2、MB2-1、MB2-2	1021	420	21.9	32.4	1078
M002H	MB2-1、MB2-2	529	329	22.3	36.7	1054
M027H	MB1-2、MB2-1	900	388	20.7	38.2	1003
M026H	MB1-2、MB2-1	1118	453	21.5	31.5	979
M004H	MB1-2、MB2-1、MB2-2	814	420	22.6	33.8	785
M075H	MB1-2、MB2-1	905	360	21.7	37.5	680
M119H	MB2-1、MB2-2	850	320	19.6	29.4	676
M051H	MB1-2、MB2-1、MB-2	1015	380	20.5	34.3	663
M008H	MB1-2、MB2-1	1032	290	20.3	30.3	583
M109H1	MB1-2、MB2-1	760	306	21.4	34.5	455
M065H	MB1-2	960		19.2	17.9	633
M001H	MB1-2	641		19.4	13.6	418
M014H1	MB1-2	1154		19.7	9.8	375
M060H	MB1-2	1000		18.9	7.5	350
M068H	MB1-2	884		20.5	8.3	173

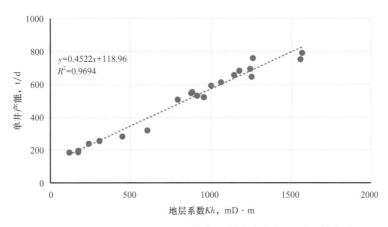

图 2-1 哈法亚油田 Mishrif 油藏典型单井产能与地层系数关系

Mishrif 油藏单井产能除受纵向上的非均质储层影响外，平面上还受储层沉积微相影响，储层物性的差异主要取决于不同的沉积相或沉积微相，总体来看，Mishrif 油藏沉积相为镶边台地，物性最好的微相是台缘滩，其次为台内滩，再次为滩间和滩后潟湖。不同沉积微相油井产能差异较大。Mishrif 油藏 MB2-1 小层主要的沉积微相包括台缘滩、滩间、滩后潟湖、沼泽；同属 MB2-1 层的 M306 与 M307 两口井分别位于滩间和台缘滩，对应的日产油分别为 252t 和 556t，台缘滩油井的平均日产油高（图 2-2、图 2-3）。

二、地层压力变化及产量递减特征

哈法亚油田Mishrif油藏为受构造控制的具有层状特征的边底水油藏，原始地层压力为34.5MPa，地层压力系数1.12，水体倍数约为5倍。目前油田以天然能量开发为主，只进行了3口井的注水试验。

受储层物性和隔夹层发育程度、投产时间和开发强度等方面的差异影响，油藏中部、东部区域地层压力下降幅度明显，西部区域地层压力因储层物性很差未规模开发而保持相对稳定。油藏中部区域于2012年6月投入开发，当年Mishrif层年产油达到400×10^4t规模；但受地层能量不足的影响，地层压力快速下降，到2016年年底，地层压力由原始的34.5MPa下降至26.2MPa，年均地层压力下降1.6MPa；同时，原油年产量也大幅度下降至280×10^4t，年均下降达到27×10^4t。东部区域于2014年8月投入开发，当年Mishrif油藏年产油也达到了400×10^4t规模；该区域与中部区域相比，储层纵向隔夹层多、物性差，因此地层压力下降趋势更为明显，到2016年年底，地层压力由原始的34.5MPa下降至25.8MPa，年均下降2.7MPa；原油年产量也下降至278×10^4t，年均下降高达51×10^4t（图2-4）。

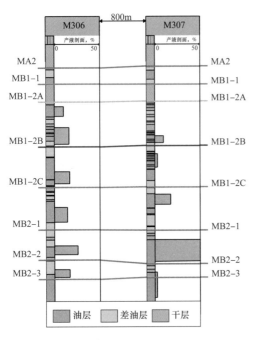

图2-2　M306、M307井产吸剖面

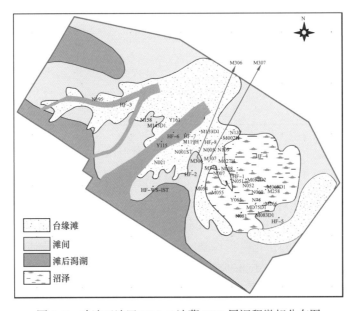

图2-3　哈法亚油田Mishrif油藏MB2层沉积微相分布图

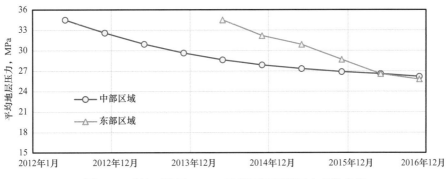

图 2-4 哈法亚油田 Mishrif 油藏不同区域压力变化曲线

受中部和东部区域储层物性和隔夹层发育程度差异的控制，在相同采油速度下地层压力下降幅度不同（表 2-3）。2015 年 6 月至 12 月间，中部和东部区域采油速度基本接近，分别为 1.76% 和 1.77%。2015 年 6 月中部区域地层压力为 27.35MPa；2015 年 12 月地层压力为 26.9MPa，地层压力下降速度为 0.90MPa/年；东部区域 2015 年 6 月地层压力 30.90MPa；2015 年 12 月地层压力 28.70MPa，地层压力下降速度为 4.40MPa/年。

表 2-3 哈法亚油田 Mishrif 油藏地层压力与采油速度关系

时间	中部区域				东部区域			
	投产区域，km^2	控制地质储量，10^4t	地层压力，MPa	采油速度，%	投产区域，km^2	控制地质储量，10^4t	地层压力，MPa	采油速度，%
2012 年 6 月	11.70	9956	34.50	4.02				
2012 年 12 月	13.10	10683	32.60	3.56				
2013 年 6 月	14.10	11298	30.95	3.19				
2013 年 12 月	15.40	12012	29.65	2.91				
2014 年 8 月	17.30	13249	28.65	2.49	16.78	12970	34.50	2.85
2014 年 12 月	20.50	15554	27.90	2.06	20.30	15546	32.20	2.25
2015 年 6 月	23.40	17589	27.35	1.76	24.60	18665	30.90	1.77
2015 年 12 月	26.70	19880	26.90	1.51	27.90	20971	28.70	1.48
2016 年 6 月	28.90	21313	26.60	1.36	29.70	22113	26.60	1.31
2016 年 12 月	29.70	21692	26.20	1.29	31.50	23230	25.80	1.21

此外，油藏地层压力下降速度还受到采油速度大小的影响。中部区域采油速度由初始的 4.02% 下降到目前的 1.29% 过程中，地层压力下降速度从 3.8MPa/年逐渐下降到了 0.8MPa/年；同样，东部区域采油速度由 2.85% 下降到目前的 1.21% 过程中，压力下降速度也由 4.6MPa/a 逐渐下降到了 1.6MPa/a。

Mishrif 油藏中部和东部采油井的产量递减规律表现出与地层压力下降类似的特征。中部区域受储层物性相对较好，地层压力下降速度较为缓慢影响，油井产量递减水平相对较小，如 M267 井早期产量的月递减率约 1.4%，后逐渐下降为 1.3%，呈缓慢下降趋势；而东部区域受储层物性相对较差、隔夹层较为发育影响，油井产量递减水平相对较大，如 M083D1 井早期产量的月递减率为 4.7%，即使一年半以后产量递减有所减慢，但月递减率仍高达 1.9%（图 2-5、图 2-6）。

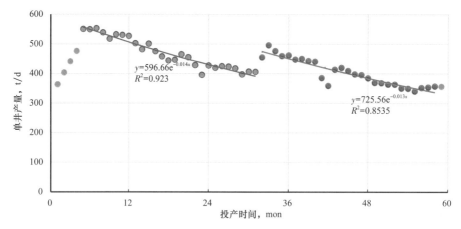

图 2-5　Mishrif 油藏中部典型井 M267 产量递减曲线

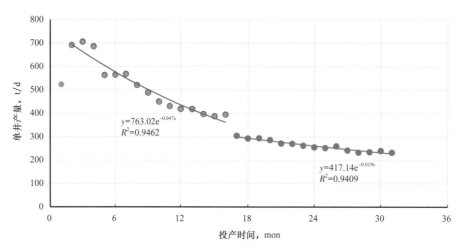

图 2-6　Mishrif 油藏东部典型井 M083D1 产量递减曲线

三、储层纵向动用特征

哈法亚油田 Mishrif 油藏为具有层状特征的大型生物碎屑灰岩油藏，储层纵向跨度大（最大达到 230m），单储层层数多（最多超过 25 个）。受储层储集空间组成复杂，层内、层间及平面非均质性强的影响，储层纵向动用程度低。

以 Mishrif 油藏两个先导注水试验区为例，分别对其中 9 口井的射孔及产吸剖面测试资料进行了统计分析。采油井总射孔层数为 16 个，射孔储层厚度为 401.00m，射孔储层厚度占油井总储层厚度的 62.66%；注水井总射孔层数为 4 个，射孔储层厚度为 39.8m，射孔储层厚度占注水井总储层厚度的 42.22%。从整体上看，两个注采井组射孔的储层厚度为 440.8m，占总储层厚度的 60.38%（表 2-4）。

表2-4　哈法亚油田Mishrif层两个注水先导试验井组射孔情况

井别	项目	射孔	未射孔	合计
采油井组	段数，个	16	6	22
	厚度，m	401	239	640
	段数，%	72.73	27.27	100
	厚度，%	62.66	37.34	100
注水井组	段数，个	4	6	10
	厚度，m	39.8	50.2	90
	段数，%	40	60	100
	厚度，%	44.22	55.78	100
合计	段数，个	20	12	32
	厚度，m	440.8	289.2	730
	段数，%	62.5	37.50	100
	厚度，%	60.38	39.62	100

受储层纵向非均质性影响，射孔的储层段并不能完全动用，统计显示，Mishrif油藏注水井射孔层段中吸水储层厚度仅占总射孔厚度的56.7%，而采油井射孔层段中产液储层厚度仅占总射孔层段厚度的62.3%（图2-7）。总的来说，受储层非均质、大段合采及避水等因素的影响，生物碎屑灰岩油藏储层纵向动用程度较低，未来这些未射孔和射孔未动用储层是油田主要的挖潜方向之一。

四、巨厚生物碎屑灰岩油藏出水特征

哈法亚油田于2012年投入开发，以天然能量开发为主，2015年开始陆续在Mishrif油藏实施了M325和M279两个先导注水试验井组。目前油田主体仍处于无水采油期，98%以上的生产井没有见水，目前仅有的2口见水井均为M325注水试验井组的一线采油井（图2-8）。

M325井于2015年5月实施笼统注水，3个月后南侧M346井见水，6个月后北侧M307见水，其他井未见水。经化验分析，产出水矿化度为12×10^4mg/L，远低于地层水矿化度[$(20 \sim 25) \times 10^4$mg/L]，同时M325井注入的示踪剂在M346井和M307井也均有显示，充分证明产出水为注入水。

M346井和M307井见水后，含水率快速上升，其中M346井从见水到含水率上升至50%仅用10个月时间，M307井从见水到含水率上升至40%仅用8个月。含水的快速上升，导致采油井产油能力大幅度下滑（图2-9、图2-10）。

M325注水试验井组的见水井具有一定的方向性，产吸剖面测试资料显示，M346和M307井的产出水主要来源于MB1小层下部MB1-2C油层中2m左右的高渗透条带（图2-11），该高渗透条带是井组油水井的主要产吸层，高渗透条带呈南北走向，西部有一条

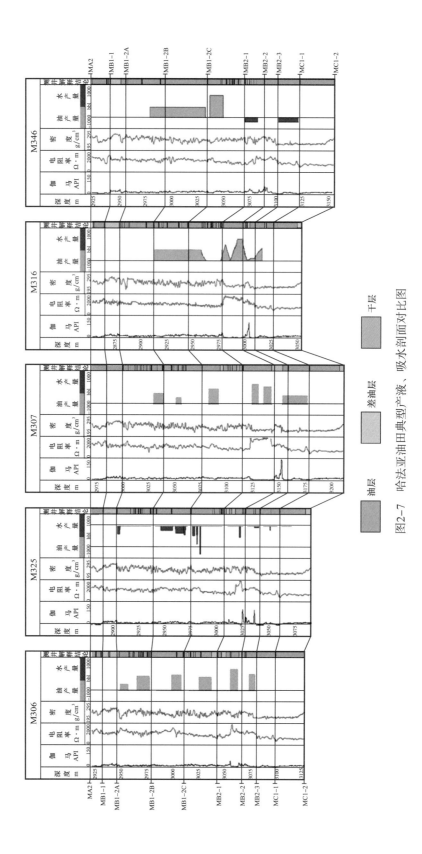

图2-7　哈法亚油田典型产液、吸水剖面对比图

低渗透条带封隔，因此南北向的 M346 井和 M307 井快速见水，而西侧 M316 等井基本不见水（图 2-12）。

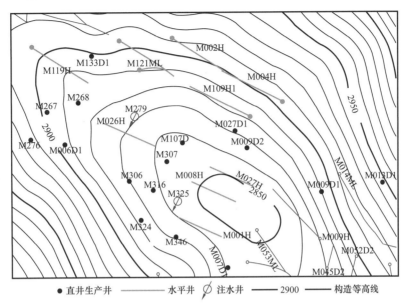

图 2-8 哈法亚油田 Mishrif 油藏先导注水井组分布图

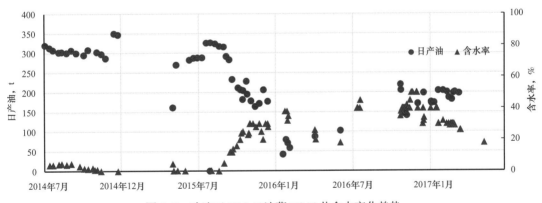

图 2-9 哈法亚 Mishrif 油藏 M346 井含水变化趋势

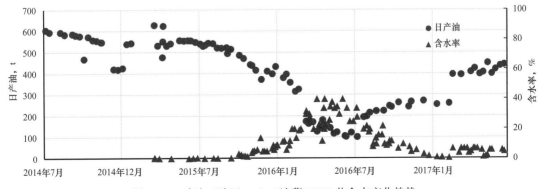

图 2-10 哈法亚油田 Mishrif 油藏 M307 井含水变化趋势

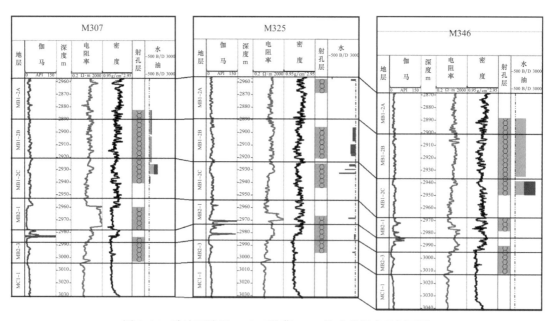

图 2-11　哈法亚油田 Mishrif 油藏 M325 注水井组产吸剖面图

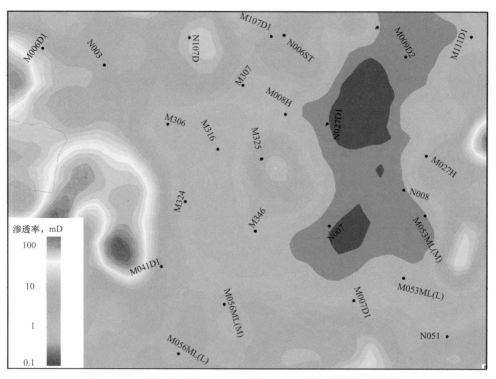

图 2-12　哈法亚油田 Mishrif 油藏 MB1-2C 小层渗透率分布图

2016 年 6 月对 M325 注水井实施作业，下封隔器封堵 MB1-2C 高渗透条带，并在 MB1 和 MB2 实行分层注水。在实施封堵高渗透条带和分层注水后，取得良好注水开发效果，M346 井和 M307 井的含水快速下降，且产量又重新恢复至见水前水平（图 2-9、图 2-10）。

第二节　带气顶碳酸盐岩油藏开发特征

让纳若尔油田为带凝析气顶和边底水的大型复杂碳酸盐岩低渗透油田。储层储集空间以粒间溶孔为主，也发育晶间孔、溶洞和微裂缝。储层类型以孔隙型、裂缝—孔隙型为主，其次为孔—缝—洞复合型。储层平面及层间物性差异大，非均质性强。流体类型较为复杂，气顶中的天然气高含凝析油（$250\sim360g/m^3$），油环中的原油具有弱挥发性，黏度低（$0.16\sim0.57mPa\cdot s$），原始溶解气油比高（$172\sim351m^3/t$）。油田以油环开发为主，受气顶和油环处于同一压力系统下影响，油环开发过程中不仅受本身储层和流体特征、开发方式等方面的影响，还受到气顶的影响，因此带气顶油藏的开发特征与常规油藏相比更为复杂[2]。

一、地层压力及气油比变化特征

受注水延迟和注采不平衡影响，让纳若尔油田主力油藏 Г 北、Д 南和 Д 北地层压力保持水平低，在 44%～62% 之间。随油环地层压力下降，油环原油脱气，气顶向油环扩散，造成采油井生产气油比普遍升高，但受采出气来源不同影响，油环内部和油气界面处采油井开发特征存在一定的差异。

Г 北为带凝析气顶碳酸盐岩油藏，原始状态下，地层原油黏度 $0.16mPa\cdot s$，溶解气油比 $351m^3/t$，饱和压力 34.03MPa，地饱压差 3.54MPa；气顶高含凝析油，凝析油含量 $360g/m^3$，气顶指数 0.4。以该油藏为例，对带气顶油藏地层压力及气油比变化特征进行分析。

1. 油环内部采油井生产气油比、采出油密度升高

2016 年 Г 北油藏油环地层压力已下降至 21.50MPa，低于原始饱和压力 12.53MPa，地层压力保持水平仅为 57%。地层压力下降至饱和压力后，原油中的溶解气开始析出，油层流体由单相流过渡为气液两相流，且随着地层压力的进一步下降，溶解气析出量进一步增加，油环内部采油井的生产气油比也随之大幅上升，2543 井生产气油比已由最初的 $337m^3/t$ 上升到近 $1000m^3/t$（图 2-13）。同时，随着溶解气不断析出，油环原油中的轻质组分不断减少，原油物性也会发生变化，主要体现在原油密度、黏度增大，采油井产出油分析测试显示地面原油密度由原始状态下的 $0.8g/cm^3$ 左右上升至最高 $0.86\ g/cm^3$（图 2-14）[3]。

2. 近油气边界处采油井生产气油比升高，原油密度变小

Г 北油藏为具有层状特征的岩性构造油藏，存在内外油气边界。油环开发采用"屏障注水 + 面积注水"的方式，屏障注入水可以在气顶和油环间形成水障，防止油气互窜，但受屏障注水井位于内油气边界处的影响，屏障注水井与外油气边界之间仍存在大量气顶气。油环开发过程中，随地层压力下降，屏障注水井与外油气边界间的气顶气会不断向油环扩散，造成靠近油气边界处的采油井的生产气油比大幅度上升，如近油气边界处 2372 采油井生产气油比最高超过 $2000m^3/t$（图 2-15）；同时随地层压力下降，气顶凝析气会反凝析析出大量凝析油，并与原油混合采出，从而造成产出油密度有所下降，分析测试显示地面原油密度由最高 $0.8g/cm^3$ 左右下降至最低约 $0.78g/cm^3$（图 2-14）[4]。

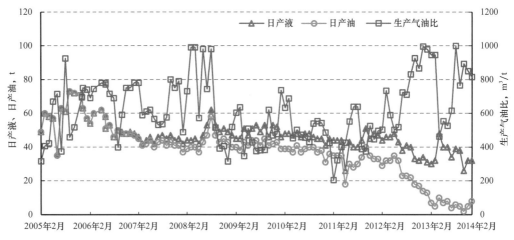

图 2-13　2543 井生产气油比变化曲线

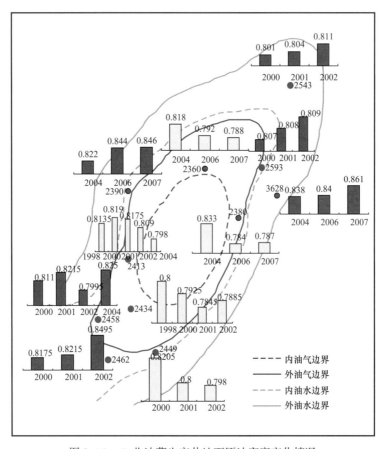

图 2-14　Γ北油藏生产井地面原油密度变化情况

　　总的来说，地层压力下降，对带凝析气顶油藏的凝析气顶和油环均会产生不利影响。对于凝析气顶而言，随地层压力下降，气顶凝析气出现反凝析现象，造成大量凝析油吸附在孔隙表面难以采出；对于油环而言，随地层压力下降，原油黏度、密度上升，同时出现气、油两相现象，生产气油比快速增加，原油流动能力大幅度减弱，单井产量快速降低，造成油环开采难度加大，因此类似带凝析气顶油藏的开发需尽可能地保持较高地层压力水平，同时还需要尽量保持油气界面的相对稳定[5]。

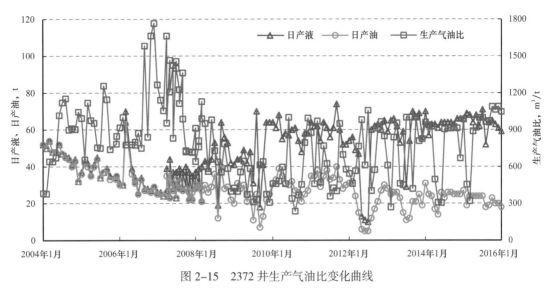

图 2-15　2372 井生产气油比变化曲线

二、水驱储量控制程度和纵向动用程度特征

让纳若尔油田开发过程中采用注水的方式来稳定地层压力和提高采收率，该油田储层纵向跨度大（最大超过 200m），单储层层数多（最大超过 20 个）。受储层储集空间组成复杂，层内、层间及平面非均质性强影响，在注水开发过程中普遍存在注采对应差、纵向动用程度低等现象，其中物性相对好且裂缝较为发育的储层是主要的产吸层，而物性差且裂缝不发育储层产吸能力差或得不到动用（图 2-16）[6]，下面以 KT-Ⅱ层 Γ 北、Д 南和 Д 北等三个主力油藏为例进行分析。

1. 储层纵向水驱动用程度低，约 1/3 储层仍未动用

Γ 北、Д 南和 Д 北油藏产吸剖面测试资料统计表明，注水井射孔层段中 39.8% 的层段不吸水，占总射孔厚度的 29.2%，采油井射孔层段中 39% 的层段不产油，占总射孔厚度的 29.1%。除了未动用层段以外，已动用储层的产液、吸水能力也存在较大差异，采油强度变化范围在 0.01~142.03t/（d·m）之间，级差高达 14203；吸水强度变化范围在 0.1~231.4m³/（d·m）之间，级差高达 2314。因此，定量评价碳酸盐岩储层动用程度是厘清水驱开发效果的关键。

1）储层动用程度评价方法

利用油、水井产液和吸水剖面测试资料确定各层采油和吸水强度，建立基于采油强度的储层动用程度评价标准，可以较便利地实现定量评价储层动用程度目的。

（1）采油强度分类评价标准确定。

油层采油强度是指油层单位有效厚度的日产油量。单井采油强度 C_o 的表达式为

$$C_o = \frac{q_o}{h} \tag{2-1}$$

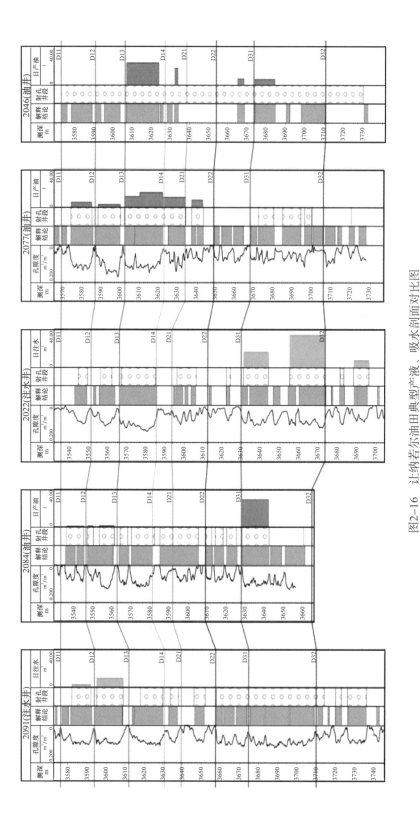

图2-16 让纳若尔油田典型产液、吸水剖面对比图

式中　C_o——单井采油强度，$m^3/(d \cdot m)$；

　　　h——射开层段的有效厚度，m；

　　　q_o——日产油量，m^3。

考虑油井综合利用率 Z、老井年产油量占油田年产油量的比例 T_i，利用式（2-1）可建立油田在产老井平均单井采油强度 $\overline{C_{oi}}$ 的表达式。

$$\overline{C_{oi}} = \frac{Q_{oi}T_i}{365h_iN_{oi}Z} \qquad (2-2)$$

式中　$\overline{C_{oi}}$——第 i 年老井平均采油强度，$m^3/(d \cdot m)$；

　　　N_{oi}——第 i 年采油老井数；

　　　Q_{oi}——第 i 年油田年产油量，m^3；

　　　h_i——第 i 年老井射开层段的总有效厚度，m。

判断油层动用程度好坏的采油强度评价标准如下：

① 扣除射孔不产油的储层有效厚度，计算得到的产油层的实际采油强度值 C_{omax} 作为油层动用程度好的下限，当油层实测采油强度值大于或等于该值时（$C_o \geq C_{omax}$），定义油层动用程度为好。

② 油层实测产油强度介于油田老井平均单井采油强度和动用程度好下限值之间时（$\overline{C_{oi}} \leq C_o < C_{omax}$），定义油层动用程度为较好。

③ 当采油强度实测值小于老井平均单井采油强度值时（$C_o < \overline{C_{oi}}$），定义油层动用程度为较差。

（2）吸水强度分类评价标准。

根据注采平衡原理，油层采液强度 C_{Li} 与吸水强度 C_{wi} 可用下式表示：

$$C_{wi} = \frac{C_{Li}\left[(1-f_w)B_{oi} + f_w\right]h_iT}{h_{si}} \times N_{IPR} \qquad (2-3)$$

因为

$$C_{Li} = \frac{C_{oi}}{1-f_w} \qquad (2-4)$$

则式（2-3）可以转换为下式：

$$C_{wi} = \frac{C_{oi}\left(B_{oi} + \dfrac{f_w}{1-f_w}\right)h_iT}{h_{si}} \times N_{IPR} \qquad (2-5)$$

式中　C_{Li}——第 i 年老井采液强度，$m^3/(d \cdot m)$；

　　　C_{wi}——第 i 年注水井吸水强度，$m^3/(d \cdot m)$；

　　　T——油、水井数比；

　　　N_{IPR}——注采比；

　　　B_{oi}——原油体积系数；

　　　h_{si}——第 i 年注水井射孔总有效厚度，m。

在确定油井生产层采油强度分类评价标准的情况下，可运用式（2-5）确定与采油强度相一致的注水井吸水层的吸水强度分类评价标准，并在此基础上利用产吸剖面测试资料分别确定让纳若尔油田评价油层动用状况的采油强度和吸水强度分类评价标准（表2-5）。

表2-5 油层动用状况分类评价标准

油层动用状况	采油强度分类标准，m³/（d·m）	吸水强度分类标准，m³/（d·m）
未动用	0	0
动用差	0～0.5	0～2
动用较好	0.5～2	2～7.5
动用好	≥2	≥7.5

2）储层动用程度评价

根据采油和吸水强度分类评价标准，利用让纳若尔油田 KT-Ⅱ层 Г 北、Д 北、Д 南油藏产吸剖面资料，开展储层动用程度分类评价，评价结果由表2-6给出。

表2-6 让纳若尔油田 KT-Ⅱ层油层动用程度分类评价结果表

分类	项目	未动用	动用差	动用较好	动用好	合计
产液剖面统计	射孔段数，个	247	101	154	132	634
	射孔有效厚度，m	906.9	596	884	726.5	3113.4
	射孔段数百分数，%	39	15.9	24.3	20.8	100
	射孔有效厚度百分数，%	29.1	19.1	28.4	23.4	100
吸水剖面统计	射孔段数，个	74	36	29	47	186
	射孔有效厚度，m	337.2	329.6	177	309.2	1153
	射孔段数百分数，%	39.8	19.4	15.6	25.3	100
	射孔有效厚度百分数，%	29.2	28.6	15.4	26.8	100
产吸剖面统计	射孔段数，个	321	137	183	179	820
	射孔有效厚度，m	1244.1	925.6	1061	1035.7	4266.4
	射孔段数百分数，%	39.1	16.7	22.3	21.8	100
	射孔有效厚度百分数，%	29.2	21.7	24.9	24.3	100

采油井产液剖面测试资料得到的储层动用程度评价结果表明，KT-Ⅱ层动用好和动用较好的油层厚度和层数分别占总射孔油层厚度和层数的51.8%和45.1%，动用差的油层厚度和层数分别占总射孔油层厚度和层数的19.1%和15.9%，未动用油层厚度和层数分别占总射孔油层厚度和层数的29.1%和39.0%。从动用程度好和较好的储层厚度百分比高于层数百分比可以看出，厚油层比薄油层的动用程度高。

注水井吸水剖面测试资料得到的储层动用程度评价结果表明，KT-Ⅱ层动用好和动用较好的油层厚度和层数分别占总射孔油层厚度和层数的42.2%和40.9%，动用差的油层厚度和层数分别占总射孔油层厚度和层数的28.6%和19.4%，未动用油层厚度和层数分别占总射孔油层厚度和层数的29.2%和39.8%。从动用程度好和较好的储层厚度百分比高于层数百分比同样也可以看出，厚油层比薄油层的动用程度高。另外，与采油井相比，注水井动用好和动用较好的油层厚度比例要低9.6%，主要原因为注水井井底流压高，更有利于注入水沿高渗透层突进。

产液和吸水剖面资料相结合，综合评价储层动用程度，动用好和动用较好的油层厚度和层数分别占总射孔油层厚度和层数的49.2%和44.1%，动用差的油层厚度和层数分别占总射孔油层厚度和层数的21.7%和16.7%，未动用油层厚度和层数分别占总射孔油层厚度和层数的29.2%和39.1%。整体来看，油藏动用差和未动用的储层厚度占总射孔油层厚度的比例高达50.9%，是未来油田开发的主要挖潜方向之一。

2. 主力油藏平面注采井网储量控制程度及水驱储量控制程度差异大

1）油藏平面注采井网储量控制程度

受油层分布特征及开发条件限制等方面影响，KT-Ⅱ层Γ北、Д南、Д北油藏的注采井网完善程度存在一定的差别。油藏平面注采井网储量控制程度定义为油藏注采井网控制的原油地质储量与油藏探明地质储量的比值，用以定量表征油藏的水驱开发规模。Д南油藏中北部油层厚度大、连续性好，南部油层厚度薄、物性差，油层分布连续性差，因此油藏中北部为主力开发区，注采井网较为完善，但受油藏南部动用程度较差、注采井网不完善影响，油藏平面上整体的注采井网完善程度仍然较低，油藏平面注采井网储量控制程度为54.9%；Γ北为小气顶大油环油气藏（气顶指数0.4），油层厚度大、连续性好，注采井网完善程度也相对较高，油藏平面注采井网储量控制程度为89.8%（图2-17、图2-18）。让纳若尔油田KT-Ⅱ层主力油藏平面注采井网储量控制程度为74.4%（表2-7）。

表2-7　KT-Ⅱ层油藏平面注采井网储量控制程度统计

油藏	原油地质储量，10^4t	注采井网控制储量，10^4t	油藏平面注采井网储量控制程度，%
Γ北	11751.2	10546.9	89.8
Д南	9502.6	5215.6	54.9
Д北	4330.8	3282.5	75.8
油田	25584.6	19045.0	74.4

2）水驱储量控制程度评价

水驱储量控制程度定义为在现有注采井网条件下的人工水驱控制地质储量与动用地质储量之比。为了统计方便，把与注水井连通的采油井射开油层厚度与井组内采油井射开总油层厚度之比作为水驱储量控制程度。由于让纳若尔油田各油藏平面注采井网储量控制程度差异较大，不能简单地采用与注水井连通的采油井射开油层厚度与井组内采油井射开总油层厚度的比值确定水驱储量控制程度。因此采用平面注采井网储量控制程度和与注水井连通的采油井射开油层厚度与井组内采油井射开油总层厚度比值的乘积来计算各油藏水驱储量控制程度，既考虑了纵向上储层的连通情况，也考虑了平面上注采井网的完善状况，采用此方法评价油藏水驱储量控制程度的可靠性相对较高。

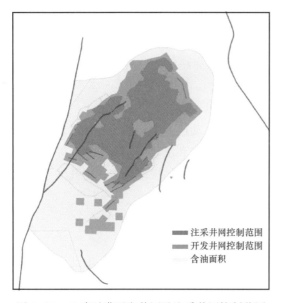

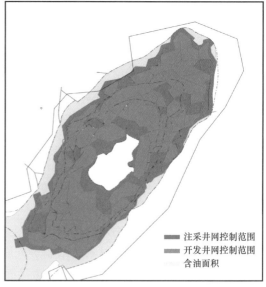

图 2-17　Д 南油藏开发井网及注采井网控制范围　　图 2-18　Г 北油藏开发井网及注采井网控制范围

　　与注水井连通的采油井射开油层厚度与井组内采油井射开总油层厚度比值，相当于油井注采对应厚度与射孔总有效厚度比值，可以通过绘制井组连通图并统计分析得到（图 2-19），其中 Г 北、Д 南油藏的油井注采对应厚度与射孔总有效厚度比值较高，分别为 95.2% 和 91.9%；Д 北油藏的油井注采对应厚度与射孔总有效厚度比值较低，仅为 72.7%。利用油井注采对应厚度与射孔总有效厚度比值和油藏平面注采井网储量控制程度相乘即可得到各油藏水驱储量控制程度（表 2-8），其中 Г 北油藏水驱储量控制程度高，达到 85.5%；Д 南、Д 北油藏水驱储量控制程度较低，分别为 50.4% 和 55.1%，因此 Д 南、Д 北油藏可通过完善注采井网和提高注采对应关系来改善油田开发效果。

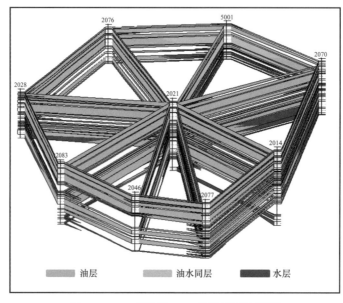

图 2-19　Д 南油藏 2021 井组储层连通图

表 2-8　KT-Ⅱ层主力油藏水驱储量控制程度

油藏	油藏平面注采井网储量控制程度，%	油井注采对应厚度与射孔总有效厚度比值，%	水驱储量控制程度，%
Г 北	89.8	95.2	85.5
Д 南	54.9	91.9	50.4
Д 北	75.8	72.7	55.1
平均	74.4	86.6	64.4

三、低黏度油藏含水变化规律特征

让纳若尔油田的原油为具有弱挥发性的轻质原油，各油藏地层原油黏度与地层水黏度接近，在 0.28～0.53mPa·s，此类油藏水驱开发类似于活塞式驱替，其开发过程中的含水变化规律具有一定的典型性。

含水率与采出程度关系可以直观表现油藏开发过程中的含水变化规律特征，该关系曲线可以利用相渗曲线法推导，也可以利用开发中后期油藏的实际开发数据制作。利用相渗曲线的推导方法如下：

首先，根据相对渗透率曲线数据，建立 $\dfrac{K_{ro}}{K_{rw}}-S_w$ 的关系式：

$$\frac{K_{ro}}{K_{rw}} = \alpha e^{-bS_w} \qquad (2-6)$$

式中　K_{ro}——油的相对渗透率；

　　　K_{rw}——水的相对渗透率；

　　　S_w——含水饱和度，%；

　　　α、b——常数。

一般情况下，$\dfrac{K_{ro}}{K_{rw}}-S_w$ 在半对数坐标上具有很好的线性关系，利用数据点回归可以得到表达式中的系数 α 和 b，再代入分流量公式（2-7）可以求出不同含水饱和度下的含水率，即

$$f_w = \frac{1}{1+\dfrac{\mu_w}{\mu_o}\dfrac{K_{ro}}{K_{rw}}} \qquad (2-7)$$

式中　f_w——含水率；

　　　μ_w——地层水黏度，mPa·s；

　　　μ_o——地层原油黏度，mPa·s。

另外，计算不同含水饱和度下采出程度公式为

$$E_r = E_D E_V = \frac{S_w-S_{wi}}{1-S_{wi}}E_V \qquad (2-8)$$

式中　E_r——地质储量采出程度；

E_D——驱油效率；

E_V——体积波及系数；

S_{wi}——束缚水饱和度。

由式（2-7）和式（2-8）可以得到油田采出程度与含水率的关系曲线。

以让纳若尔油田 Γ 北油藏为例，分别利用相渗曲线和实际生产数据绘制出含水率与地质储量采出程度关系曲线（图 2-20）。两条关系曲线反映的 Γ 北油藏含水率与地质储量采出程度关系变化趋势基本一致。

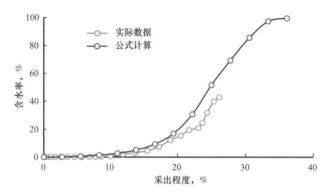

图 2-20　Γ 北油藏含水率与地质储量采出程度关系曲线

利用关系曲线可以将油田开发分为三个阶段，第一个阶段是无水采油期，此阶段原油地质储量采出程度接近 10%，油藏开发基本不产水；第二个阶段是油藏含水缓慢上升期，原油地质储量采出程度在 10%～20%，综合含水小于 20%；第三个阶段是油田含水快速上升期，在地质储量采出程度达到 20% 以后，综合含水上升明显加快。

含水上升对油井的产能具有较大的影响。以 Γ 北油藏 3461 井为例，该井 2001 年投入开发，到 2009 年之前，含水上升速度较为缓慢，日产油基本维持在 40t 以上；但当 2009 年含水上升至 20% 后，含水上升速度明显加快，仅 2 年时间综合含水上升至 50%，日产油水平也下降至 20t 左右（图 2-21）。

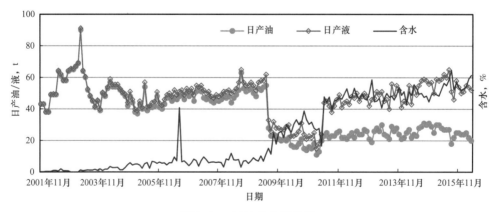

图 2-21　3461 井生产曲线

综上所述，无水和低含水采油期是让纳若尔低黏原油油田的主要采油开发阶段，因此延缓油井见水时间并控制含水上升速度是此类油田获得较好开发效果的一项主要手段。

四、带凝析气顶碳酸盐岩油藏注水开发递减特征

带气顶油藏与常规油藏相比，增加了气顶膨胀驱，该驱动方式的存在对油藏采油井的生产特征产生较大的影响。Γ北为小气顶宽油环油气藏，投产30年以来只对油环进行了开发（图2-22）。虽然油藏的气顶指数仅为0.4，但是受气顶膨胀驱的影响，油气边界附近与距油气边界较远采油井的生产特征有所不同，影响这类采油井产量递减的主要因素也有所差别。以Γ北油藏油气边界附近的2397井和距油气边界较远的2580井为例进行分析（图2-23）。

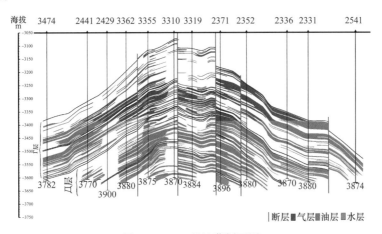

图2-22　Γ北油藏剖面图

1. 油气边界附近采油井的注水开发递减特征

Γ北油藏开发过程中气顶和油环的地层压力逐渐降低，但受内油气边界屏障注水补充地层能量影响，气顶地层压力始终比油环地层压力高约5MPa（图2-24）。因此，油气边界附近采油井的驱动类型主要是气顶膨胀驱，其次是油环内部面积注水井提供的人工水驱。这类油井主要生产特点是无水采油期长，稳产能力强。

2397井位于Γ北油藏气顶西侧，储层主要分布在Γ3、Γ4、Γ5小层，平均孔隙度9.1%，平均渗透率9.6mD，油层厚度50.8m。该井于1992年4月投产，早期采用衰竭式开发，1998年后进入注水开发阶段。1992年4月至2004年10月，受储层厚度大、气顶膨胀能量强及人工水驱等因素影响，2397井处于稳产阶段，日产油50～60t，稳产时间长达12年。2004年11月至2011年9月，受气顶气窜影响，生产气油比逐步升高，产油能力开始下降，2011年9月生产气油比上升至1481m³/t，日产油下降至29t，阶段平均年递减率为9.2%。2011年10月以后，2397井进入产水阶段，随含水率逐渐升高，产量递减明显增大，当年年递减率达到28%；2014年3月含水率上升至20%以后，产量递减进一步加大，年递减率达到31%。同时，受气顶气反凝析出的凝析油与原油混合采出影响，该井产出油密度也有所下降（图2-25、图2-26）。

2. 距油气边界较远采油井的注水开发递减特征

距油气边界较远采油井衰竭式开发阶段主要驱动方式为溶解气驱，注水开发阶段的主要驱动方式为人工水驱。因缺乏气顶膨胀驱动能量的影响，距油气边界较远采油井与油气边界附近采油井相比，稳产时间、无水采油期相对较短。

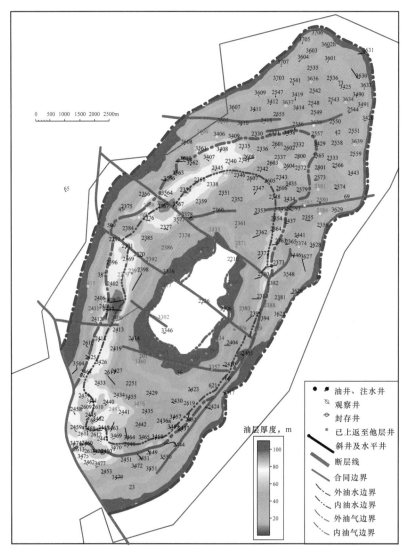

图 2-23　Γ 北油藏井位图

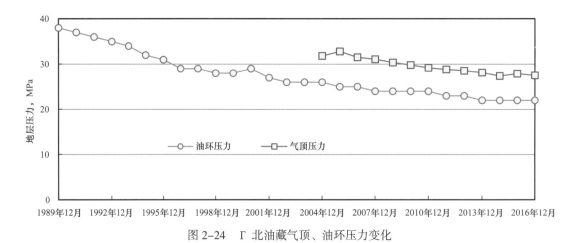

图 2-24　Γ 北油藏气顶、油环压力变化

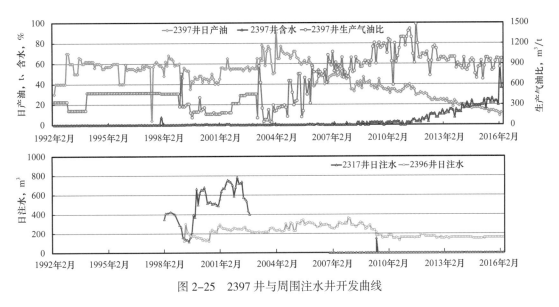

图 2-25 2397 井与周围注水井开发曲线

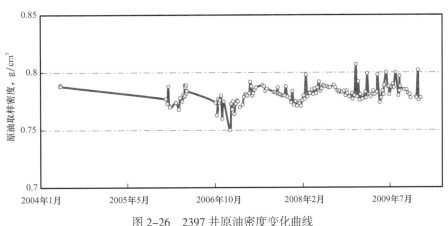

图 2-26 2397 井原油密度变化曲线

2580 井位于 Γ 北油藏北侧，储层主要分布在 Γ1 小层，平均孔隙度 9.6%，平均渗透率 20mD，油层厚度 23m 且发育较为集中。该井于 1994 年 10 月投产，早期采用衰竭式开发，2002 年后转入注水开发阶段。1994 年 10 月至 2001 年 11 月，受储层物性较好、供液能力较强影响，2580 井处于稳产阶段，日产油水平在 60t 左右，稳产时间 7 年；2001 年 12 月至 2003 年 11 月，受地层压力下降、原油中的溶解气大量析出影响，生产气油比快速升高，产油能力也随之下降，2003 年 11 月生产气油比上升至 1351m³/t，日产油下降至 27t，阶段平均年递减率达到 31%；2003 年 12 月后转气举开发，日产油水平又恢复到 50~60t 并稳产至 2009 年 12 月；2010 年 1 月以后，2580 井进入含水开发阶段，2010 年 1 月至 2014 年 7 月，随含水率逐渐升高，产量递减明显加大，阶段平均年递减率为 16.5%；当 2014 年 8 月含水率达到 20% 以后，产量递减进一步加大，平均年递减率达到 32.7%（图 2-27 ）。

综上所述，带凝析气顶油藏采油井产量出现递减的主要原因是生产气油比或含水率的升高，但由于油气边界附近和距离油气边界较远的采油井所受主要驱动方式不同，各自的生产特征也有所不同。油气边界附近采油井主要驱动方式是气顶膨胀驱和人工水驱，距离油气边界较远采油井的驱动方式主要为溶解气驱和人工水驱，相比而言，油气边界附近采油井所受驱动能量更强，因此油气边界附近采油井投产后的稳产时间较长，且生产气油比上升后仍能以较低的递减水平生产。但是当注入水突破后，无论是油气界面附近还是距离油气边界较远，采油井的生产特征基本趋于一致，特别是当含水率上升至 20% 以后，产量递减率会大幅度增加。

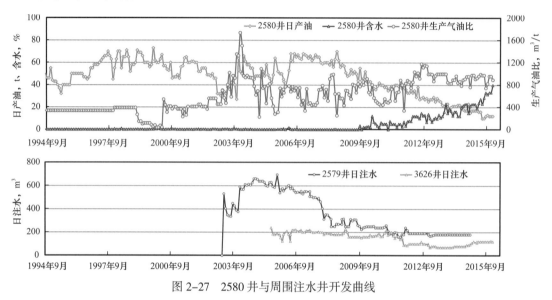

图 2-27　2580 井与周围注水井开发曲线

总之，带气顶油藏采油井的产量递减主要受生产气油比和含水率的上升影响，因此，带气顶油藏油环开发后需要尽早开展人工能量补充，并制订相应的合理开发技术政策，一方面可以保持油环地层压力的稳定，防止气顶气窜和大量溶解气析出；另一方面可以防止压力失衡造成的注入流体过早突破。

第三节　边底水碳酸盐岩气藏开发特征

阿姆河右岸项目所属气田为台内和台缘斜坡区边底水礁滩型碳酸盐岩气藏。气藏储集空间类型主要包括孔隙、溶孔、溶洞和裂缝。储层类型以孔隙（洞）、裂缝—孔隙型为主，其次为裂缝型、溶洞型。储层平面及纵向物性差异大、非均质性强。气藏流体类型为低含凝析油（含量一般小于 $50g/m^3$）的湿气藏。气藏边底水较活跃，水体倍数 3～20 倍。与油藏开发相比，受天然气流体性质差异、水侵危害、天然气销售渠道及下游市场需求等因素影响，边底水碳酸盐岩气藏具有不同的开发特征。本节以阿姆河右岸萨曼杰佩、别列克特利—皮尔古伊（简称"别—皮"）、扬古伊—恰什古伊（简称"扬—恰"）等主力气田为例，阐述边底水礁滩型碳酸盐岩气藏的开发特征[7]。

一、单井产能特征

阿姆河右岸项目边底水碳酸盐岩气藏，受储层非均质性、裂缝发育及边底水侵入影响，气井产能具有平面上单井米采气指数差异较大、见水后产量下降较快两个特征。

1. 平面上单井米采气指数差异较大

气井产能主要与储层渗透率、钻开储层程度、生产压差等参数有关，因此，采气井产能的大小不能直接以实际产量来衡量，应以各井的米采气指数来衡量。受裂缝发育、储层非均质性较强影响，气藏平面上单井米采气指数差异较大。

图 2-28 和图 2-29 分别是萨曼杰佩、别—皮两个主力气田单井的米采气指数柱状图，各采气井之间米采油指数的较大差异可以直观地反映阿姆河右岸碳酸盐岩气藏储层的强非均质性。萨曼杰佩气田单井米采气指数最大、最小值分别为 $0.872 \times 10^4 m^3/(d \cdot MPa \cdot m)$ 和 $0.029 \times 10^4 m^3/(d \cdot MPa \cdot m)$，二者相差 30.1 倍；别—皮气田单井米采气指数最大、最小值分别为 $2.134 \times 10^4 m^3/(d \cdot MPa \cdot m)$ 和 $0.023 \times 10^4 m^3/(d \cdot MPa \cdot m)$，二者相差 92.8 倍。为了进一步对比两气田单井米采气指数的差异程度，引入了方差的概念进行评价，其中一组均值为 $\bar{y}$ 的 n 个测量值的方差定义为

$$\sigma^2 = \frac{\sum_i (y_i - \bar{y})^2}{n-1} \tag{2-9}$$

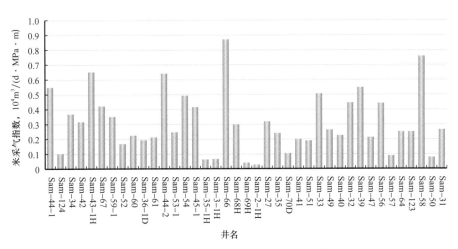

图 2-28　萨曼杰佩气田单井米采气指数柱状图

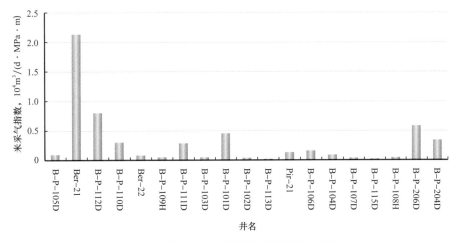

图 2-29　别—皮气田单井米采气指数柱状图

根据上述定义，计算得到萨曼杰佩气田单井米采气指数方差为 0.0412，别—皮气田单井米采气指数方差为 0.2429，表明别—皮气田单井米采气指数之间的差异更大，反映出别—皮气田裂缝—孔隙型储层较萨曼杰佩孔隙（洞）型储层的非均质性更强。

2. 气井见水后产量下降较快

边底水的存在可以为气藏开发提供一定能量，但受天然气膨胀能量大的影响，边底水能量补充对气藏开发意义并不大；同时，边底水的存在也会对气藏的开发带来较大的不利影响，主要采气井在边底水侵入后产量会大幅度下降，气藏采收率也会有所降低。采气井见水后，产量快速下降的原因有两个方面：一是边底水侵入产层后，地下渗流状态由天然气单相渗流变成气水两相渗流，气相相对渗流能力降低；二是气井见水后，井筒流体密度增大，造成井底回压增大。这两个方面均会导致单井产量大幅下降，甚至水淹停喷[8]。

基尔桑为跨境气田，该气田投产时，受乌兹别克斯坦方范围内气藏已经开采影响，地层压力已经下降到初始压力的 50%，多数井投产不久即见水。以基尔桑气田 Gir-24D 井为例，该井在 2015 年 11 月出水后，产量快速下降，截至 2016 年 11 月底，由于水淹停喷（图 2-30）。

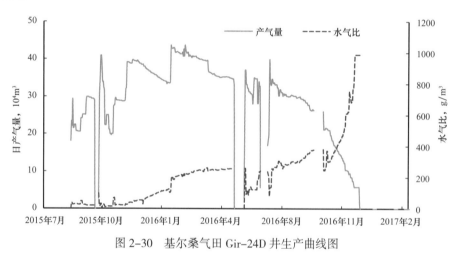

图 2-30　基尔桑气田 Gir-24D 井生产曲线图

二、单井控制动态储量特征

定容气藏的动态储量指开发过程中压降波及范围内的天然气地质储量，常用的计算方法为物质平衡法，其原理为对于定容气藏，视地层压力与天然气累计产量成直线关系，直线外推与横轴交点（视地层压力为零）对应的累计产量就是动态储量（图 2-31）。而对于天然水驱气藏，不能用 $p/Z—G_p$ 关系图外推法确定气藏的地质储量，而必须用水驱气藏物质平衡方程计算气藏地质储量和水侵系数。同时，采用物质平衡法计算动态储量一般要求气藏采出程度达到 20% 以上，主要原因是较低的采出程度所对应压力下降幅度很小，微小的压力误差将导致计算结果偏差较大[9]。

与平面上单井米采气指数差异较大类似，阿姆河右岸项目别—皮气田的单井控制动态储量也存在显著差异。从该气田单井控制动态储量柱状图上可以看出，最大、最小值分别为 B-P-101D 井的 $44.8 \times 10^8 m^3$ 和 B-P-113D 井 $6.7 \times 10^8 m^3$，前者是后者的 6.7 倍（图 2-32）。

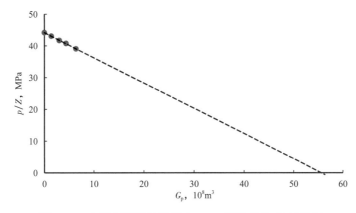

图 2-31　定容气藏视地层压力 p/Z—累计产量 G_p 关系图

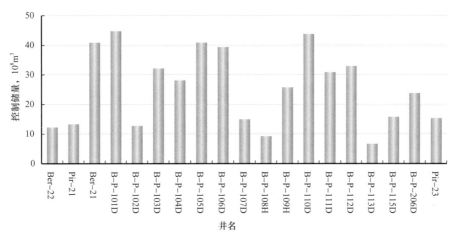

图 2-32　别—皮气田单井控制动态储量柱状图

单井控制动态储量存在差异主要有两个原因，一是储层物性，主要包括储层横向连通情况、纵向厚度、渗透率。一般来说，储层横向连通性好、纵向厚度大、渗透率高，单井控制范围大，动态控制储量大；反之，单井控制动态储小。二是井的因素，主要包括井型、井网密度。一般来说，大斜度井钻遇储层厚度和控制的泄气面积范围较大，因此井控控制范围大，动态储量较直井大；另外，井网密度大，单井控制范围小，动态储量也较小。

三、采气井出水特征

阿姆河右岸 B 区中部气田边底水较活跃，多数气田水体倍数为 2～5 倍，如别—皮、扬—恰等气田；少部分气田水体倍数达到 20 倍以上，如麦斯杰克气田。水体分布类型包括底水（别—皮气田等）和边水（扬—恰气田等）。B 区中部气田开发过程中，受气井生产压差偏大、避水高度偏小、高角度裂缝纵向沟通等因素影响，部分气井生产一段时间后见水。综合出水井工作制度、生产动态分析，阿姆河右岸 B 区中部边底水碳酸盐岩气藏具有 3 个方面的出水特征[10]。

（1）边水气藏出水主要受边水分布及活跃程度影响，一般边部井先出水；而底水气藏出水主要受气井避水高度及生产压差影响，出水井平面分布无规律。

　　扬—恰气田边水比较发育，水体倍数约为3倍，边水来源于南部桑迪克雷构造；局部发育少量底水，但受下部储层不发育、裂缝以中低角度为主的影响，底水不活跃（图2-33）。扬—恰气田2014年5月投产，投产1年多就有两口井相继出水，最先出水的是距离南部桑迪克雷构造最近的Yan-22井，出水时间为2015年7月；第二口出水井是Yan-22北面的Yan-101D井，出水时间为2015年8月。这两口井的出水特征具有明显的方向性，越靠近南部边水的井越早出水（图2-34）。

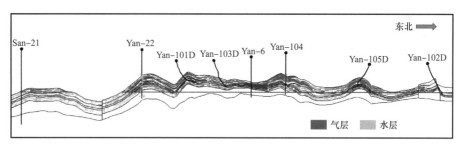

图2-33　扬—恰气田西南—东北方向气藏剖面图

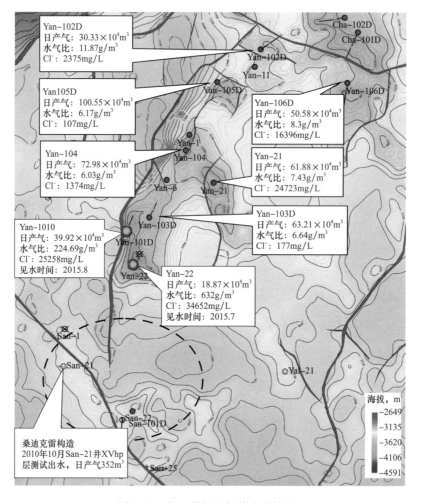

图2-34　扬—恰气田气井出水情况

别—皮气田底水比较发育，水体倍数约为 5 倍（局部水体高达 64 倍）；储层发育中高角度裂缝，容易沟通下部的底水（图 2-35）。别—皮气田出水井平面上分布无规律，既有气藏中部井也有边部井（图 2-36）。分析见水井开发参数，不难发现，底水气藏气井见水时间主要受生产压差和避水高度两个因素共同的影响。对 10 口有压力测试采气井的生产压差 Δp 与避水高度 L 的比值统计分析显示：Ber-22、B-P-102D、B-P-115D、B-P-108H 和 B-P-204D 等 5 口出水井 $\Delta p/L$ 值在 0.135~0.682MPa/m，平均值为 0.28 MPa/m；而 B-P-101D、B-P-105D、B-P-106D、B-P-103D 和 B-P-104D 等 5 口未见水井 $\Delta p/L$ 值在 0.007~0.028 MPa/m，平均值仅有 0.015MPa/m（表 2-9）。

表 2-9　别—皮气田 10 口井开发参数统计表

序号	井号	测试段底海拔，m	避水距离 L，m	生产压差 Δp，MPa	$\Delta p/L$，MPa/m	备注
1	Ber-22	-2911.0	34.0	8.8	0.259	见水井
2	B-P-102D	-2887.0	74.2	10.0	0.135	见水井
3	B-P-115D	-2890.0	55.0	8.8	0.160	见水井
4	B-P-108H	-2901.0	44.0	3.0	0.682	见水井
5	B-P-204D	-2880.0	45.0	7.5	0.167	见水井
6	B-P-101D	-2875.0	70.0	0.5	0.007	正常井
7	B-P-105D	-2880.8	64.2	0.6	0.009	正常井
8	B-P-106D	-2876.0	64.0	1.8	0.028	正常井
9	B-P-103D	-2881.3	63.7	1.4	0.022	正常井
10	B-P-104D	-2876.4	68.6	0.5	0.007	正常井

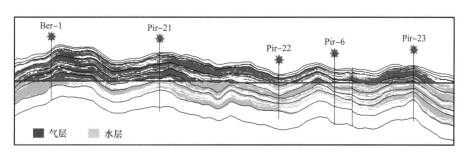

图 2-35　别—皮气田气藏剖面图

（2）边水气藏气井出水时，单井动态储量的采出程度较高；而底水气藏气井出水时，与单井动态储量的采出程度关系不强。

对比扬—恰边水气藏 2 口出水井和别—皮底水气藏 5 口出水井见水时的动态储量采出程度可以看出，边水气藏气井见水时动态储量采出程度相对较高，超过 10%；而底水气藏气井见水时动态储量采出程度较低，最高仅 5.36%。这是由于边水距离生产井有一定距离，边水突进到井底时需要侵占天然气原来的空间，需要采出一定量的天然气；而底水锥进主要受生产压差控制，也就是说底水锥进速度与采气井的产量有密切关系。简单来说：

边水气藏采气井见水主要与累计产量有关，而底水气藏采气井见水主要与瞬时产量有关（表 2-10）。

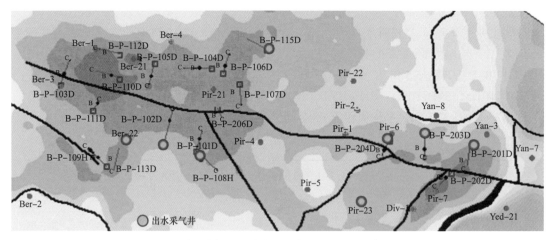

图 2-36　别—皮气田出水井（水气比大于 30g/m³）位置图

表 2-10　别—皮、扬—恰气田气井见水时地质储量采出程度统计表

序号	井号	单井控制储量，10⁸m³	见水时累计产气量，10⁸m³	见水时地质储量采出程度，%
1	Yan-22	26.23	3.008	11.468
2	Yan-101D	37.07	4.355	11.748
3	Ber-22	12.29	0.345	2.807
4	B-P-102D	12.81	0.454	3.544
5	B-P-115D	15.82	0.026	0.164
6	B-P-108H	9.23	0.495	5.363
7	B-P-204D	21.20	0.330	1.557

（3）边水气藏出水井降产控水效果不明显，而底水气藏出水井降产控水效果较明显。

扬—恰边水气藏 Yan-22 和 Yan-101D 采气井见水后，两口井均尝试了降产控水措施，但效果不明显。Yan-22 井产量由 $50 \times 10^4 m^3/d$ 下调至 $20 \times 10^4 m^3/d$，Yan-101D 井产量由 $80 \times 10^4 m^3/d$ 下调至 $45 \times 10^4 m^3/d$，但水气比均继续上升，控水效果不明显。截止到 2016 年年底，Yan-22 井日产气 $15.4 \times 10^4 m^3$，日产水 $129.4 m^3$，水气比上升至 840g/m³；Yan-101D 井日产气 $27.2 \times 10^4 m^3$，日产水 $84.6 m^3$，水气比达 311g/m³（图 2-37、图 2-38）。因此，对边水气藏，气井见水后，应继续带水生产，加强排水，以减缓边水向气藏中部井的推进速度。

别—皮底水气藏出水井通过降低产气量，减小生产压差，从而利用重力分异作用使底水水锥回落，达到控水的目的。B-P-107D 井于 2015 年 2 月 9 日投产，初期配产 $70 \times 10^4 m^3/d$；2015 年 6 月 7 日，有见水迹象，水气比上升至 12g/m³，产出水 Cl⁻ 含量也由

89mg/L（低于1000mg/L属于凝析水范畴）上升至32791mg/L；2015年6月，将产气量降至 $35 \times 10^4 m^3/d$，水气比回落至5g/m³左右并实现连续稳产260天；2016年3月，水气比逐步上升至22g/m³，Cl⁻达到 $4.4 \times 10^4 mg/L$，将该井产量进一步降低至 $20 \times 10^4 m^3/d$，水气比迅速回落至10g/m³，Cl⁻下降至 $1.5 \times 10^4 mg/L$，取得了明显的控水效果（图2-39）。因此，对底水气藏，气井见水后，可通过降产或间歇式生产方式实现控制底水锥进。

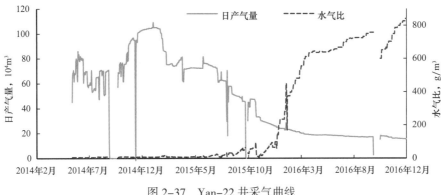

图2-37　Yan-22井采气曲线

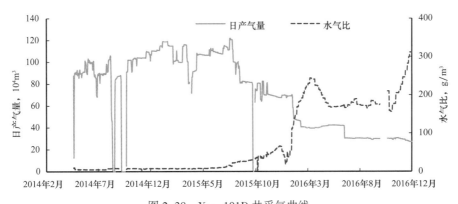

图2-38　Yan-101D井采气曲线

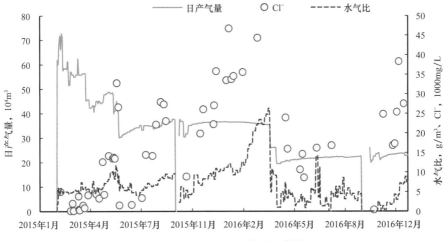

图2-39　B-P-107D井采气曲线

参 考 文 献

［1］贾爱林，闫海军，郭建林，等．不同类型碳酸盐岩气藏开发特征［J］．石油学报，2013，34（5）：914-923．

［2］袁士义，叶继根，孙志道，等．凝析气藏高效开发理论与实践［M］．北京：石油工业出版社，2003．

［3］赵伦，卞德智，范子菲，等．凝析气顶油藏开发过程中原油性质变化［J］．石油勘探与开发，2011，38（1）：74-78．

［4］赵伦，赵晓亮，宋珩，等．凝析气顶油藏气顶气窜研究［J］．油气地质与采收率，2010，17（4）：77-79．

［5］张安刚，范子菲，宋珩，等．气顶油藏油气界面稳定性条件研究［J］．地质科技情报，2016，35（1）：114-118．

［6］宋珩，傅秀娟，范海亮，等．带气顶裂缝性碳酸盐岩油藏开发特征及技术政策［J］．石油勘探与开发，2009，36（6）：756-761．

［7］闫海军，贾爱林，何东博，等．礁滩型碳酸盐岩气藏开发面临的问题及开发技术对策［J］．天然气地球科学，2014，25（3）：414-422．

［8］李涛．普光气田开发过程水侵特征分析［J］．天然气工业，2014，34（6）：65-71．

［9］李勇，李保柱，胡永乐，等．生产分析方法在碳酸盐岩凝析气井动态分析中的应用［J］．油气地质与采收率，2009，16（5）：79-81．

［10］康博，张烈辉，王健，等．裂缝—孔洞型碳酸盐岩凝析气井出水特征及预测［J］．西南石油大学学报：自然科学版，2017，39（1）：107-113．

第三章 碳酸盐岩储层表征技术

碳酸盐岩储层孔、缝、洞组合关系复杂，储层非均质性强，裂缝预测和储层表征难度大。针对这些挑战，以中国石油海外碳酸盐岩油气藏为例，本章采用地震、测井、岩心和生产动态资料相结合方式，集成碳酸盐岩储层表征技术，包括孔隙型生物碎屑灰岩储层预测及多信息一体化相控建模技术、碳酸盐岩储层裂缝识别和测井评价技术、裂缝—孔隙型碳酸盐岩气藏储层预测技术、碳酸盐岩双重介质储层流动单元划分技术。

第一节 孔隙型生物碎屑灰岩储层预测及多信息一体化相控建模技术

中东地区碳酸盐岩储层主要是白垩系孔隙型生物碎屑灰岩，与国内震旦系—寒武系古老的海相碳酸盐岩储层相比[1]，中东地区白垩系储层具有发育时代较新、埋深较浅、后期构造和成岩改造较弱、整体呈层状展布等特征。按照滩体的发育位置和储层物性可以将其主要划分为上部晚白垩系缓坡滩储层，特点是渗透率低，规模相对小，储层薄，以Hartha 和 Sadi 层为代表；中深层中白垩系的台缘滩、台内滩储层，储层较厚，孔渗较好，规模大，隔夹层薄，以 Mishrif 层为代表。

一、生物碎屑灰岩储层地震预测技术

针对白垩系缓坡滩、台缘滩这两类滩相储层，首先分析不同滩相储层的地震反射结构特征，进而在"相控"指导下，进行高精度储层反演，预测有利储层分布及薄隔夹层展布，形成了针对滩相储层的地震沉积学技术及薄层预测技术。

1. 地震相分析技术

根据国内对于礁滩储层的认识，认为颗粒滩不具生物格架，由鲕粒、砂屑和生屑等构成[2]。按位置可以分为缓坡滩、台内滩和台缘滩，其中台缘滩为大滩，规模分布；台内滩为小滩，零星分布。中东地区这 3 种类型的滩储集性能具有明显的差别，台缘滩物性最好，其次是台内滩，缓坡滩较差，与其对应的地震响应特征也不同。

由于浅滩不像生物礁具有明显的丘状外形，并且由于海平面的变化导致相带频繁转变，地震剖面识别困难，需结合地质沉积背景进行不同相带地震反射结构分析[3]。

1）台缘滩地震相特征

哈法亚油田 Ahmadi 组沉积在缓坡上，随后海平面升高，整个森诺曼期大范围海侵建立了稳定的碳酸盐岩台地，并形成台缘坡折带。台缘滩总体上呈带状平行于台地边缘分布，规模比较大，发育横切浅滩的潮道。台缘滩相储层以 Mishrif 组 B2 层为典型代表，有两种反射特征：第一种是以水体较深时的大规模席状反射为代表，主要为生屑滩和厚壳蛤碎屑滩，发育于 MB2-2、MB2-3 小层，地震剖面表现为连续性好、中低频、顶面为波谷反射特征；第二种是以水体较浅时的丘状反射为代表，主要为介屑滩，发育在 MB2-1 小层，其表现为弱振幅、连续性差反射特征，常分布于构造高部位（图 3-1）。

潮道相表现为条带状，边界清楚，宽度大约 1.4km；主要发育在 MB2-1 小层，表现

为强振幅、中频特征，其顶面与上覆 MB1 台内滩呈波谷反射，底面与台缘滩呈波峰反射。滩间相三个小层均有发育，主要位于 MB2-1 小层，层状反射，表现为中强振幅、中低频、连续较好特征，底面与低阻抗滩相呈波峰反射（图 3-1）。

微相	外部几何形态	内部反射结构	典型地震剖面
台缘滩	丘状反射	弱振幅、中高频 连续性较差，杂乱状	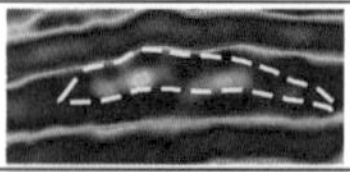
	席状反射	规模大、中强振幅、中低频 连续性较好	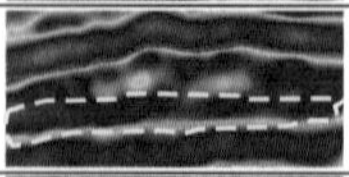
滩间	层状反射	中强振幅、中低频 连续性好	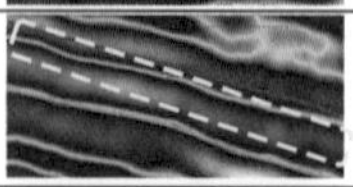
潮道	条带状反射	强振幅、中低频 连续性好，边界清晰	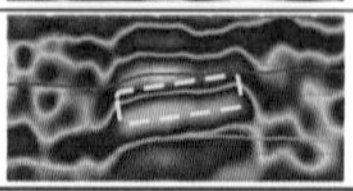

图 3-1　台缘滩地震反射结构

2）台内滩地震相特征

台内滩储层分为局限台地和开阔台地相两种沉积环境。局限台地水体能量较低，局部浅水区发育生屑滩，常与潮下灰泥（灰坪）交互，含大量局限环境生物，以生屑粒泥灰岩、生屑泥粒灰岩为主，储集能力较差。开阔台地生屑滩的生物种类逐渐以正常海相生物为主，常见介屑、棘皮类，发育颗粒灰岩（生屑灰岩）、生屑泥粒灰岩，常与台坪交互发育。这类生屑滩分布范围较广，储集能力稍强。局限台地环境台内滩呈块状或点状反射结构，强振幅，局部发育。开阔台地环境台内滩呈席状反射，中强振幅，连续性好，规模大，主要分布在地层中下部。台坪相呈层状反射（图 3-2）。

微相	外部几何形态	内部反射结构	典型地震剖面
台内滩	局限台地相块状反射	规模小、强振幅、中低频	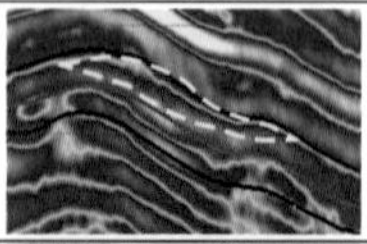
	开阔台地相席状反射	规模大、中强振幅、中低频、连续性较好	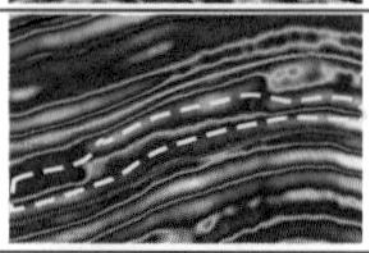
台坪	层状反射	中强振幅、中低频、连续性较好	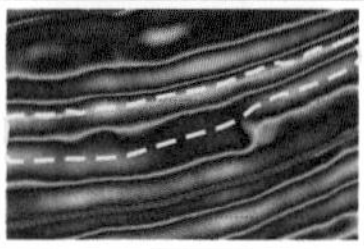

图 3-2　台内滩地震反射结构

3）缓坡滩地震相特征

缓坡上发育的生屑滩厚度较小，分布局限，且常与缓坡灰泥交互沉积，造成其储集能力相对较差。这类生屑滩的颗粒主要为局限环境生物，如底栖有孔虫和绿藻类，以生屑泥粒灰岩和生屑粒泥灰岩为主，较少颗粒灰岩。以 Hartha 地层为例，缓坡滩在地震剖面呈强振幅、层状，平面上局部发育；灰泥相呈中弱振幅、中高频（图 3-3）。

微相	外部几何形态	内部反射结构	典型地震剖面
缓坡滩	层状反射	强振幅、中低频 连续性好	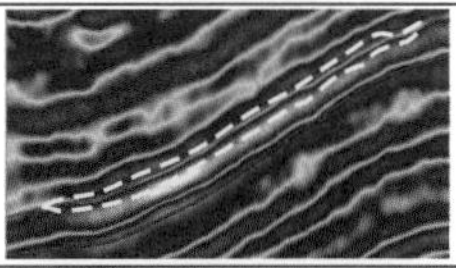
缓坡灰泥	层状反射	中弱振幅、中高频 连续性较好	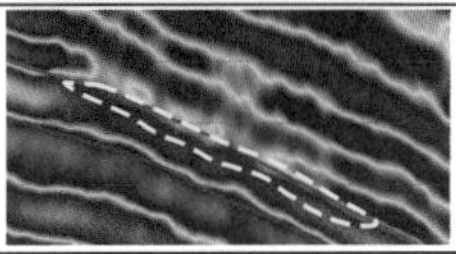

图 3-3　缓坡滩地震反射结构

2. 滩相储层反演技术

在定性分析了不同浅滩的地震响应特征之后，进而在相约束下，通过井震反演进一步定量表征储层。滩相储层具有低阻抗特征，其他相带（如潮道、滩间和台坪）为高阻抗，因此可以通过叠后波阻抗反演识别滩相储层。中东地区滩相储层规模大，但是受海平面升降控制，纵向上单期储层较薄；横向上分布受沉积相带控制，非均质性强。因此，需要优选具有相控指导的薄层反演技术定量刻画滩相储层的空间分布[4]。常规的确定性反演，如稀疏脉冲反演，虽然忠实于地震资料，横向可靠性高，但是精度不够，因此采用地震波形指示马尔科夫链蒙特卡洛随机模拟（SMCMC）技术实现薄层反演。

1）地震波形指示反演技术

三维地震是分布密集的空间结构优化数据，反映了沉积环境和岩性组合的空间变化。SMCMC算法是在空间结构化数据已知情况下不断寻优的过程，参照空间分布和地震波形相似性两个因素对所有井按关联度排序，优选与预测点关联度高的井作为初始模型对高频成分进行无偏最优估计，保证最终反演的地震波形与原始地震一致。具有精度高、反演结果随机性小的特点，更好地体现了"相控"的思想（图 3-4）。地震波形指示反演步骤如下：

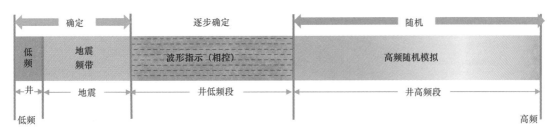

图 3-4　波形指示反演频率成分分析

（1）按照地震波形特征对已知井进行分析，优选与待判别道波形关联度高的井样本建立初始模型，并统计其纵波阻抗作为先验信息。分布密集的地震波形可以精确表征空间结构的低频变化，在已知井中利用波形相似性和空间距离双变量优选低频结构相似的井作为空间估值样本。

（2）将初始模型与地震频带阻抗进行匹配滤波，计算得到似然函数。如果两口井的地震波形相似，表明这两口井大的沉积环境是相似的，虽然其高频成分可能来自不同的沉积微相，差异较大，但其低频具有共性，且经过井曲线统计证明其共性频带范围大幅度超出了地震有效频带。利用这一特性可以增强反演结果低频段的确定性，同时约束了高频的取值范围，使反演结果确定性更强。

（3）在贝叶斯框架下联合似然函数分布和先验分布得到后验概率分布，并将其作为目标函数，利用后验概率分布函数最大时的解作为有效的随机实现，取多次有效实现的均值作为期望输出。实践表明，基于波形指示优选的样本，在空间上具有较好的相关性，可以利用马尔科夫链蒙特卡洛随机模拟进行无偏、最优估计，获得期望和随机解。

2）应用效果

图3-5（a）为哈法亚油田Mishrif主力产层的地震波形指示反演的波阻抗剖面，图3-5（b）为稀疏脉冲反演波阻抗剖面（二者为同一色标），其中红色代表低阻抗，蓝色代表高阻抗，可以清晰地表现不同类型浅滩横向发育模式和有利储层的横向展布。通过对比可以看出波形指示反演纵向上既提高了分辨率，横向上又与地震信息相一致，地震波形指示反演用于碳酸盐岩储层预测效果较好。

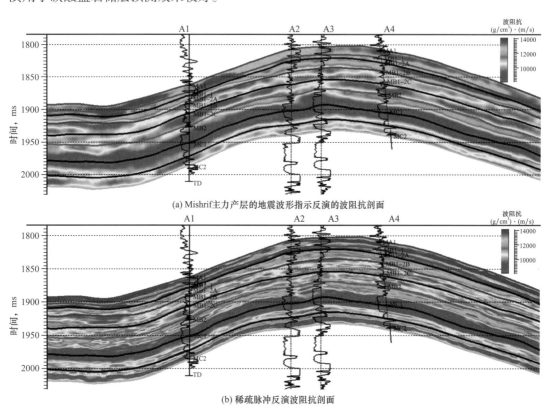

(a) Mishrif主力产层的地震波形指示反演的波阻抗剖面

(b) 稀疏脉冲反演波阻抗剖面

图3-5　哈法亚油田Mishrif组高精度储层反演剖面

3. 云变换技术预测储层物性

对于孔隙型生物碎屑型灰岩，最主要的是预测其物性分布，以优选有利储层。借助地震资料把波阻抗转换成储层物性的过程中，如果只是简单地选择使用线性函数关系拟合或者二次函数关系拟合，都会有大量的点偏离函数值，预测的物性数据可能与地下地层实际情况不符。如果从云变换的角度来处理波阻抗与储层物性的关系，就可较好地解决线性函数偏离点的归属，其实解析函数关系只是云关系的特例。

1）云变换技术

云变换是基于云模型的连续数据离散化方法，它是一种非线性随机模拟方法。通过概率场模拟将一个变量转化为另一个变量，并且遵循两个变量间的复杂的非线性关系。云模型是在模糊数学和概率统计基础上推导出来的一种定量互换模型，综合考虑了模糊性和随机性，以及两者之间的关联性。云模型有多种，如正态云、三角云、几何云、函数云等。

云变换数学定义为给定论域中某个数据属性 X 的频率分布函数 $f(x)$，根据 X 的属性值频率的实际分布自动生成若干个粒度不同的云 $C(Ex_i, En_i, He_i)$ 的叠加，每个云代表一个离散的、定性的概念，这种从连续的数值区间到离散的概念的转换过程，称为"云变换"。

数学表达式为

$$f(x) \to \sum_{i=1}^{n} a_i \times C(Ex_i, En_i, He_i) \qquad (3-1)$$

式中　a_i——幅度系数；

　　　n——变换后生成离散概念的个数。

云变换处理波阻抗与渗透率函数关系是一个复杂的转换过程，一般需要四个步骤来完成。

第一步是数据概率分布与模拟预测。首先从测井数据出发，选取合适的波阻抗数据和孔隙度数据的概率分布函数，进行直方图数据分析。概率分布函数确立之后就可以进行概率分布模拟，从模拟结果分析概率分布函数的合理性，如果模拟结果与实际数据相差较大，则修正概率分布函数，直至预测数据与原始数据基本吻合，能较真实地表达数据分布的概率分布范围，则可以进入下一个过程。

图 3-6 为哈法亚油田 6 口井的波阻抗数据和渗透率数据概率分布与模拟预测结果，图 3-6（a）为阻抗数据的概率分布，图 3-6（b）为渗透率数据的概率分布，其中红线为原始数据，蓝线为模拟预测数据集。从概率分布与模拟结果可以看出，模拟数据与原始数据分布范围基本一致，吻合度较高，模拟结果满足云变换的数据要求。通过直方图数据分析，找到了波阻抗与渗透率数据各自的概率分布的规律性，为云模型的建立奠定了基础。

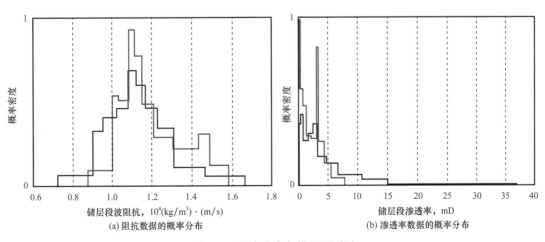

(a) 阻抗数据的概率分布　　(b) 渗透率数据的概率分布

图 3-6　概率分布与模拟预测图

第二步为岩性段物性云模拟分析。根据岩性和物性变化可将地层划分为储层和非储层，其波阻抗与孔隙度的云关系存在较大差别，不同井段岩性和物性的变化直接影响云函数的选择。为了进一步建立准确的云函数，利用测井、录井等综合解释目的层段的岩性和物性变化，按不同岩性的物性分别进行交会分析。

通过云模拟求取不同岩石物性段的云模型函数关系，分别进行数据模拟及对比分析，同时综合统计考虑储层与非储层两类岩性段的比例，为三维空间的云变换选取合适的函数和比例参数，为最终云模拟预测提供控制参数。

图3-7为针对目的层段不同岩性段储层和非储层的波阻抗与渗透率数据的交会分析和云模型模拟结果，其中A与A′分别为储层段的交会云模型及模拟云模型；B与B′分别为非储层段的交会云模型及模拟云模型。可以看出储层段和非储层段的云关系是存在差别的，主要表现在储层段的数据能量团比较集中，而非储层段的数据能量团则比较发散。

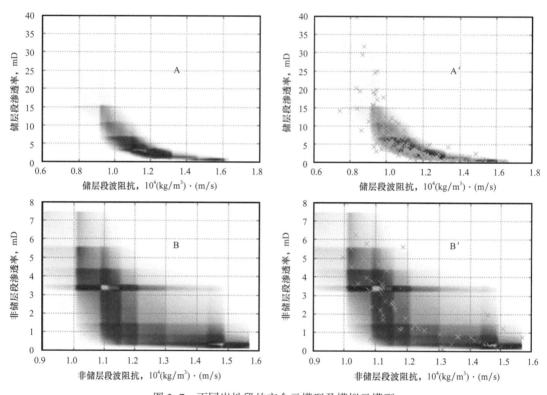

图3-7　不同岩性段的交会云模型及模拟云模型

第三步为变差函数设定。第一步、第二步是针对井点数据进行的分析与函数设定，由点到面还需要一个变差函数进行云模拟外延，根据井间数据以及地震、地质等资料综合考虑选取变差函数。

第四步为相控约束，包括沉积相约束和地震相约束两种。云变换中加入沉积相或地震相数据进行约束，可使储层物性预测结果与实际地层储层物性更为接近，进一步提高物性预测结果的精度。由于碳酸盐岩储层性质受控于沉积、成岩等多种因素，成岩作用对沉积相的改造将导致同一沉积相内储层物性差别较大，因此仅进行沉积相约束控制对储层物性特别是局部物性空间变化细节难以把握。而地震相相控受地震数据的约束，纯波地震数据保留了大量可反映地下真实地层的信息，为目前进行相控约束最现实的选择。

2）应用效果

图 3-8 为使用云变换技术预测的渗透率连井剖面，井点投影曲线为渗透率曲线，显示方式为变密度显示。从剖面上可以看出高渗透率储层呈层状分布（暖色部分），但横向上并不连续，井点部位预测的渗透率高低变化与渗透率井曲线吻合较好，而井间渗透率高低变化信息则较为丰富，基本反映了储层渗透率的横向变化规律。

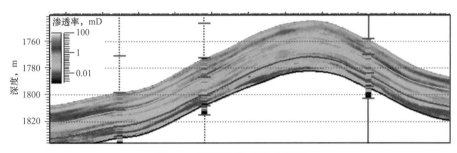

图 3-8　预测渗透率连井剖面

二、生物碎屑灰岩储层隔夹层识别与刻画技术

隔夹层是油气藏定量表征中一项重要的研究内容，对油气田的有效开发有着较大的影响。过去有关隔夹层的研究主要是针对砂岩油气藏，对于生物碎屑灰岩油气藏的隔夹层描述仅仅处于起步阶段。

1. 隔夹层的定义

关于隔夹层的定义，有些作者强调隔层和夹层的概念，以此将二者分开，而有些作者则采用笼统的概念，对隔层和夹层不加区分统称为隔夹层。隔层是指储层中能阻止或隔挡流体运动的非渗透岩层，其面积一般大于流动单元面积的 1/2，厚度变化大，小则几十厘米至几米，大则几十米；夹层是指储层层内发育的相对非渗透层，分布很不稳定，面积常小于流动单元的 1/2，厚度薄，延伸较小。夹层不能有效阻止或控制流体的运动，但对流体的渗流速度及渗流效果有较大影响。为简化起见，生物碎屑灰岩储层的隔夹层研究采用笼统的定义。

2. 隔夹层分类方法

隔夹层表现出的重要特征是非渗透性或低渗透性。与砂岩的隔夹层相似，生物碎屑灰岩的隔夹层分类方法有很多，但主要按照岩性、成因、平面分布范围等进行分类[5]。

1）按岩性分类

根据邓哈姆的岩石分类原则，综合岩心薄片及岩心照片观察，生物碎屑灰岩储层的隔夹层可分为颗粒灰岩、泥粒灰岩、粒泥灰岩、泥灰岩和泥岩隔夹层。有些油藏的隔夹层以颗粒灰岩、泥粒灰岩、粒泥灰岩隔夹层为主（如西古尔纳油田的 Mishrif 油藏），有些油藏的隔夹层以粒泥灰岩、泥灰岩和泥岩隔夹层为主（如哈法亚油田的 Mishrif 油藏）。

2）按物性分类

按照物性的特征，隔夹层可分为低孔低渗透隔夹层、中孔低渗透或中高孔低渗透隔夹层。第一类为非渗透层，第二类为孔隙度不一定低，但是微孔隙发育、喉道半径小，导致渗透率低的隔夹层。

3）按成因分类

碳酸盐岩隔夹层主要有两种成因类型，即沉积作用形成的隔夹层和成岩作用形成的隔夹层。由此可以将碳酸盐岩隔夹层划分成沉积隔夹层和成岩隔夹层。

沉积隔夹层是沉积作用控制隔夹层的发育，指在沉积过程中形成的粒度相对较细、孔隙度低、渗透率较小的隔挡层。从沉积环境来看，此类隔夹层主要发育在局限台地相和台地蒸发相，所处环境和洋盆沟通不畅，导致水体安静、水动力弱，并有大量潟湖存在，形成了以颗粒灰岩（灰泥基质）、泥粒灰岩、粒泥灰岩为主的隔夹层。

成岩隔夹层受压实作用和胶结作用控制，进入埋藏期后，随着上覆沉积物不断加厚，上覆压力逐渐加大，发生压实作用，沉积物逐渐变得致密；同时埋藏期岩石和水长期接触，压溶作用产物沉淀在孔隙中，将早期形成的孔隙和裂缝强烈胶结。表生期时，大气淡水成岩环境中 $CaCO_3$—H_2O—CO_2 体系的动力特征对于颗粒稳定性和孔隙演化具有重要影响。如果水流量大且不饱和，文石颗粒将被完全溶解形成铸模孔，而古潜水面以下的潜流环境由于 CO_2 的脱气作用致使文石溶解产生的 $CaCO_3$ 大量沉淀形成方解石胶结物，封堵孔隙或喉道，进而降低渗透率，从而形成了以铸模孔为主、相对高孔而渗透率极低的隔夹层，该隔夹层岩性以泥粒和颗粒灰岩为主。

4）按平面分布范围分类

按照平面分布面积大小，可将碳酸盐岩隔夹层分为稳定型、较稳定型、欠稳定型和不稳定型隔夹层4种类型。稳定型隔夹层是指隔夹层分布面积占含油面积的80%以上，这类隔夹层对于层间流体流动有很好的阻挡作用，因此可以将油层分为若干个独立的流动单元；较稳定隔夹层是指隔夹层分布面积范围占含油面积的50%～80%，在局部范围内可以阻止注入水的串层，但在大范围内不能有效地阻止注入水串层；欠稳定隔夹层是指隔夹层分布面积范围占含油面积的30%～50%，在小范围内对注入水流动起阻止作用；不稳定隔夹层是指隔夹层分布面积小于含油面积的30%，对注入水的流动起到很小的阻止作用。

3. 不同类型隔夹层特征及测井响应

综合岩心铸体薄片、岩心照片及测井曲线，总结出不同岩石类型隔夹层的特征及测井响应特征[6]。

1）颗粒灰岩隔夹层

该类隔夹层岩心上可观察到较强的生物扰动现象，薄片资料可见岩石的粒度相对较粗，孔隙类型主要为铸模孔、粒内孔。由于胶结强度大、压实作用强，孔隙间连通性差，渗透率极低。该类型隔夹层在区块内发育，但分布范围小，连续性差。颗粒灰岩隔夹层测井响应特征表现为低自然伽马、低声波时差、低中子孔隙度、高补偿密度、中高电阻率。

2）泥粒灰岩隔夹层

泥粒灰岩隔夹层粒度相对较粗，且灰泥含量高，胶结作用强，孔隙度低，孔隙类型主要为铸模孔、粒内孔。相对于颗粒灰岩隔夹层，低孔低渗透型泥粒灰岩隔夹层测井响应特征表现为自然伽马略增大、低声波时差、低中子孔隙度、高密度、密度与中子孔隙度测井曲线有明显的重叠区、电阻率降低。

3）粒泥灰岩隔夹层

该类隔夹层粒度较细，灰泥质含量高，其总体积大于碎屑颗粒体积，颗粒孤立分布于胶结物之中，彼此不接触或很少有颗粒接触。因此，该类隔夹层极其致密，渗透率和孔隙度极低。粒泥灰岩隔夹层测井响应特征表现为高自然伽马、低声波时差、低中子孔隙度、高密度、密度与中子孔隙度曲线有明显的重叠区、低电阻率。

4）泥灰岩隔夹层

该类隔夹层粒度较细，泥质含量增高，孔隙度低。泥灰岩隔夹层测井响应特征表现为中—高自然伽马、低声波时差、低中子孔隙度、高密度、密度与中子孔隙度曲线有明显的重叠区（中子孔隙度曲线位于左面，密度曲线位于右面）、中—低电阻率，且深浅电阻率曲线重合。

5）泥岩隔夹层

该类隔夹层岩性以泥岩为主，有效孔隙度很低。泥岩隔夹层测井响应特征表现为：高自然伽马、高声波时差、高中子孔隙度、低密度、低电阻率，且深浅电阻率重合。

4. 隔夹层识别方法

隔夹层的识别方法包括基于测井资料的测井识别方法和基于地震资料的波阻抗识别方法。由于隔夹层分为非渗透层和低渗透层，因此，确定隔夹层渗透率上限值是研究隔夹层的一项关键工作。

1）隔夹层渗透率上限值的确定

隔夹层渗透率上限值的确定方法主要包括岩心分析法、测试资料分析法以及测井解释法。岩心分析法包括以下方法：

（1）依据岩心毛细管压力资料得到的孔喉半径与岩心渗透率的经验关系，根据孔喉半径的界限值可确定出隔夹层渗透率的上限值，进而根据岩心渗透率与孔隙度关系图可确定出隔夹层孔隙度最大值。

（2）利用岩心分析资料分别建立束缚水饱和度与渗透率、孔隙度的关系图（图3-9）。由于一般情况下，隔夹层渗透率低、比较致密，孔隙中的水均为束缚水且不随孔隙度和渗透率变化。因此关系图中束缚水饱和度变化的拐点对应的渗透率和孔隙度即为隔夹层的上限值。根据图3-9中的关系，可确定出该储层隔夹层渗透率和孔隙度上限值分别为0.35mD 和 10%。

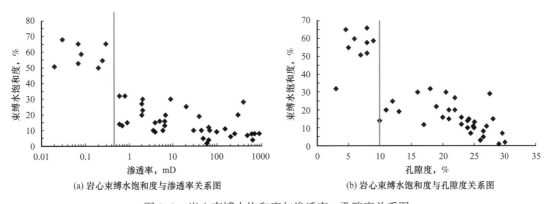

(a) 岩心束缚水饱和度与渗透率关系图　　(b) 岩心束缚水饱和度与孔隙度关系图

图3-9　岩心束缚水饱和度与渗透率、孔隙度关系图

依据测试资料证实的干层可以作为物性隔夹层，结合岩心资料和测井解释结果得到物性隔夹层的孔隙度和渗透率上限值。

2）测井识别方法

根据以上确定的隔夹层的孔隙度和渗透率范围，分别绘制不同类型隔夹层和储层的声波时差—中子孔隙度交会图及声波时差—密度交会图，声波时差与中子孔隙度、声波时差与密度均具有很好的相关性，且不同类型隔夹层和储层均分布在明显不同的区域，由此可以确定出不同类型隔夹层的测井识别标准（表 3-1）

表 3-1　不同类型隔夹层测井识别标准

隔夹层类型	声波时差，μs/ft	中子孔隙度，%	密度，g/cm³	自然伽马，API
颗粒灰岩隔夹层	<75	<15	>2.40	
泥粒灰岩隔夹层	<65	<16	>2.58	
粒泥灰岩隔夹层	<60	<10	>2.62	
泥灰岩隔夹层	<65	<12	>2.62	>30
泥岩隔夹层	>80	>35	<2.4	>50

3）地震识别方法

井间隔夹层的展布情况需要通过地震方法来预测。首先要确定储层与隔夹层的敏感参数，测井响应表明生物碎屑灰岩隔夹层具有低声波时差、高密度特征，波阻抗表现为高值。因此利用波阻抗的大小可有效识别隔夹层。以西古尔纳油田 MB2 组为例，确定储层与隔夹层的波阻抗门槛值为 1.16×10^3（g/m^3）·（m/s）（图 3-10）。

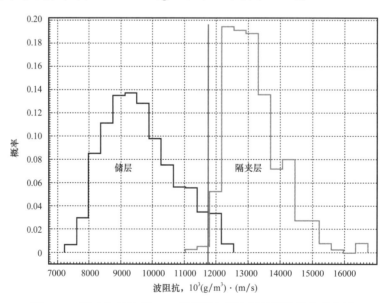

图 3-10　西古尔纳油田 MB2 层储层与隔夹层波阻抗分布直方图

5. 隔夹层的刻画技术

综合运用沉积学、储层地质学、地震地层学、测井地质学、开发地质学及地质统计学等多学科理论和方法，最大限度地运用计算机技术、露头和地下相结合、宏观和微观结合、定量和定性结合、物理模拟和数学模拟相结合，揭示碳酸盐岩储集体的沉积成因、成岩成因，表征隔夹层的特征、分布规律，建立隔夹层模式，研究隔夹层与剩余油分布的关系[7]。隔夹层的刻画技术主要包括5种方法：地质统计学方法、测井学方法、地震方法、油藏工程及开发地质学方法、地球化学方法。

1）地质统计学方法

地质统计学方法是隔夹层定量表征的重要技术手段，一方面通过井上数据得到隔夹层的分布频率和分布密度来刻画隔夹层的分布状况；另一方面，利用地质统计学方法通过空间插值得到隔夹层的平面及空间分布特征。其中隔夹层分布频率指每米储层内隔夹层的个数，隔夹层分布密度是指每米储层内隔夹层的总厚度。

2）测井学方法

一个油田内岩心资料往往是有限的，而测井资料一般比较普遍，因此，利用岩心标定测井，建立隔夹层测井识别标准，来识别未取心井隔夹层。不同类型的隔夹层在各种不同测井曲线上有不同的表现形态，综合各类隔夹层在多种测井曲线上的特征，建立不同成因类型、不同级序隔夹层的测井识别模式，实现各种成因类型隔夹层的井内识别、划分和描述，对指导油田改善开发效果具有十分重要的意义和实用价值。

3）地震方法

地震技术是井间及空间隔夹层识别、划分、描述和预测重要手段。地震信息主要提供油藏的宏观信息，由于其垂向分辨率相对较低，难以实现对层理规模、韵律层规模、成因单元规模的隔夹层进行识别和描述。但可以划分、预测、识别沉积旋回隔夹层的宏观分布。通过地质、地震和测井相结合的高精度薄层反演，储层厚度的预测精度可以达到3~5m，对于隔夹层的井间识别和预测具有重要作用。

4）油藏工程及开发地质学方法

油藏工程及开发地质学方法是综合利用油藏工程和开发地质的静态、动态信息资料，研究和预测井间隔夹层的发育情况、分布规律，重点探索隔夹层是否连续性分布。常用的动态信息主要包括各种井间测试动态信息，如通过注采水量曲线的升降定性分析油水井的注采动态，粗略地判断来水方向；采用动态观察法，对注水井停注而后再注水，观察油井的变化；也可采用井间压力脉冲实验方法。

5）地球化学方法

地球化学方法也是研究井间隔夹层分布及隔夹层发育时期的有效方法，这种方法主要是对相邻两口井同一油层内岩石和流体的地球化学特征和相关参数进行分析，通过标志化合物的检测，判断分析两井间的连通性。如果两井间的标志化合物存在较大差异，表明相邻两井间可能存在隔夹层。

三、生物碎屑灰岩储层高渗透层识别技术

大量生产资料表明，生物碎屑灰岩储层中存在高渗透层。高渗透层的存在增强了储层的非均质性，并且给油藏的注水开发带来难题。高渗透层的识别是生物碎屑灰岩储层特征描述的一项重要内容。

1.高渗透层的定义

高渗透层可定义为相对于相邻储层较薄，具有高渗透率、高传导率的特点。根据定

义，高渗透层渗透率 Kc 与相邻储层渗透率比值 Kr 至少大于5。

2. 高渗透层的分类

根据储集空间组合关系和形成时期可对高渗透层进行如下分类：

1）按储集空间组合关系分类

根据储集空间组合关系及渗透性特点可将高渗透层分为以下4种类型：裂缝型高渗透层、裂缝—孔隙型高渗透层、孔隙—孔洞型高渗透层和孔隙型高渗透层。

2）按形成时期分类

按形成的时期将高渗透层分为原生高渗透层和后生高渗透层。原生高渗透层是指油藏形成时期固有的高渗透层；后生高渗透层是指油藏开发过程中由于注入水压力等外界因素造成的高渗透层或高渗透条带。

3. 高渗透层的识别技术

高渗透层的识别是一项综合技术，可利用岩心、钻井、测井、生产等资料综合分析得到[8]，高渗透层的识别方法主要与井的资料有关（表3-2）。具体有如下识别技术：

表3-2　高渗透层识别方法

井情况	识别技术
钻井前	地层对比
钻井过程中	（1）漏失资料 （2）岩心描述和分析 （3）地球化学分析
生产前	（1）常规测井资料（声波时差、井径、密度、中子孔隙度等） （2）特殊测井资料（成像、核磁共振测井等）
生产后	（1）生产测试资料 （2）产注剖面测井 （3）生产动态资料 （4）饱和度监测测井

1）双渗透率法（储层渗透率 Kc 和渗透率比值 Kr ）

根据定义中的 Kc 和 Kr 值，利用岩心分析、常规测井解释、试井解释、生产测井解释或生产动态资料解释的渗透率资料可直接判断目的层是否为高渗透层。

2）流动指数（ FI ）和单层贡献指数（ SCI ）法

该方法是针对产吸剖面生产测井资料PLT得到的识别方法。流动指数（ $FI=$ Flow Index）定义为PLT剖面各射孔层段的相对贡献量；单层贡献指数（ $SCI=$ Specific Contribution Index）定义为流动指数与射孔厚度之比。当某层的 FI 或 SCI 大于给定值时就叫高渗透层。

3）饱和度时间推移测井

利用生产过程中不同时期测量的饱和度资料（如RST资料）可以有效识别高渗透层。一般情况下，高渗透层含油饱和度随时间下降的速度较快（图3-11）。

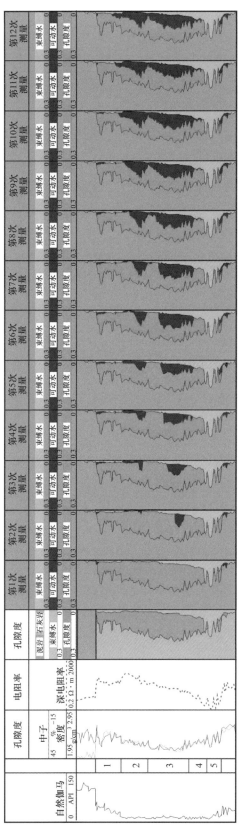

图3-11　饱和度时间推移测井识别高渗透层

4）成像测井、常规测井及 PLT 测井资料组合

成像测井、常规测井以及生产测井资料（PLT）组合有助于识别裂缝型高渗透层。由于裂缝型高渗透层低孔隙度、高渗透率主要由裂缝贡献，因此裂缝型高渗透层的常规测井响应为：高密度、低中子孔隙度、低声波时差、低电阻率；成像测井响应表现出明显的高导裂缝存在；PLT 测井响应表现为高的 FI 和 SCI。

5）核磁共振测井、常规测井及 PLT 测井资料组合

该类测井组合有助于识别孔隙—孔洞型和孔隙型高渗透层。由于该类高渗透层的特征为高孔隙度和高渗透率，因此常规测井响应为：低密度、高中子孔隙度、高声波时差、高电阻率；核磁共振测井响应表现为高 T_2 谱峰；PLT 测井响应表现为高的 FI 和 SCI。

6）成像测井、核磁共振测井、常规测井及 PLT 测井资料组合

该类测井组合有助于识别裂缝—孔隙型或裂缝—孔洞型高渗透层。

7）地层压力资料

生产过程中，由于高渗透层连通性好，产液量高，因此压力下降的快。基于这一特征利用生产过程中压力的变化可以识别高渗透层。

以上介绍了多种识别高渗透层的方法，但是在实际应用中，应根据特定油藏中高渗透层的具体特点，选择多种有效的方法进行组合可以得到更理想的识别效果。

四、生物碎屑灰岩储层多信息一体化建模技术

作为油藏描述的核心，储层三维建模综合了储层地质研究的各项内容，是连接测井、地震、地质和油藏工程等多学科的桥梁和纽带，其目的在于充分利用岩心、测井、地震等不同分辨率、不同空间覆盖尺度的数据定量描述储层的连续性和质量，描绘储层内部各种非均质隔挡，确定影响开发效果的各种地质因素，指导评价井和开发井部署，优选井位以及钻井轨迹，为油田开发奠定地质基础。

中东碳酸盐岩油田以孔隙型生物碎屑灰岩储层为主，自陆地向海洋方向依次发育了局限台地、台内洼地、开阔台地、台地边缘及斜坡等沉积相带，发育台地滩、台内滩、台缘滩、缓坡滩、滩间洼地等沉积亚相。多变的沉积环境叠加多期成岩作用，导致储层发育粒间孔、粒间溶孔、粒内溶孔、铸模孔、体腔孔、晶间孔等多种孔隙类型，造成储层在微观及纵横向的非均质性较强。虽然目前已经研发出多种基于地质统计学的地质建模方法，但中东地区碳酸盐岩油藏面积大、钻井控制程度低，岩心孔隙度和渗透率相关性差，这些为储层表征，尤其是建立可靠的渗透率模型及刻画有利区带来极大挑战。

1. 储层地质建模的挑战和策略

1）生物碎屑灰岩储层建模面临的挑战

近十几年来，地质建模技术发展很快，基于比较成熟的碳酸盐岩储层预测方法研究，在碳酸盐岩储层建模方面做了大量的探索性工作。但是由于碳酸盐岩储层自身的复杂性和建模软件的限制，地质建模还存在着一些难题。目前碳酸盐岩储层建模遇到的挑战主要表现在以下几个方面。

（1）碳酸盐岩储层渗透率难以准确计算。

储层建模的核心任务便是建立合理的渗透率场。碳酸盐岩储层比砂岩储层表现出更强烈的非均质性，这种碳酸盐岩的非均质性主要是由于低渗透基质及后期多期成岩作用叠加

形成的溶洞、微细裂缝、缝隙及溶解沟道等综合造成的。各种测井响应特征十分复杂，孔渗相关性差，给测井评价带来了多解性和不确定性，增加了构建渗透率模型的难度。

（2）碳酸盐岩储集体复杂形状的表征。

由于古地貌复杂、水体环境动荡及碳酸盐岩自身生物成因、化学过程及碎屑沉积过程，造成碳酸盐岩沉积相分布非均质性很强，比如潮道频繁改道、不规则的条带状滩体多期叠加分布等。基于目标的模拟可以描述河流相砂体的分布，但碳酸盐岩地下储集体的几何外形通常是不规则的，目标模拟结果常与碳酸盐岩沉积微相形态及地震属性分布特征不一致。

（3）建模方法的适应性。

由于碳酸盐岩储层沉积相类型较多，不同地区不同时代的碳酸盐岩储层有其独特的分布及物性特征，不同的开发阶段和不同的资料状况不同，因此需要在有限的建模方法中优选适用于研究区的模拟方法，尤其在井资料少的情况下需要典型地质知识库的指导，但目前国外碳酸盐岩地质知识库极少，国内只有碎屑岩地质知识库，还没有碳酸盐岩地质知识库。

（4）作为随机建模核心的变差函数求取困难。

变差函数分析是建立精细储层相模型和属性模型过程的关键，是数据空间结构的数学代表，控制着模拟结果的整体格局，是随机建模好于井间确定性插值方法的优势之一。虽然现有的建模软件可以计算变差函数，但对一套网格框架下的地质模型只能够设置一个主方位角，这对于只有一个物源的砂岩储层是可行的，但碳酸盐岩物源来自台地自身，储层物源可能有多个，造成准确计算变差函数仍然存在挑战。

（5）动态资料在地质建模中的合理应用。

岩心的观测尺度为 0～0.1m，测井曲线的观察尺度为井眼周围 0～2m，而实际生产时，经常是全井段全部射孔，于是生产测试 PLT、压力恢复测试（PBU）等动态资料的观察范围通常是数百米。由于尺度范围的不一致，试井分析得出的渗透率和 PLT 渗透率数据等通常与岩心、测井解释的静态渗透率相差数倍。如何建立动态和静态两种不同尺度渗透率之间的匹配关系并体现在模型中仍是一个挑战。

2）碳酸盐岩储层建模策略

只有充分发挥建模技术数据整合的优势，有机融合多种信息，尤其是准确建立微观孔喉特征与测井数据的联系、充分挖掘地震资料所提供的信息，才能建立最大限度反映实际地质情况的储层模型，提高油藏描述的水平，解决常规方法无法解决的建模难题，具体建模策略包括以下几种。

（1）地质认识指导建模与质量控制。

地质模型必须最大限度地反映地下储层的真实面貌，构造、沉积和储层等方面的研究成果是地质建模的基础，要充分认识以沉积相为代表的储层宏观特征和以成岩作用为代表的微观特征，深化沉积演化规律，确定沉积模式，综合分析岩石物性参数和油水界面，选取参与建模的地震属性，这些都直接影响着最终的建模精度，同时研究人员的地质认识也是模型质量检查的主要依据。

（2）开展碳酸盐岩储层岩石分类研究。

油田进入评价阶段中后期和开发期，积累了从微观到宏观的多尺度丰富资料。对于成岩作用较强的碳酸盐岩油藏，沉积相约束下的储层建模方法已不适用。为了刻画碳酸盐岩复杂的微观孔喉体系特征，提出了基于岩石类型约束的油藏地质建模方法。

油藏岩石分类是把油藏岩石划分为不同岩石类型的过程，静态岩石类型（Rock Type）的定义是沉积在相似地质条件下，经历了相似的成岩过程，形成了具有统一的孔喉结构和润湿性的一类岩石。具体表现在具有统一的孔隙度—渗透率关系、毛细管压力分布和相对渗透率数据。碳酸盐岩岩石分类研究旨在解决碳酸盐岩储层渗透率表征的难题。

（3）引入概率体。

地震属性本身具有多解性，不宜直接参与相模拟。沉积相或岩石分类概率体是根据井数据与井旁地震信息，分析地震属性与沉积相或岩石分类之间的概率关系，然后将地震数据体转换为沉积相或岩石类型的三维趋势模型，作为各类沉积相及岩相在三维空间出现的概率体，在建模过程中加以应用。

合成概率体输入数据不仅仅是相分布与地震属性之间的概率曲线，还可以是测井信息、地质统计得到的变差函数、相的垂向概率或者孔渗的平均值等一维信息，平面趋势面等二维信息，也可以是用来约束的地震属性或者相互验证的其他三维数据体。地质家的经验认识都可以以概率形式加入其中。概率体可以摆脱传统单一的平面或者垂向分布的限制，尽量用多种信息协同构建出储层的空间分布趋势。如果参与模拟的某种相带分布已经是确定性的，在概率体中将该相带赋予最高概率值即可实现确定性建模。

（4）三步建模。

传统的相控建模策略是"二步建模"，首先建立沉积相、储层结构或流动单元模型，然后根据不同沉积相（砂体类型或流动单元）的储层参数定量分布规律，分相（砂体类型或流动单元）进行井间插值或随机模拟，建立储层参数分布模型。

对于碳酸盐岩储层来说，先期优质孔隙可以作为流体优先溶蚀的通道，孔隙发育的碳酸盐岩后期更加容易改造成为分布稳定的优质储层，在薄片上的反映就是组构选择性溶蚀，在原始沉积基础上叠加了多期成岩作用与构造运动，最终导致了复杂的储层分布和孔隙类型。因此，仅仅使用沉积相约束储层参数将影响模型的精度。研究碳酸盐岩储层，既要关注沉积相的控制作用，又要考虑成岩作用的影响；早期沉积框架很重要，岩石类型则是在沉积框架基础上的进一步演化，因此采用"三步建模"策略，即沉积相模型—岩石分类模型—属性模型，体现碳酸盐岩储层沉积模式和成岩作用对整个建模过程的控制作用。

2. 储层地质建模的流程

储层地质建模不存在一个完全固定的工作流程，需要根据基础数据情况和开发阶段要求进行调整。在碳酸盐岩油田评价早期阶段，岩心分析资料不足以开展岩石分类研究时，建模过程可简化为采用沉积相概念建模方法。进入评价阶段中后期和开发期，油田积累了大量的资料，碳酸盐岩储层的建模可以采用分层次"三步建模"思路（图 3-12）。首先，从基础地质研究入手，进行储层沉积成因分析，通过高分辨率层序地层学和沉积微相研究建立储层分布的沉积微相模型；第二步，在沉积微相模型的控制下，采用地震储层预测手段，进行综合储层预测，并以其研究成果作为约束条件，建立岩石分类模型；第三步，根据不同相的分布规律分别进行随机模拟，建立储层参数模型。岩石分类模型是在沉积相模型基础上模拟的，这个阶段的碳酸盐岩储层建模，关键是准确划分岩石类型，建立岩石类型模型和渗透率模型，为开发优化奠定坚实的地质基础。

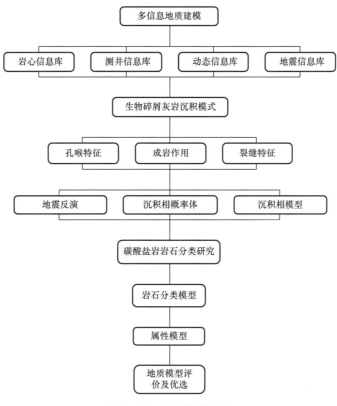

图 3-12　三步建模流程

3. 生物碎屑灰岩储层多信息一体化建模

以伊拉克哈法亚油田主力油藏 Mishrif 组为例论述多信息一体化模型的建立过程。Mishrif 组厚达 400 多米，为一个巨厚碳酸盐岩边水油藏，可划分出 15 个小层，旋回特征明显。主要发育台地边缘滩、开阔台地滩、局限台地滩及缓坡滩四种生物碎屑滩相，主要岩性为生屑颗粒灰岩、泥粒灰岩、粒泥灰岩及灰泥等，其中生屑颗粒灰岩及泥粒灰岩构成了最有利的良好储层。储集空间以孔隙为主，裂缝发育少，储层孔隙度主要介于 15%～25%，平均为 20%，渗透率主要介于 1～100mD。沉积研究及储层表征对该油田有效开发起极为重要的作用，建立合理的地质模型将为井位部署及开发方案设计提供可靠的地质依据。

1）沉积相建模

（1）沉积相空间概率体的合成。

在油田开发初期，仅利用较稀疏的、分布不均的井的信息建立沉积相模型是远远不够的，需要多元辅助信息进行约束。辅助信息包括区域研究、油藏地质认识、类比信息及地震数据等。沉积相概率体是通过分析地震属性与沉积相之间的概率关系，将地震数据体转换为沉积相或岩石相的三维趋势模型，有效整合井震信息，在建模过程中以软数据的形式参与计算，控制沉积相、储层及其物性空间变化，降低随机模拟的不确定性，提高模型的合理性和可靠性。

在随机模拟中，需要平面变差函数和垂向变差函数进行控制。合理的变差函数能够真实反映储层空间相关性。平面变差函数是储层属性区域相关性的度量，分为各向同性和各向异性。针对该区储层及其属性在空间分布上的不均一性，使用各向异性变差函数，不仅考虑储层属性在空间分布的方向性，同时还对其在空间三维分布进行统计。但由于研究区面积大，硬数据点分布较少，利用井数据无法求取准确的平面变差函数。因此，利用反演波阻抗数据体计算平面变差函数。由于平面的非均质性，变差函数分析曲线有多个拐点，分析时取第一个拐点作为变程。垂向变差函数是储层属性在垂向上相关性的度量，控制随机模型中属性在垂向上的变化。由于地震反演数据受垂向分辨率所限，而井筒储层参数数据在垂向上具有较高的分辨率及连续性，因此，垂向变差函数通过井数据计算（图3-13）。

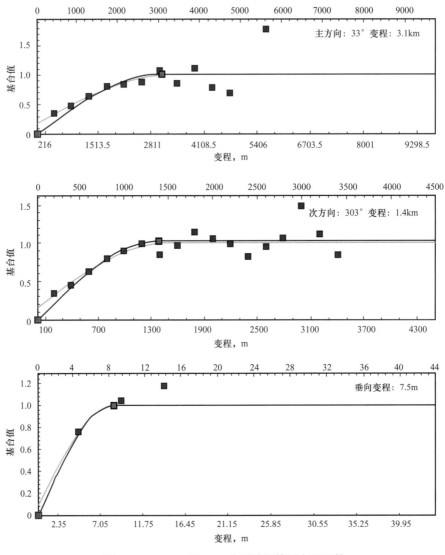

图3-13　Mishrif组MA2小层滩相储层变差函数

　　沉积相概率体的建立流程为：首先将地震反演数据体重采样到三维模型网格中，通过数据分析系统，将井震数据进行交会，建立各沉积微相与反演数据的概率关系，利用该概率关系，通过反演数据计算得到不同微相概率体，但由于地震数据垂向分辨率低，概率体在井点附近并不吻合。第二步，以井上沉积微相离散数据为硬数据，以上述建立的概率体为约束，通过合理变差函数控制，采用以克里格插值为基础的趋势建模算法建立最终井点符合、趋势合理的沉积微相三维概率体。第三步，在概率体合成的过程中不考虑各微相的垂向概率分布，而工区存在大量大斜度井和水平井，为了尽量利用现有钻井数据信息，这些井都参与了相模型的建立，垂向概率分布必然受到影响，进而影响各微相的分布比例，此时需要根据去除水平井和大斜度井后的数据分析垂向概率，并将此信息融入概率体。

（2）基于概率体的沉积相建模。

沉积相的分布是有其内在规律的，相的空间分布与层序地层之间、相与相之间、相内部的沉积层之间均有一定的成因关系，因此，在相建模时，为了建立尽量符合地质实际的储层相模型，应充分利用这些成因关系，而不仅仅是井点数据的数学统计关系。上述建立的沉积相概率体能够很好地反映各沉积相空间展布及相互间的叠置关系，可作为相建模的有效约束条件。

沉积微相的随机模拟属于离散型变量随机模拟，但由于沉积微相不仅仅是一个离散型变量，而且还具有一定的地质分布特征和规律，因此利用截断高斯随机模拟方法（TGS，Truncated Gaussian Simulation）研究沉积微相的分布。与其他如序贯指示模拟（SIS，Sequential Indicator Simulation）等方法相比，截断高斯随机模拟方法不但可以表征同一微相内部的相关性，而且还可以表征不同微相之间的相关性，适合 Mishrif 组这种沉积微相之间有渐变关系的储层类型。图 3-14 为 Mishrif 组 MB1-2B 小层地质模型垂向第 104 个网格的波阻抗平面图，通过对比截断高斯随机模拟方法和序贯指示模拟方法计算的沉积相分布，可以看出，在截断高斯随机模拟过程中，沉积体走向与局部地震特征等约束条件吻合较好，可以准确反映复杂储集体整体布局与局部细节。

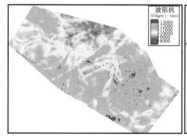 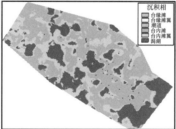 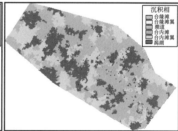

波阻抗，k=104　　　　　TGS模拟沉积相，k=104　　　　　SIS模拟沉积相，k=104

图 3-14　截断高斯模拟算法与序贯指示模拟算法的比较

对无概率体约束和概率体约束截断高斯模拟两者进行了对比分析，无约束模拟不同实现的储层展布空间形态和范围变化较大，多个实现之间相似程度很低；通过概率体约束模拟得到的不同实现之间沉积相形态具有很高的相似性。这说明采用多信息合成的概率体作为约束条件，可以有效减少随机模拟方法的多解性和模拟次数，增加模型的确定性。图 3-15 为 Mishrif 组 MB2_1 小层地质模型第 158 个网格的波阻抗平面图、有无概率体计算的沉积相分布，可以看出，尽管两者的整体轮廓相近，工区中部潮道特征在两图中均有反应，但概率体约束的沉积相还能逼真地模拟出工区西部的小型潮道。

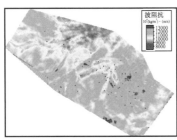
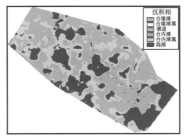
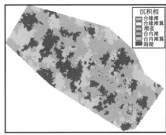

波阻抗分布，*k*=158　　　　相模型，*k*=158，TGS概率体约束　　　　相模型，*k*=158，TGS概率曲线约束

图3-15　概率体约束与数据分析概率曲线约束沉积相建模结果对比

2）岩相建模

（1）生屑灰岩岩石分类研究目的。

碳酸盐岩储层具有十分复杂的孔隙和喉道类型。根据孔隙结构分类方案，白垩系Mishrif组储层以孔隙为主，可以划分出12种孔隙类型：粒内（溶）孔、铸模孔、生物体腔孔、格架孔、粒间孔、粒间溶孔、非组构选择性溶孔、晶间（溶）孔、微裂缝、溶洞、白垩微孔、与新生变形有关的微孔[9]。碳酸盐岩喉道类型主要有三类，即管状喉道、孔隙收缩喉道和片状喉道。

碳酸盐岩复杂的孔隙和喉道形态的结果是即使在同一个沉积相带内，喉道直径曲线同时存在单峰、双峰或多峰的形态，明显存在不同的岩石类型；与其对应的小层孔隙度与渗透率关系也比较杂乱，相关性很差。碳酸盐岩储层的分类与渗透率模型的建立必须通过特殊岩心分析数据进行描述，仅仅通过常规岩心分析数据已不足以进行岩石分类。油田进入评价阶段中后期，油田积累了从微观到宏观丰富的多尺度资料。

岩石分类的目的是在沉积相的基础上，依据毛细管压力研究喉道分布特征，结合测井曲线特征进行岩石分类，建立不同岩石类型的孔隙度和渗透率关系，提高孔渗相关性。岩石类型研究是沉积相研究的进一步深化，不仅可以为测井解释、地质建模、开发方案编制提供渗透率计算模型，还可以帮助我们更深刻理解油藏流体的渗流规律。

（2）生屑灰岩岩石分类方法。

哈法亚油田Mishrif组岩心分析资料丰富，应用Winland R_{35}方法来划分岩石类型，即根据压汞曲线进汞压力（p_d）分析孔隙类型，之后结合毛细管压力曲线MICP特征、测井响应、核磁共振T_2谱峰值等资料将孔隙类型转换为岩石分类。所使用的岩石分类方法流程如下。

① 提取所有压汞曲线进汞压力p_d、孔喉分布曲线孔喉峰值大小，之后制作峰值大小频率直方图，根据孔喉半径自然正态分布划分出数个合理孔隙类型区间。

② 由于岩心渗透率由岩心最大孔喉决定，提取各岩心孔喉分布曲线孔喉峰值中的最大值，将该岩心分配到频率直方图所划分的孔隙类型区间，之后参考油藏性质指数（*RQI*指数）、孔渗包络线进行孔隙类型归类。

③ 孔隙类型再与岩相、沉积相和核磁共振等资料相互验证，赋予实际地质意义，完成孔隙类型到岩石类型转换。

④ 建立一个反映油藏综合特征的岩心综合数据库，这个数据库力图概括所有岩心的岩相特征，为预测未取心井的岩石类型打下基础。以工区取心井岩石分类数据库为学习样

本，建立神经网络，通过学习，推广到其他未取心井。

图 3-16 是根据进汞压力 p_d 绘制的峰值大小频率直方图，根据正态分布原则该图可以将孔喉分布自然划分为 5 个孔隙类型区间。

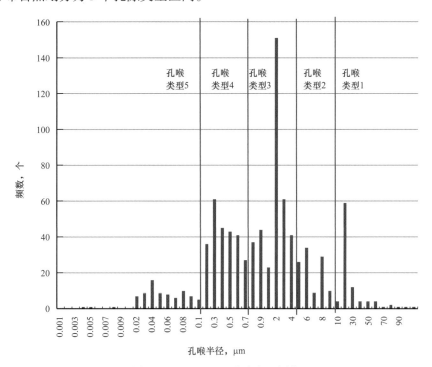

图 3-16　Mishrif 组孔隙类型划分

Mishrif 组孔喉曲线形态图可分出三大类，即单峰、双峰和不规则峰。取单峰、双峰和不规则峰的最大孔喉半径峰值，将其投射到频率直方图所划分的 5 个孔隙类型区间，之后参考油藏性质指数（RQI 指数）、孔隙度—渗透率包络线进行孔隙类型归类。可以看出仅靠孔渗关系，岩石类型 RT1 和 RT5 能较好地识别出来，其他岩石类型之间则存在交集。图 3-17 中圈定的范围是各个岩石类型分布较集中的区域，这些集中出现的区域呈团块云朵状出现，此时用线性或非线性回归的方法都不能得到令人满意的孔渗模型，因此没有通过每种岩石类型定义确定的孔渗关系公式，而是采用人工神经网络的方法建立孔渗模型。

人工神经网络在参数估计方面具有较强的非线性映射能力和容错性能，可以充分考虑地质变量的空间连续性、各向异性，通过大量的样本学习和训练，使井震资料非线性映射逐步达到最佳逼近，适合解决诸如测井相到地质相这类机理研究还不清楚、地质参数与地质信息之间还不存在明确的一一对应的关系、经验性很强而很难用精确的算法来描述非线性映射问题。这是传统地质统计学方法所不具备的，神经网络既可用于单井相预测，也可以用于井间相填充。例如在分析取心井沉积相或岩石类型之后，建立学习样本数据库，通过相关性分析，优选与岩石分类密切相关的参数（表 3-3），通过神经网络的学习，将从取心井总结的沉积相或岩石类型推广到其他未取心的单井上。从取心井岩心数据库中挑选学习训练样本，建立稳定且可靠的沉积相与岩石分类神经网络预测模型是多信息一体化建模方法的重要环节。

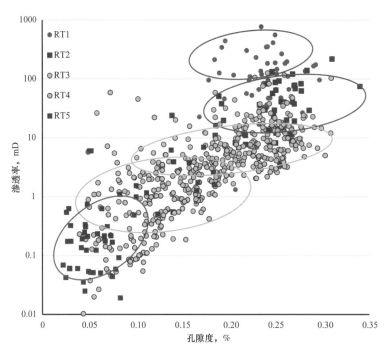

图 3-17　Mishrif 组岩石分类划分结果

表 3-3　MB2 岩石类型与测井参数的相关性

MB2 小层	孔隙度	伽马	深电阻	$\dfrac{\text{RLA5}}{\text{RLA1}}$	流体	所有样本	RT1	RT2	RT3	RT4	RT5
孔隙度	1.000	0.366	0.417	0.711	0.732	0.454	0.535	0.587	0.238	0.039	0.733
伽马	0.366	1.000	0.004	0.219	0.254	0.342	0.603	0.009	0.242	0.007	0.262
深电阻	0.417	0.004	1.000	0.354	0.172	0.426	0.229	0.521	0.382	0.312	0.157
RLA5/ RLA1	0.712	0.219	0.353	1.000	0.543	0.343	0.396	0.449	0.185	0.292	0.544
流体	0.732	0.254	0.172	0.542	1.000	0.445	0.416	0.501	0.425	0.410	0.900
总体相关性	0.916	0.416	0.515	0.716	0.751	0.723	0.704	0.702	0.586	0.655	0.878

　　选取工区 6 口取心分析井段同时进行常规孔渗分析与压汞分析，尺寸大于 15cm 并且无裂缝的岩样 891 块岩心样本建立沉积相识别的神经网络。通过主成分分析，选取孔隙度、伽马、深电阻、深浅电阻比值、解释流体作为输入训练神经网络。据此神经网络预测的微相与学习样本吻合度接近（图 3-18），总体相关性达到了 82.3%，其中潟湖相的识别率接近 90%，岩石类型 RT3 与 RT4 是学习样本里叠加区域最多的岩石类型，识别精度较差。

　　（3）岩石类型划分结果。

　　本次研究将哈法亚油田 Mishrif 储层划分出 5 个岩石分类，分别命名为 RT1，RT2，RT3，RT4，RT5，基于沉积相这 5 种岩石分类使得各岩石分类在沉积微相、岩性、电性、孔喉结构、核磁测井、甚至地震响应上都有相似之处，表 3-4 汇总了个岩石分类的特征。从 RT1 到 RT5，孔隙度和渗透率依次降低，渗透率的差异较大，主要原因是孔隙结构有变化，孔喉半径由大变小，在 MICP（毛细管力曲线）和 NMR（核磁共振）上特征表现明显，RT5 类在该区为主要非储层。

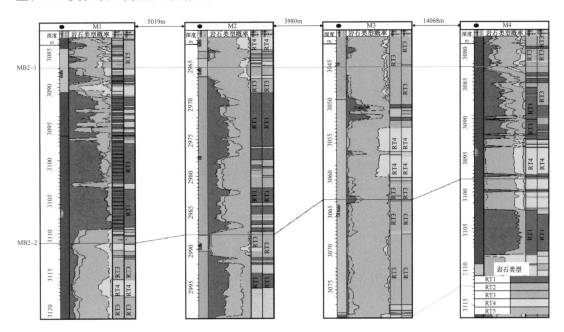

图 3-18　神经网络预测结果与学习样本对比

注：左 2 为训练样本，右 2 为神经网络识别样本

（4）岩石类型模型。

首先建立沉积相模型，融入地震宏观特征；在沉积相模型的基础上，将岩相曲线粗化到构造模型框架下，并与原始曲线进行对比，进行质量控制，之后用二次相控的方法建立岩相模型（图 3-19 至图 3-21）。可以看出 MB1-2C 小层沉积相沉积环境为有潮道垂直通过台内滩，滩体沿高部位两侧呈细长条带状分布。以 MB1-2C 沉积相为基础模拟的岩石分类这一过程中模型融入了储层微观特征的信息，储层分布细节在沉积相模型的基础上储层划分得到进一步细化，滩体的细节更加详细，潮道处发育连片的 RT1，而台内滩则只在局部发育 RT1，整体以 RT3 为主。

充分发挥多信息在平面和纵向上具有高密度采样的特点，建立高精度的储层地质模型，是油藏开发领域的迫切需要。图 3-22、图 3-23 举例说明了在进行 M076ML（M）井的井位设计时，基于岩石分类模型具有明显的优势，可以准确将设计井的水平段放置在物性更好的 RT2 岩性段，而常规沉积相模型则很难确定优质井段。

3）物性模型

由于 Mishrif 组波阻抗与孔隙度相关性较好，因此在波阻抗的约束下，采用序贯高斯模拟方法，对测井解释得到的孔隙度值进行随机模拟，得到孔隙度模型（图 3-24）。渗透率模型则由各个目的层岩石类型研究所得到的孔渗关系直接得到（图 3-25、图 3-26）。建立的研究区物性模型更加符合实际地质特征，应用该模型开展油藏精细数值模拟研究，有效地提高了模拟精度，并缩短了模拟的历史拟合时间及研究周期。

表3-4 岩石分类的特征表

岩石类型	沉积环境	岩性组合	典型薄片	典型岩心	测井特征	毛细管压力曲线孔径分布	核磁共振T_2谱	孔隙度/%	渗透率/mD	渗透率与孔隙度比值	T_2谱峰值/ms	进汞压力 P_d/MPa
RT1	台缘滩	厚层生屑颗粒岩、含泥生屑灰岩为主	深度3001m	深度3001m				24	121	7.09	1024	35.4
RT2	台缘滩、台缘翼	灰泥质岩、粒屑滩灰岩、薄层颗粒灰岩	深度2846m	深度2846m				22.7	34.3	3.78	256	78
RT3	台内滩、台缘滩翼	泥质灰岩为主、含颗粒灰岩、粒屑灰岩见白云化现象	深度2937m	深度2937m				19.4	10.5	2.31	128	182
RT4	台内滩缘	泥粒灰岩为主、薄层泥质灰岩、局部白云化	深度2829m	深度2829m				13	3	1.51	64	584
RT5	潟湖、潟湖斜坡	泥灰岩、碳质泥岩、风化壳	深度2709m	深度2709m				4.6	0.3	0.85	16	1878

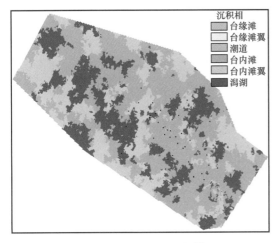

图 3-19　MB1-2C 沉积相模型

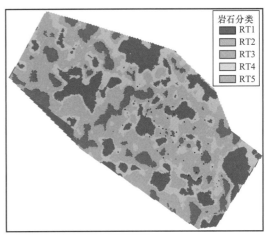

图 3-20　MB1-2C 岩石分类模型

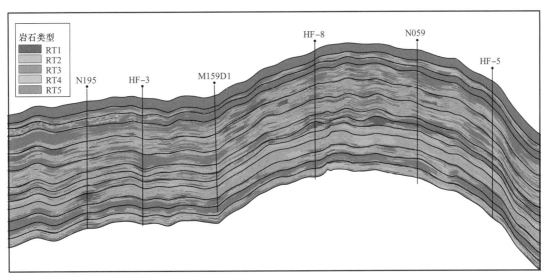

图 3-21　岩石分类模型长轴剖面

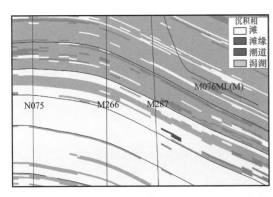

图 3-22　基于常规沉积相模型的 M076ML（M）井
　　　　　的井位设计

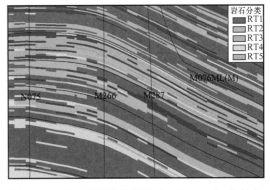

图 3-23　基于岩石分类模型的 M076ML（M）井的
　　　　　井位设计

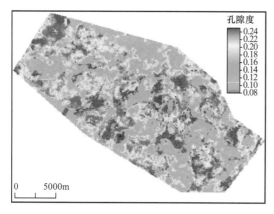

图3-24　孔隙度模型，k=160，MB2-1

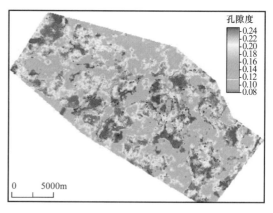

图3-25　基于岩石分类模型孔渗关系

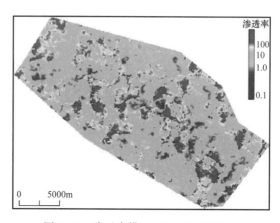

图3-26　渗透率模型，k=160，MB2-1

第二节　碳酸盐岩储层裂缝识别和测井评价技术

滨里海盆地东缘石炭系广泛发育各种裂缝，宏观裂缝主要发育在致密的非储层中，由于规模小，延伸短，一般不能与孔隙发育的储层沟通，在个别地区，受构造活动的影响，可能会形成裂缝性储层，但大多数是非储层。微裂缝普遍发育在溶蚀作用强、物性较好的地层中，起到沟通孔洞的作用，可以有效地改善储层的储渗性能。以滨里海盆地东缘的让纳若尔和北特鲁瓦油田为例，在岩心刻度的基础上，参考成像测井资料，利用常规测井方法进行裂缝识别，建立裂缝模型，定量计算裂缝孔隙度和渗透率等参数，对宏观裂缝和微裂缝进行多参数定量表征和评价。

一、碳酸盐岩储层裂缝响应特征及识别

当地层中存在裂缝时，可以导致常规测井曲线（自然伽马、井径、电阻率、密度、声波时差、中子孔隙度等曲线）有不同的响应特征。

利用让纳若尔油田2092、2399A等井的岩心及成像测井资料，可以划分出裂缝发育层段[10]。将岩心及成像测井解释的裂缝发育段对应到常规测井曲线上，可以总结出常规测井资料上的裂缝响应特征，从而进行裂缝识别。裂缝响应特征如下。

（1）裂缝出现在深、浅双侧向高电阻率段的相对低电阻率处，但其电阻率下降幅度不大，只是在垂直分辨率较高的微球形聚焦测井曲线上有较大幅度的电阻率下降。

（2）由于裂缝中地下水活跃，导致裂缝中沉淀放射性铀盐，铀曲线值增高，而钍、钾放射性很低。如果解释层段同时伴有电阻率相对降低，则可判断为裂缝发育层段，如没有，则是富含有机质的致密碳酸盐岩所造成，而非裂缝的响应特征。

（3）裂缝一般不会造成中子孔隙度的增高，这是由于裂缝规模较小，对中子含氢指数的贡献很小。这一特点正好可用来鉴别泥质条带和裂缝，因为泥质条带会造成电阻率的下降和中子孔隙度的升高，而裂缝只会使电阻率相对下降，中子却基本无响应。

（4）裂缝可造成密度测井值略微下降，这是由于密度测井的垂直分辨率高于中子测井，所以对裂缝的响应要相对灵敏一些。

根据让纳若尔油田裂缝的地质和测井特征响应，建立了一套以微球形聚焦测井响应为主要指标的裂缝识别方法。该方法用微球形聚焦电阻率下降来指示裂缝。需要排除三种情况，第一种是扩径，主要是由于致密岩层应力释放而形成的椭圆形大井眼；第二种是泥质层，由于该地区构造应力作用较弱，构造变形很小，因此塑性较强的泥岩层中很难产生裂缝；第三种是孔洞发育段，高孔隙地层形成的低电阻率也应排除。

用上述裂缝识别方法，划分出 4086 井的裂缝发育层段（3671.5~3676.0m），厚度4.5m，试油日产油量为 5.2t。该层基质孔隙度低于储层孔隙度下限截止值 6%，测井响应特征如图 3-27 所示，自然伽马（GR）低值，光电俘获截面（PE）高值，深、浅电阻率曲线幅度差呈 U 形，微球电阻率曲线呈锯齿形变化，三孔隙度曲线基本重合。

二、裂缝参数测井解释

根据裂缝的张开度和延伸长度，碳酸盐岩地层中的裂缝分为宏观裂缝和微观裂缝，宏观裂缝是指通过成像测井和岩心观察可以识别的裂缝，裂缝的类型、产状及充填程度比较清楚。微观裂缝是指在显微镜下观察到的裂缝，主要受溶蚀和成岩作用而形成，产状特征不明显。

1. 宏观裂缝参数测井解释

在滨里海盆地碳酸盐岩油气藏中，在相同孔隙度和流体性质的地层中，宏观裂缝发育的地层中往往引起深侧向电阻率的骤降，这说明基质岩石与裂缝性岩石有着不同的电阻率响应特征。基于这种现象，如果能够将一条基质岩石的电阻率曲线与深侧向电阻率曲线进行重叠对比，就能准确地识别出裂缝并计算出裂缝孔隙度，可实现对裂缝从定性的识别到定量的评价。

1）基本原理

对于纯孔隙性的地层，根据阿尔奇方程：

$$R_t = \frac{aR_w}{\phi^m S_w^n} \tag{3-2}$$

两边取对数：

$$\lg R_t = \lg aR_w S_w^{-n} - m\lg\phi \tag{3-3}$$

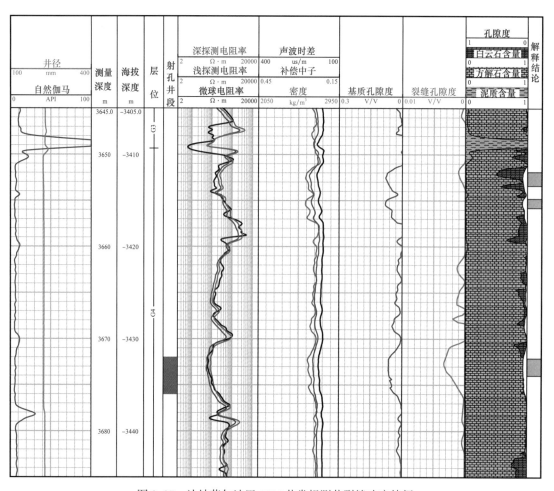

图3-27 让纳若尔油田4086井常规测井裂缝响应特征

在式（3-2）、式（3-3）中，a为与岩性有关的岩性系数，b为与岩性有关的常数，m为胶结指数，n为饱和度指数，R_w为地层水电阻率，R_t为地层电阻率，ϕ为孔隙度，S_w为含水饱和度。如果假定a、S_w、R_w为某一定值，则R_t与ϕ在双对数坐标系中将有线性关系，其直线的斜率就是m值，a、S_w、R_w、n等值决定其截距。

对于孔隙型地层，R_t与ϕ具有很好的相关性，而裂缝的特点是增加地层的渗透性，由于钻井液侵入裂缝，使得地层导电性变好，即使孔隙度不怎么变化，裂缝的存在也能大大地增加地层导电性，使得地层因素F值下降，结果是孔隙性地层和相同孔隙度的裂缝性地层在电阻率R_t和孔隙度ϕ交会图上能够清楚地区别开来。

声波时差可以反映基质粒间孔隙度，且受岩性、井径及流体的影响较小，特别在孔隙性灰岩地层，声波时差与深侧向电阻率具有很好的相关性（图3-28）[11]。以此为基础，利用声波时差测井曲线重构基质地层电阻率曲线，与深侧向地层电阻率曲线进行重叠对比，识别裂缝并计算裂缝孔隙度。

为了排除其他因素对重构曲线的影响，在应用该方法时需满足4个条件：

（1）储层岩性较纯（排除泥质的影响）；

（2）储层为孔隙性地层（基质地层）；

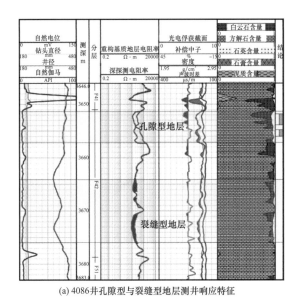
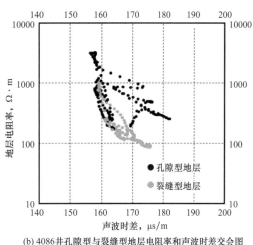

(a) 4086井孔隙型与裂缝型地层测井响应特征　　(b) 4086井孔隙型与裂缝型地层电阻率和声波时差交会图

图 3-28　孔隙型与裂缝型地层测井识别方法

（3）深侧向电阻率与声波时差测井质量良好（增强资料准确性）；

（4）地层流体性质清楚（排除地层流体性质的影响）。

在实际应用中，如果在解释井中找不出代表性地层，也可以采用取心井建立的通用模型。

2）基质地层电阻率 R_B 计算模型

利用北特鲁瓦油田 CT-4 井的取心资料和测井资料，分别建立了 KT-Ⅰ、KT-Ⅱ地层不同岩性及含不同流体的基质地层电阻率计算模型。KT-Ⅰ白云岩储层基本为油气层，不用分流体类型建立模型，KT-Ⅱ石灰岩地层除了分流体类型建模外，Γ4层为一典型的低阻油层，对此单独建模。

图 3-29 为用 CT-4 井建立的 KT-Ⅰ白云岩和石灰岩基质电阻率计算模型。图 3-30 为用 CT-4 井建立的 KT-Ⅱ油气层、水层及 Γ4 层油层基质电阻率计算模型。

基质电阻率 R_B 计算公式为

$$R_B = a \times DT^b \tag{3-4}$$

在式（3-4）中，DT 为声波时差，不同的模型对应的 a、b 取值不同（表 3-5）。

表 3-5　基质电阻率 R_B 计算模型参数表

层位	类型	a	b
KT-Ⅰ	白云岩	6×10^{23}	−9.329
	石灰岩	1×10^{34}	−14.139
KT-Ⅱ	油气层	6×10^{26}	−10.760
	Γ4 油层	5×10^{28}	−11.801
	水层	9×10^{41}	−17.808

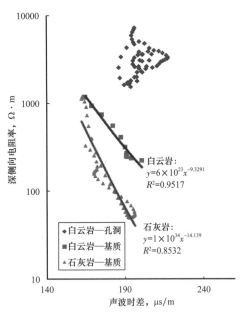

图 3-29　KT-Ⅰ层 R_B 解释模型（CT-4 井）

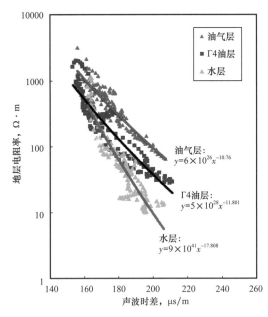

图 3-30　KT-Ⅱ层 R_B 解释模型（CT-4 井）

3）双电阻率重叠法计算裂缝孔隙度 ϕ_f

双电阻率指地层深电阻率与重构的基质电阻率这两条曲线。目前国内外都趋向于用双侧向测井计算裂缝孔隙度，但让纳若尔和北特鲁瓦油田的储层储集空间以孔隙为主，裂缝发育程度相对较低，双侧向的差异不是裂缝唯一的电性显示特征，所以首先应该识别裂缝，再计算裂缝渗透率。为此，引入基质地层电阻率的概念，来突出电阻率对裂缝孔隙度的敏感程度，更有效地识别裂缝，用岩心资料刻度后，定量计算裂缝孔隙度 ϕ_f。

对于裂缝—孔隙型原状地层，基质和裂缝中的导电介质均为地层水，根据阿尔奇公式有

$$\frac{1}{R_D} = \frac{\phi_b^{mb}}{R_w} + \frac{\phi_f^{mf}}{R_w} \tag{3-5}$$

$$\frac{1}{R_B} = \frac{\phi_b^{mb}}{R_w} \tag{3-6}$$

式中　R_D——深侧向地层电阻率，$\Omega \cdot m$；

　　　R_B——基质地层电阻率，$\Omega \cdot m$；

　　　R_w——地层水电阻率，$\Omega \cdot m$；

　　　mb——孔隙的孔隙度指数；

　　　mf——裂缝的孔隙度指数；

　　　ϕ_b——基质孔隙度，%；

　　　ϕ_f——裂缝孔隙度，%。

两式相减，可得到水层裂缝孔隙度计算公式：

$$\frac{1}{R_D} - \frac{1}{R_B} = \frac{\phi_f^{mf}}{R_w} \tag{3-7}$$

$$\phi_{\mathrm{f}} = \sqrt[mf]{R_{\mathrm{w}}\left(\frac{1}{R_{\mathrm{D}}} - \frac{1}{R_{\mathrm{B}}}\right)} \tag{3-8}$$

同理，对于钻井液滤液侵入地层，地层深处的裂缝中也被钻井液或钻井液滤液充满，则有

$$\frac{1}{R_{\mathrm{D}}} = \frac{\phi_{\mathrm{b}}^{mb}}{R_{\mathrm{w}}} + \frac{\phi_{\mathrm{f}}^{mf}}{R_{\mathrm{w}}} \tag{3-9}$$

$$\frac{1}{R_{\mathrm{B}}} = \frac{\phi_{\mathrm{b}}^{mb}}{R_{\mathrm{w}}} \tag{3-10}$$

两式相减得到钻井液滤液侵入地层的裂缝孔隙度计算公式：

$$\phi_{\mathrm{f}} = \sqrt[mf]{R_{\mathrm{w}}\left(\frac{1}{R_{\mathrm{D}}} - \frac{1}{R_{\mathrm{B}}}\right)} \tag{3-11}$$

4）裂缝张开度及裂缝密度

统计北特鲁瓦油田两口取心井（CT-4 井和 CT-10 井）390 层裂缝参数，包括裂缝条数、类型、倾角、张开度、长度、深度、缝密度、充填物及充填程度，利用这些数据可以精确计算岩心裂缝孔隙度，实现利用岩心刻度测井资料计算裂缝孔隙度。

对于裂缝张开度和裂缝密度这两个裂缝参数，利用交会图技术，得出岩心裂缝孔隙度与裂缝张开度和裂缝密度的经验公式（图 3-31、图 3-32）。从两个交会图上可以看到，裂缝张开度和裂缝密度与裂缝孔隙度都具有正相关性，但是由于裂缝的复杂性，影响裂缝孔隙度的因素很多，经验公式只能反映趋势，精度还不高。

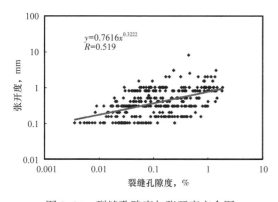 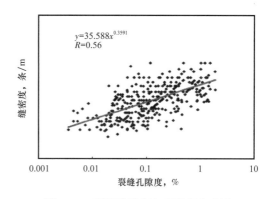

图 3-31　裂缝孔隙度与张开度交会图　　　　图 3-32　裂缝孔隙度与缝密度交会图

裂缝张开度经验公式：

$$\varepsilon = 0.7616 \times \phi_{\mathrm{f}}^{0.3222} \tag{3-12}$$

式中　ε——裂缝张开度，mm；

　　　ϕ_{f}——裂缝孔隙度，%。

裂缝密度计算公式：

$$D = 35.588 \times \phi_{\mathrm{f}}^{0.3591} \tag{3-13}$$

式中 D——裂缝密度，条 /m ；

ϕ_f——裂缝孔隙度，%。

5）基质渗透率模型

北特鲁瓦油田两口取心井表明，石灰岩地层岩心孔渗相关性较好，储层类型主要为孔隙型储层。但是岩心样品中还有一部分有缝样，在 0～20% 的孔隙度范围内均有分布，裂缝对储层的影响不容忽视，所以与孔隙度模型一样，还是分基质与裂缝分别建立渗透率模型。把岩样分为有缝样和无缝样，无缝样建立基质地层的渗透率模型，有缝样建立裂缝渗透率模型。采用交会图技术，建立岩心孔隙度和岩心渗透率交会图，通过回归得到渗透率解释模型。

图 3-33 和图 3-34 分别为 KT-Ⅰ 和 KT-Ⅱ 基质渗透率模型。基质渗透率模型分储层类型建立，分别是孔—洞—缝型白云岩储层、孔洞型白云岩储层、孔隙型石灰岩储层。

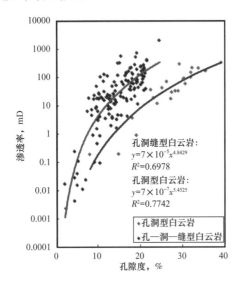

图 3-33   KT-Ⅰ基质渗透率模型

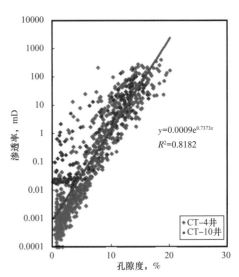

图 3-34   KT-Ⅱ基质渗透率模型

孔—洞—缝型白云岩储层基质渗透率模型：

$$Perm\_b = 0.0007 \times \phi_b^{4.0881} \qquad (3-14)$$

孔洞型白云岩储层基质渗透率模型：

$$Perm\_b = 0.00002 \times \phi_b^{4.242} \qquad (3-15)$$

孔隙型石灰岩储层基质渗透率模型：

$$Perm\_b = 0.0009 \times e^{0.7373 \times \phi_b} \qquad (3-16)$$

式中 $Perm\_b$——基质渗透率，mD ；

ϕ_b——基质孔隙度，%。

6）宏观裂缝渗透率模型

北特鲁瓦油田两口取心井表明，岩心孔渗相关性较好，储层类型主要为孔隙型储层。但是岩心样品中还有一部分有缝样，其渗透率明显高于无缝样，这样的有裂缝样的孔隙度值主要在 3%～15%（图 3-35），孔隙度越低的地层，裂缝越发育，孔隙度越大，裂缝的影响越小，裂缝渗透率与基质孔隙度之间存在一定的相关性，通过回归，建立 KT–Ⅰ 和 KT–Ⅱ 裂缝渗透率与基质孔隙度之间的相关关系式（图 3–36）。

裂缝渗透率模型：

$$Perm\_f = 0.0825 \times \phi_b^{2.5822} - perm\_b \tag{3-17}$$

$$Perm\_f = 0.0509 \times \phi_b^{2.5644} - perm\_b \tag{3-18}$$

式中　$Perm\_b$——基质渗透率，mD；

　　　$Perm\_f$——裂缝渗透率，mD；

　　　ϕ_b——基质孔隙度，%。

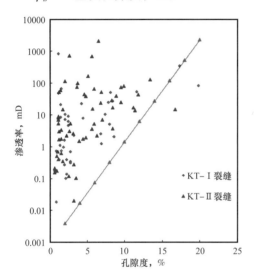

图 3-35　裂缝样品孔隙度分布范围图

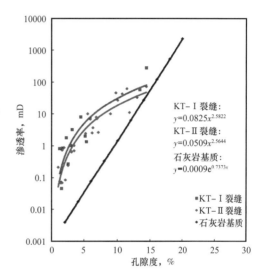

图 3-36　裂缝渗透率模型图

图 3–37 为北特鲁瓦油田 CT–4 井 KT–Ⅱ 层利用改进的双电阻率重叠法识别裂缝的典型实例，由图可知，在 3172～3188m 井段，地层电阻率 R_t 与基质电阻率 R_B 曲线重叠后幅度差明显，显示有裂缝发育，且考虑裂缝渗透率后计算的储层渗透率跟岩心分析结果吻合良好。让纳若尔油田与北特鲁瓦油田储层特征非常相似，测井系列也相同，所以该模型的建立方法同样适用让纳若尔油田的宏观裂缝计算。

2. 微裂缝参数测井解释

对照岩心分析资料可知，微裂缝发育地层的渗透率明显高于微裂缝不发育地层的渗透率，双侧向测井的幅度差可以很好地指示地层的渗透性，利用物性、薄片和常规测井资料进行对比，研究双侧向幅度差与储层微裂缝发育程度之间的关系，实现微裂缝定量评价。

1）基本原理

由于深侧向探测深度较深，所测得的电阻率为原状地层电阻率（R_{LLD}），而浅侧向探测深度比深侧向浅，主要探测侵入带地层电阻率（R_{LLS}）。在油气层，侵入带孔隙空间中的油气部分被钻井液滤液取代，导致侵入带地层电阻率降低，在双侧向曲线上表现为正差异，即 $R_{LLD} > R_{LLS}$。侵入半径的增加，对浅侧向的影响更大，将导致深、浅双侧向幅度差变大。微裂缝发育的储层，其储层渗透性将会极大地提高，使得深、浅双侧向幅度差增大。

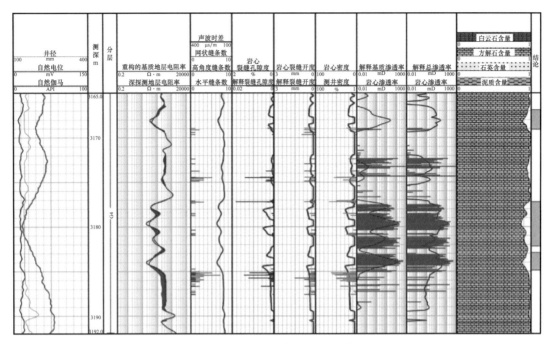

图 3-37　CT-4 井双电阻率重叠法识别宏观裂缝

图 3-38 为让纳若尔油田 2399A 井 3652.7～3678.0m 井段的岩电关系图，RDD 为深、浅双侧向测量值取对数后的差值，POR_F 为薄片分析中的微裂缝面孔率，从图中可以看到，储层上段微裂缝密集发育，深、浅双侧向幅度差明显，RDD 数值较大，储层下段微裂缝发育程度降低，深、浅双侧向幅度差变小，甚至重合，RDD 数值小。

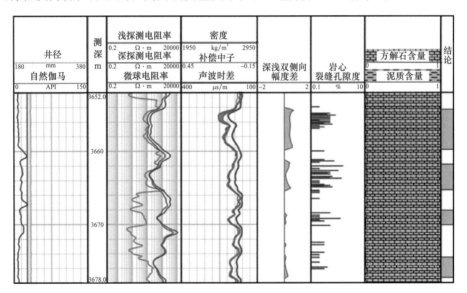

图 3-38　微裂缝发育程度与深、浅双侧向幅度差关系图（2399A 井 3652.7～3678.0m）

这里引用 RDD 来表示深、浅双侧向测量值取对数后的差值，简称 RDD 值。

$$RDD = \lg(R_{LLD}) - \lg(R_{LLS}) \qquad (3-19)$$

式中　RDD——深浅双侧向幅度差；

　　　R_{LLD}——深侧向测井电阻率，$\Omega \cdot m$；

　　　R_{LLS}——浅侧向测井电阻率值，$\Omega \cdot m$。

利用岩心物性、薄片并结合测井资料，研究双侧向幅度差的变化值 RDD 与微裂缝发育程度之间的关系，实现对微裂缝的定量评价。

2）裂缝孔隙度解释模型

地层中微裂缝的存在，大大改善了地层的渗透性，微裂缝越多，裂缝孔隙度越大，渗透性越好，深、浅电阻率曲线差异就越大[12]。利用 2399A 井 36 个薄片分析数据点，建立 RDD 与薄片分析中的裂缝孔隙度的相关关系（图 3-39），得到裂缝孔隙度计算公式。

$$Por\_F = 1.1557 \times RDD^{1.0887} \tag{3-20}$$

式中　Por_F——微裂缝孔隙度，%。

3）基质和裂缝渗透率解释模型

把所有的薄片样分为有缝样和无缝样两大类，结合对应的物性分析资料，认为无缝样代表基质地层的情况，通过回归无缝样的孔渗关系，得到基质孔隙度与渗透率的关系（图 3-40）。

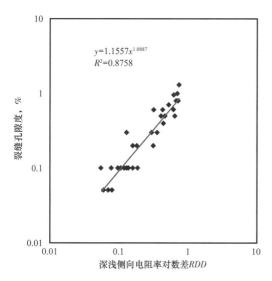 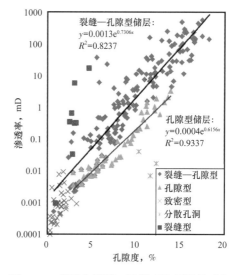

图 3-39　微裂缝孔隙度与深、浅双侧向　　　图 3-40　基质和裂缝—孔隙型地层孔隙度与
　　　　　幅度差 RDD 关系图　　　　　　　　　　　　　渗透率的关系图

基质渗透率计算公式为

$$Perm\_B = 0.0004 \times e^{0.615 \times Por\_B} \tag{3-21}$$

式中　$Perm\_B$——基质渗透率，mD；

　　　Por_B——基质孔隙度，%。

同样的方法，可以回归出含微裂缝的有缝样的孔渗关系，得到裂缝—孔隙型地层的孔隙度与渗透率的关系。

$$Perm = 0.0013 \times e^{0.7306 \times Por} \tag{3-22}$$

式中　$Perm$——裂缝—孔隙型地层渗透率，mD；

　　　Por——地层孔隙度，%。

4）微裂缝渗透率解释模型

对岩心样品进行细分层，根据岩心孔隙度计算出基质渗透率，与岩心渗透率进行对比，随着样品微裂缝孔隙度 Por_F 的增加，统计岩心渗透率增大率 $Perm\_BR$，应用统计结果做裂缝孔隙度与渗透率增大率 $Perm\_BR$ 的交会图（图 3-41），计算公式如下：

$$Perm\_BR = 77.563 \times Por\_F^{0.9047} \tag{3-23}$$

式中　$Perm\_BR$——渗透率增大率；

　　　Por_F——微裂缝孔隙度，%。

结合前面的基质渗透率模型和裂缝渗透率增大率模型，就能得到地层总渗透率计算式和地层微裂缝渗透率计算式。

$$Perm\_T = Perm\_B \times Perm\_BR \tag{3-24}$$

$$Perm\_F = Perm\_T - Perm\_B \tag{3-25}$$

式中　$Perm\_F$——裂缝渗透率，mD；

　　　$Perm\_B$——基质渗透率，mD；

　　　$Perm\_T$——总渗透率，mD；

　　　$Perm\_BR$——渗透率增大率。

图 3-42 为应用微裂缝孔隙度和微裂缝渗透率模型计算的结果与岩心分析结果对比图，从图可以看出，计算结果与岩心分析结果吻合很好。

三、碳酸盐岩储层孔隙度评价方法

针对滨里海盆地东缘碳酸盐岩储层的岩石类型和孔隙空间结构特征，借鉴国内外碳酸盐岩储层测井评价方法和经验[13]，在岩心分析的基础上，对储集空间进行分类，并详细分析各种孔隙度之间的关系，以此为依据建立三孔隙体积模型，并给出各种孔隙度的计算方法，实现复杂碳酸盐岩储层定量计算连通孔隙度、分散孔隙度及裂缝孔隙度。

1. 孔隙模型

从孔隙间的连通性出发，孔隙空间可以分为连通孔隙空间和分散孔隙空间，其中连通孔隙空间是有效的孔隙空间[14]。参考现有双孔隙度体积模型，结合研究区储层的岩石物理分析，建立三孔隙度体积模型，该孔隙度体积模型由四部分组成，包括骨架、连通基质孔隙度、分散孔隙度和裂缝孔隙度（图 3-43）。

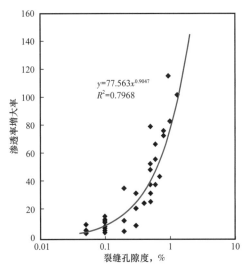

$y=77.563x^{0.9047}$
$R^2=0.7968$

图 3-41　裂缝孔隙度与渗透率增大率的关系

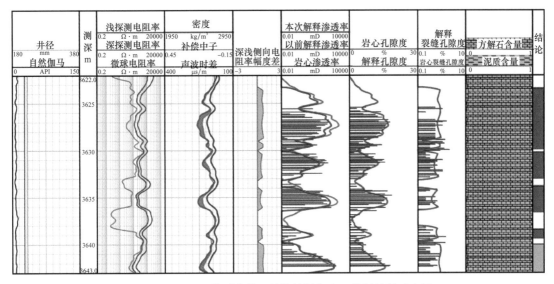

图 3-42　2399A 井测井模型计算结果与岩心分析结果对比图

基质孔隙度主要为连通的孔隙空间，如粒间孔、粒间溶孔、晶间孔、晶间溶孔等孔隙空间。分散孔隙度为不连通的孤立的分散孔隙空间，如体腔孔、铸模孔、粒内孔等孔隙空间。微裂缝孔隙度为微裂缝孔隙空间。连通孔隙度等于基质孔隙度与微裂缝孔隙度之和。总孔隙度等于连通孔隙度与分散孔隙度之和。

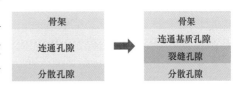

图 3-43　三孔隙度模型示意图

2. 孔隙度计算模型

在滨里海盆地东缘石炭系碳酸盐岩地层中，在非扩径段密度测井反映储层孔隙度与岩心分析孔隙度最为接近。根据孔隙度测井的测井原理，在碳酸盐岩储层中，认为密度测井或者中子—密度测井计算的孔隙度代表地层的总孔隙度，所以，在纯石灰岩地层，用密度孔隙度计算总孔隙度 ϕ_τ，在气层，用中子—密度测井计算地层总孔隙度。计算公式如下。

1）密度孔隙度 ϕ_D

密度测井计算地层总孔隙度，计算公式如下：

$$\phi_\tau = \phi_D = \frac{\rho_{ma} - \rho_b}{\rho_{ma} - \rho_f} - \frac{\rho_{ma} - \rho_{sh}}{\rho_{ma} - \rho_f} \times V_{sh} \qquad (3-26)$$

式中　ρ_b——目的层密度测井响应值；g/cm³；

ρ_{ma}——砂岩骨架密度测井响应值；2.71g/cm³；

ρ_{sh}——泥岩密度测井响应值；2.40g/cm³；

ρ_f——流体密度测井响应值，1.05g/cm³；

V_{sh}——泥质含量。

2）中子孔隙度 ϕ_N

中子孔隙度在石灰岩地层中，往往与密度测井一起来计算地层总孔隙度，但是在本地区白云岩发育区域，中子孔隙度往往偏大。实验表明，在中等孔隙度范围内高矿化度地层水使中子孔隙度升高，在白云岩中尤其明显。当孔隙度为20%时，可以增大4.5个百分点（图3-44）。

当白云岩含有某些重矿物时，中子孔隙度又下降。在本地区中子孔隙度在白云岩中变大，在KT-Ⅱ纯石灰岩地层略低于岩心孔隙度值，所以，一般不单独使用中子测井孔隙度，而是作为参考。中子孔隙度计算公式为

$$\phi_N = \frac{\phi_b - \phi_{ma}}{\phi_f - \phi_{ma}} - \frac{\phi_{sh} - \phi_{ma}}{\phi_f - \phi_{ma}} \times V_{sh} \tag{3-27}$$

式中　ϕ_b——目的层中子孔隙度测量值；

　　　ϕ_{ma}——骨架中子孔隙度测量值；

　　　ϕ_{sh}——泥岩中子孔隙度测量值；

　　　ϕ_f——流体中子孔隙度测量值；

　　　V_{sh}——泥质含量。

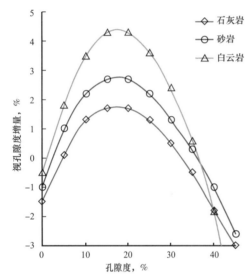

图3-44　中子孔隙度增量与岩性的关系图

3）中子—密度孔隙度 ϕ_{DN}

中子—密度交会图是应用最多的一种确定岩性和孔隙度的交会图方法，中子测井孔隙度在高矿化度白云岩地层总是偏高，而在气层或干层又总是偏低，密度测井受气层及地层扩径影响很大，而总是得出偏高的孔隙度值，所以在气层或井径不规则时一般采用中子—密度交会的方法来计算孔隙度。有时为了抵偿岩性和侵入带内残余气对中子和密度测井影响，也可以采用下式确定岩石基质孔隙度：

$$\phi_{DN} = \frac{(\phi_N + \phi_D)/2 + \sqrt{(\phi^2_N + \phi^2_D)/2}}{2} \tag{3-28}$$

式中　ϕ_{DN}——中子—密度交会孔隙度；

　　　ϕ_D——密度孔隙度；

　　　ϕ_N——中子孔隙度。

公式（3-28）中，第一项是为了抵偿岩性的影响，第二项是为了抵偿天然气的影响。

4）声波孔隙度 ϕ_{AC}

$$\phi_{AC} = \frac{\Delta T_b - \Delta T_{ma}}{\Delta T_f - \Delta T_{ma}} - \frac{\Delta T_{sh} - \Delta T_{ma}}{\Delta T_f - \Delta T_{ma}} \times V_{sh} \tag{3-29}$$

式中　ΔT_b——目地层声波时差测井值，μs/m；

　　　ΔT_{ma}——骨架时差值，153μs/m；

　　　ΔT_{sh}——泥岩时差值，240μs/m；

　　　ΔT_f——流体时差值，KT-Ⅰ取610μs/m，KT-Ⅱ取590μs/m。

3. 分散孔隙度计算模型

由孔隙度体积模型可知，岩石孔隙度由连通孔隙度和分散孔隙度共同组成。在相同

岩性地层，声波速度是孔隙类型的函数。在分散孔隙度发育的地层，声波测井速度高于 Wyllie 时间平均方程预测的速度。美国学者 Lucia 在他的研究中也指出，声波时差受岩石组构中微孔隙的影响，特别是粒内微孔，指出声波速度是孔隙类型的函数，当孔隙度大部分为分散孔洞孔隙时，岩石的声波速度高于孔隙为粒间孔的岩石。而且他还认为，常用的中子—密度孔隙度减去声波孔隙度计算次生孔隙度的方法没有明确的地质意义，并提出了一套用总孔隙度（岩心分析和中子—密度）、声波时差（测井）、分散孔隙度（来自薄片分析）校正不同孔隙类型储层声波时差的方法，该方法明确地指出了分散孔隙度是导致声波时间曲线变化的原因。依据这一理论，采用物性分析和薄片分析结果建立分散孔隙度和声波时差测井值之间的经验关系式，得出分散孔隙度计算公式，再用总孔隙度减去分散孔隙度得到连通孔隙度。计算步骤如下：

1）声波假骨架值计算

在石灰岩地层中，用密度孔隙度作为总孔隙度，用 Wyllie 时间平均方程反算出该孔隙度对应的声波时间骨架值（这里称为假骨架值），再用石灰岩理论声波时差骨架值减去假骨架值，得出假骨架差异值，建立分散孔隙度与假骨架差异值的关系式，计算分散孔洞孔隙度。

假骨架值计算公式：

$$DT\_Fma = \frac{\Delta T_b - \Delta T_f \times Por\_Den}{1 - Por\_Den}$$ （3-30）

$$SDT\_Fma = DT\_ma - DT\_Fma$$ （3-31）

式中　Por_Den——密度孔隙度，即基质地层总孔隙度，%；

　　　DT_ma——理论骨架值，μs/m；

　　　DT_Fma——假骨架值，一般小于 DT_ma 值，μs/m；

　　　SDT_Fma——假骨架差异值，为假骨架值与理论骨架值的差值，μs/m。

2）分散孔洞孔隙度计算

采用让纳若尔油田和北特鲁瓦油田 6 口井 650 块岩心铸体薄片分析样品的岩电对应数据，计算每块样品的假骨架值及假骨架差异值，把分散孔隙（洞）分孔隙度区间进行统计，得到石灰岩地层分散孔隙（洞）与声波时差的相关关系，分散孔隙（洞）比例越大，假骨架值差异值也越大（图 3-45），根据多项式回归可以定量估算出分散孔隙（洞）的比例。

回归得到分散孔隙（洞）比例与假骨架差异值之间关系（图 3-46），则分散孔隙（洞）比例计算式为

$$RSV = -0.0002 \times SDT\_Fma^2 + 0.0308 \times SDT\_Fma + 0.0173$$ （3-32）

式中　RSV——分散孔隙度比例，%。

进一步回归得到分散孔隙度与假骨架差异值之间关系（图 3-47），则分散孔隙度计算式为

$$Por_{SV} = 0.0046 \times SDT\_Fma^2 + 0.251 \times SDT\_Fma - 0.5382$$ （3-33）

式中　Por_{SV}—分散孔隙度，%。

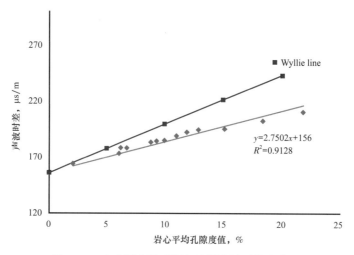

图 3-45　含分散孔隙（洞）地层声波时差变化图

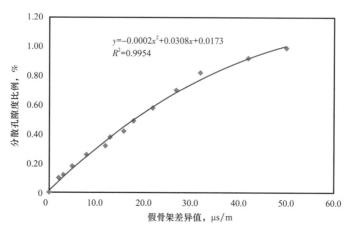

图 3-46　分散孔隙度比例与假骨架差异值关系图

用上述模型计算 3477 井取心段的分散孔隙度与连通孔隙度，与岩心分析结果进行对比，二者吻合较好（图 3-48）。

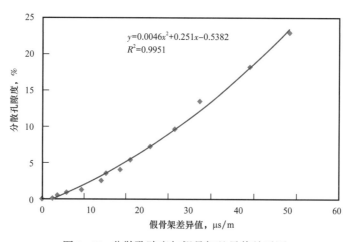

图 3-47　分散孔隙度与假骨架差异值关系图

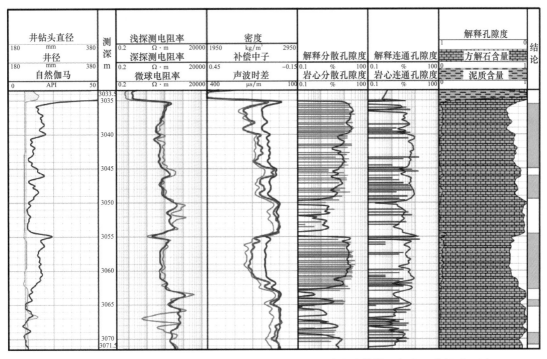

图 3-48　让纳若尔油田 3477 井分散孔隙度与连通孔隙度计算结果与岩心分析对比图

第三节　裂缝—孔隙型碳酸盐岩气藏储层预测技术

阿姆河右岸中东部主要勘探目标为台缘斜坡礁滩储层，西部主要为台内滩储层，中东部台缘斜坡礁滩体为巨厚变形盐膏岩直接覆盖，喜马拉雅期挤压形成复杂的裂缝系统；西部上牛津组发育开阔台地及局限台地台内滩多层叠置的薄储层，多为盐膏岩覆盖，局限台地台内滩与石膏互层。针对这两类复杂的碳酸盐岩储层，开展了叠前各向异性裂缝检测、多方位非零偏 VSP（垂直地震测井，即 vertical seismic profile）裂缝预测及盐下台内滩薄储层叠前叠后联合反演储层预测研究，形成了山前冲断带缝洞型气藏的各向异性和多方位非零偏 VSP 的裂缝检测技术及台内滩气藏的薄储层预测与流体检测技术，为阿姆河右岸盐下碳酸盐岩气藏勘探开发提供了重要的技术支撑。

一、叠前地震各向异性裂缝预测

阿姆河右岸中东部卡洛夫—牛津阶发育斜坡相礁滩复合体，礁滩体内部障积及粘结生物组构复杂，岩性非均质性强，成岩过程中的压实作用形成网状缝合线系统，后期在喜马拉雅运动挤压应力下形成构造裂缝，上覆盐膏岩塑性流动形成断层及伴生裂缝，多种成因裂缝复合形成非常复杂的斜坡礁滩体裂缝系统，巨厚盐膏岩裂缝储层预测难度大。沿裂缝叠加埋藏溶蚀作用，形成裂缝—孔隙（洞）型礁滩储集体，成为阿姆河右岸中东部最重要的目标，有效裂缝预测对于勘探目标及开发井位优选具有重要指导作用。

选择强烈挤压褶皱的山前逆冲构造带召拉麦尔根—霍贾古尔卢克地区作为研究区，该区位于阿姆河右岸东北部台缘斜坡带，东部紧邻基萨尔山前带，晚期构造运动较强，因此在构造发育期，裂缝型储层发育较好。

1. 方法原理

叠前裂缝检测方法是一种基于纵波的地震检测方法，当地震纵波在遇到裂缝地层产生反射时，由于纵波与裂缝的方位角不同，产生的反射不同，利用三维地震资料宽方位角的特点，提取不同方位角的地震 P 波，就可以反推裂缝发育的相对程度，即通过检测各方位角之间的差异来确定裂缝的存在即发育程度，该方法对开启性高倾角裂缝有效。AVAZ（即振幅随方位角变化或 AVO—振幅随偏移距变化）研究表明，地震频率的衰减和裂缝密度场的空间变化有关。沿裂缝走向方向随偏移距增大衰减慢，而垂直裂缝走向方向随偏移距增大衰减快，裂缝密度越大衰减越快。振幅随偏移距（AVO）梯度较小的方向是裂缝走向，梯度最大的方向是裂缝法线方向，并且差值本身与裂缝的密度成正比，因此裂缝的密度可以标定出来。

多方位 P 波各向异性裂缝预测的基本原理是反射 P 波通过裂缝介质时，对于固定炮检距，P 波反射振幅响应 R 与炮检方向和裂缝走向之间的夹角有如下关系：

$$R(\theta) = A + B\cos 2\theta \qquad (3-34)$$

式中　A——与炮检距有关的偏置因子；

　　　B——与炮检距和裂缝特征相关的调制因子；

　　　θ——炮检方位与裂缝走向的夹角。

仿照简谐振荡特征，上式中 A 可以看成均匀介质下的反射强度，B 可以看成定偏移距下随方位而变的振幅调谐因子，A、B 之间的比值关系是裂缝发育密度的函数。这种关系可近似用一椭圆状图形来表示（图 3-49）。

图 3-49 中，R 表示任一方向 T 的方位反射振幅。当炮检方向平行于裂缝走向时（$\theta = 0°$），振幅（$R = A + B$）最大；当炮检方向垂直于裂缝走向时（$\theta = 90°$），振幅（$R = A - B$）最小。上述方程只要知道 3 个方位或 3 个方位以上的反射振幅数据就可求解 A、裂隙方位角及与裂隙密度相关的综合因子 B，从而得到储层任一点的裂缝发育方位和密度。

利用叠前偏移处理的多个方位数据体提取振幅、频率、衰减等信息，并进行方位椭圆多属性拟合，得到裂缝发育密度和方位数据，实现利用地震数据进行裂缝密度及方位的预测，裂缝预测流程如图 3-50 所示。

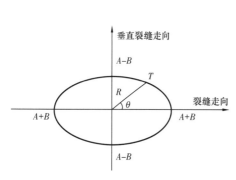

图 3-49　地震反射振幅随方位变化示意图

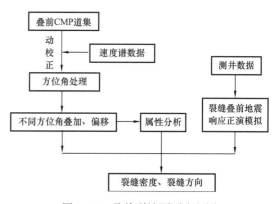

图 3-50　叠前裂缝预测流程图

（1）在共中心点（CMP）道集中抽选方位角道集并进行叠加。加入计算的方位角个数，一般为3～6个，要求基本均匀地分布在0°～180°范围，不同方位数据之间的覆盖次数及能量应大致相同。

（2）地震属性可以采用经过标定的振幅数据，如相对波阻抗数据。对每一个方位叠加道集计算相对波阻抗。

（3）对储层的每个共深度点（CDP），使用上述各方位角的时窗统计属性值进行椭圆拟合，计算出3个特征值：椭圆长轴长度、短轴长度、与X轴的夹角，然后获得椭圆扁率（长轴／短轴）。

（4）根据所选地震属性对裂缝方位的响应关系，以及在正演模拟的结果，判定该夹角如何指示裂缝方向，椭圆扁率通常指示裂缝密度的分布。

2. 叠前裂缝方位角处理

叠前裂缝检测最重要的处理环节是分方位处理，裂缝检测主要是通过检测各方位角之间的差异来确定裂缝的存在及发育程度，要求不同方位数据之间的覆盖次数及能量应大致相同。通过研究区叠前CMP道集的面元分析（图3-51），本区最大偏移距在4100m左右，覆盖次数在7～105次之间，平均覆盖次数为83次，根据全偏移距与方位角的关系，发现偏移距大于1840m时，中等角度方位缺少大偏移距的地震数据，而在小角度和大角度方位仍然有大偏移距的地震数据。

在保持偏移距尽可能大一些的前提下，为了保证方位角划分内的覆盖次数基本一致，最终保留了1840m以内的偏移距数据，对大于1840m的偏移距数据进行了截取，图3-52为截取后的叠前CMP数据方位角与均匀覆盖偏移距交会图。1840m偏移距范围内在不同方位角上覆盖次数比较均匀，结合地震数据的采集特点和裂缝发育方位信息，通过反复试验和研究，实际处理中划分了5个方位角数据。经过合理方位划分、数据规则化、方位数据叠前时间偏移，确保5个方位角上的覆盖次数保持均等，形成了5个不同方位的数据体，分别为0°～40°、35°～75°、70°～110°、110°～150°、140°～180°。划分的依据和原则是尽可能保证不同扇区内的覆盖次数均匀，尽可能减小非方位变化引起的不同方位角扇区内部分叠加地震资料的差异。这样保证了各角度内地震振幅能量基本一致，满足叠前裂缝预测的数据要求。图3-53分别为各方位角叠前时间偏移剖面。

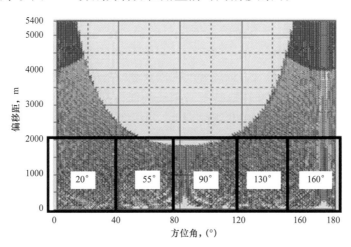

图3-51 叠前CMP数据方位角与全偏移距交会图

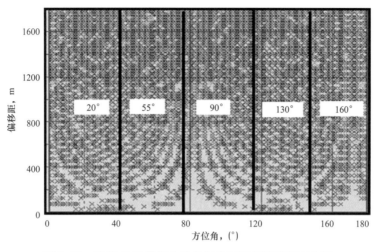

图 3-52　叠前 CMP 数据方位角与均匀覆盖偏移距交会图

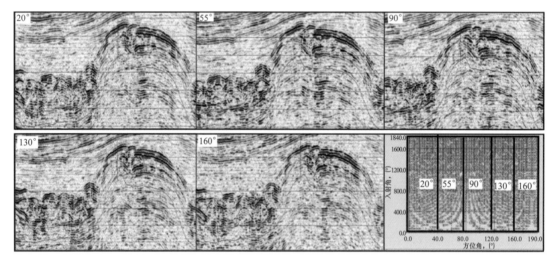

图 3-53　5 个方位角叠前时间偏移剖面

3. 裂缝预测效果

利用叠前偏移处理的 5 个方位数据体提取振幅、频率、衰减等信息，根据叠前地震振幅方位角椭圆的变化确定裂缝的空间方向；利用小波变换算法计算频率方位角椭圆的变化，并进行方位椭圆多属性拟合，描述叠前地震波衰减各向异性的强度，获得裂缝发育密度和方位数据。图 3-54 为过井裂缝密度主测线剖面，其中红色代表裂缝较发育的位置，图中的玫瑰图表明裂缝方位主要以北西向为主。

图 3-55 为礁上层 XVhp 层的裂缝密度平面图和井点的裂缝方向，其中红色玫瑰花图为预测的裂缝方向图，玫红色玫瑰花图为实测的裂缝方向图。在全区分布图中红色表示裂缝发育，裂缝除了沿着断层发育以外，在 Hhojg-22 井区西南部分和 Ehojg-21 井区以东也发育裂缝密集区。图中各井点裂缝预测方向与实际测井资料揭示的裂缝方向基本一致，礁上层整体裂缝方向以北西西为主，反映了在断层附近裂缝发育，符合地质规律和实钻情况。

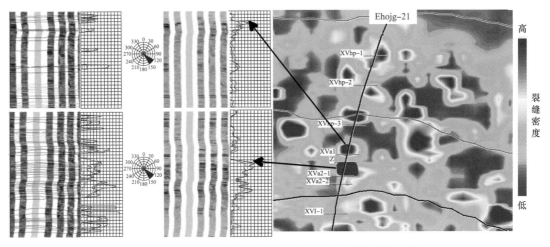

图 3-54　Ehojg-21 井预测裂缝密度剖面和成像测井资料图

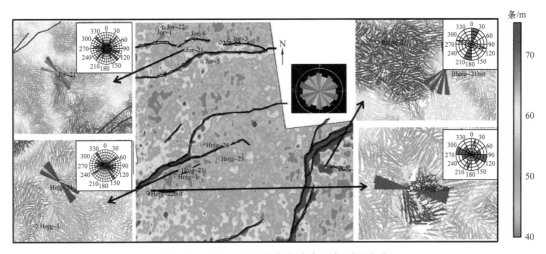

图 3-55　XVhp 层裂缝密度分布图与裂缝方向

二、多方位非零偏 VSP 裂缝预测技术

综合利用阿姆河右岸 B 区中东部现有测井资料，并参考区域地质、邻区横波和岩石物理测试数据开展非零偏 VSP 裂缝检测研究，从多种波场记录中提取多种可用于检测裂缝的地震属性，并根据这些属性的方位变化判断裂缝发育走向；在综合评估各种属性的基础上，提出一个利用地震属性定量估算裂缝发育程度的新参数——裂缝指数；利用非零偏 VSP 纵波道集反射波能量变化，对井附近的裂缝带走向进行了预测；根据这种预测思路，提出了根据共反射点多方位角、多炮检距能量、方位椭圆极化属性估算裂缝的新方法，发展了三维地震裂缝检测方法，提供了多方位、三分量、全井段、小点距的丰富信息，实现了点—线—面的突破。

1. 非零偏 VSP 井裂缝检测原理

与裂缝有关的地震属性主要有层速度、能量或振幅、品质特性、极化特性、频率特性、横波旅行时等。利用各种波场数据提取这些地震属性，再通过裂缝与地震属性之间的关系，分析这些属性在各个方位上的变化，便获得裂缝在井周空间分布的规律，利用裂缝体顶底的直达波与透射波在地震属性方面的差异，研究裂缝体在不同方向对不同类型波的衰减情况，从而判断裂缝带的走向。

图3-56展示的是利用不同属性的非零偏VSP预测的裂缝发育方位，虽然各种属性预测结果有差别，但存在一定的内在联系和规律性，将这些属性通过质量评估，优选计算，综合为一个定量的参数，用以表征井周围岩石的裂缝特性。

首先对8个方向中第 i 个方向上 N 种属性的数据进行归一化，然后对归一化后的属性数据 $a(i, j)$（$j=1, 2, \cdots, N$），根据式（3-35），利用加权系数 $W(j)$ 进行加权平均，得到第 i 个方向上加权综合属性值 $a_w(i)$。其结果平方后再用式（3-36）对数据归一化。这样在每个方向得到一个位于0与1之间的数值 $e_f(i)$，这个数值可以用来定量地判定该方向裂缝的发育程度，将其称之为裂缝指数。

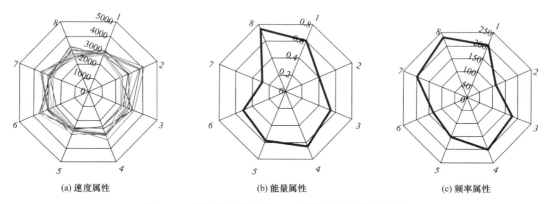

(a) 速度属性　　　　　　(b) 能量属性　　　　　　(c) 频率属性

图3-56　不同属性非零偏VSP预测的裂缝发育方位

$$a_w(i) = \frac{\sum_{j=1}^{N} a(i, j)W(j)}{\sum_{j=1}^{N} W(j)} \qquad (3-35)$$

$$e_f(i) = \frac{a_w(i)^2}{\max\left[a_w(i)^2\right]} \qquad (3-36)$$

裂缝指数值越大，说明裂缝发育程度越高。图3-57是最后得到的加权平均后各个方位裂缝指数的雷达图。从图3-57中可以看到，在该井附近，裂缝带发育的主要走向是北北西方向，其次是北北东方向。非零偏VSP裂缝检测成果解释了井周裂缝特征，同时也为利用地震资料进行裂缝预测奠定了基础。

2. 多方位反射波叠前道集井裂缝检测技术

前面所述是利用井眼周围小范围内的纵横波、透射波或者反射波进行属性提取并据此进行裂缝走向分析，下面进一步对井周围VSP成像面积之内的裂缝带发育进行估算和预测。利用多方位反射纵波叠前动校正道集上裂缝带上下反射波能量的比值，观测这种比值在各个方位角的变化，最终得到平面上的变化，据此对井周围一定面积内的裂缝分布作出预测。

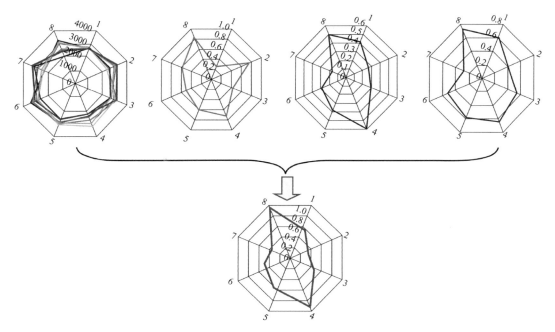

图 3-57　非零偏 VSP 资料预测的 Aga-23 井裂缝发育方位图

反射纵波和反射转换波穿过裂缝带时，由于裂缝带内疏松充填物的影响，传播能量将会衰减。裂缝带底与顶反射纵波和反射转换波的能量比值，反映了能量的衰减。该比值越大，说明衰减少，反映岩石中裂缝较少；反之，该比值越小，说明衰减增大，反映岩石中裂缝较多。将 Aga-23 井石灰岩 XVhp 顶致密层的反射作为标准，Z 层段底部反射能量的变化即可反映裂缝的发育程度。从 8 个方位各条成像剖面的裂缝带顶底能量变化，评估在井周围一定面积范围内裂缝的分布情况。

由于井附近目的层产状较平缓，假定目的层深度为 D，井源距为 L，利用式（3-37）将检波器深度 d 置换为反射点的水平距离 x：

$$x = \frac{D-d}{2D-d}L \qquad (3-37)$$

首先划定一个时窗，在时窗内逐点计算裂缝带顶底反射波能量比的变化；然后根据式（3-37），把深度域动校正道集上的能量变化，转化为以反射成像点距离为自变量的动校正道集的能量变化；得到某一方位上裂缝带顶底反射纵波与反射转换波能量比随水平距离变化的曲线。

图 3-58 是将 8 个方位角、4 条线的 XVhp-Z 层段反射纵波能量比的数据展布在以 Aga-23 井为圆心、半径 800m 平面上的状况，将低能量比值区在平面上连接起来，就勾绘出井周围的裂缝发育带。从整体看，除了井东部 300m 处有一个走向为近南北方向的裂缝发育带外，其余区域中以北北西方向与北西方向的裂缝带占主要地位。

这个结果与前边利用裂缝指数得到的结果相一致，为后边利用三维地震资料探测裂缝提供了参考与佐证的资料。裂缝指数是裂缝的小尺度标志，三维地震裂缝探测结果是裂缝的大尺度标志，利用 VSP 纵横波动校正道集石灰岩顶底反射波能量比开展裂缝检测是将二者连接起来的中间桥梁。

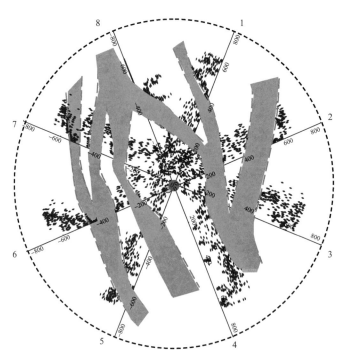

图 3-58　利用 XVhp—Z 层段石灰岩顶底反射纵波能量比预测的 Aga-23 井裂缝发育带

3. 三维地震资料裂缝检测方法

三维地震的每一个共反射点，都是由不同方位角、不同炮检距的叠前反射波组成的，其中来自不同方位角的地下裂缝带顶底反射的能量关系，包含着裂缝的信息。在不同方位角、不同炮检距的叠前反射波道集中，检索出裂缝带顶与底反射的能量关系，得到一个反射能量—方位角椭圆极化图，据此可以探测裂缝带的走向与密度。

首先，消除由于不同的炮检距造成反射振幅的差别，通过统计某一共反射点道集中标准层各个方向不同炮检距反射波的均方根能量，设计一种算子，将算子施加到相应的各道上后，可以校正道集中标准层各道的能量，使之尽量趋于一致，也就是使这个道集中标准层反射波的能量—方位角图尽量趋近一个圆［图 3-59（a）］。只有使裂缝带顶层的反射波能量一致化，裂缝带底部反射的能量—方位角变化才能比较真实地反映目的层中裂缝的发育程度。

对于各向异性介质，在叠前共反射点（CRP）道集上，由于裂缝对传播能量的影响，反射纵波的能量属性随观测方位角的变化基本上是一个椭圆［图 3-59（b）］。其中椭圆的长轴指示裂缝的发育方向，椭圆的扁率指示裂缝的相对密度。

在叠前共反射点（CRP）道集中，设各道能量在垂直、平行测线上的投影为 (X_i, Y_i) $(i=1, 2, \cdots, n)$。裂缝发育方向为 θ，椭圆长短轴分别为 a, b，则有

$$\begin{bmatrix} X_i \\ Y_i \end{bmatrix} = \begin{bmatrix} \cos\theta & -\sin\theta \\ \sin\theta & y\cos\theta \end{bmatrix} \begin{bmatrix} a & 0 \\ 0 & b \end{bmatrix} \begin{bmatrix} e_x \\ e_y \end{bmatrix} \tag{3-38}$$

其中

$$e_x^2 + e_y^2 = 1 \tag{3-39}$$

当 $n>3$ 时，式（3-38）为超定方程，利用最小二乘法拟合 a，b，θ 3个参数，根据长轴的指向即可得到该点裂缝的走向。裂缝的相对密度或发育程度定义为

$$\rho = \frac{a}{b} - 1 \tag{3-40}$$

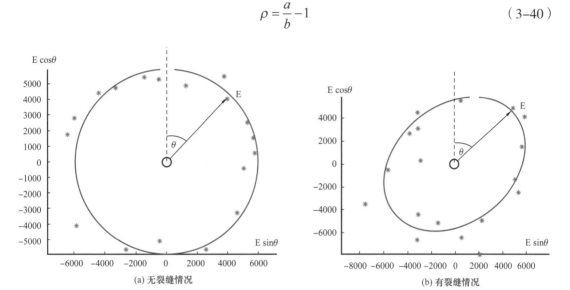

图 3-59　能量属性极化图

设定一个具有一定长度的滑动时窗，对地震的每一个共成像点道集逐个时窗计算各个方位角反射波在滑动时窗内的能量，记录该点在时窗内反射波能量极化形成椭圆的长轴方向、长短轴之比等属性，形成一个三维裂缝属性数据体（图 3-60）。

从三维裂缝属性数据体中，切取任意方向的垂直剖面、水平切片或者沿某一指定层位的切面。在水平切片和沿某一层位的切面图上，用一个有向线段指示出椭圆的长轴方向，即为该点的裂缝发育方向，以颜色表示裂缝的密度。

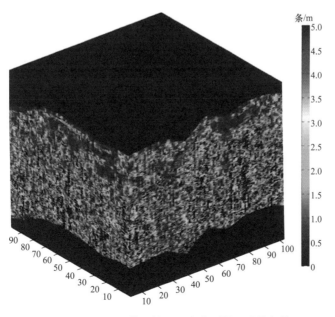

图 3-60　Aga-23 井区能量—方位属性三维数据体

4. 非零偏 VSP 裂缝预测效果

利用该技术选取的 Aga-23 井，经实钻检验裂缝发育程度较高，对该区的评价井井位优选起到了积极的推动作用。Aga-23 井成像测井揭示了卡洛夫—牛津阶石灰岩 XVhp、XVa1、Z 层段的裂缝情况（图 3-61）。从成像测井资料看，XVhp 层段以北西西和东西方向为主，XVa1 层段以南北和北北东、北东方向为主，Z 层段以北北西方向为主。说明自浅至深，裂缝的走向是变化的。

VSP 裂缝指数表明 XVhp—XVa1 层段以北北西方向为主，北北东方向次之。VSP 反射波动校正道集裂缝带顶底能量比指示 XVhp—XVa2 层段在井的东部裂缝发育带走向主要是北北西方向，井东部有北北东方向的裂缝带。

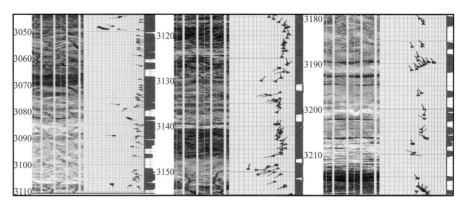

图 3-61　Aga-23 井卡洛夫—牛津阶石灰岩成像测井裂缝信息

应该指出，成像测井资料所反映的是井孔处岩石裂缝的微观图像，而 VSP 与地震资料所反映的是井周围地层裂缝系统的宏观图像，两者有一定的联系，但也存在一定的差别，两者结合起来可以对裂缝有比较完整的认识。

将 Aga-23 井的多方位角随深度变化的裂缝方位角曲线与成像测井的裂缝方位做对比，可以发现二者的变化趋势是一致的（图 3-62）。在 XVhp 层段，裂缝走向基本上是北西方向，在 XVa1 层段，裂缝走向基本上是北北东方向，在 Z 层段，裂缝走向基本上是北北西方向。从曲线图还可以发现，除个别深度点外，能量—方位随深度变化的裂缝方位角与成像测井的裂缝方位角的误差不超过 15°，充分说明利用 VSP 与三维地震共反射点的多方位角、多炮检距道集资料求出的裂缝带能量比值—方位属性在探测裂缝发育带走向与密度方面有明显效果。

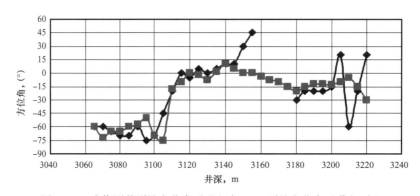

图 3-62　成像测井裂缝方位角（蓝）与 VSP 裂缝方位角（紫）对比

三、盐下复杂碳酸盐岩储层流体检测技术

选择阿姆河右岸西部碳酸盐岩上覆膏盐岩变形相对较小的麦捷让地区作为研究区，该区在牛津期处于台缘带与开阔台地的过渡带，上部 XVac 和 XVp 地层主要发育高能礁滩相碳酸盐岩储层，该段储层不发育，为低孔储层；主力储层为下部的 XVm 地层，发育局限台地相的岩溶储层。XVm 层储层发育，为中孔储层，主要发育疏松多孔的灰色灰岩、鲕粒灰岩、角砾灰岩及泥晶灰岩，溶孔、溶洞较为发育。利用双孔介质模型进行碳酸盐岩储层岩石物理建模，开展储层流体检测。

1. 基于 Biot—Rayleigh 方程的岩石物理模型

Biot—Rayleigh 方程（BR 方程）描述的是含一种流体的双重孔隙介质的局部流体振荡机制，基于此方程可以对流体振荡引起的波速频散和衰减进行预测。Biot—Rayleigh 方程还可模拟一种孔隙结构情况下两种流体共存，即孔隙均质而流体非均质的状态，实现烃类部分饱和情况下，不同尺度（地震、测井、超声）的岩石物理正演，解决部分饱和情况下的流体饱和度预测问题。BR 方程可写为

$$N(\nabla)^2 \boldsymbol{u} + (A+N)\nabla e + Q_1\nabla\left(\xi^{(1)}+\phi_2\zeta\right) + Q_2\nabla\left(\xi^{(2)}-\phi_1\zeta\right)$$

$$= \rho_{11}\ddot{\boldsymbol{u}} + \rho_{12}\ddot{\boldsymbol{U}}^{(1)} + \rho_{13}\ddot{\boldsymbol{U}}^{(2)} + b_1\left(\dot{\boldsymbol{u}}-\dot{\boldsymbol{U}}^{(1)}\right) + b_2\left(\dot{\boldsymbol{u}}-\dot{\boldsymbol{U}}^{(2)}\right) \quad (3-41)$$

$$Q_1\nabla e + R_1\nabla\left(\xi^{(1)}+\phi_2\zeta\right) = \rho_{12}\ddot{\boldsymbol{u}} + \rho_{22}\ddot{\boldsymbol{U}}^{(1)} - b_1\left(\dot{\boldsymbol{u}}-\dot{\boldsymbol{U}}^{(1)}\right) \quad (3-42)$$

$$Q_2\nabla e + R_2\nabla\left(\xi^{(2)}+\phi_1\zeta\right) = \rho_{13}\ddot{\boldsymbol{u}} + \rho_{33}\ddot{\boldsymbol{U}}^{(2)} - b_2\left(\dot{\boldsymbol{u}}-\dot{\boldsymbol{U}}^{(2)}\right) \quad (3-43)$$

$$\phi_2\left(Q_1 e + R_1\left(\xi^{(1)}+\phi_2\zeta\right)\right) - \phi_1\left(Q_2 e + R_2\left(\xi^{(2)}+\phi_1\zeta\right)\right)$$

$$= \frac{1}{3}\rho_{fl}\ddot{\zeta}R_0^2\frac{\phi_1^2\phi_2\phi_{20}}{\phi_{10}} + \frac{1}{3}\frac{\eta_1\phi_1^2\phi_2\phi_{20}}{K}\dot{\zeta}R_0^2 \quad (3-44)$$

其中 $\boldsymbol{u}=[u_1,\ u_2,\ u_3]$，$\boldsymbol{U}^{(1)}=[U_1^{(1)},\ U_2^{(1)},\ U_3^{(1)}]$，$\boldsymbol{U}^{(2)}=[U_1^{(2)},\ U_2^{(2)},\ U_3^{(2)}]$，分别代表 3 种组分的空间矢量位移（骨架、流体 1、流体 2），下标 1、2、3 表示矢量空间的 3 个方向，上标·、·· 分别表示一阶导数和二阶导数；ζ 表示压缩波激励过程中产生的局域流体变形增量。$\zeta^{(1)}$、$\zeta^{(2)}$ 分别表示两类流体应变的函数；ϕ_1 和 ϕ_2 表示含两种流体区域的孔隙度，岩石的总孔隙度 $\phi=\phi_1+\phi_2$，ϕ_{10} 与 ϕ_{20} 分别表示两个区域内的局部孔隙度，如岩石内部仅含有一种骨架，但饱和有两种流体，则 $\phi_{10}=\phi_{20}=\phi$，假设 ϕ_1 代表水孔（背景相流体），ϕ_2 代表气孔（包体流体），那么 ϕ_1/ϕ 就是含水饱和度，ϕ_2/ϕ 就是含气饱和度；ρ_{fl} 和 η_1 表示背景相流体的密度与黏度；R_0 表示气包半径，K 表示岩石渗透率；A、N、Q_1、R_1、Q_2、R_2 表示双孔介质中的 6 个 Biot 弹性参数；ρ_{11}、ρ_{12}、ρ_{13}、ρ_{22}、ρ_{33} 表示双孔介质中的 5 个密度参数；b_1 与 b_2 表示两种流体饱和区域中各自的耗散系数；e 为单位矩阵。

2. 岩石物理正演模拟分析叠前反射特征

建立基于石灰岩盖层 + 石灰岩储层的双孔岩石物理模型，其中石灰岩骨架纵波速度 $v_p=6340\text{m/s}$，石灰岩骨架横波速度 $v_s=3270\text{m/s}$，石灰岩密度为 2.71g/cm^3，孔隙度为 10%。当含气 100% 时，$v_p=4522\text{m/s}$，估算 $v_s=2166\text{m/s}$；当含水 100% 时，$v_p=4720\text{m/s}$，估算

$v_s = 2128\text{m/s}$。两种情况模拟结果都反映了相同的道集特征：近道波谷，近道强，远道弱，降幅明显，呈第四类AVO特征（图3-63）。这与实际测井资料的计算结果一致，也与实际道集资料的反射特征一致（图3-64），利用这样的AVO响应特征识别气藏很困难。

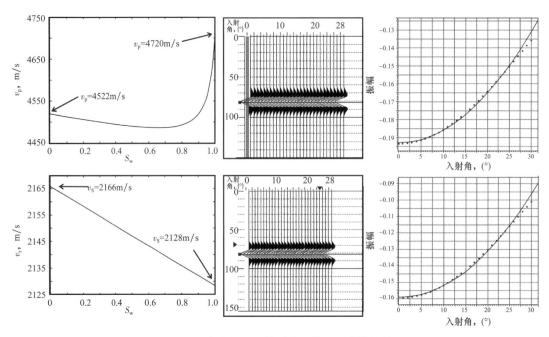

图3-63　石灰岩包含流体时岩石物理正演模拟结果

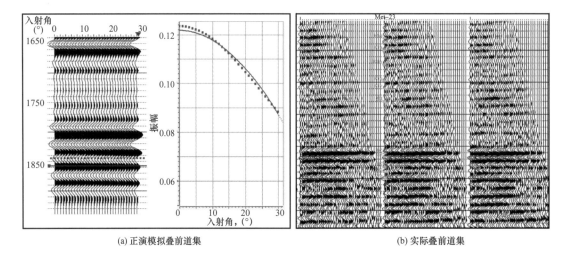

(a) 正演模拟叠前道集　　　　　　　　　　　　　(b) 实际叠前道集

图3-64　石灰岩实际资料得到的叠前道集

3. 气藏敏感参数优选及含气性检测适用性分析

基于BR方程对研究区Met-A1井进行流体替换，图3-65中红色为实测曲线，蓝色为预测曲线。将气水界面以上的原始含气层全部替换成水，即当含水100%、含气为0时，经过流体替换计算的v_p/v_s曲线与实测曲线相比，在原始气层差异较大，在原始水层相差较小；同时在v_p/v_s与P波阻抗交会图上也可以区分气层与水层，说明v_p/v_s对气层敏感，可以作为该气藏含气性检测的敏感参数。但从测井曲线对比分析看，XVm 层的 v_p/v_s 曲线变化与孔隙度曲线的变化趋势相似，说明 v_p/v_s 受到储层孔隙度的影响，所以纵横波速度比对于含气性识别有一定的多解性。

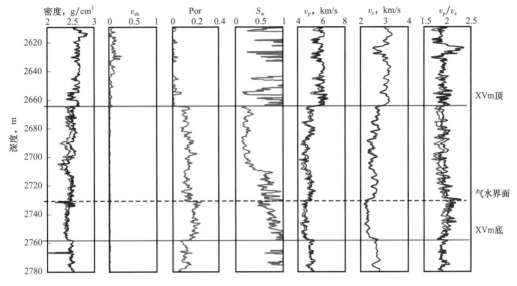

图 3-65　Met-A1 井流体替换分析

对 Met-A1 井进行了弹性波阻抗反演计算（图 3-66），发现弹性阻抗系数差 $EI(10°)$ – $EI(20°)$ 曲线在气层差异较大，在水层差异近似为 0，说明 EI 差对流体有一定的指示作用，可以作为敏感参数进行有效的含气性检测。

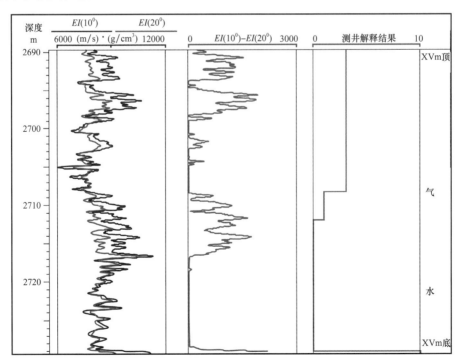

图 3-66　Met-A1 井弹性波阻抗差分析

利用弹性波阻抗差技术，对工区内 11 口井进行了含气性检测，图 3-67 分别展示了
Met-A1 井和 Met-A2 井两口高产井、Met-A4 产水井、Met-A3 干井的流体检测结果，图中
红色、黄色表示含气，蓝色表示含水。除了在工区边界两口井预测有偏差外，其他 9 口井
都取得了较好的效果。

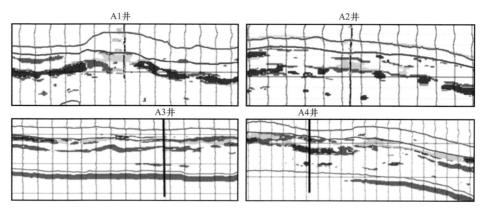

图 3-67　典型井的流体检测结果

图 3-68 为弹性阻抗反演得到的 EI（10°）$-EI$（20°）的连井剖面，其中 A1 井测试日
产气 $67.5 \times 10^4 m^3$，A2 井测试日产气 $76.5 \times 10^4 m^3$，A4 井测试日产气 $8.9 \times 10^4 m^3$。反演剖面
图中红色表示含气高，与测试结果一致。从预测剖面及平面分布上可见，该气田不止发育
一套含气系统，这与已有的钻井认识是一致的。

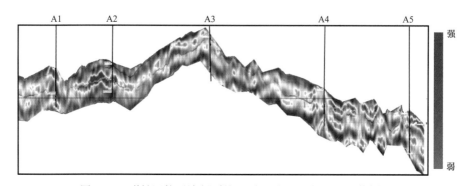

图 3-68　弹性阻抗反演得到的 EI（10°）$-EI$（20°）连井剖面

第四节　碳酸盐岩双重介质储层流动单元划分技术

碳酸盐岩储层储集空间类型及其组合方式多样，具有极强的非均质性。为了更精细地
描述油藏，前人引入了储层流动单元概念，经过不断完善和发展，目前比较普遍接受的流
动单元概念是指给定油气藏中具有一致的地质学、岩石学及水动力学特征，且有别于其他
岩石的基本储层单元[15-17]。本节在碳酸盐岩储层类型划分研究基础上，考虑基质和裂缝因
素，建立双重介质储层流动单元划分方法，将哈萨克斯坦让纳若尔 Γ 北裂缝孔隙性碳酸盐
岩油藏划分为 6 类流动单元，建立流动单元三维地质模型，表征流动单元空间展布规律。

一、储层类型的划分与识别

让纳若尔 Γ 北碳酸盐岩油藏属于开阔台地相沉积，储层主要为浅滩微相和潮汐通道微相的颗粒灰岩，储集空间以粒间孔、体腔孔、粒内孔为主，裂缝较为发育，以微裂缝为主，偶见溶洞。储层孔隙度为 0.06%～20.73%，平均为 9.70%；水平渗透率为 0.05～518.31mD，平均为 28.45mD，垂直渗透率为 0.006～322.34mD，平均为 20.79mD。

1. 储层类型划分

Γ 北油藏原生孔隙在成岩演化过程中受方解石胶结、充填作用和压实作用影响而消失殆尽，孔隙主要为埋藏期溶解作用形成的溶孔、溶洞及成岩缝，构造缝不发育，溶蚀孔洞和成岩缝的发育程度与沉积微相关系密切。不同类型孔隙组合方式不同，储层孔隙结构特征也不同，表现出不同的渗流特征。根据不同类型孔隙组合方式，利用三角形图解分类法，可将碳酸盐岩储层划分为 7 类（图 3-69）。为了实现利用常规测井资料识别储层类型，根据孔隙形态、孔隙匹配关系和孔渗关系，将 Γ 北油藏储层划分为孔—缝—洞复合型、裂缝—孔隙型、孔隙型和裂缝型 4 种储层类型，每种储层类型在孔渗交会图上位于各自独特的区间（图 3-70）。

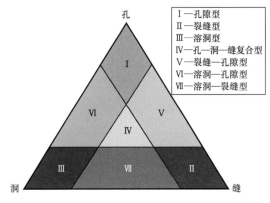 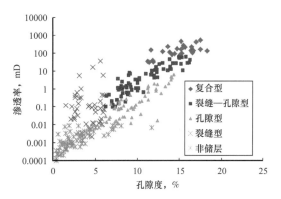

图 3-69 碳酸盐岩储层空隙类型三角分类法　图 3-70 岩心划分储层类型孔隙度—渗透率交会图

孔—缝—洞复合型储层（以下简称为复合型储层）的储集空间为溶洞、孔隙和裂缝的组合，具有良好的储渗性能，孔喉半径大，启动压力低，饱和度中值压力多小于 1MPa［图 3-71（a）］。裂—缝孔隙型储层的储集空间以孔隙为主，裂缝和喉道均为渗流通道，具有较好的储渗性能，启动压力较低，饱和度中值压力多小于 10MPa［图 3-71（b）］。孔隙型储层的储集空间以孔隙为主，渗流通道主要为喉道，裂缝发育程度低，启动压力较裂缝—孔隙型储层高，饱和度中值压力多小于 30MPa［图 3-71（c）］。裂缝型储层的储集空间和渗流通道均以微裂缝为主，储层孔隙度低，储集性能差，相对于相同孔隙度的其他类型储层而言，渗透率较高，启动压力较低，饱和度中值压力多小于 5MPa［图 3-71（d）］。

2. 储层类型的测井识别

不同类型碳酸盐岩储层孔隙空间结构特征不同，测井响应特征也不尽相同。在岩心分析资料、储层类型划分结果的基础上，对照成像测井解释结果，归纳总结出了 Γ 北油藏不同类型储层的测井响应特征（表 3-6），实现了储层类型的测井识别。

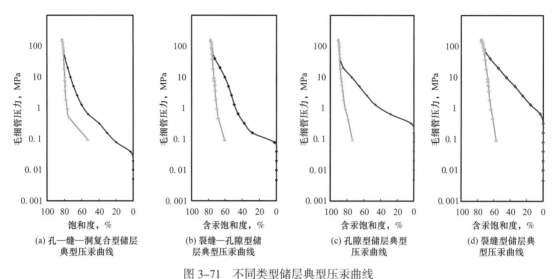

图 3-71 不同类型储层典型压汞曲线

表 3-6 不同类型储层测井响应特征统计表

储层类型	自然伽马，API	深探测电阻率，Ω·m	浅探测电阻率，Ω·m	补偿中子，%	密度 g/cm³	声波时差 μs/m	孔隙度 %	光电俘获指数，B/E
孔—洞—缝复合型	<30	50~1000	10~100	≥10	≤2.54	≥199	12~30	5.0±
裂缝—孔隙型	<30	10~500	10~500	6~15	2.61~2.46	182~212	6~15	5.0±
孔隙型	<20	30~500	30~500	6~13	2.35~2.65	182~208	6~15	5.08
裂缝型	10~70	5~200	5~201	<6	2.65~2.70	165~175	<6	3.14~5.08

孔—洞—缝复合型储层自然伽马值低，光电俘获指数值高，深侧向电阻率中等，三电阻率曲线（深侧向、浅侧向、微球电阻率）幅度差明显，三孔隙度曲线（体积密度、补偿中子、声波时差）呈高值，孔隙度中高值［图 3-72（a）］。裂缝—孔隙型储层自然伽马值低，光电俘获指数值高，深侧向电阻率呈中低值，三电阻率曲线幅度差较复合型储层小，三孔隙度曲线呈中高值，孔隙度较复合型储层小，呈中低值［图 3-72（b）］。孔隙型储层自然伽马值低，光电俘获指数值高，三电阻率曲线有一定幅度差或重合，深侧向电阻率呈中低值，中子曲线与密度曲线呈中低值且重合，声波时差呈中低值，孔隙度与裂缝孔隙型储层相近［图 3-72（c）］。裂缝型储层自然伽马值低，光电俘获指数呈中高值，深侧向电阻率曲线呈低值，微球电阻率曲线呈锯齿形变化，有时大于深侧向电阻率值，三孔隙度曲线基本重合，孔隙度呈低值［图 3-72（d）］。

图 3-73 为测井识别的不同类型储层的孔渗关系图版，各类储层的孔渗关系及其在交会图上所处位置同岩心分析资料划分的不同类型储层的孔隙度和渗透率交会图一致（图 3-70），说明测井识别的储层类型较为合理。

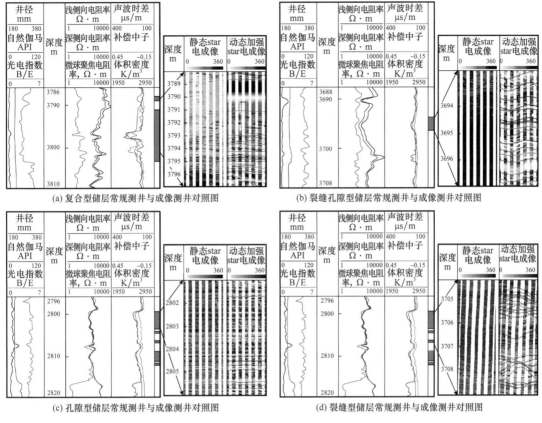

(a) 复合型储层常规测井与成像测井对照图　　(b) 裂缝孔隙型储层常规测井与成像测井对照图

(c) 孔隙型储层常规测井与成像测井对照图　　(d) 裂缝型储层常规测井与成像测井对照图

图 3-72　不同类型储层常规测井与成像测井响应特征

二、基于储层类型的流动单元划分与表征

1. 储层流动单元划分依据

储层类型划分解决了因孔隙类型及其组合样式不同而造成的储层孔渗关系复杂的问题，但是，裂缝—孔隙型和孔隙型储层的渗透率和孔隙度分布区间大，同类储层之间的动用程度差异大，不能准确地评价储层动用能力[18]。

1）储层孔隙结构特征

表 3-7 为由压汞资料得到的不同储层类型岩心样品毛细管力曲线参数统计表。从有利于油气渗流的角度考虑，复合型储层孔隙结构最为理想，其次为裂缝—孔隙型，再次为孔隙型，裂缝型最差。复合型储层的孔隙度、渗透率、最大连通孔喉半径和饱和度中值喉道半径等参数均大于其他 3 种类型储层，排驱压力、饱和度中值毛细管压力等参数小于其他 3 种类型储层。对相同储层类型而言，孔隙型、裂缝—孔隙型储层各项参数的级差均较大。

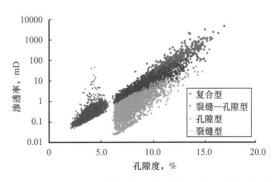

图 3-73　测井识别储层类型孔隙度—渗透率交会图

表3-7 不同储层类型岩样毛细管压力曲线参数统计表

储层类型	孔隙度，%			渗透率，mD			排驱压力，MPa			最大连通孔喉半径，μm			饱和度中值毛细管压力，MPa			饱和度中值喉道半径，μm		
	最小	最大	平均	最小	最大	平均	最小	最大	平均	最小	最大	平均	最小	最大	平均	最小	最大	平均
复合型	11.20	17.50	13.21	25.90	436.00	89.01	0.02	0.08	0.03	9.23	37.12	31.28	0.08	0.61	0.32	1.20	9.56	3.53
裂缝—孔隙型	6.00	14.60	9.52	0.03	62.50	17.98	0.02	0.64	0.15	1.15	36.93	11.73	0.31	15.90	3.08	0.05	2.34	0.69
孔隙型	6.00	14.30	9.22	0.02	29.60	1.43	0.08	1.28	0.30	0.57	18.42	3.84	0.50	33.76	5.46	0.02	1.46	0.34
裂缝型	2.80	5.90	4.28	0.05	8.11	1.46	0.32	2.56	0.71	0.28	2.31	1.54	4.05	38.87	14.43	0.01	0.23	0.09

2）储层动用程度

不同类型储层孔隙结构特征各异，导致开发过程中动用程度相差较大。利用 Γ 北油藏122口油井产液剖面资料计算储层产液强度，按照储层动用程度，将储层分为4种类型：动用好，产液强度大于等于2m³/（d·m）；动用较好，产液强度为0.5～2.0m³/（d·m）；弱动用，产液强度小于0.5m³/（d·m）；未动用，不产液。

储层动用程度评价结果表明（图3-74），复合型储层产液强度大，动用程度高且较为集中，动用好和动用较好的储层占同类储层的94%；裂缝—孔隙型储层动用程度较高，动用好和动用较好的储层占同类储层的83%，但是弱动用和未动用也占到16.7%；孔隙型储层不同动用程度占比相近，动用好、动用较好、弱动用和未动用的储层所占比例分别为26%、32%、13%和29%；裂缝型储层数量少，储量丰度低，由于裂缝中流体渗流快，稳产时间短，虽然已经动用，但是由于测产液剖面时已经不产液，故产液剖面上表现为未动用。孔隙型和裂缝—孔隙型储层油层厚度大且自身动用程度相差较大，为了更准确地评价储层动用状况，有必要在储层类型基础上进一步细分储层流动单元。

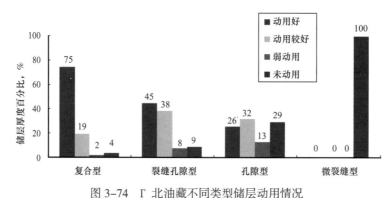

图3-74 Γ 北油藏不同类型储层动用情况

2. 双重介质储层流动单元划分与表征

在岩心分析资料的基础上，利用测井解释参数计算表征储层渗流特征的地质参数，以动用程度作为判别参数，筛选出对储层动用程度有重要影响的地质参数作为聚类变量，利用神经网络聚类分析技术，划分单井储层流动单元，建立碳酸盐岩储层流动单元三维地质模型，表征储层流动单元分布特征[19]。

1）聚类变量优选

借助产液剖面计算储层产液强度表征储层动用程度，用测井参数计算得到的各种地质参数编制交会图进行储层动用程度相关性分析，裂缝—孔隙型储层筛选出了 4 个对动用程度有显著影响的地质参数作为聚类变量：储层品质指数（RQI）、饱和度中值喉道半径（R_{50}）、裂缝渗透率（K_f）与基质渗透率（K_m）之比（K_f/K_m）以及总渗透率（K_f+K_m）。孔隙型储层筛选出了 3 个地质参数作为聚类变量：RQI、R_{50} 和 K_m。储层品质指数 RQI 计算公式为

$$RQI = 0.0314\sqrt{K/\phi_e} \qquad (3-45)$$

式中　RQI——储层品质指数，μm；

　　　K——储层绝对渗透率，D；

　　　ϕ_e——储层有效孔隙度。

参考 Winland 公式，通过回归建立岩心分析的饱和度中值喉道半径与绝对渗透率和孔隙度之间的关系式，相关系数为 0.951：

$$\lg R_{50} = -0.0481 + 0.014\phi_e + 0.3951\lg K \qquad (3-46)$$

由裂缝—孔隙型储层的 RQI、R_{50}、K_f/K_m、K_f+K_m 与储层动用程度交会图可见（图 3-75），该类型储层的动用程度与 RQI、R_{50} 及 K_f+K_m 呈正相关，与 K_f/K_m 也具有一定相关性。由孔隙型储层的 RQI、R_{50}、K_m 与动用程度交会图上同样可见（图 3-76），该类型储层动用程度与 RQI、R_{50} 以及 K_m 呈正相关。无论是裂缝—孔隙型还是孔隙型储层，不同动用程度的数据点均有部分重叠，单独利用某一种地质参数不能准确地表征储层动用程度，因此采用聚类分析技术考虑多因素影响划分储层流动单元。

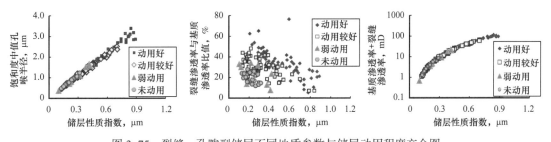

图 3-75　裂缝—孔隙型储层不同地质参数与储层动用程度交会图

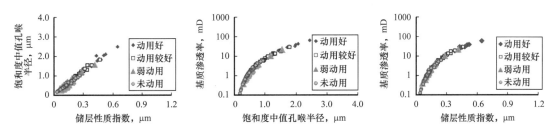

图 3-76　孔隙型储层不同地质参数与储层动用程度交会图

2）流动单元划分与表征

根据流动单元的定义，考虑各类型储层不同动用程度厚度占比及各类型储层占总厚度比例大小，确定 Γ 北油藏流动单元划分原则为：动用程度高且集中的孔—洞—缝复合型储层和数量少的裂缝型储层各独立作为一类流动单元，分别用字母 A 和 D 表示。

流动单元的划分借助神经网络聚类分析技术来完成。首先整理单井各小层储层段测井解释数据（包括基质孔隙度 ϕ_m，基质渗透率 K_m，裂缝孔隙度 ϕ_f 和裂缝渗透率 K_f），并根据相关公式计算相应的聚类参数值 R_{50}，RQI，K_f/K_m 和 K_f+K_m，然后根据不同类型储层聚类参数筛选结果，选取不同属性参数进行聚类分析，得到反映各数据点之间的亲疏关系的聚类谱系图。在聚类分析开始时，假设每个数据点自成一类，然后将相关系数最亲近的类合并，使类的数目逐渐减少，直到所有属性相近的样品合并为一类。

复合型储层整体产液强度大，动用程度较高，裂缝、溶蚀孔洞发育，基质物性好，储渗能力强，为大孔粗喉型，储层连通性好，作为 A 类流动单元。对于裂缝—孔隙型储层，以反映储层渗流能力的属性孔喉中值半径 R_{50}、油藏性质指数 RQI、反映裂缝渗流能力的属性 K_f/K_m、储层总渗透率 K_f+K_m 为聚类参数，应用神经网络聚类分析技术划分为两类流动单元（B1，B2）。对于孔隙型储层，由于其裂缝不发育，以孔喉中值半径 R_{50}、油藏性质指数 RQI 和基质渗透率 K_m 作为聚类参数，用神经网络聚类分析技术划分为两类流动单元（C1，C2）。这样将 Γ 北油藏 4 类储层划分为 6 类流动单元。

在裂缝—孔隙型碳酸盐岩油藏等效渗透率地质建模基础上，根据单井储层流动单元划分结果，采用序贯指示模拟方法，建立了 Γ 北油藏储层流动单元三维地质模型，表征不同类型流动单元空间分布规律。分小层计算不同类型流动单元厚度，统计各井点小层储层流动单元厚度百分比，结合生产动态和测试资料，确定流动单元边界，绘制小层流动单元平面分布图。平面上不同类型流动单元的分布范围和分布位置不同（图 3-77），纵向上不同类型流动单元的分布位置和分布概率不同（图 3-78）。

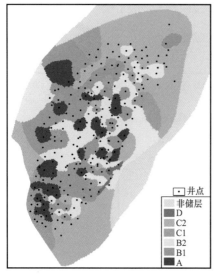

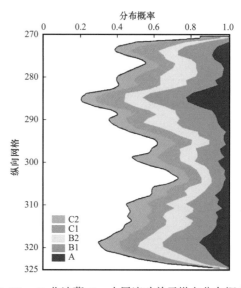

图 3-77 Γ 北油藏 Γ_41 小层流动单元平面分布图　　图 3-78 Γ 北油藏 Γ_41 小层流动单元纵向分布概率图

三、不同类型流动单元物性特征及动用程度评价

1. 不同类型流动单元物性特征

Γ 北油藏 A 和 B1 类流动单元主要分布在台内滩微相。A 类流动单元物性好，裂缝发育，产液能力强，动用程度高，平均孔隙度为 13.34%，平均基质渗透率为 6.46mD，平均裂缝渗透率为 378.2mD。B1 类流动单元物性较好，裂缝较发育，平均孔隙度为 11.66%，平均基质渗透率为 1.62mD，平均裂缝渗透率为 34.1mD。B2 类流动单元主要分布在台内滩和潮汐通道微相，物性中等，裂缝发育程度中等，产液能力中等，平均孔隙度为 7.88%，平均基质渗透率为 0.1mD，平均裂缝渗透率为 3.68mD。C1 类流动单元主要分布在台内滩微相，物性较好，裂缝发育程度中等，产液能力较强，平均孔隙度为 10.57%，平均基质渗透率为 1.03mD。C2 流动单元主要分布在台内滩和潮汐通道微相，物性差，裂缝不发育，产液能力较差，平均孔隙度为 7.31%，平均基质渗透率为 0.06mD。D 类流动单元主要分布在滩间洼地微相，岩性致密，不具备长期产液能力（表 3-8）。

表 3-8 Γ 北油藏不同类型流动单元特征统计表

储层类型	流动单元	聚类参数平均值				物性参数			流动单元特征	沉积微相	产液能力
		R_{50}	RQI	K_m+K_f mD	K_f/K_m	ϕ	K_m mD	K_f mD			
复合型	A	4.32	1.15	384.6	58.5	13.34	6.46	378.2	基质物性好、裂缝发育	台内滩	强
裂缝—孔隙型	B1	1.8	0.46	35.72	21	11.66	1.62	34.1	基质物性较好、裂缝较发育	台内滩	较强
	B2	0.7	0.2	3.78	36.8	7.88	0.1	3.68	基质物性中等、裂缝发育程度中等	台内滩、潮汐通道	中等
孔隙型	C1	0.82	0.19	5.91	4.74	10.57	1.03	4.88	基质物性较好、裂缝发育程度中等	台内滩	较强
	C2	0.32	0.08	0.62	9.33	7.31	0.06	0.56	基质物性较差、裂缝不发育	台内滩、潮汐通道	较差
裂缝型	D	0.66	0.25	5.83	290.5	4.21	0.02	5.81	基质致密、裂缝发育	滩间洼地	差

2. 不同类型流动单元动用程度评价

单一类型流动单元产液剖面测试结果表明，A 类流动单元物性好，产液能力强，属于高级别流动单元；B1 和 C1 类流动单元物性和产液能力较好，为较高级别流动单元；B2、C2 和 D 类流动单元物性和产液能力差，属于低级别流动单元（图 3-79）。不同类型流动单元构成的复合储层产液剖面测试结果表明，虽然低级别流动单元渗流能力差，但在单储层内有较高级别流动单元发育时，由于裂缝的沟通作用，低级别流动单元的动用程度会得到提高（图 3-80）。相同类型流动单元之间的动用程度差异较储层类型显著减小，高级别流动单元动用程度好，低级别流动单元动用程度差，用储层流动单元表征储层动用程度较储层类型更为准确（图 3-81）。

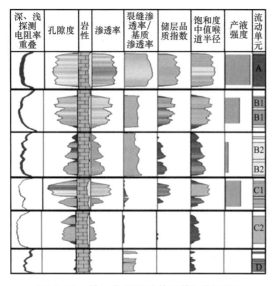

图 3-79　单一类型流动单元储层剖面图

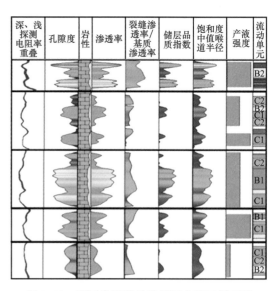

图 3-80　不同类型流动单元复合储层剖面图

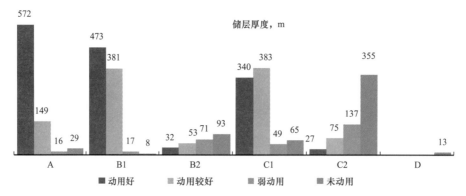

图 3-81　不同类型流动单元动用程度统计直方图

参 考 文 献

[1] 罗平，张静，刘伟，等.中国海相碳酸盐岩油气储层基本特征[J].地学前缘，2008，15（1）：36-50.

[2] 赵文智，沈安江，周进高，等.礁滩储集层类型、特征、成因及勘探意义——以塔里木和四川盆地为例[J].石油勘探与开发，2014，41（3）：257-267.

[3] 何永垚，王英民，许翠霞，等.生物礁、滩、灰泥丘沉积特征及地震识别[J].石油地球物理勘探，2014，49（5）：971-984.

[4] 纪学武，张延庆，臧殿光，等.四川龙岗西区碳酸盐岩礁、滩体识别技术[J].石油地球物理勘探，2012，47（2）：309-314.

[5] 吕晓光，马福士，田东辉.隔层岩性、物性及分布特征研究[J].石油勘探与开发，1994，21（5）：80-87.

[6] 邓亚，郭睿，田中元，等.碳酸盐岩储集层隔夹层地质特征及成因——以伊拉克西古尔纳油田白垩系

Mishrif 组为例 [J]. 石油勘探与开发, 2016, 43 (1): 136-144.

[7] 岳大力, 吴胜和, 林承焰, 等. 礁灰岩油藏隔夹层控制的剩余油分布规律研究 [J]. 石油勘探与开发, 2005, 32 (5): 113-117.

[8] 田中元, 郭睿, 徐振永. 生物碎屑灰岩高渗层特征及测井识别方法 [C]. 第四届中国油气藏开发地质会议, 甘肃: 敦煌, 2016.

[9] 罗泽潭, 王允诚. 油气储集层的孔隙结构 [M]. 北京: 石油工业出版社, 1986.

[10] 康义逵, 金梅, 文清, 等. 应用常规测井资料识别单井裂缝发育层段的方法 [J]. 新疆石油学院学报, 2002, 14 (4): 29-32.

[11] 司马立强, 疏壮志. 碳酸盐岩储层测井评价方法及应用 [M]. 北京: 石油工业出版社, 2009.

[12] 何伶. 利用常规测井资料评价碳酸盐岩裂缝——孔隙性储层 [J]. 石油天然气学报 (江汉石油学院学报), 2010, 32 (6): 258-262.

[13] 陈冬, 魏修成. 塔河地区碳酸盐岩裂缝型储层的测井评价技术 [J]. 石油物探, 2010, 49 (2): 147-152.

[14] 王敏, 张丽艳, 等. 碳酸盐岩储层孔隙模型及孔隙结构指数研究进展 [J]. 西石安石油大学学报, 2010, 25 (3): 1-7.

[15] 陈欢庆, 胡永乐, 闫林, 等. 储层流动单元研究进展 [J]. 石油学报, 2010, 31 (6): 875-884.

[16] 刘吉余. 流动单元研究进展 [J]. 地球科学进展, 2000, 15 (3): 303-306.

[17] 王志章, 何刚. 储层流动单元划分方法与应用 [J]. 天然气地球科学, 2010, 21 (3): 362-366.

[18] 何伶, 赵伦, 李建新, 等. 碳酸盐岩储集层复杂孔渗关系及影响因素: 以滨里海盆地台地相为例 [J]. 石油勘探与开发, 2014, 41 (2): 206-214.

[19] 孙致学, 姚军, 等. 基于神经网络的聚类分析在储层流动单元划分中的应用 [J]. 物探与化探, 2011, 35 (3): 249-353.

第四章　碳酸盐岩油气藏开发理论进展

与国内相比，中国石油海外碳酸盐岩油气藏具有不同的地质油藏特征，国内主要为以任丘、塔里木为代表的缝洞型块状低孔高渗透碳酸盐岩油藏，而中国石油海外碳酸盐岩油气藏主要位于中亚和中东地区，以低孔低渗透碳酸盐岩油气藏为主，且油气藏类型更为多样，如伊拉克哈发亚和艾哈代布油田为孔隙型生物碎屑灰岩油藏；哈萨克斯坦让纳若尔和北特鲁瓦油田为带凝析气顶具有层状特征的裂缝孔隙型边底水碳酸盐岩油气藏；土库曼斯坦别皮油田为裂缝孔隙型边底水异常高压碳酸盐岩气藏。因此，受地质特征和油气藏类型影响，海外碳酸盐岩油气藏在储层发育模式、渗流机理、开发机理等方面有着很大的不同。

针对海外碳酸盐岩油气藏储层类型和油藏特征的特殊性，本章重点介绍海外碳酸盐岩油气藏开发理论进展，包括伊拉克地区生物碎屑灰岩储层发育模式、生物碎屑灰岩油藏水驱油渗流机理、带凝析气顶碳酸盐岩油藏油气同采协同开发机理、碳酸盐岩气藏开发稳产期限机理 4 个方面。

第一节　生物碎屑灰岩储层发育模式

一、生物碎屑灰岩沉积发育模式

中东地区白垩系生物碎屑灰岩主要发育在台地与缓坡两种沉积环境，并且构造运动推动了沉积环境的演变。在中白垩统塞诺曼阶 Mishrif 组沉积期，美索不达米亚盆地东部由于 Amara 古突起的抬升和整个地区海平面的下降，导致沉积环境逐渐从开阔陆棚转换为台地边缘相的浅滩沉积，再到台内沉积，从台地边缘往盆地方向依次过渡为浅海陆棚。在晚塞诺曼阶和土伦阶时期，由于大西洋的张开和新特提斯洋的关闭而引起阿拉伯板块和印度—阿富汗板块之间的碰撞，造成整个阿拉伯地台的迅速下沉。从土伦阶后期开始，碳酸盐岩台地格局难以重建，在广泛的风化剥蚀的基础上沉积了晚白垩世的地层。此时台地被剥蚀夷平，最终形成北东向延伸的宽缓斜坡。

1. 碳酸盐岩台地沉积

国内外学者对台地进行了广泛深入的研究，相继建立了经典的沉积模式。中东伊拉克地区哈法亚油田和艾哈代布油田在中白垩统 Mishrif 组为台地沉积，根据这两个油田的沉积特征，总结了中白垩统的碳酸盐岩台地沉积模式，以指导伊拉克地区的油田开发。

塞诺曼期沉积的哈法亚油田 Mishrif 组发育在镶边碳酸盐岩台地环境，各相带划分见表 4–1。

1）局限台地

由于礁滩及障壁岛的存在，局限台地内水动力受到一定的限制，因而生物的种类及沉积物的类型显示出潮下浅水低能的特征。台内滩和潟湖为两类主要沉积亚相。台内滩亚相可分为生屑滩和滩间两种微相，为局限台地内地貌较高的地区，台内滩之间为滩间；潟湖沉积环境闭塞，能量极低，原始沉积物粒度非常细，以泥灰岩沉积为主。台内滩厚度较薄，在海平面升降变化影响之下，垂向上滩与潟湖交互频繁；同时侵蚀面较多，反映出水动力增强时流水对沉积物搬运的沉积特点。

表 4-1　哈法亚油田中白垩统沉积相划分表

台地类型	相	亚相	微相
碳酸盐岩台地	局限台地	潟湖	灰坪
		台内滩	生屑滩、滩间
	台内洼地	洼地	洼地灰泥
	开阔台地	台坪	灰坪
		台内滩	生屑滩、砂屑滩、滩间
	台地边缘	台缘滩	生屑—似球粒滩、厚壳蛤生屑滩、生屑滩、生屑—砂屑滩、滩间
	斜坡	斜坡	斜坡灰泥

生屑滩岩性为生屑泥粒灰岩（图 4-1）、泥质生屑泥粒灰岩，含少量生屑颗粒灰岩，主要存在保存完整的底栖有孔虫（蜂巢虫、栗孔虫等）和红藻，以及底栖有孔虫、红藻、厚壳蛤、棘皮类和腹足类等生物的碎片。

滩间为台内滩中生屑滩之间的低洼地带，主要岩性为生屑粒泥灰岩（图 4-1）和灰泥岩，生物类型与生屑滩基本一致，可见少量的古藻迹和漫游迹。

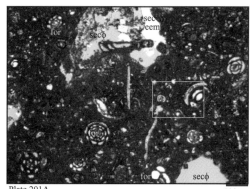

Plate 309A　　　　　500μm　　　Plate 201A　　　　　500μm

（a）生屑泥粒灰岩　　　　　　　　　　（b）生屑粒泥灰岩

图 4-1　局限台地内岩石类型

潟湖主要由泥灰岩和生屑粒泥灰岩组成，常见底栖有孔虫，生屑个体较小。可见较大的生屑漂浮在粒泥灰岩中。生物扰动现象丰富，反映了潮下低能的环境，海底坚硬岩层和角砾岩均较常见。

2）开阔台地

开阔台地位于台地边缘浅滩与局限台地之间的台内开阔浅海环境，受台地顶部常常高于正常天气浪基面影响，该相带与开阔海连通较好，其温度和盐度与之相邻的海洋温度、盐度接近，水体循环中等。在大多数的时间里，陆表海碳酸盐岩台地是一个仅有波浪和风暴浪作用的相对安静环境。开阔台地相主要发育台内滩和台坪亚相，台内滩发育生屑滩和滩间微相，台坪发育灰坪微相。

生屑滩岩性为生屑泥粒灰岩（图4-2）、泥质生屑泥粒灰岩、生屑颗粒灰岩、厚壳蛤颗粒灰岩、生屑粒泥灰岩等。生物碎屑以双壳类（厚壳蛤为主）、棘皮类、底栖有孔虫（蜂巢虫、栗孔虫）等生物碎屑为主，含少量藻类。

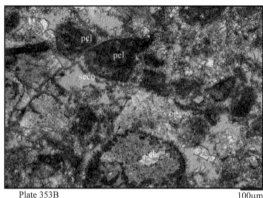

图4-2　开阔台地内生屑泥粒灰岩

滩间岩性主要为生屑粒泥灰岩和生屑粒泥—泥粒灰岩组成，可见较大的生物碎屑漂浮在粒泥灰岩中，反映了滩相之间水体较深、水动力较弱的沉积特点。

3）台地边缘

该相带位于开阔台地与台地前缘斜坡之间的相带，位于正常浪底和平均海平面之间，受浪潮影响较大，水动力作用强烈，是水动力最强的一种沉积环境。台地边缘相发育台缘滩亚相，亚相根据颗粒类型又分为生屑—似球粒滩、厚壳蛤生屑滩、生屑—砂屑滩、生屑滩、滩间5种微相。

（1）生屑—似球粒滩亚相岩性主要为生屑—似球粒泥粒灰岩（图4-3）、似球粒—生屑泥粒灰岩、生屑—似球粒颗粒灰岩，生物碎屑以双壳类生物碎屑为主，其次为棘皮类、绿藻、底栖有孔虫等，生物碎屑颗粒分选性差。除颗粒灰岩外，其他岩性中存在白云石化现象及生物扰动，生物遗迹主要为动藻迹，顶部颗粒灰岩中存在交错层理，反映了较强的水动力。生屑—似球粒泥粒灰岩段中发育不完整的丘状层理，也表明沉积过程受到较强的波浪的反复改造。

（2）厚壳蛤生屑滩岩性主要为厚壳蛤颗粒灰岩（图4-3）、厚壳蛤泥粒灰岩、似球粒—厚壳蛤颗粒灰岩、似球粒—厚壳蛤泥粒灰岩，另外还含有少量的厚壳蛤砾屑灰岩，生物屑以厚壳蛤碎屑为主，其次为棘皮类、双壳类、苔藓类、底栖有孔虫等，颗粒分选较差。

（3）生屑—砂屑滩岩性主要为生屑—砂屑颗粒灰岩（图4-3）、生屑—砂屑泥粒灰岩，大型交错层理发育，生物类型有双壳类、棘皮类和底栖有孔虫等，砂屑颗粒灰岩夹有粒泥灰岩条带，发育平行层理和交错层理。

（4）生屑滩：岩性主要为生屑颗粒灰岩、生屑泥粒灰岩、生屑—砾屑灰岩，生物类型有双壳类、棘皮类、底栖有孔虫，偶见层孔虫，平行层理发育，顶部被生屑—砂屑滩覆盖。

（5）滩间：主要为台缘滩体中水体能量稍低的区域，岩性主要有生屑粒泥灰岩、泥质生屑泥粒灰岩及少量泥粒灰岩，分布范围较小。

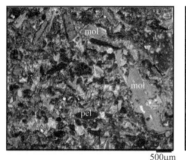
生屑—似球粒泥粒灰岩　　500μm

厚壳蛤颗粒灰岩　　500μm

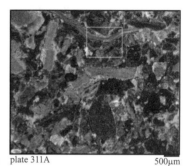
生屑—砂屑颗粒灰岩　　500μm

图 4-3　台地边缘内生物碎屑灰岩

4）斜坡亚相

斜坡亚相位于台地边缘向海方向与盆地之间的区域，其沉积环境可从正常天气浪基面一直向前延伸到风暴浪基面以下的盆地相沉积区。岩性主要为粒泥灰岩，含有角砾，含大量底栖有孔虫，以及绿藻类和少量介壳类。由于同生期受重力作用因而发育滑塌和滑动构造。粒泥灰岩中夹杂颗粒灰岩沉积，原岩为滩相生屑粒泥灰岩。

5）台内洼地

开阔台地与局限台地之间低于正常天气浪基面之下的较深部位的沉积，水体比较安静，水体能力很弱，岩性以泥灰岩为主。

综合岩心、沉积构造、古生物生长范围、岩性的剖面结构，建立哈法亚地区碳酸盐岩台地沉积模式（图 4-4）。自陆到海方向依次发育局限台地、台内洼地、开阔台地、台地边缘、斜坡等沉积相带。

2. 碳酸盐岩缓坡沉积

国内外学者对缓坡的研究程度较高，众多专家针对云斜或远端变陡的斜坡提出了一些相带划分方案，杜金虎等将这些经典模式归为单颗粒滩模式，并针对四川盆地的古生代碳酸盐岩提出了碳酸盐岩双颗粒滩沉积模式。由于沉积年代早，生物碎屑不发育，滩主要由非骨屑颗粒组成。

伊拉克哈法亚地区晚白垩世土伦—坎潘期 Khasib 组、Sadi 组和 Tanuma 组均发育在碳酸盐缓坡的沉积背景下，鲁迈拉油田中白垩统同样发育缓坡沉积，本书中仅对前者的沉积特点进行了分析。

1）内缓坡

内缓坡是指位于正常天气浪基面之上的沉积相带，根据颗粒组成、生物成分、沉积构造等特征可将内缓坡亚相划分为缓坡滩及缓坡灰泥两种微相，其中前者根据颗粒组成不同可分为鲕粒滩、生屑滩及砂屑滩 3 类（图 4-5）。

鲕粒滩：主要岩性为颗粒灰岩和泥粒灰岩，颗粒成分主要为鲕粒，其次为棘皮类碎片，鲕粒大部分为放射鲕、表鲕，表明水体搅动较弱，存在生物扰动现象及鲕粒粒泥灰岩条带，粒泥灰岩发生一定程度的白云岩化。

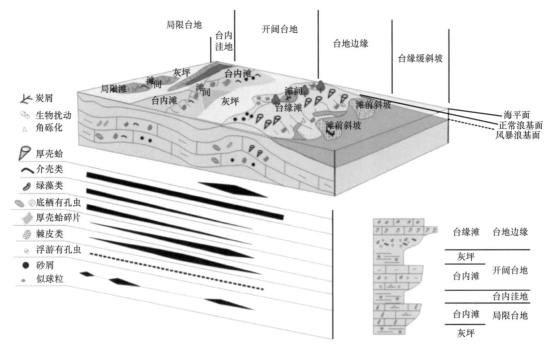

图 4-4　哈法亚油田 Mishrif 组碳酸盐岩台地沉积模式图

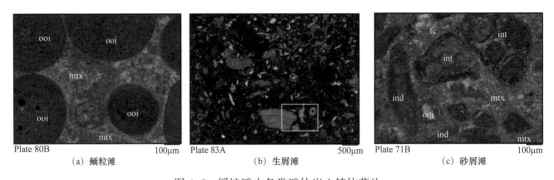

图 4-5　缓坡滩内各类滩体岩心铸体薄片

生屑滩：主要岩性为生屑泥粒灰岩，含少量的生屑颗粒灰岩及泥质生屑泥粒灰岩；主要生物为介壳类和棘皮类，含底栖有孔虫和绿藻等生物，存在生物扰动现象，滩相中发育生屑粒泥灰岩条带。

砂屑滩：主要岩性为砂屑泥粒灰岩，内碎屑成分为生物碎片及泥晶颗粒，存在中等生物扰动现象，含有棘皮类及双壳类生物碎屑。

2）中缓坡

中缓坡是指位于正常天气浪基面和风暴浪基面之间的沉积相带，主要发育生屑粒泥灰岩、生屑泥粒灰岩、钙球粒泥灰岩及灰泥岩。由钙球组成的颗粒泥晶灰岩，钙球磨圆好，分选中等。生物主要为浮游有孔虫，保存完好，主要为小型有孔虫（直径在 100～600μm），存在抱球虫属、圆幅虫属等（图 4-6），生物扰动较为强烈。

3）外缓坡

外缓坡是指位于风暴浪基面之下、介于中缓坡与盆地之间的沉积相带，粒泥灰岩沉积为主。综合岩心、沉积构造、古生物生长范围、岩性的剖面结构，建立哈法亚地区碳酸盐岩缓坡沉积模式（图4-7）。自陆到海方向依次发育了内缓坡、中缓坡、外缓坡等沉积相带。

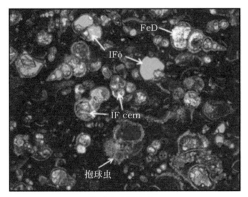
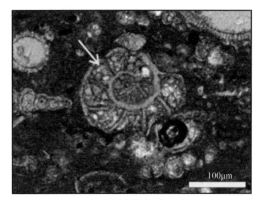

抱球虫生屑灰岩　　　　　　　　　　　圆幅虫生屑灰岩

图4-6　中缓坡内生屑灰岩铸体薄片

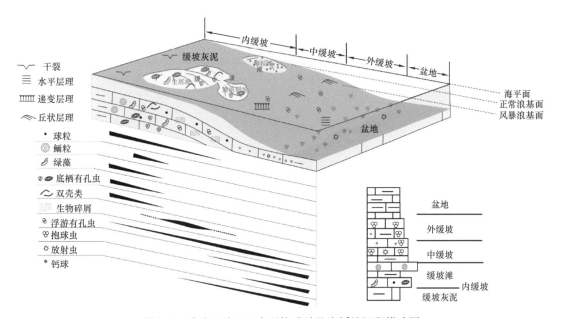

图4-7　哈法亚油田上白垩统碳酸盐岩缓坡沉积模式图

3. 生屑滩特征对比

研究区的滩类型中生屑滩的分布最广泛，发育在不同的沉积环境中。但生屑滩的类型、特征和储集能力则不完全一致（表4-2）。缓坡上发育的生屑滩厚度小，分布局限，且常与缓坡灰泥交互沉积，造成其储集能力相对较差，这类生屑滩的颗粒主要为局限环境生物，如底栖有孔虫和绿藻类，以生屑泥粒灰岩和生屑粒泥灰岩为主，含较少颗粒灰岩。台地相生屑滩储集能力也存在差异，局限台地发育的生屑滩常与潮下灰泥（灰坪）交互，含大量局限环境生物，以生屑粒泥灰岩、生屑泥粒灰岩为主，储集能力也较差。开阔台地生屑滩的生物种类以正常海相生物为主，常见介屑、棘皮类，发育颗粒灰岩（生屑灰岩）、生屑泥粒灰岩，常与滩间交互发育，这类生屑滩分布范围较广，储集能力稍强。台地边缘的生屑滩生物更为多样，既含正常海相的介屑和棘皮类，也含发育在相对局限环境中的底栖有孔虫和绿藻类（滩相背风面发育的滩间相为相对局限环境），由于受海平面的变化导致滩类型转变，这类生屑滩常与介屑滩和砂屑滩交互沉积，分布范围广，储集能力好。

表 4-2　不同沉积环境的生屑滩特征对比表

发育环境	生物种类	岩石类型	交互相类型	分布范围	储层物性
缓坡滩	底栖有孔虫、绿藻类为主，可含介壳类	生屑粒泥灰岩、生屑泥粒灰岩、少量生屑灰岩	与缓坡灰泥交互	分布局限	差
局限台地滩	底栖有孔虫、棘皮类为主，可含双壳类	生屑粒泥灰岩、生屑泥粒灰岩	与灰坪交互	分布局限	中—差
开阔台地滩	双壳类、底栖有孔虫、棘皮类	生屑泥粒灰岩、生屑颗粒灰岩	与滩间交互	分布较广	中
台地边缘滩	双壳类、棘皮类、绿藻类、底栖有孔虫、苔藓类	生屑颗粒灰岩、生屑泥粒灰岩	与介屑滩、砂屑滩交互	分布最广	好

二、滩相沉积机理及层序

浅海碳酸盐岩的生长潜力受到加积潜力和生产潜力的控制，加积潜力是指沉积物与海平面保持同步的垂向沉积速率，生产潜力是指产生和搬运沉积物量的多少。前者对碳酸盐岩台地的纵向生长起关键作用，而后者对台地向海或向陆地方向的推进和后退起关键作用。生物碎屑滩在这两种潜力的相互作用之下，经历着场所、形态、规模及沉积物构成的变化。生物礁及生物碎屑被海浪破碎并搬运至缓坡进行波选沉积，潮下缓坡变浅成滩并不断增生；受碳酸盐生物产率、海平面上升率、地层沉降率等因素控制，发生从碳酸盐岩缓坡—镶边碳酸盐岩台地—台地淹没的多次演变。

1. 局限台地台内滩沉积机理及层序

局限台地内发育的滩与灰坪的交互相具有较强的旋回性，与该组沉积时海平面较低、相带随海平面的变化迁移较快有关。通过取心段统计，层内旋回可达米级（0.1～4.8m）。根据碳酸盐的沉积速率计算（大致为 0.1～0.5m/1000 年），旋回周期为 2000～48000 年。这种海平面变化级别远比三级层序所记录的规模小，符合米兰柯维奇天文旋回。米兰柯维奇周期的叠加使地球受到旋回性变化的太阳能辐射，气候发生旋回性变化，从而使大陆冰川消长导致频繁的全球海平面升降。米兰柯维奇黄赤交角旋回的周期约为 4 万年，岁差旋回的周期为 1.9 万年至 2.3 万年，本区受这两种米氏旋回的相互作用。在此作用之下，海平面变化频繁，台内滩与灰坪交互发育，厚度均较薄。

海侵初期，海平面较低时，发育高频旋回。相对海平面上升期发育潮下生屑粒泥灰岩，相对海平面下降期发育浅海泥灰岩（图 4-8）。

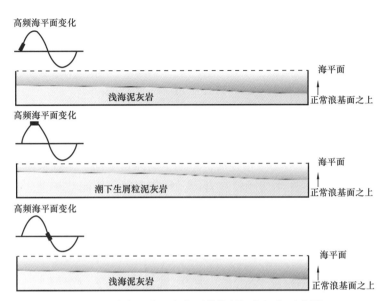

图 4-8　哈法亚油田中白垩统海侵初期沉积示意图

生屑滩发育在海侵体系域中，垂向上生屑滩与滩间垂向交互，每一期生屑滩底部为颗粒灰岩，向上渐变为泥粒灰岩或含泥的泥粒灰岩，体现水体加深的过程（图 4-9）。

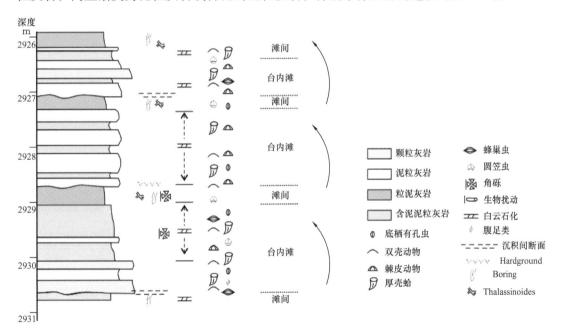

图 4-9　局限台地台内滩垂向滩、泥交互发育层序

2. 开阔台地台内滩沉积机理及层序

海侵中后期发育稳定的台内滩，滩与滩间交互发育，滩的类型受海平面变化和地形共同影响下的波浪改造强弱控制。地形相对高的区域受到高浪影响，大量的生物碎片被携带、堆积聚集，形成粒间灰泥较少的生屑滩，滩体厚度大；而地形相对低的区域受低浪影响，水动力弱，生物碎片被搬运沉积的数量少，灰泥含量相对较高，滩体厚度小（图 4-10）。

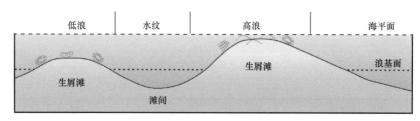

图4-10 哈法亚油田中白垩统海侵中晚期沉积示意图

伴随着海平面的变化，多期滩相叠加，单期生屑滩自下而上出现水体加深和水体变浅两个序列（图4-11），前者由生屑颗粒灰岩经泥粒灰岩向泥质泥粒灰岩过渡，后者由生屑泥粒灰岩经生屑颗粒灰岩向厚壳蛤颗粒灰岩过渡。

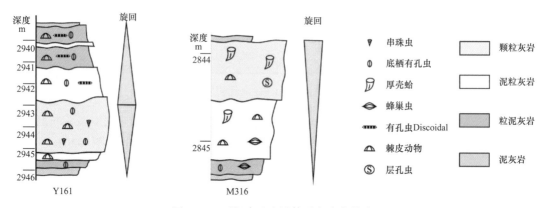

图4-11 开阔台地内滩体垂向发育模式

3. 台缘滩沉积机理及层序

台缘滩发育在台地边缘的高能带，主要发育生屑滩、厚壳蛤生屑滩、生屑—砂屑滩和生屑—似球粒滩四类。海平面变化和滩的生长速度控制滩的发育程度与叠置期次，而水体能量控制滩的类型。相对海平面最低水体能量最高，颗粒含量高，不含粒间灰泥，发育厚壳蛤生屑滩。由于这类滩堆积速度快，可造成强制性海退，顶部常可见暴露形成的泥沼相沉积物碳质泥岩；相对海平面升高时，发育生屑—砂屑滩和生屑滩；相对海平面最高时，水体能量与上述滩相比最弱，发育生屑—似球粒滩，颗粒间充填了部分泥晶。

海平面变化控制下的波浪能量强弱导致了不同台缘滩组合类型。相对海平面最低，受巨浪影响的台缘发育厚壳蛤生屑滩，向陆一侧的台缘沉积动力为高—低浪，发育生屑滩，底部含有似球粒；向海一侧随着波浪能量减弱，发育生屑—砂屑滩和生屑—似球粒滩；浪基面之下的高斜度地形区，发育滩前斜坡的滑塌沉积（图4-12）。

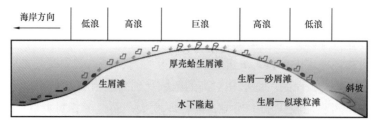

图4-12 哈法亚油田中白垩统台缘滩沉积示意图

台缘滩整体反映为相对海平面变浅的序列，在多期海平面升降变化影响下，具有多期叠置的特征（图4-13）。随着相对海平面的下降，纵向上多期台缘滩叠置，横向上滩体双向加积，向海方向，台缘滩不断向海方向前积；向陆方向，台缘滩不断向开阔台地内前积。在每一期海平面下降旋回中，表现为生屑—似球粒滩→厚壳蛤生屑滩→生屑砂屑滩、厚壳蛤滩多期叠置的规律性。

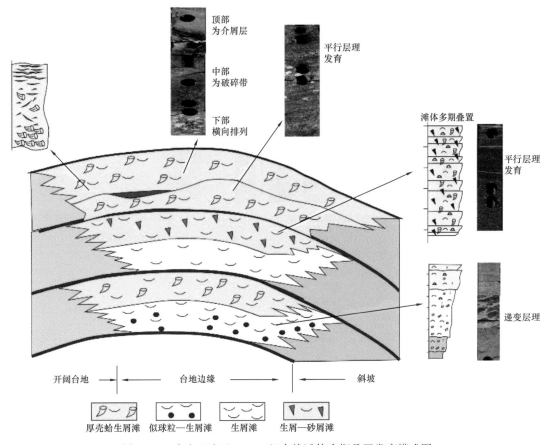

图4-13　哈法亚油田Mishrif组台缘滩体多期叠置发育模式图

生屑—似球粒滩滩体自下而上生物碎屑含量增多，似球粒含量减少并且粒径增大，泥晶含量减少（图4-14）。整个纵向演变序列为一个水体变浅的反旋回，底部为深灰色灰泥岩和粒泥灰岩，为滩间沉积，其次为生屑—似球粒泥粒灰岩和似球粒—生屑泥粒灰岩，最上部为生屑—似球粒颗粒灰岩。

厚壳蛤滩纵向上多期滩体相互叠置（图4-15、图4-16），在每一期内，岩性由泥粒灰岩过渡到颗粒灰岩，甚至砾屑灰岩，自下而上厚壳蛤碎片增大，局部出现厚壳蛤碎片定向排列，体现了水动力较强的特征，同时顶部偶见角砾，表明滩体末期局部暴露的特征。台缘厚壳蛤生屑滩末期，顶部以介壳层频繁出现为特征，丘状交错层理，反映出风暴水动力改造的特点。

在台缘滩的不同部位，水动力条件作用具有一定的差异，导致颗粒类型及生物碎屑分布形式有所差别。在台缘滩的边部，岩石类型为泥粒灰岩，垂向上依然是厚壳蛤碎屑具有向上增多的趋势，底部大致横向排列，中部厚壳蛤碎片漂浮在泥粒灰岩中，顶部随水流呈水平排列。边部由于地势低，当海平面下降时转变为沼泽环境，生长植物，植物埋藏后变为碳质泥岩（图4-16）。由于海平面升降变化频繁，加之滩体生长速度过快，导致滩体多次暴露从而造成在岩心上可以看到多期的滩与泥岩叠置的现象。

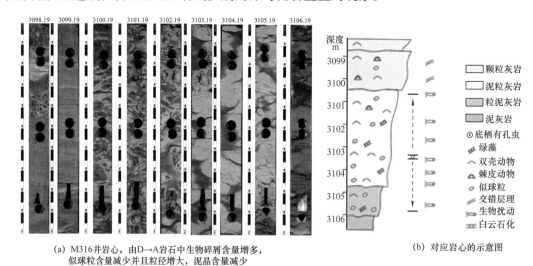

（a）M316井岩心，由D→A岩石中生物碎屑含量增多，似球粒含量减少并且粒径增大，泥晶含量减少

（b）对应岩心的示意图

图4-14　哈法亚油田Mishrif组生屑—似球粒滩柱状图

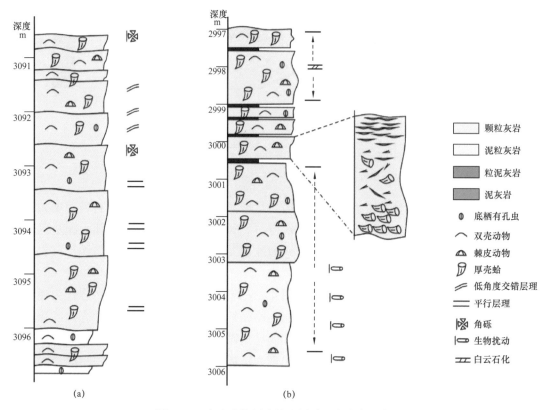

（a）　　　　　　　（b）

图4-15　台地边缘厚壳蛤生屑滩垂向发育层序

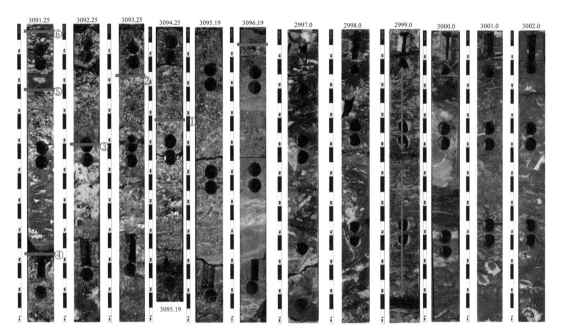

图 4-16　哈法亚油田厚壳蛤生屑滩 M316 井岩心

注：从左至右 6 张图显示了 6 期滩休垂向叠置，在②③④期顶部可见介壳层；
从右至左 6 张图中可见滩体顶部的碳质泥岩

生屑—砂屑滩也是多期叠置发育（图 4-17），自下而上泥质减少，颗粒增大，孔隙增加。

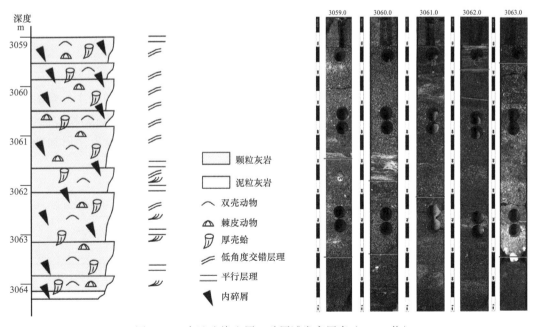

图 4-17　台地边缘生屑—砂屑滩发育层序（M316 井）

4. 缓坡滩沉积机理及层序

缓坡滩的沉积机理为沉积环境的封闭开放程度和水体能量强弱，以波浪作用为主的开放高能带发育相对高能的缓坡滩，波浪和潮汐作用共同作用的半开放低—高能过渡带发育中—高能的缓坡滩，潮汐作用为主的局限环境发育低能的缓坡滩（图4-18）。

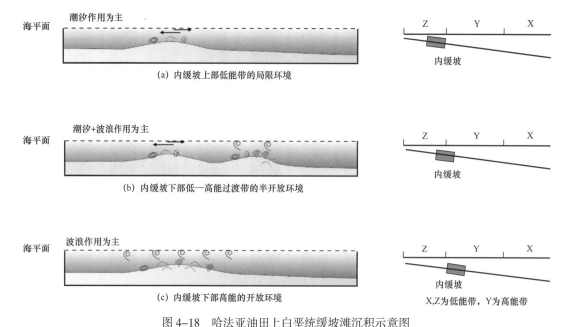

图 4-18　哈法亚油田上白垩统缓坡滩沉积示意图

缓坡滩发育部位与局限程度控制了缓坡滩的类型与储集能力。缓坡滩发育在上白垩统Sadi组、Tanuma组和Khasib组内，但这3个组发育的缓坡滩具有不同特征。内缓坡下部的开阔环境中含较多介屑的生屑滩，物性相对最好。Sadi组和Tanuma组的缓坡滩发育在内缓坡下部的较开阔环境，发育鲕粒滩和砂屑滩，物性一般。内缓坡上部局限环境水动力条件较差，灰泥较多，物性最差。

晚白垩世在构造运动的影响下，海平面升降较为频繁，造成了滩与灰泥多为互层沉积（图4-19）。在内缓坡上部，沉积环境相对局限，岩石颗粒以生屑和球粒为主，滩体多为孤立状发育，在Hartha组最为明显；内缓坡下部较为开阔的环境中，岩石颗粒包括生屑、砂屑和鲕粒，滩体多为纵向上叠置；内缓坡下部开阔环境中，岩石颗粒以生屑和砂屑为主，滩体在平面上广泛发育，纵向上与灰泥交互叠置。

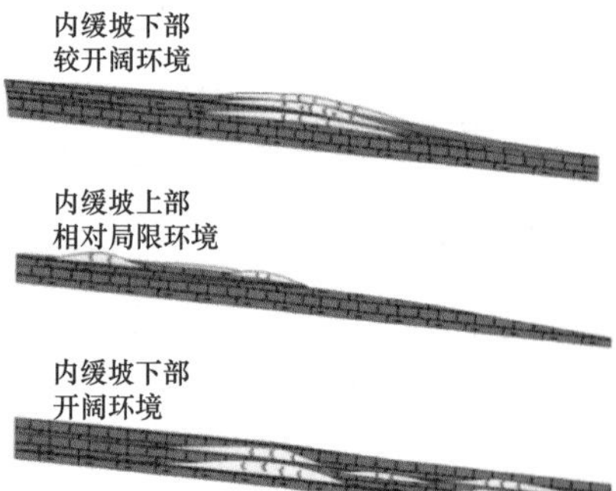

交互类型	颗粒类型	发育位置	岩心照片	薄片照片	毛细管压力曲线	孔喉分布
类型 I	生屑、砂屑鲕粒	内缓坡下部较开阔环境	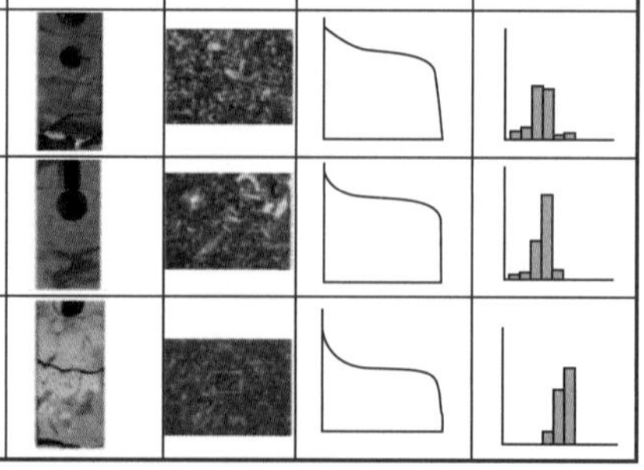			
类型 II	生屑、球粒	内缓坡上部相对局限环境				
类型 III	生屑、砂屑	内缓坡下部开阔环境				

图 4-19　内缓坡薄层滩与灰泥交互层序

第二节　生物碎屑灰岩油藏水驱油渗流机理

生物碎屑灰岩油藏水驱油的渗流特征主要取决于储层、流体和流动状况三大要素，其中储层主要是指储层的孔隙结构和物理化学性质，流体主要是指油、气、水的组成和物理化学性质，流动状况主要是指流动的环境、条件和流体—固体之间的相互作用。本节从储层孔隙结构特征、流体赋存状态及水驱油渗流机理等方面对影响生物碎屑灰岩储层水驱油开发效果的主控因素开展讨论。

一、生物碎屑灰岩油藏孔隙结构特征及其分类

1. 生物碎屑灰岩油藏的孔渗特征

微观孔隙结构对储层影响最直接的宏观表现参数就是储层的孔隙度和渗透率[1]。这两个参数是油藏最重要的物性参数，能反映油藏的基本特征，油藏的其他静态参数与动态特征大都与二者有着较强的相关关系。受非均质性较强的孔隙结构影响，生物碎屑灰岩储层孔渗相关性差（图4-20）。如何表征渗透率，建立可信的渗透率场是生物碎屑灰岩油藏的一大技术难题。

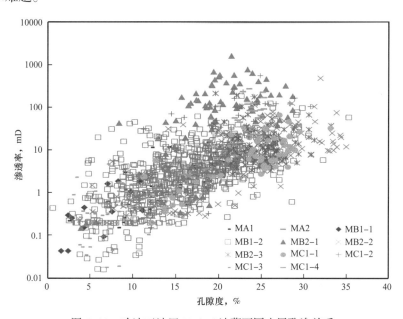

图4-20　哈法亚油田 Mishrif 油藏不同小层孔渗关系

针对这一问题，传统的解决思路是通过细分小层，建立更为精细尺度的孔渗关系，但这种办法并不能准确描述低渗生物碎屑灰岩储层的孔渗关系，因此寻求新的物性参数，成为精细描述生物碎屑灰岩储层取得突破的关键。

2. 生物碎屑灰岩储层微观孔隙结构分类

为便于同下面介绍的恒速压汞进行区别，这里称压汞实验为常规压汞实验，常规压汞实验是基于毛细管力和孔喉半径的关系，通过在一定的压力下记录进汞量，计算进汞饱和度，判断该压力下的孔喉半径，其孔喉分布频率是根据孔喉所控制的饱和度来确定的，其

评价参数主要是孔喉中值半径（对应于中值压力的孔喉半径），接近于平均孔喉半径。

$$p_c = \frac{2\sigma \cos\theta}{r} \qquad (4-1)$$

式中　p_c——毛细管力，MPa；

　　　θ——汞与岩石固体壁面的润湿角，（°）；

　　　σ——水银空气系统的表面张力，N/m；

　　　r——孔道半径（毛细管半径），μm。

　　岩石所具有的孔隙和喉道的几何形状、大小、分布及其相互连通的关系，即所谓孔隙结构，对流体渗流影响十分明显。储层岩石微观结构决定其宏观储、渗性质。

　　基于高压压汞实验，通过孔喉分布形态分类识别微观孔隙结构，将哈法亚油田 Mishrif 油藏生物碎屑灰岩层划分为基质孔隙型、微孔孔隙型、溶孔孔隙型、粗孔孔隙型、孔洞孔隙型、裂缝孔隙型 6 种类型（图 4-21）[2]。

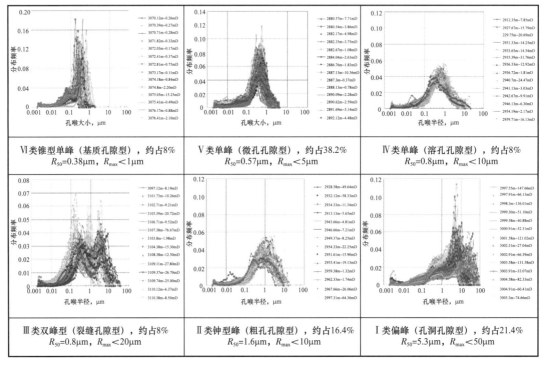

图 4-21　Mishrif 油藏生物碎屑灰岩油藏微观孔隙结构分类

　　图 4-21 表明，生物碎屑灰岩储层孔隙类型多样，孔隙结构复杂，Ⅵ类储层孔隙结构以单峰类型孔喉分布为主要特征，其孔喉半径主要分布于 0.01～1μm，以基质孔隙为主，中值孔喉半径约为 0.38μm，孔隙连通性差，有效孔隙所占比例较低，属于难动用储层，约占 Mishrif 储层 8%。Ⅴ类储层孔隙结构也是单峰类型孔喉分布，其孔喉半径主要分布于 0.01～5μm，以微孔孔隙为主，中值孔喉半径约为 0.57μm，孔隙连通性不强，有效孔隙所占比例偏低，属于低渗透储层，约占 Mishrif 储层 38.2%。Ⅳ类储层孔隙结构也是单峰类型孔喉分布，其孔喉半径主要分布于 0.01～10μm，以溶孔孔隙为主，中值孔喉半径约为 0.8μm，孔隙连通性一般，有效孔隙占比不足 50%，属于低渗透储层，约占

Mishrif 储层 8%。Ⅲ类储层孔隙结构是双峰类型孔喉分布，其基质峰孔喉半径主要分布于0.01～1μm，裂缝峰孔喉半径主要分布于 1～20μm，以裂缝性孔隙为主，中值孔喉半径约为 0.8μm，孔隙连通性好，有效孔隙占比 50% 以上，属于低渗透双重介质型储层，约占Mishrif 储层 8%。Ⅱ类储层孔隙结构是钟形不规则孔喉分布，其钟形峰孔喉半径主要分布于 0.01～10μm，以粗孔孔隙为主，中值孔喉半径约为 1.6μm，孔隙连通性强，有效孔隙占比 80% 以上，属于中渗透储层，约占 Mishrif 储层 16.4%。Ⅰ类储层孔隙结构是孔洞型偏峰孔喉分布，其孔喉半径主要分布于 0.01～50μm，以孔洞孔隙为主，中值孔喉半径约为5.3μm，孔隙连通性强，有效孔隙占比 90% 以上，属于中高渗透储层，约占 Mishrif 储层21.4%。

8 个层位岩心压汞数据及渗透率与孔喉半径关系（表 4–3）实验表明：中值孔喉半径与渗透率的整体相关性比较好，基本呈正相关关系，反映出生物碎屑灰岩储层和砂岩储层一样，渗透率主要受孔喉半径大小控制。

表 4–3　哈法亚油田生物碎屑灰岩储层常规压汞孔喉分布分类

油层	渗透率 K，mD	孔喉半径主要分布区间，μm	中值孔喉半径，μm	储层分类
Sadi B1	0.07	0.01～0.2	0.08	Ⅵ
Sadi B2	0.12	0.01～0.3	0.1	Ⅵ
Sadi B3	1.09	0.01～10	0.22	Ⅵ
Tanuma	1.56	0.01～3	0.23	Ⅵ
Khasib A1	0.30	0.01～1	0.34	Ⅴ
Khasib A2	0.13	0.01～1	0.17	Ⅵ
Khasib B	1.43	0.01～4	0.39	Ⅴ
MA1	2.04	0.01～6	0.6	Ⅳ
MA2	0.66	0.01～3	0.4	Ⅴ
MB1	2.06	0.01～10	1	Ⅲ
MB2–1	89.50	0.01～60	6	Ⅰ
MB2–2	7.91	0.01～12	2	Ⅱ
MB2–3	11.06	0.01～10	1	Ⅲ
MC1	6.49	0.01～10	1.5	Ⅲ

综上所述，生物碎屑灰岩储层孔喉分布形态多样，结构复杂，压汞曲线呈单峰、偏峰、双峰和不规则峰分布。渗透率的大小受孔喉分布控制，渗透率较大岩心孔喉半径分布较宽，渗透率较小岩心孔喉半径分布较窄，且集中在小孔喉，此特征与砂岩相似。各岩样峰值所对应的孔喉半径的高低与渗透率间有对应关系。

尽管常规压汞法可以得到储层孔喉的分布，但是常规压汞实验只是给出了一个由孔隙和喉道共同控制的孔隙体积，以及相应的孔喉半径（毛细管半径），并没有直接得到喉道、孔道准确的分布，因此只能给出孔喉半径及对应的孔喉控制体积分布。而这个分布由于掺杂了孔道体积的因素，所以并非是准确的喉道分布。

先进的恒速压汞技术在实验过程中可测量喉道数量，并克服常规压汞技术的不足，能同时得到孔道和喉道的信息，更适用于孔、喉性质差别很大的低渗透储层。从图4-22，图4-23可知：不同渗透率岩心的孔道半径分布相差不大，而喉道半径却相差很大。说明喉道分布是决定储层渗流性质的主要因素，当储层大喉道较多时，渗流阻力小，渗流能力强，储层的开发潜力大。反之，当储层大喉道较少时，那么流体的渗流阻力就大，渗流能力弱，储层的开发难度大。

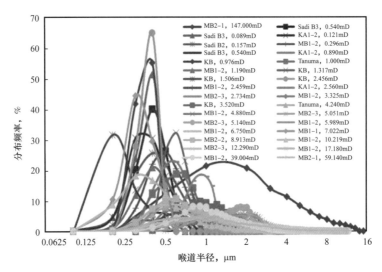

图4-22　哈法亚油田Mishrif油藏岩心喉道半径分布图

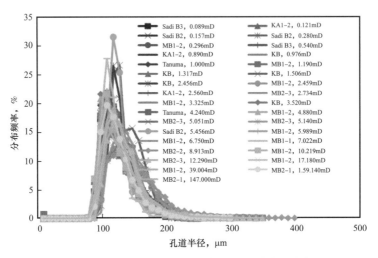

图4-23　哈法亚油田Mishrif油藏岩心孔道半径分布图

3. 生物碎屑灰岩与砂岩储层微观孔隙结构的对比

选取渗透率相近的生物碎屑灰岩与普通砂岩岩心进行对比，生物碎屑灰岩岩心大部分喉道半径偏小，有一部分喉道半径要比砂岩喉道半径大（图4-24）。

生物碎屑灰岩储层中虽然大的喉道半径分布频率小，但是这部分喉道半径对渗透率的贡献占有较大比例，导致生物碎屑灰岩储层比砂岩储层微观非均质性更强。总体上来说，相同渗透率的生物碎屑灰岩与砂岩储层相比，生物碎屑灰岩的平均喉道半径更小（图4-25）。

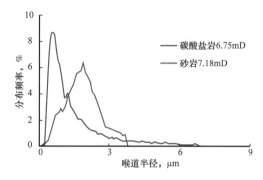

图 4-24　生物碎屑灰岩与砂岩喉道半径分布频率对比图

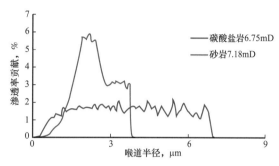

图 4-25　生物碎屑灰岩与砂岩喉道半径对渗透率贡献对比图

4. 生物碎屑灰岩储层孔喉分类的依据

结合储层岩心平均渗透率，并应用平均喉道半径与渗透率之间的对数关系，进行储层单因素分类，分类结果如表 4-4a 所示。

表 4-4a　应用恒速压汞实验平均喉道半径进行储层分类

层位	渗透率，mD	孔隙度，%	平均喉道半径，μm	分类
Sadi B2	1.05	18.3	0.761	Ⅳ
Sadi B3	1.66	15.2	1.018	Ⅲ
Tanuma	0.4	12.9	0.221	Ⅳ
KA1-2	0.8		0.612	Ⅳ
KB	1.55	17.2	0.979	Ⅳ
MA	1.41	12.8		
MB1	2.9	15.7	1.330	Ⅲ
MB2-1	42.6	20.4	2.834	Ⅱ
MB2-2	7.46	20.1	1.859	Ⅲ
MB2-3	11.02	24.8	2.077	Ⅱ
MC1	22.67	20.50	0.761	Ⅳ

按照油田统计渗透率计算的平均喉道半径进行分类，Sadi&Tanuma 为Ⅲ—Ⅳ类储层，Khasib 为Ⅳ类储层，Mishrif 为Ⅱ—Ⅲ类储层。

虽然恒速压汞实验能够分别测量孔道、喉道分布，信息更为全面准确，但由于实验周期长，压力量程小，恒速压汞实验还是难以胜任超低渗透、致密油层的孔、喉分布研究。

高压压汞实验所测笼统的孔喉分布，在低渗透油藏领域有着不可替代的作用，表4-4b为以孔喉半径为标准进行的储层分类。

表4-4b　高压压汞实验孔喉半径储层分类标准

渗透率，mD	孔喉半径，μm	孔喉分类	储层分类
＜0.01	＜0.02	吸附	无效
0.01～0.1	0.02～0.1	微	致密油
0.1～1	0.1～0.4	微细	超低渗透
1～10	0.4～1.7	细	特低渗透
10～50	1.7～5	中—细	低渗透
50～100	5～8	中	中渗透
100～200	8～12	粗	中—高渗透

二、生物碎屑灰岩储层中的流体赋存状态

随着渗流流体（边界—体相流体）理论系统的提出，人们逐渐意识到流体的赋存状态会对流体渗流过程产生影响。流体按赋存状态可划分为束缚流体、残余流体（边界流体）和可动流体（体相流体）。对于水驱油而言，上述流体赋存状态就对应着束缚水、残余油和可动油（水）。研究上述流体的赋存状态对掌握生物碎屑灰岩储层水驱油渗流机理有着重要的作用。

由于核磁共振技术已经能够把地层中的流体区分为边界流体（束缚流体）和可动流体（自由流体），因此结合水驱油实验的核磁共振技术可以将地层中的流体细分为束缚流体、可动流体、残余流体（图4-26）。

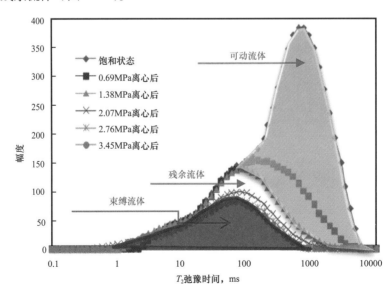

图4-26　水驱油流体分布状态核磁共振实验 T_2 分布频率图

可动流体 T_2 截止值在核磁共振测量中是一项重要的参数,借助该参数能划分不同岩石类型的可动流体和束缚流体,从而对储层进行评价分析。目前可动流体 T_2 截止值是通过核磁共振岩心分析和室内离心标定法结合进行确定的,该方法准确可靠。利用离心实验方法标定 T_2 截止值时,首先需要选定离心力大小,在行业标准《岩样核磁共振参数实验室测量规范》(SY/T 6490—2000)中推荐选用 0.69MPa 离心力。岩心分析实验结果表明,该离心力标准对物性较好孔渗较高的砂岩岩样是适用的,但对于生物碎屑灰岩岩心,需要重新定标确定相应的离心力。

为了确定出适合的最佳离心力大小,选取了 4 块不同层位岩心进行离心实验,对每块生物碎屑灰岩岩心分别采用 0.69MPa、1.38MPa、2.07MPa、2.76MPa 和 3.45MPa 5 个不同离心力开展核磁共振测量。

测试基础数据和测试结果见表 4-5,图 4-27 是 4 个岩心在不同离心力离心后的剩余含水饱和度图。

表 4-5 核磁共振实验不同离心力离心后岩心内含水饱和度

编号	层位	孔隙度, %	渗透率, mD	不同离心力离心后岩心内剩余含水饱和度, %					
				离心前	0.69MPa	1.38MPa	2.07MPa	2.76MPa	3.45MPa
I-1	Sadi B2	28.58	0.28	100	87.01	78.55	65.41	54.84	54.07
S16	KA1-2	25.92	0.28	100	95.28	76.65	64.08	58.39	54.94
S20	KB	13.09	3.52	100	74.89	61.14	54.26	49.95	48.45
I-13	MB2-1	20.97	54.28	100	50.12	38.44	27.45	23.44	21.72

离心力为 0.69MPa 时,每块岩心内均有较多的可离出水没有被脱离出来,离心力从 0.69MPa 增加到 2.76MPa 过程中,4 块岩心含水饱和度均大幅度降低;从 2.76MPa 增加到 3.45MPa 过程中,4 块岩心含水饱和度的降幅偏缓。表明对分析的生物碎屑灰岩储层岩心而言,可动流体 T_2 截止值标定时适合的最佳离心力取 2.76MPa。

由于离心力大小与岩心喉道半径大小相对应,2.76MPa 离心力对应的喉道半径大小约为 0.05μm,因此对本实验分析的生物碎屑灰岩储层而言,储层有效渗流喉道半径的下限约为 0.05μm,喉道半径小于 0.05μm 的孔隙空间内的流体可认为是束缚水,喉道半径大于 0.05μm 的孔隙空间是可流动的孔隙空间。

根据上面离心实验确定的最佳离心力,并结合核磁共振实验,可对生物碎屑灰岩储层不同层位的可动流体 T_2 截止值标定。

1. 可动流体百分数及其储层分类

根据上面提供的方法,确定出不同层位岩样的可动流体百分数和束缚水饱和度。M316 井各层位岩心为生物碎屑灰岩,N004 井各层位岩心为砂岩。从核磁共振 T_2 图谱形态特征和可动流体两个方面对不同区块进行了对比分析。

将不同区块的"可动流体百分数—渗透率"关系散点图合绘于一图,并将渗透率坐标取对数,得到图 4-28。由图可明显看出,砂岩 Nahr Umr 层可动流体百分数最高,其次是 Mishrif、Khasib,Sadi&Tanuma 层最差,其开发效果也相对最差。

Sadi&Tanuma、Khasib层可动流体百分数与渗透率相关性不是很明显，即可动流体百分数并不完全受渗透率控制，部分渗透率较低的岩心可动流体百分数反而较高，反之亦然。但可动流体百分数与渗透率有很好的对数关系，不同渗透率对应的可动流体百分数如表4-6。

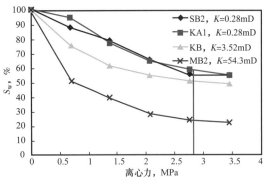

图4-27 岩心饱和水状态及不同离心力
离心后的含水饱和度对比

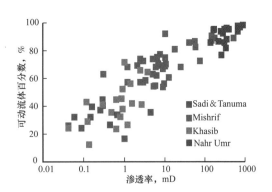

图4-28 不同层岩样可动流体
与渗透率的关系

表4-6 哈法亚油田各层位核磁测试可动流体百分数对比

层位	小层	渗透率，mD	岩样数量	可动流体饱和度，%	可动流体孔隙度，%
Sadi & Tanuma	Sadi B2	0.059～5.456	7	39.04	11.01
	Sadi B3	0.089～0.540	3	36.99	5.50
	Tanuma	0.253～4.240	4	31.25	5.03
Khasib	KA1-2	0.040～2.559	9	31.10	6.42
	KB	0.117～3.520	9	54.39	8.25
Mishrif	MB1-1	0.04	1	26.77	2.02
	MB1-2	0.296～39.004	21	70.07	15.69
	MB2-1	54.280～498.670	7	88.22	21.26
	MB2-2	2.940～70.730	3	70.85	19.37
	MB2-3	2.734～12.286	7	60.41	17.26
Nahr Umr	Nahr_Umr B4	147.900～934.670	15	93.73	18.93
	Nahr_Umr B5	226.240～336.200	3	81.60	16.05

对于低渗透储层而言，由于孔隙微细，孔隙壁面比表面积大，展布在孔隙壁面上的束缚流体含量很大，而可动流体百分数正是体现了固体表面对流体的束缚作用，同时也是孔隙结构影响渗流阻力大小的表现方式之一，它比渗透率更能代表和反映低渗透的物性和渗流特征。相同渗透率条件下不同岩心的可动流体百分数差异显著，由此反映出不同地区孔隙空间中可流动的流体量差异显著，进而反映储层开发潜力也存在较大差异。因而，可动流体百分数是表征低渗透储层孔隙流体赋存特征的一个重要参数，可作为储层评价的主要参数。

结合岩心测试平均渗透率，并应用可动流体百分数与渗透率的对应关系，得到与各层渗透率相对应的可动流体百分数。按照各层的渗透率计算可动流体百分数并进行分类，明确 Mishrif 层为 II 类储层，Khasib 为 III 类储层，Sadi&Tanuma 层为 III 类储层（表 4-7 至表4-9）。

表 4-7 哈法亚油田核磁测试数据样品数量及结果

渗透率区间，mD	样品数量，个	可动流体百分数，%
<1	27	38.65
1~5	16	58.02
5~10	14	66.93
10~100	9	76.13
>100	5	89.49

表 4-8 可动流体分类表

可动流体百分数，%	储层分类
<40	IV
40~60	III
60~75	II
>75	I

表 4-9 哈法亚油田可动流体百分数储层分类结果

层位	岩心数量	岩心物性分析结果		可动流体百分数，%	储层分类
		渗透率，mD	孔隙度，%		
Sadi B2	7	1.05	18.3	39.04	III
Sadi B3	3	1.66	15.2	36.99	III
Tanuma	4	0.4	12.9	31.25	III
KA1-2	9	—		31.10	—
KB	9	1.55	17.2	54.39	III
MB1-1	1	—	—	26.77	—
MB1-2	21	2.9	15.7	70.07	III
MB2-1	7	42.6	20.4	88.22	I
MB2-2	3	7.46	20.1	70.85	II
MB2-3	7	11.02	24.8	60.41	II

2. 流体赋存及动用的孔喉界限

前面已经就可动流体与孔喉的关系展开了初步讨论，但只有厘清不同类型流体赋存与孔隙结构之间的关系，才能明确油田的开发潜力。

根据束缚水及水驱油残余油数据，以 Mishrif 油藏为例，研究束缚水、可动油、残余油等不同流体赋存的孔喉分布区间。MB2 储层孔洞孔隙型和粗孔孔隙型的流体赋存状态较为接近，束缚水（12%～29%）孔喉半径界限小于 0.2～1μm，残余油（约 30%）孔喉半径界限为 1～5μm，可动油孔喉半径界限大于 3～8μm。裂缝—孔隙型受双重介质特征影响，束缚水（39%）孔喉半径界限小于 0.1～0.5μm，残余油（约 40%）孔喉半径界限为 0.5～3μm，可动油孔喉半径界限大于 3μm。

而 MB1 储层孔隙结构复杂，涵盖了多种类型，其主要类型为微孔孔隙型（约占 36%），粗孔孔隙型（约占 11%）和溶洞孔隙型（约占 15%），其束缚水（23%～29%）孔喉半径界限小于 0.05～1μm；残余油（约 33%）孔喉半径界限为 0.1～3μm；可动油孔喉半径界限大于 0.3～3μm。

三、生物碎屑灰岩油藏水驱油机理

通过室内实验研究水驱油的机理、评价水驱开发效果是国内外常用的研究方法，但由于生物碎屑灰岩储层的强非均质性及润湿性等复杂性因素，目前还没有较为全面的生物碎屑灰岩水驱实验方法，大部分实验仍然沿用砂岩实验方法。

在生物碎屑灰岩储层中，优势渗流通道（裂缝、孔洞）系统和孔隙系统是共存的。水驱油过程实际上是两个系统各自驱油机理相互作用、相互影响的综合结果，驱油效率的高低同时受注水水质、注采速度、重力、毛细管力、润湿性等因素的共同影响。

1. 不同生物碎屑灰岩储层水驱油特征

Mishrif 油藏是哈法亚油田的主力油藏，也是注水开发的主要目的层。由于油藏非均质性较强，同一层或小层存在多种孔隙类型，因此其油水两相渗流特征也可能存在差异[3]。

MB1 层平均水驱效率为 57%，水驱效率主要分布区间为 50%～70%，约占 85%；而 MB2 层平均水驱效率约 50.2%，水驱效率集中在两个数值段，一个是小于 45%，约占 35%，另一部分集中在 55%～65%，约占 28%。主要原因是 MB2 储层非均质性较 MB1 更强，既有微孔孔隙，又有大量的裂缝孔隙和孔洞孔隙，使得水驱效率在微观非均质性强的储层数值较小（图 4-29）。

综合分析 Mishrif 油藏的相渗曲线，可划分 3 类典型的相渗曲线（图 4-30）。其主要区别在于水相相渗曲线形态和油水相渗等渗点。一类相渗曲线，水相相对渗透率曲线抬升较为缓慢，油水共渗区间较宽，残余油端水相相对渗透率小于 0.5，油水相渗等渗点相渗较低且含水饱和度较高；二类相渗曲线，水相相对渗透率曲线抬升较快，油水共渗区间较窄，残余油端水相相对渗透率大于 0.5，油水相渗等渗点相渗较高且含水饱和度较低；三类相渗曲线，水相相对渗透率曲线呈直线型、抬升快，油水共渗区间最窄，有"X 形"双重介质油水相渗曲线特征，残余油端水相渗透率大于 0.5，油水相渗等渗点相渗高且含水饱和度最低。

Mishrif 油藏相渗曲线以一类、三类为包络边界，相渗曲线多落入两者之间，但无论是哪种类型，水相渗透率曲线都抬升较快，这意味着生物碎屑灰岩油藏注水开发会快速见水。

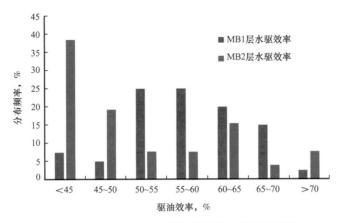

图 4-29 MB1、MB2 水驱油效率分布频率对比图

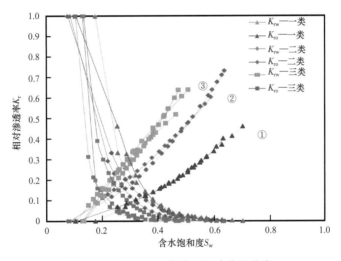

图 4-30 Mishrif 油藏典型相渗曲线分类

Mishrif 油藏分类储层相渗特征表明，储层水驱油渗流特征虽然不能和储层孔隙结构分类一一对应，但也有很好的对应特征。其中基质孔隙和微孔孔隙的Ⅵ类，Ⅴ类油藏，相渗曲线以一类相渗曲线为主，无水采油期相对较长，含水上升相对缓慢；溶孔孔隙和粗孔孔隙的Ⅳ类，Ⅱ类油藏，相渗曲线以二类相渗曲线为主，无水采油期短，含水上升快；裂缝—孔隙和孔洞孔隙的Ⅲ类，Ⅰ类油藏，相渗曲线以三类相渗曲线为主，无水采油期最短，含水上升最快。

2. 地层水和海水驱油特征对比

由于海水与地层水差别较大，因此海水驱油特征也成为关注的问题。通过实验分析海水与地层水在两相渗流曲线、驱油效率及原始油和残余油的微观分布等差异，对比地层水和海水驱油特征[4-6]。表 4-10 为模拟地层水、舟山海水离子组成表。

1）地层水、海水驱油效率

在室内实验条件下，无论地层水还是海水驱替，注入孔隙体积倍数通常在几个 PV 至十几个 PV，由图 4-31 和表 4-11 可知，模拟地层水的驱油效率为 48.38%～58.93%，平均为53.23%；后用海水驱替，驱油效率为52.17%～63.1%，平均为56.98%，驱油效率增加幅度为3.75%。

表4-10　实验用水离子组成表

地层水	单位	MB1	MB2+MC1	舟山海水
矿化度	mg/L	192450	166840	26700～33600
Na^+	mg/L	67257	60369	9788
Ca^{2+}	mg/L	9200	8000	384
Mg^{2+}	mg/L	2430	1944	1140
Fe^{2+}	mg/L			1870
K^+	mg/L	2081	1707	
Sr^{2+}	mg/L	1141	498	
Cl^-	mg/L	129575	114488	16500
SO_4^{2-}	mg/L	320	360	2120
HCO_3^-	mg/L	427	451	10.8
CO_3^{2-}	mg/L	Nil	Nil	

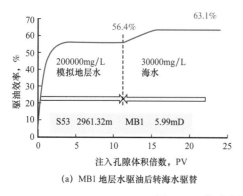

(a) MB1地层水驱油后转海水驱替

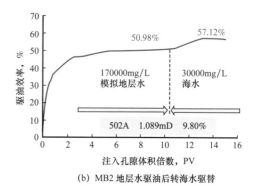

(b) MB2地层水驱油后转海水驱替

图4-31　海水驱油提高驱油效率对比图

同一块岩心地层水及海水驱油的相渗曲线特征对比分析表明，与地层水驱油相比，海水驱相渗曲线的残余油饱和度呈减小趋势，水相相对渗透率降低，共渗点饱和度增大，亲油性减弱、亲水性增强，驱油效率提高（表4-11）。

2）注海水原始油与残余油微观分布

地层水与海水驱替过程中原始和残余油饱和度均存在差异（图4-32）。采用物理模拟与核磁共振相结合的方法，可以更详细地分析注入海水后原始油与残余油微观分布与地层水的差异。核磁共振的测试信号可以反映多孔介质的岩石孔道中孔隙固体表面作用力对流体的影响；当孔隙结构相同时，核磁图谱反映的是流体的性质，当多孔介质中流体相同时，核磁图谱反映的是多孔介质的微观孔隙结构。

表 4-11　海水驱油相渗曲线参数表

岩心号	502A		626A		428A		538A	
层位	MB2		MC1		MB1		MB2	
渗透率，mD	1.089		1.659		3.809		6.24	
孔隙度，%	9.8		15.39		18.84		21.44	
驱替流体	地层水	海水	地层水	海水	地层水	海水	地层水	海水
束缚水饱和度，%	31.72	31.01	36.4	34.58	32.43	33.15	34.7	33.33
残余油饱和度，%	33.48	31.95	26.13	26.01	31.26	30.24	33.71	31.93
共渗点含水饱和度	0.39	0.41	0.55	0.57	0.49	0.5	0.48	0.5
无水采收率，%	10.75	10.24	37.48	32.51	30.72	32.51	25.3	23.7
驱油效率，%	50.98	53.69	58.93	60.23	53.74	54.77	48.38	52.17

从图 4-33 海水与地层水驱油核磁共振 T_2 图谱上可以看出：大孔隙是主要的原始油的分布空间，但是由于微观孔隙结构的差异，部分储层岩心小孔隙中也有原始油分布，如 502A、626A 两块岩心孔渗较小，储层比较均质，小孔隙中也有部分原始油；而 428A、538A 两块岩心孔洞比较发育，因此饱和油主要进入大孔道，小孔道中油信号量较小。从残余油图谱可以分析驱替出来的油也主要来自大孔道，对于孔渗较低的岩心 502A、626A 由于驱替压力高，小孔隙中也有油驱替出来。

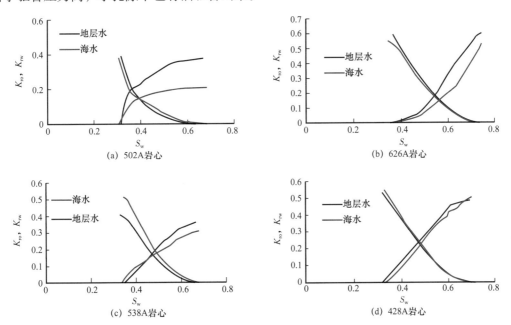

图 4-32　海水与地层水驱油相渗曲线对比图

对比地层水饱和油及海水的饱和油状态，无论是大孔隙还是小孔隙中，海水饱和油状态下油的信号量明显增加，说明海水驱替后，岩心的含油饱和度增加；而在残余油状态下，海水驱油的信号量比地层水要小，说明海水驱油后残余油减小。

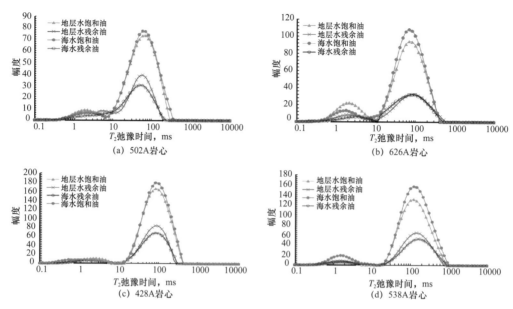

图 4-33　海水与地层水驱油核磁共振 T_2 谱对比图

利用核磁共振对 4 块岩心的润湿性进行定量评价（表 4-12），随物性变好润湿性总体趋势是亲油性减弱。这一结果与相渗测试结果一致。海水驱替有助于减弱储层亲油性，其机理主要包括注入水的含盐量对润湿性的影响、注入水中的阳离子类型对润湿性的影响、pH 值对润湿性的影响等。如注入舟山海水的含盐量为 30000mg/L 左右，检测呈弱碱性，而地层水矿化度为 170000～200000mg/L，因此注入海水可以稀释地层水中的高价阳离子，SO_4^{2-} 在孔隙表面吸附 Ca^{2+} 起到催化剂的作用，Mg^{2+} 替换 Ca^{2+}，改变储层离子平衡，进而改变储层润湿性，促使岩心亲油性减弱，亲水性增强。

表 4-12　岩样润湿性评价

岩心编号	渗透率，mD	孔隙度，%	地层水驱油润湿性指数 AI	润湿性评价	海水驱油润湿性指数 AI	润湿性评价
502A	1.089	9.8	−0.365	亲油	−0.284	亲油
626A	1.659	15.39	0.272	亲水	0.493	亲水
428A	3.809	25.2	0.014	中性	0.074	中性
538A	6.24	29.98	0.005	中性	0.067	中性

3. 生物碎屑灰岩油藏微观水驱油效率主控因素

中东地区生物碎屑灰岩储层孔隙结构多样，虽然主体是类似于碎屑岩的孔隙结构，但也存在少量的溶蚀孔隙、大孔道或微裂缝（优势渗流通道）。基于储层特征分别建立低渗透基质和优势渗流通道的渗流模型，以评价影响生物碎屑灰岩油藏微观水驱油效率的主控因素[7]。

由于低渗透基质孔隙狭小，渗流通道结构复杂，流体在低渗透介质中的渗流规律受界面阻力的作用而表现出非线性的特征，这种非线性渗流特征也会体现在油水两相渗流过程中。假设基质宏观均匀、等温渗流，在忽略重力作用的情况下，受低渗透非线性影响的油

相渗流方程为

$$[Q_o]_m = -K_m\left[A\frac{\zeta_o(p_o)K_{ro}(S_w)}{\mu_o}\nabla p_o\right]_m \tag{4-2}$$

相应的水相渗流方程为

$$[Q_w]_m = -K_m\left[A\frac{\zeta_w(p_w)}{\mu_w}K_{rw}(S_w)\nabla p_w\right]_m \tag{4-3}$$

其中

$$\zeta(p_i) = \frac{\nabla p_i - \varepsilon_{0i} - \varepsilon_i}{\nabla p_i - \varepsilon_{0i}} \quad i = 0, w \tag{4-4}$$

式中　Q——流量，m^3/d；

　　　K_m——基质绝对渗透率，mD；

　　　A——岩层渗流横截面积，m^2；

　　　$\zeta(p)$——非线性因子；

　　　K_r——相对渗透率；

　　　S_w——含水饱和度；

　　　p——压力，MPa；

　　　μ——流体黏度，$mPa \cdot s$；

在下角标中，m 为基质，o 为油相，w 为水相。

方程（4-4）中 ε_0 为真实启动压力梯度，MPa/m；ε 为拟启动压力梯度，MPa/m。ε_0、ε 值的大小与孔喉分布有关，喉道越小，ε_0、ε 值越大，当 $\varepsilon_0 = \varepsilon = 0$ 时，非线性因子 $\zeta(p) = 1$，式（4-2）和式（4-3）即简化为以 Darcy 运动方程为表述的 Muskat 相渗方程。当 $\varepsilon = 0$，$\varepsilon_0 \neq 0$ 时，上述方程就是考虑启动压力梯度的经典渗流模型，当压力梯度远大于 ε_0、ε 时，非线性因子 $\zeta(p)$ 接近于 1，即接近于线性渗流。

储层基质内两相渗流区的油水总流量（Q_t）可表示为

$$[Q_t]_m = [Q_o + Q_w]_m \tag{4-5}$$

由于哈法亚油田生物碎屑灰岩油藏的润湿性表现为油湿，毛细管力 p_c 可以表示为

$$p_c = p_o - p_w \tag{4-6}$$

基于上述方程，可以推导出受低渗渗流特征影响的含水率（f_w）的表达式为

$$[f_w]_m = \frac{1}{1 + \left[\dfrac{\zeta_o(p_o)K_{ro}\mu_w}{\zeta_w(p_w)K_{rw}\mu_o}\right]_m} \tag{4-7}$$

当 $\zeta(p_o) = \zeta(p_w)$ 时，方程（4-7）就是经典的含水率表达式。

由于生物碎屑灰岩储层内存在孔洞、溶蚀孔道或微裂缝，形成了易于渗流的优势通道。这一通道中的油水相渗曲线可取为对角线，相渗方程可表示为

$$[Q_o]_p = -\frac{K_p}{\mu_o}[As_w\nabla p_o]_p \tag{4-8}$$

$$[Q_w]_p = -\frac{K_p}{\mu_w}\Big[A(1-S_w)\nabla p_w\Big]_p \tag{4-9}$$

下角标 p 表示优势渗流通道。考虑优势通道和基质的共同作用，储层含水率可表示为

$$f_w = \cfrac{1}{1+\cfrac{[Q_o]_m+[Q_o]_p}{[Q_w]_m+[Q_w]_p}} = \cfrac{1}{1+\left[\cfrac{K_m\Big[A\zeta_o(p_o)K_{ro}\Big]_m+K_p\Big[AS_w\Big]_p}{K_m\Big[A\zeta_w(p_w)K_{rw}\Big]_m+K_p\Big[A(1-S_w)\Big]_p}\right]_m \cfrac{\mu_w}{\mu_o}} \tag{4-10}$$

结合 Welge 平均含水饱和度方程，微观驱油效率则可以表示为

$$E_D = \frac{1}{1-S_{wi}}\left[S_{we}-S_{wi}+\cfrac{1-f_w}{\left(\cfrac{df_w}{dS_w}\right)_{s_{we}}}\right] = \frac{1}{S_{fm}}\left[S_{we}+S_{fm}-1+\cfrac{1-f_w}{\left(\cfrac{df_w}{dS_w}\right)_{s_{we}}}\right] \tag{4-11}$$

方程中 E_D 为驱油效率，S_{wi} 为束缚水饱和度，S_{fm} 为可动流体饱和度，S_{we} 为出口处含水饱和度，f_w 为含水率。

令

$$\delta = \frac{K_m\Big[A\zeta_o(p_o)k_{ro}\Big]_m+K_p\Big[AS_w\Big]_p}{K_m\Big[A\zeta_w(p_w)K_{rw}\Big]_m+K_p\Big[A(1-S_w)\Big]_p} \tag{4-12}$$

将式（4-10）和式（4-12）代入式（4-11）中即可以得到受优势渗流通道、低渗透储层非线性渗流特征共同影响的水驱油效率表达式，从表达式表明 E_D 是关于可动流体饱和度、压力以及非线性因子的一个函数。

$$E_D = \frac{1}{S_{fm}}\left[S_{we}+S_{fm}-1-\cfrac{\left(1+\delta\cfrac{\mu_w}{\mu_o}\right)}{\left(\cfrac{\partial\delta}{\partial S_w}\right)_{s_{we}}}\right] \tag{4-13}$$

根据上述分析，对中东低渗透岩心开展水驱油实验，实验标准参考 SY/T 5354—2007，实验结果如图 4-34、图 4-35 所示。

图 4-34 表明哈法亚油田生物碎屑灰岩油藏岩心受优势渗流通道的影响，水相抬升较快，相渗曲线呈现"X"形，由于油湿和非均质性的影响，残余油饱和度相对较大。图 4-35 表明哈法亚油田生物碎屑灰岩油藏无水期中的水驱油效率小，受优势渗流通道的影响，随着采出程度的增加，含水率曲线上升较快，但仍有相当多原油采出，这体现出了孔隙型生物碎屑灰岩油藏水驱油的特征为含水上升快，但有水采油期较长。

前人对影响驱油效率的主控因素已有大量研究成果，但较少研究储层微观孔隙结构、流体赋存状态对驱油效率的影响。由于低渗透孔隙型生物碎屑灰岩储层孔隙结构的复杂性，结合方程（4-13），可以得出低渗透孔隙型生物碎屑灰岩油藏驱油效率除了与流体黏度、润湿性、毛细管数、流度比等参数有关外，还与喉道分布、可动流体饱和度、驱动压力有关。

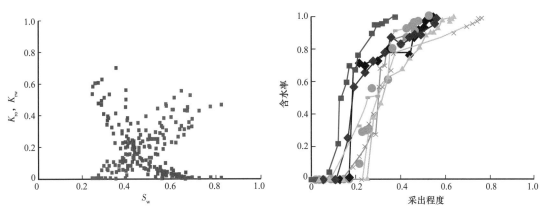

图 4-34 Mishrif 油藏油水相渗曲线　　　　图 4-35 Mishrif 油藏水驱油采出程度与含水率关系

图 4-36 表明哈法亚油田生物碎屑灰岩储层驱油效率随着平均孔喉半径的增大而升高，当平均孔喉半径小于 2μm 时，非线性因子 $\zeta(p)$ 受小孔喉的影响，对驱油效率影响显著，驱油效率随着平均孔喉半径的增加而急剧上升，当平均孔喉半径大于 2μm 时，非线性因子 $\zeta(p)$ 接近于 1，驱油效率递增趋势减缓。图 4-37 表明驱油效率随压力梯度的增大而升高，但是当压力梯度增大到某一临界点后，随着压力梯度的增大，驱油效率的增幅逐渐减缓。这是因为当压力梯度较大时，非线性因子 $\zeta(p)$ 接近于 1，而使得驱油效率不再受压力梯度的影响。实验结果（图 4-38）证实了根据方程（4-13）得到的结论：驱油效率与可动流体饱和度成正比，随可动流体饱和度的增大而升高。

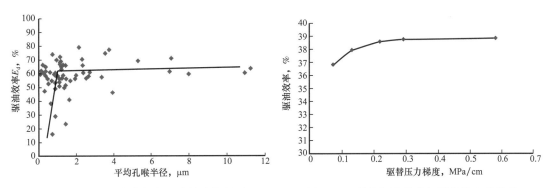

图 4-36　平均孔喉半径与驱油效率的关系　　　图 4-37　驱替压力梯度与驱油效率的关系

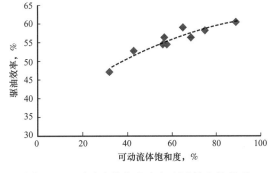

图 4-38　可动流体饱和度与驱油效率的关系

第三节　带凝析气顶碳酸盐岩油藏油气协同开发机理

一、双重介质碳酸盐岩储层渗流机理

双重介质具有裂缝和基质两个渗流系统，其中裂缝系统孔隙度较低，渗透率较高，导流和导压能力也较强；基质系统孔隙度较大，渗透率较低，导油和导压能力较差。由于裂缝系统和基质系统在储集空间特征、渗流特征方面有着很大的不同，因此两者的驱油机理也有较大差别。

1. 流体性质

流体在储层条件下的性质对认识油气藏类型、确定油气藏的开发方式、生产能力大小及采收率的高低具有十分重要的意义，因此流体参数的准确确定是每个油气藏首要解决的问题。带凝析气顶油藏的流体特征研究更为重要，主要因为气顶和油环均处于同一个压力系统下，投入开发后受压力变化的影响，凝析气顶和油环均易造成油气分离和相态变化。

1）地层油性质

让纳若尔油气田原油地下、地面取样实验分析表明：原油的物性具有"四低、两高"的特点，即：密度、黏度、胶质含量和凝固点低，原始气油比和含蜡量高。以Γ北主力油藏为例，其原油物性具体如下：

低密度：地层原油密度为 $0.6147g/cm^3$，地面原油的密度为 $0.8091g/cm^3$；低黏度：地层原油黏度为 $0.16mPa \cdot s$，地面原油黏度为 $6.36mPa \cdot s$；低胶质：含量为 3.48%；低凝固点：范围在 $-35 \sim 2℃$，平均值为 $-13℃$；高含蜡：含蜡量为 9.50%；高气油比：多级脱气的原始溶解气油比为 $350.8m^3/t$，体积系数为 1.744。根据商品性质原油为含硫原油，含硫量为 1.11%。

挥发性油藏流体在初始储层条件下大致具有气油比大于 $210m^3/m^3$，体积系数大于 1.75 和地面原油密度小于 $0.825g/cm^3$，以及组成中 C_{7+} 摩尔含量为 12.5%～22% 的特征。让纳若尔油田原油原始状态基本属于近挥发性流体特征（图 4-39）。

2）天然气性质

让纳若尔油气田气顶采样实验分析发现：在地层温度和地层压力条件下，地层流体呈单相气态，而且随着压力的降低有液体析出，符合凝析气的一般相态特征。

让纳若尔油气田 KT-I 层和 KT-II 层气顶流体组成中 KT-I 气顶 C_{7+} 含量为 3.07%，凝析油含量为 $250g/m^3$；KT-II 气顶 C_{7+} 含量为 4.13%，凝析油含量为 $360g/m^3$（表 4-13）。按照凝析气藏物性特征划分标准可判断 KT-I 气

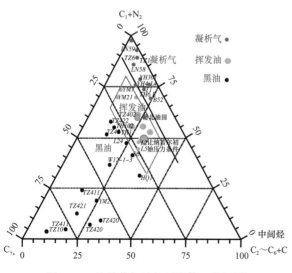

图 4-39　让纳若尔油气田流体三角相图

顶和 KT-Ⅱ气顶均为高含凝析油凝析气藏。按照含酸性气体气藏划分标准可判断 KT-Ⅰ和 KT-Ⅱ气顶为低含二氧化碳、低含氮、高含硫化氢的凝析气藏。

表 4-13　让纳若尔油气田气顶流体组成表

组分摩尔含量	层位	
	KT-Ⅰ层，%	KT-Ⅱ层，%
He	0.04	0.03
N_2	2.67	2.05
H_2S	0.94	1.05
CO_2	0.71	1.04
C_1	77.68	75.17
C_2	6.99	7.42
C_3	3.83	4.38
iC_4	0.67	0.76
nC_4	1.23	1.27
iC_5	0.55	0.73
nC_5	0.64	0.76
C_6	0.96	1.21
C_{7+}	3.07	4.13
凝析油含量，g/m^3	250	360

2. 润湿性及敏感性特征

1）储层的润湿性

岩石润湿性是岩石矿物与油藏流体之间相互作用的结果，是一种综合特性。岩石的润湿性决定油藏流体在岩石孔道内的微观分布和原始分布状态，也决定着地层注入流体渗流的难易程度及驱油效率等，在提高油田开发效果和选择提高采收率方法等方面具有十分重要的意义。

让纳若尔油气田采用目前比较常用的自吸比较法来测定油层岩石的润湿性，共对石炭系 33 个岩样的润湿性进行了分析，其中 25 个岩样取自密闭取心段，8 个取自常规取心段。测定结果表明，偏亲油非均匀润湿性（亲油）样品 10 个，偏亲水非均匀润湿性（亲水）样品 23 个，占 69.7%。总体上看，岩石以亲水为主并具有非均匀斑状润湿特征。

通过分析发现，让纳若尔油气田储层的润湿性与孔隙度的关系比较密切，随着孔隙度的增大，储层偏亲油并且吸水排油量与吸油排水量的比值逐渐降低（图 4-40）。孔隙度小于 8% 的 17 个样品中，有 15 个亲水，F 值较大（平均为 19.3），2 个亲油；孔隙度为 8%～11% 的 8 个样品，有 5 个亲水，F 值较小（平均为 7.3），3 个亲油；孔隙度大于 11% 的 8 个样品，有 3 个亲水，F 值小（平均为 3.2），5 个亲油。分析其原因，主要是因为孔隙度低的储层一般束缚水饱和度高，意味着孔隙壁上水膜厚度和所占的面积都大，而水膜厚度大的地方极性物质不易吸附，因此它一般呈亲水性。随着孔隙度的升高束缚水饱和度降低时，油层的润湿性由亲水逐渐向亲油转变。

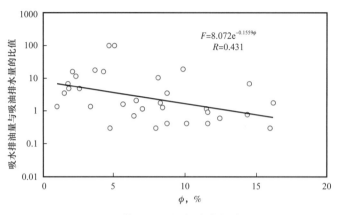

图4-40　储层润湿性与孔隙度关系图

2）储层的敏感性

储层的敏感性是指储层及其流体在与外来的流体接触后，因不配伍而发生化学反应，或在油气开发过程中，因为储层物理状态发生变化而引起的储层渗透性能改变的现象。让纳若尔油田分别做了储层的速敏、水敏、碱敏和酸敏等实验。

（1）速敏实验。

让纳若尔油气田储层的速度敏感性普遍存在，37个岩样中，26个有速度敏感，占70.3%，临界流速为0.1~5mL/min，平均为1.35mL/min；11个岩样无速度敏感。同时发现孔隙度、渗透率高的储层，速度敏感程度低，临界流速大，有利于高产稳产；孔隙度、渗透率低的储层，普遍存在速度敏感，且临界流速小，即使在高压差的情况下，这类储层也只能是低产层。

（2）水敏实验。

让纳若尔油气田储层的水敏也是比较普遍存在的，水敏指数为0.01~0.77，平均为0.3，以无水敏—中等偏弱水敏为主。

（3）碱敏实验。

碱敏是指储层中存在的碱敏性矿物与碱性流体接触，发生化学反应，引起渗透率下降的现象。碳酸盐岩地层中存在的钙镁离子往往是碱性流体侵入后发生碱敏的主要原因。让纳若尔油田储层对碱是比较敏感的，当碱性流体侵入储层后，普遍会引起地层的渗透率损害，损害率（即碱敏指数）为10%~87%，平均为45.3%，碱敏程度属中等。83.8%的岩样在pH值大于6.8时便开始发生碱敏，其临界pH值约为7.0；当pH值上升到8.5~9.5时，渗透率一般下降到最低值，该pH值（9.5）正好适合于$Mg(OH)_2$和$Ca(OH)_2$形成，引起碱度敏感。

（4）酸敏实验。

酸敏是指酸化液进入地层后与地层中的酸敏性矿物发生反应，产生凝胶、沉淀或释放出微粒，使地层渗透率下降的现象。地层如果要酸化，必须对地层进行酸敏性评价试验，以了解酸液对地层是否会产生伤害以及伤害的程度，以便优选酸液配方，使酸化处理方法更有效。让纳若尔油气田对 37 个样品进行了酸敏实验，经过酸洗后，渗透率明显降低的岩样只有 6 个，酸敏指数平均为 0.45；有 21 个岩样渗透率发生较明显变化，渗透率平均只增大 1.4 倍；有 10 个岩样渗透率大幅度增加。总体来说酸洗有利于储层的渗透性变好。

3. 毛细管压力曲线特征

1）双重介质毛细管压力

在双重介质油藏中毛细管压力是驱动机理中一个极其重要的部分，基质岩块和裂缝之间的流体交换基本取决于毛细管压力。在驱替情况下，毛细管压力阻止非润湿相进入基质；而在渗吸情况下，毛细管压力则作为一种驱动力把非润湿相从基质中驱出。让纳若尔油田储层岩石具有亲水性，因此在水驱时毛细管压力作为驱动力可以将非润湿相驱替出来。

2）毛细管压力曲线特征

让纳若尔油气田 144 个岩样毛细管力实验得到样品的平均中值压力为 16.38MPa（压汞数据），平均孔隙度为 10.6%，平均空气渗透率为 2.639mD。

对毛细管力曲线进行无因次化处理，得到的 J 函数显示以下特征：各储层样品 J 函数特征基本相同，表示各岩样的孔隙结构特征比较相近；毛细管力曲线中间段较长且较平缓，反映出储层的分选性较好，孔隙分布较均匀（图 4-41）。综合分析，144 个样品的毛细管力曲线主要反映出整个油藏储层具有较均质和低渗透的特点。

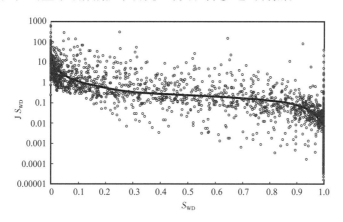

图 4-41　让纳若尔油气田 J 函数与无因次含水饱和度关系

4. 双重介质碳酸盐岩储层渗流机理

1）水驱油渗流机理

在双重介质碳酸盐岩油藏水驱开发过程中，主要驱油动力是注水压力梯度、毛细管力和重力的作用。对于裂缝系统和基质岩块系统来讲，这 3 种驱动力的作用是不同的[8]。

（1）基质水驱油特征与机理。

对于基质岩块系统，其注水驱替对象为基质岩块细小孔隙及小缝小洞中的原油，注水采油时主要依靠毛细管力作用使裂缝中的水进入基质岩块渗吸排油；其次是裂缝系统和岩块系统之间的流动压力梯度作用驱油；此外，重力也可能起到一定作用，如果基质岩块较小，其作用将是比较弱的。

在油田开发的实际条件下，裂缝系统水驱过程所需要的压力梯度很小，而基质所需要的压力梯度则大得多，在两者共存、裂缝系统处于主导地位的情况下，基质在驱动压力梯度作用下的水驱过程是难以发生的，它主要是以毛细管力的渗吸作用排油。因此，依靠毛细管力作用的渗吸排油是裂缝性油藏基质在水驱开发条件下的重要驱油机理。微裂缝越发育，基质岩块越小，基质岩块与裂缝的接触面越大，渗吸排油作用越强。

在水驱过程中，基质岩块主要依靠毛细管力作用还是重力作用采油，取决于基质岩块高度的大小，基质岩块高度大，基质中重力驱替机理占优势；基质岩块高度小，重力驱替作用弱，毛细管力渗吸作用则是主要的采油机理。

（2）裂缝水驱油特征与机理。

裂缝系统的原始含油饱和度高，在注水采油过程中主要靠注水驱动压力梯度驱油，其流动条件符合达西定律。裂缝系统的油水相对渗透率曲线并非完全呈线性关系，但与基质孔隙油水相对渗透率曲线有明显的不同，水驱油过程接近于活塞式推进，其束缚水和残余油饱和度很低，驱油效率高，一般可达95%以上。

在垂直裂缝发育、基质岩块高度大或流体密度差较大，并且控制合理驱替速度的条件下，重力也有重要作用。在水驱过程中，驱替速度大小对于增大波及系数和发挥重力作用有显著的影响，因此即使是裂缝系统也应该合理控制注水和采油速度。油藏中缝宽、裂缝密度及其相互连通状况等非均质性对水驱过程极为不利，如果适当选择较低的注水速度，则有利于扩大注入水对裂缝系统的波及体积，有利于提高裂缝系统的最终采收率。

（3）双重介质水驱渗透率曲线特征。

裂缝系统和基质系统的渗流特征和驱替机理是显著不同的，同时，它们又是相互制约、相互联系的，组成统一的储集—渗流组合体，其中裂缝系统处于主导地位。

让纳若尔凝析油气田油水相对渗透率测定过程是首先将岩样饱和油，然后进行水驱油，测定不同含油、含水饱和度下油、水的相对渗透率。测试过程与水驱采油过程基本一致。油水相对渗透率曲线显示以下几个特点（图4-42）。

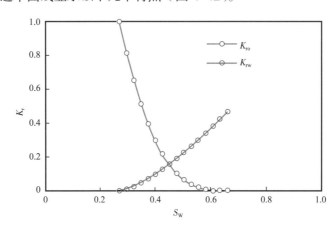

图4-42　让纳若尔凝析油气田油水相对渗透率

① 束缚水饱和度较高，一般在30%以上，这是因为让纳若尔油气田岩石亲水，作为润湿相的水在毛细管压力作用下，总是先占据较小的孔隙空间，而后才占据较大的空间，在达到临界含水饱和度以前，水是以分散相存在，含水量的增加只导致含水饱和度的增

长，而不导致流动能力的提高，所以这阶段水的相对渗透率实际为 0。

②随着含水饱和度的增加，水相渗透率增长迅速，同一般孔隙性岩石的特性有明显的不同。这是由于注入水往往首先沿少数裂缝网络迅速到达岩样的出口端面，另一方面，由于裂缝的水驱油效率较高，含水饱和度迅速增大，对水的渗流阻力迅速下降，水相渗透率增长迅速，同时，油相渗透率随含水饱和度增长而迅速下降。

（4）驱油效率分析。

让纳若尔油气田 KT-Ⅱ层 2092 井水驱油试验分析显示驱替作用主要发生在低注水倍数阶段，当注入水量为孔隙体积的 2 倍时，驱油效率为 40.03%，完成总驱油量的 88.5%。当注水倍数由孔隙体积的 2 倍增加到 10 倍时，所增加的驱油量仅 7.13%。产生如此现象的原因是 2092 井 KT-Ⅱ层油藏条件下岩石的均质程度差，注入倍数较小时水驱出的油量上升很快，当达到一定注入倍数后，注入水更易沿大孔道突进，大孔道已不起增油的主要作用，因此驱油效率增加缓慢，最终的驱油效率增加不大（表 4-14，图 4-43）。

表 4-14　让纳若尔油气田水驱油效率实验分析成果表

岩样号	孔隙度，%	渗透率 mD	原始含水饱和度，%	不同注水倍数驱油效率，%									驱油效率，%
				0.5	1	1.5	2	3	4	6	8	10	
5	6.20	0.0012	40.96	22.86	30.57	37.14	40.00	42.86	42.86	42.86			42.86
18	12.91	5.710	26.05	26.33	32.64	34.48	36.67	38.67	38.67	41.33	42.67	42.67	42.67
25	9.87	29.600	23.17	21.43	34.29	37.86	38.57	40.00	40.00	43.57	44.29	45.00	45.00
31	3.61	2.030	48.57	29.27	34.15	39.27	41.46	43.46	44.61	45.02	46.34	46.34	46.34
39	4.10	0.115	44.22	23.81	30.95	35.71	38.10	40.48	42.86	42.86			42.86
58	6.20	25.400	48.02	30.61	34.69	38.78	38.78	40.82	42.60	44.90	44.90		44.90
66	4.20	0.0705	48.32	26.67	33.33	36.67	40.00	43.33	43.33	43.33			43.33
79	6.60	0.136	41.86	26.09	34.78	39.30	43.48	44.68	46.83	47.83	47.83		47.83
87	5.00	0.179	40.88	23.81	28.57	30.95	35.71	38.10	40.48	40.48			40.48
100	7.90	0.169	31.09	20.67	28.05	34.67	36.00	40.00	41.33	42.67	42.67		42.67
102	9.50	0.166	20.82	31.43	45.71	51.43	57.14	60.00	61.43	62.86	65.71	65.71	65.71
109	10.10	0.027	51.11	32.73	36.55	40.00	41.82	42.73	43.64	43.64			43.64
113	9.90	5.040	33.65	17.33	23.33	29.33	30.00	32.00	32.67	33.33	34.67	35.33	35.33
119	9.20	2.700	42.34	21.45	27.27	28.18	29.09	32.73	34.55	34.55			34.55
123	18.60	32.200	31.65	25.83	32.5	33.33	35.00	35.00	36.67	42.50	47.92	47.92	47.92
126	6.00	0.675	46.95	36.00	40.00	46.00	48.00	49.20	50.00	50.00			50.00
129	5.50	0.586	50.49	30.00	35.00	37.50	42.50	45.00	47.50	47.50			47.50
130	3.00	0.844	45.58	28.14	38.24	44.27	48.22	49.33	50.32	50.32			50.32
合计	7.70	5.869	39.76	26.36	33.37	37.49	40.03	42.13	43.35	44.42	46.33	47.16	45.22

2）气驱油渗流机理

（1）气驱油渗流特征。

气驱油是非润湿相驱替润湿相的过程，相对渗透率曲线属于驱替型相对渗透率曲线，它反映了气顶膨胀驱油或注气驱油的过程。让纳若尔油气田主力油藏类型是带凝析气顶的裂缝—孔隙双重介质碳酸盐岩油气藏，在开发过程中随着油层压力的降低会发生气顶气扩散，出现气驱油现象。为了模拟微观气驱油过程，作了 9 个岩样的油气相对渗透率分析。

油气相对渗透率曲线分析表明，当含气饱和度很低时，油相渗透率急剧下降，这是气体首先侵入裂缝，然后呈气泡状分散在主要渗流孔道中，虽不甚流动，但对油流动阻力很大。随着注入气量增加，气形成连续相开始流动，油相渗透率下降变慢，气相渗透率上升加快，当含气饱和度达到 33.23% 时，油相渗透率为 0，气相对渗透率达到最大，此时气体占据渗流孔道，残余油分布在岩石颗粒表面和某些喉道部位（图 4-44）。

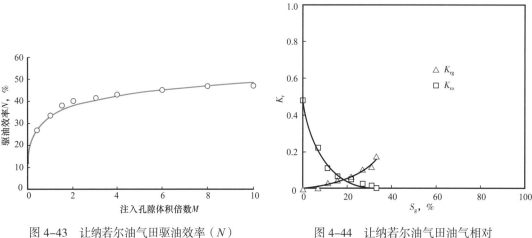

图 4-43　让纳若尔油气田驱油效率（N）
与注水倍数（M）关系

图 4-44　让纳若尔油气田油气相对
渗透率曲线

（2）气驱油效率分析。

对让纳若尔油气田 3477 井岩样进行了气驱油实验，岩样平均孔隙度为 14.4%；平均渗透率为 0.3957mD，平均总驱油效率为 43.37%（表 4-15）。

与水驱油相似，驱替作用主要发生在低注气倍数阶段，当注气量为孔隙体积的 100 倍时，驱油效率为 41.2%，已完成总驱油量的 95%。当注气量为孔隙体积的 200 倍时，驱油效率只增长 0.8%，增长渐缓（图 4-45）。

表 4-15　让纳若尔油气田气驱油效率实验分析成果表

| 样号 | 孔隙度，% | 渗透率 mD | 束缚水饱和度，% | 残余油饱和度，% | 注入孔隙体积倍数 | | | | | | | | | 驱油效率 % |
					10	30	60	100	200	300	500	800	1000	
5	14.24	0.0192	42.25	30.92	28.61	38.33	42.34	44.26	45.02	45.82	46.35	46.45		46.45
13	25.40	0.515	41.83	33.79	30.66	35.29	38.15	39.16	40.05	40.85	41.35	41.82	41.91	41.91
27	22.44	0.445	35.11	39.21	26.22	32.09	34.85	36.49	37.41	38.37	39.00	39.37	39.57	39.57
62	17.95	0.0847	27.87	43.28	26.04	33.32	35.26	37.79	39.02	39.42	39.88	40.00		40.00

续表

样号	孔隙度，%	渗透率 mD	束缚水饱和度，%	残余油饱和度，%	注入孔隙体积倍数									驱油效率 %
					10	30	60	100	200	300	500	800	1000	
72	8.82	0.337	33.37	38.20	30.41	35.84	38.55	40.05	40.86	41.59	42.12	42.50	42.67	42.67
90	11.66	1.96	42.36	27.86	43.36	47.06	49.05	49.81	50.49	51.02	51.45	51.67	51.67	51.67
124	13.47	0.0112	35.51	40.24	27.36	33.29	35.19	36.86	37.28	37.52	37.60			37.60
177	10.14	0.183	46.67	38.73	36.25	40.64	42.67	43.84	44.66	45.75	46.22	46.52	46.67	46.67
185	5.71	0.006	31.49	38.54	31.60	39.28	41.46	42.81	43.24	43.62	43.75	43.75		43.75
平均	14.40	0.3957	37.38	36.75	31.20	37.20	39.70	41.20	42.00	42.70	43.10	44.01	44.50	43.37

3）水驱气渗流机理

在开发气顶油藏时，由于开发方式、开发顺序的不合理，造成油气区压力不平衡，气顶气窜入油区，如何防止或者阻止气窜就成为这类油气藏在开发中面临的主要问题。所谓屏障注水就是在油气界面附近部署一定数量的注水井，一方面在油环开发过程中水对原油起驱替作用，维持油藏压力，同时，对气顶凝析气起到屏障封堵的作用，尽可能阻止气顶气向油环气窜，保护气顶。国外已有不少油气藏的开发实践证明这种方式的开发效果是好的。

让纳若尔油气田采用了屏障注水技术开发油气田。在开发过程中为了防止气顶气下窜，采用屏障注水分隔气顶和油环，在采气过程中同时也要考虑气、水的相对相渗问题。

图4-46表明水进入岩心后，由于水是强润湿相，气是非润湿相，相对渗透率曲线是典型的渗吸型曲线，当刚开始注水时，含水饱和度略有增加，气相渗透率下降很快，这是因为水占据了主渗孔道，阻碍了气体流动。随着注入量增加，水形成连续相，快接近等渗点时，气相渗透率下降减缓，水相渗透率上升加快。

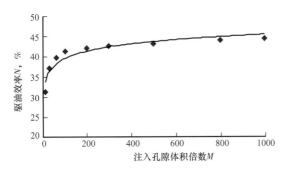

图4-45　让纳若尔油气田驱油效率（N）
与注入孔隙体积倍数（M）关系图

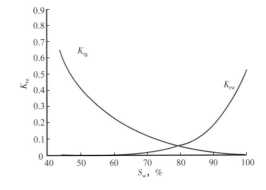

图4-46　气、水相对渗透率曲线

二、气顶油环同采时流体界面形态

气顶油环同采开发过程中受重力、驱替压力等方面的影响，不同驱替介质驱替过程中

图 4-47　一维可视化填砂管装置

的界面运移形态存在较大的差别，为了更精细地研究不同开发方式下流体界面的运移规律，建立了一维可视化填砂管实验装置，对流体界面运移形态开展研究（图 4-47）。

1. 驱替速度相似性分析

任何室内物理模拟实验均要在与油田流体运动相似的条件下进行，才能使得到的结果更有说服力，由于研究的重点在于分析油气界面、油水界面、气水界面等不同流体界面形态随流体界面运移速度的关系，因此只需保证室内实验与实际地层中流体运移速度相似，即可满足实验要求。

1) 油驱气

当地层具有一定倾角时，为保证实验与实际具有一定的相似性，应保证水平方向的压差与垂向上重力引起的压差比例相等，即

$$v' \cdot \frac{\mu'}{K'} = v \cdot \frac{\mu}{K} \tag{4-14}$$

又有实验条件下的运移速度 v' 等于：

$$v' = \frac{Q'}{\pi r'^2 \phi'} \tag{4-15}$$

故可得到当地层具有一定倾角时，一维驱替实验的驱替速度为

$$Q' = v \pi r'^2 \phi' \frac{\mu}{K} \frac{K'}{\mu'} \tag{4-16}$$

式中　v'——实验条件下流体运移速度；

　　　v——地层条件下流体运移速度；

　　　μ——地层流体黏度；

　　　μ'——实验流体黏度；

　　　K——地层渗透率；

　　　K'——填砂管渗透率；

　　　r'——填砂管半径；

　　　Q'——实验条件下的驱替速度。

由上式的换算关系，并结合开发参数与油气界面运移速度的关系，可以得到室内实验油驱气时合理的驱替速度范围（表 4-16）。

表 4-16　油驱气实验合理驱替速度范围

实际运移速度，m/a	实验驱替速度，mL/min
1	0.0224
5	0.112
10	0.224
20	0.4806

2）气驱油

当采气速度较小或采油速度较大时，即油环内压力下降较快，体积亏空速度大，导致油气界面向油区方向运行，即出现气侵现象。根据气顶油藏衰竭开发时的油藏工程计算方法及室内实验参数与实际运移速度的换算关系，可得到不同采油速度和采气速度下气驱油时的合理驱替速度（表4-17）。

表 4-17　不同采油速度和采气速度下实验驱替速度

采气速度 %	运移速度，mL/min （采油速度 0.7%）	运移速度，mL/min （采油速度 0.9%）
0	0.0830	0.1296
1	0.0752	0.1227
2	0.0666	0.1153
4	0.0470	0.0981
7	0.0123	0.0662

3）水驱气、水驱油

为了防止气顶油藏开发过程中发生气侵或油侵现象，通过在油气界面附近增加屏障注水井，利用水障达到隔离气顶和油环两个区域的目的，在此过程中会发生水驱气以及水驱油现象。根据屏障＋面积注水开发方式下的油水、油气界面运移速度图版可知，气顶油藏实际条件下油水界面最大运移速度为60m/a，气水界面最大运移速度达到500m/a，在此基础上根据室内实验参数与实际运移速度的换算关系式，可以得到室内实验条件下，水驱油时的驱替速度最大为 1.2mL/min，水驱气时的最大驱替速度为 5.8mL/min。同时考虑室内实验的实验条件，最小驱替速度设定为 0.1mL/min。

2. 气顶油环协同开发流体界面形态特征研究

1）气侵时油气界面形态

共设计了驱替速度分别为 0.01mL/min、0.05mL/min、0.1mL/min 、0.5mL/min、2.5mL/min等 5 组驱替实验，并对不同驱替速度不同驱替时刻下的油气界面运移形态进行记录。

图 4-48 为驱替速度 2.5mL/min 时不同油环采出程度下的油气界面运移形态，可以看出，在气驱油的过程中，当驱替速度较大时，由于指进现象严重，油气分布较为分散，没有一个明显的油气界面，在该驱替速度下，见气时油环的采出程度仅为2.8%。

油环采出程度4.2%　　　　　　油环采出程度10.3%　　　　　　油环采出程度24.7%

图 4-48　驱替速度 2.5mL/min 时油气界面运移形态

驱替速度 0.5mL/min 与驱替速度 2.5mL/min 时相比，油气界面运移速度明显减慢，见气时油环内采出程度有所增加，并且存在较明显的油气界面，抑制了气驱油时的指进现象，开发效果有所提高（图 4-49）。气驱油过程中，油气界面逐渐发生变化，如油环采出程度为 7.5% 时，其中虚线表示油气界面若平行运移时油气界面时的形态，而实线表示在该驱替速度下，油气界面的实际形态，可以看到，实际油气界面的外油气界面运移速度相比内油气界面更快。驱替速度 0.05mL/min 与 0.5mL/min 驱替速度相比，内外油气界面运移速度差异减小，油气界面更加趋于稳定（图 4-50）。

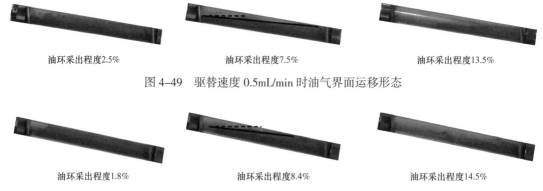

图 4-49　驱替速度 0.5mL/min 时油气界面运移形态

图 4-50　驱替速度 0.05mL/min 时油气界面运移形态

通过对比不同驱替速度下的驱替效果，明确油气界面运移速度越缓慢，见气时油环采出程度更高（表 4-18）。

表 4-18　不同驱替速度下见气时油环采出程度

驱替速度，mL/min	0.05	0.5	2.5
见气时采出程度，%	14.5	7.5	2.3

当驱替速度进一步降低为 0.01mL/min 时，内外油气界面运移速度基本相等，油气界面达到稳定运移状态，气驱油时的波及系数达到最大（图 4-51）。

图 4-51　驱替速度为 0.01mL/min 时油气界面运移形态

当油气界面运移速度较大时，外油气界面运移速度大于内油气界面运移速度，为了实现界面形态与运移速度之间变化规律的定量表征，引入了气侵时油气界面运移形态因子概念，即公式（4-17），将气侵时油气界面运移形态因子定义为外油气界面运移距离与内油气界面运移距离之比（图 4-52）。

$$\delta = \frac{y_1}{y_2} \tag{4-17}$$

对地层倾角分别为 5°、9°、15°、20°，驱替速度分别采用 0.01mL/min、0.05mL/min、0.1mL/min、0.5mL/min 时的油气界面运移形态因子与驱替速度之间的关系进行研究。

图 4-53 所示为不同地层倾角条件下油气界面形态因子与驱替速度的关系曲线，当驱替速度相同时，地层倾角越大，形态因子越大，说明此时油气界面越稳定，内外油气界面运移速度相差较小；当地层倾角相同时，随着驱替速度增加，即油气界面运移速度增大，油气界面形态因子减小，表示内外油气界面运移速度差异越大，油气界面越不稳定。

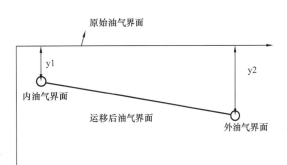

图 4-52　油气界面形态因子示意图

根据不同地层倾角时驱替速度与油气界面形态因子的定量关系，得到驱替速度与形态因子的表达式。

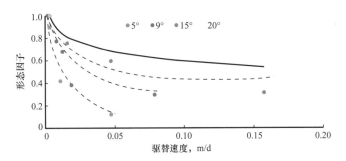

图 4-53　不同地层倾角下形态因子与驱替速度的关系

地层倾角为 5° 时，驱替速度与形态因子的表达式为

$$\delta = -0.321\ln(v) - 0.9092 \tag{4-18}$$

地层倾角为 9° 时，驱替速度与形态因子的表达式为

$$\delta = -0.191\ln(v) - 0.2248 \tag{4-19}$$

地层倾角为 15° 时，驱替速度与形态因子的表达式为

$$\delta = -0.1451\ln(v) + 0.105 \tag{4-20}$$

地层倾角为 20° 时，驱替速度与形态因子的表达式为

$$\delta = -0.118\ln(v) + 0.3212 \tag{4-21}$$

结合不同地层倾角下的驱替速度与形态因子表达式，可以发现，气顶驱替油环时，油气界面形态因子与驱替速度均符合对数关系，可以表达为

$$\delta = a\ln(v) + b \tag{4-22}$$

对不同倾角下驱替速度与形态因子的表达式中 a、b 系数进行回归，分别得到系数 a、b 与地层倾角的关系。

$$a = -0.0116\alpha^2 + 0.3337\alpha - 2.2873 \tag{4-23}$$

$$b = -0.0025\alpha^2 + 0.0673\alpha - 0.5953 \qquad (4-24)$$

应用式（4-22）、式（4-23）和式（4-24）可得到任意地层倾角下，气顶驱替油环时油气界面形态与油气界面运移速度的关系，可用于判断不同开发条件下油气界面形态是否合理，以便及时进行相应调整。

2）油侵时油气界面形态

根据一维驱替实验的相似性，共设计 0.1mL/min、0.3mL/min、0.5mL/min、1.0mL/min 等 4 组一维驱替实验分别对比不同驱替速度下油气界面的形态。

当油驱气驱替速度为 1.0mL/min 时，与气驱油时非活塞驱替不同，油驱气时油气界面较稳定，内外油气界面运移速度差异较小，如图 4-54 所示。

气顶采出程度5.3%　　　　　　气顶采出程度30%　　　　　　气顶采出程度63%

图 4-54　在驱替速度 1.0mL/min 时油驱气的油气界面形态

当驱替速度逐渐降低为 0.5mL/min 和 0.1mL/min 时，油气界面与上下边界之间的夹角逐渐缩小（图 4-55）。这是由于当驱替速度减小，即驱替压差减小，重力分异作用对油气界面形态的影响所占比重逐渐增加，垂向方向的压差使得油气界面逐渐保持水平，造成上下边界的夹角逐渐缩小。

0.1mL/min　　　　　　　0.5mL/min　　　　　　　1.0mL/min

图 4-55　不同驱替速度时油驱气的油气界面形态对比

与气侵油环时油气界面形态研究方法相同，为了更精细地对油气界面运移形态进行研究，也定义了油侵气顶时油气界面的形态因子，考虑油驱气时为活塞驱，且油驱气时受重力影响较大，因此将油气界面与驱替方向之间的夹角 δ 作为油驱气条件下的形态因子（图 4-56）。

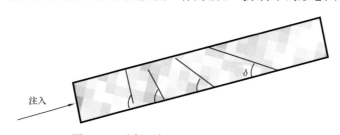

图 4-56　油侵入气顶油气界面形态因子

利用形态因子对地层倾角分别为 5°、9°、15°、20°，驱替速度分别采用 0.2mL/min、0.3mL/min、0.4mL/min、0.5mL/min 时的油气界面运移形态与驱替速度之间的关系进行研究。

图 4-57 所示为不同地层倾角时驱替速度与油气界面形态因子的定量关系，当驱替速

度相同时，地层倾角越大，形态因子越大，说明此时油气界面越稳定，内外油气界面运移速度相差较小。

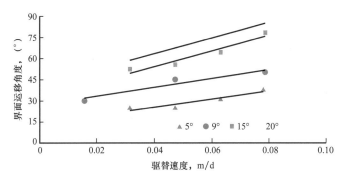

图 4-57　不同地层倾角条件下流体界面形态与驱替速度的关系

根据不同地层倾角时驱替速度与油气界面形态因子的定量关系，得到驱替速度与形态因子的表达式。

地层倾角为 5° 时，驱替速度与形态因子的表达式为

$$\delta = 289.54v + 13.866 \tag{4-25}$$

地层倾角为 9° 时，驱替速度与形态因子的表达式为

$$\delta = 317.93v + 26.667 \tag{4-26}$$

地层倾角为 15° 时，驱替速度与形态因子的表达式为

$$\delta = 545.81v + 32.206 \tag{4-27}$$

地层倾角为 20° 时，驱替速度与形态因子的表达式为

$$\delta = 559.55v + 41.05 \tag{4-28}$$

结合不同地层倾角时驱替速度与油气界面形态因子的定量关系表达式，可以发现，气顶驱替油环时，油气界面形态因子与驱替速度符合线性关系，表达式为

$$\delta = av + b \tag{4-29}$$

对不同倾角下驱替速度与形态因子的表达式中 a、b 系数进行回归，分别得到系数 a、b 与地层倾角的关系。

$$a = 221.81e^{0.05\alpha} \tag{4-30}$$

$$b = 18.453\ln\alpha - 15.426 \tag{4-31}$$

应用式（4-29）、式（4-30）和式（4-31），即可得到任意地层倾角下，油环侵入气顶时油气界面形态与油气界面运移速度的关系，可用于判断不同开发条件下油气界面形态是否合理，以便及时进行相应调整。

3）油水界面形态

屏障注入水向油环方向运移时，则存在水驱油的过程[9]。共设计 0.1mL/min、0.5mL/min、2.5mL/min 和 5.8mL/min 等 4 组一维驱替实验分别对比不同驱替速度下油水界面的形态。

当水驱油驱替速度为 2.5mL/min 时，由于油水黏度比接近于 1（与 A 南油田油水黏度比相似），驱替过程中指进现象不明显，油水界面形态清晰，且由于受到重力作用，在该驱替速度下，水倾向于沿油层底部运移（图 4-58）。

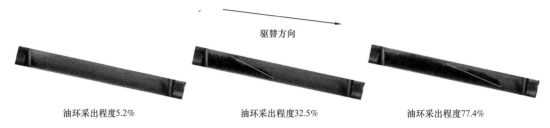

图 4-58　驱替速度 2.5mL/min 时油水界面运移形态

对比水驱油 2.5mL/min、气驱油 2.5mL/min 以及气驱油 0.5mL/min 三种驱替方式下出口端见水或见气时的流体分布状态。由于水驱油为近活塞式驱替，与非活塞式驱替的气驱油相比，其油水界面更加稳定，且见水时的波及面积更大，开发效果更好（图 4-59）。

图 4-59　不同驱替方式下出口端见水或见气时流体分布图

对比 0.1mL/min、2.5mL/min 和 5.8mL/min 等不同驱替速度下的油水界面变化规律，随驱替速度增大，注入水受重力影响越小，油水界面越稳定，油水界面与上下边界角度越大；反之，随驱替速度越小，受重力影响越大，注入水倾向于向油环底部运移（图 4-60）。

图 4-60　不同驱替速度下油水界面形态图

采用油气界面与驱替方向之间的夹角 δ 为形态因子对地层倾角分别为 5°、9°、15°、20°，驱替速度分别采用 0.2mL/min、0.3mL/min、0.4mL/min、0.5mL/min 时的油水界面运移形态与驱替速度之间的关系进行研究。

图 4-61 为不同地层倾角条件下油水界面形态因子与驱替速度的关系曲线，当驱替速度相同时，地层倾角越大，形态因子越大，内外油水界面运移速度差变小；当地层倾角相同时，随着驱替速度增加，油水界面与上下边界之间的角度呈线性增加，内外油水界面运移速度差也变小。

根据不同地层倾角时驱替速度与油水界面形态因子的定量关系，得到驱替速度与形态因子的表达式。

地层倾角为 5° 时，驱替速度与形态因子的表达式为

$$\delta = 69.379v + 18.339 \tag{4-32}$$

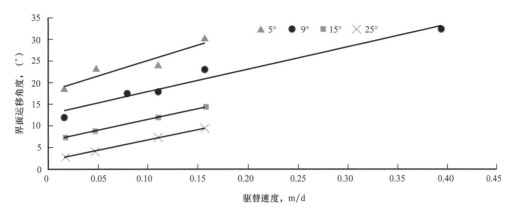

图 4-61　不同地层倾角下流体界面形态与驱替速度的关系

地层倾角为 9° 时，驱替速度与形态因子的表达式为

$$\delta = 51.387v + 12.783 \quad\quad (4-33)$$

地层倾角为 15° 时，驱替速度与形态因子的表达式为

$$\delta = 49.238v + 6.5783 \quad\quad (4-34)$$

地层倾角为 20° 时，驱替速度与形态因子的表达式为

$$\delta = 49.759v + 2.0892 \quad\quad (4-35)$$

结合不同地层倾角时驱替速度与油气界面形态因子的定量关系表达式，可以发现，屏障注水驱油过程中，油水界面形态因子与驱替速度符合线性关系，表达式为

$$\delta = av + b \quad\quad (4-36)$$

对不同倾角下驱替速度与形态因子的表达式中 a、b 系数进行回归，分别得到系数 a、b 与地层倾角的关系。

$$a = -15.61\ln\alpha + 91.314 \quad\quad (4-37)$$

$$b = 41.892\mathrm{e}^{-0.146\alpha} \quad\quad (4-38)$$

应用上述相关公式，即可得到任意地层倾角下，水驱油时油水界面形态与油水界面运移速度的关系，可用于判断不同开发条件下油水界面形态是否合理，以便及时进行相应调整。

4）气水界面形态

屏障注入水向气顶方向运移时，存在水驱气的过程，共设计 0.1mL/min、0.5mL/min、2.5mL/min、5.8mL/min 等 4 组一维驱替实验分别对比不同驱替速度下气水界面的形态。

图 4-62 为驱替速度为 5.8mL/min 时不同开发阶段的气水界面运移形态，由于水驱气为活塞式驱替，驱替过程中气水界面形态稳定。

采用油气界面与驱替方向之间的夹角 δ 为形态因子，对地层倾角分别为 5°、9°、15°、20°，驱替速度分别采用 0.2mL/min、0.3mL/min、0.4mL/min、0.5mL/min 时的气水界面运移形态与驱替速度之间的关系进行研究。

图 4-63 为不同地层倾角条件下气水界面形态因子与驱替速度的关系曲线，可以看出，当驱替速度相同时，地层倾角越大，形态因子越大，说明此时气水界面越稳定，内外气水界面运移速度相差较小；当地层倾角相同时，驱替速度越大，驱替压差也越大，重力对界面形态影响越小，界面与上下边界的角度越大。

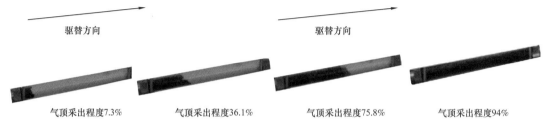

图 4-62　驱替速度为 5.8mL/min 时气水界面运移形态

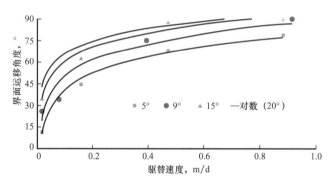

图 4-63　不同地层倾角条件下流体界面形态与驱替速度的关系

根据不同地层倾角时驱替速度与气水界面形态因子的定量关系，得到驱替速度与形态因子的表达式。

地层倾角为 5° 时，驱替速度与形态因子的表达式为

$$\delta = 16.716\ln v + 79.419 \tag{4-39}$$

地层倾角为 9° 时，驱替速度与形态因子的表达式为

$$\delta = 16.682\ln v + 88.449 \tag{4-40}$$

地层倾角为 15° 时，驱替速度与形态因子的表达式为

$$\delta = 14.549\ln v + 94.018 \tag{4-41}$$

地层倾角为 20° 时，驱替速度与形态因子的表达式为

$$\delta = 12.638\ln v + 95.159 \tag{4-42}$$

结合不同地层倾角时驱替速度与气水界面形态因子的定量关系表达式，可以发现，屏障注入水驱气过程中，气水界面形态因子与驱替速度符合线性关系，表达式为

$$\delta = a\ln v + b \tag{4-43}$$

对不同倾角下驱替速度与形态因子的表达式中 a、b 系数进行回归，分别得到系数 a、b 与地层倾角的关系。

$$a = -0.2864 \times \alpha + 18.655 \qquad (4-44)$$

$$b = 11.616 \ln \alpha + 61.661 \qquad (4-45)$$

应用上述相关公式，即可得到任意地层倾角下，水驱气时气水界面形态与气水界面运移速度的关系，可用于判断不同开发条件下气水界面形态是否合理，以便及时进行相应调整。

三、气顶油环同采时流体界面运移规律

国内外在带气顶油藏开发方面，采用气顶油环同采的开发实例较少，主要原因在于带气顶油藏气顶和油环处于同一压力系统下，气顶油环同采易造成气顶与油环之间的压力失衡，影响油气藏的整体开发效果。目前带气顶油藏实施气顶油环同采的开发方式主要有两种：一是衰竭式开采；二是保持压力开采（注水、注气开发等），具体采用何种开发方式主要通过数值模拟手段对不同开发方式进行效果评价来完成，而有关气顶油环协同开发机理的认识仍比较匮乏。哈萨克斯坦让纳若尔油气田为带气顶和边水的层状碳酸盐岩弱挥发性油藏，1983 年以来只开发了油环，2014 年 9 月 A 南气顶气投入开发。为实现让纳若尔油气田气顶与油环的协同高效开采，物理模拟实验和油藏工程方法相结合，分别开展衰竭、屏障注水以及屏障 + 面积注水等气顶油环协同开发方式下的流体界面移动规律研究，建立相应的流体界面移动规律图版，揭示不同开发方式下流体界面移动规律及其主控因素，有助于保持气顶油环同采时流体界面的相对稳定以及气顶油环间的压力平衡，提高油气藏的整体开发效果。

1. 气顶油环同采三维可视化物理模拟装置

以让纳若尔油气田的 A 南气顶油藏为研究对象，基于三维三相渗流数学模型，推导油、气、水三相相似准则，建立符合几何相似、压力相似、物性相似、生产动态相似的三维可视化物理模拟模型。该实验装置具有 5 种功能：（1）可视化，能实时动态监测实验过程中油、气、水运动规律；（2）倾角可变性，用于模拟不同地层倾角的气顶油藏；（3）可外接气源，用于模拟不同气顶指数的气顶油藏；（4）可实时监测地层压力变化；（5）可模拟衰竭、屏障、屏障 + 面积注水等开发方式。实验模型主要由模型主体、压力测量系统、分离和计量系统等部分组成（图 4-64）。以一定的采油、采气速度对气顶油藏进行开采试验，模拟不同开发方式下气顶油藏的生产历史和流体界面移动规律。

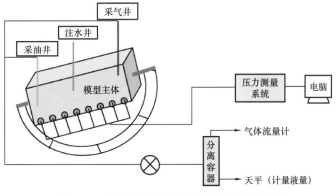

图 4-64　气顶油环同采物理模拟装置示意图

2. 油藏工程评价模型

根据物质平衡原理，地面累计产量转换到地层条件下，应等于油藏中因地层压力下降所引起流体膨胀量和注入流体量之和。当带气顶油藏地层压力下降 Δp 时，油藏流体膨胀体积与侵入流体体积为 $A+B+C+D$，其中 A 为原油和析出溶解气的膨胀量，B 为气顶气的膨胀量，C 为束缚水膨胀及地层孔隙体积减少造成的含烃孔隙体积减少量（包括气顶与油环两部分），D 为屏障注入水与面积注入水导致的地层含烃孔隙体积减少量。而地面采出流体折算到地层条件下的累计产量为 $E+F$，其中 E 为地层条件下油环流体的累计产量，F 为地层条件下气顶的累计产量。因此，在目前地层压力下，则有 $E+F=A+B+C+D$。

$$\left[N_p B_o + N_p (R_p - R_s) B_g + W_{Op} B_w \right] + \left(N_g B_g + W_{Gp} B_w \right) = N B_{oi} \left[\frac{B_o - B_{oi} + (R_{si} - R_s) B_g}{B_{oi}} + \right.$$
$$\left. m \left(\frac{B_g}{B_{gi}} - 1 \right) + (1 + m) \frac{C_w S_{wc} + C_f}{1 - S_{wc}} \Delta p \right] + \left(W_B + W_A \right) B_w \qquad (4\text{-}46)$$

式中　N——油环的原始储量，m^3；

　　　m——气顶指数；

　　　N_p——标准状态下油环累计产油量，m^3；

　　　N_g——标准状态下气顶累计产气量，m^3；

　　　B_g——目前地层压力下的气体体积系数，m^3/m^3；

　　　B_{gi}——原始条件下的气体体积系数，m^3/m^3；

　　　B_o——目前地层压力下的原油体积系数，m^3/m^3；

　　　B_{oi}——原始条件下的原油体积系数，m^3/m^3；

　　　B_w——目前地层压力下水的体积系数，m^3/m^3；

　　　R_{si}——原始条件下原油的溶解气油比，m^3/m^3；

　　　R_s——目前地层压力下原油的溶解气油比，m^3/m^3；

　　　C_w——地层水压缩系数，MPa^{-1}；

　　　C_f——孔隙压缩系数，MPa^{-1}；

　　　S_{wc}——束缚水饱和度；

　　　W_B——屏障注水量，m^3；

　　　W_A——面积注水量，m^3；

　　　W_{Op}——标准状态下油环累计产水量，m^3；

　　　W_{Gp}——标准状态下气顶累计产水量，m^3。

为了计算油环和气顶的亏空体积及流体界面移动速度，首先要确定地层压力。已知气顶油藏的原始地层压力及某一时刻油环与气顶的地面累计产量，根据式（4-46），通过迭代法便可得到某一时刻下的地层压力。具体的过程为，假设一个压力降 Δp，则目前地层压力 $p = p_i - \Delta p$，计算此时的油藏流体膨胀体积与侵入流体体积；然后代入式（4-46），对比式（4-46）两端是否相等；如果等式成立，则当前时刻的地层压力即为 $p = p_i - \Delta p$，如果等式不成立，则需要重新假设一个地层压力的变化量 $\Delta p'$，并重复上述计算过程直到满足计算精度要求为止。

1）衰竭开采方式下油气界面移动速度

当采用衰竭方式开采气顶油环时，$W_A = W_B = 0$，假设油气界面向油环方向移动，可以得到气顶侵入体积：

$$V_{Gd} = NB_{oi}m\left(\frac{B_g}{B_{gi}} - 1 + \frac{C_wS_{wc} + C_f}{1 - S_{wc}}\Delta p\right) - \left(N_gB_g + W_{Gp}B_w\right) \tag{4-47}$$

根据气顶侵入量，利用容积法可以计算出油气界面的移动速度。假设内、外油气界面移动速度相等，即油气界面平行下移（图 4-65）。

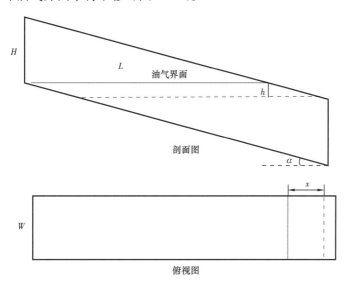

图 4-65　带气顶油藏油气界面移动示意图

气顶侵入量又可以表示为

$$V_{Gd} = LhW\phi\left(1 - S_{wc} - S_{or}\right) = Lx\sin\alpha W\phi\left(1 - S_{wc} - S_{or}\right) \tag{4-48}$$

故油气界面移动距离为

$$x = \frac{V_{Gd}}{LW\phi(1 - S_{wc} - S_{or})\sin\alpha} \tag{4-49}$$

油气界面移动速度为

$$v_{goc} = \frac{x}{t} \tag{4-50}$$

当油气界面向气顶移动时（即发生油侵），油气界面的移动速度与上述计算方法类似。

2）屏障注水及屏障 + 面积注水开发方式下流体界面移动速度

在实施屏障注水开发时，当屏障形成后，注入水分别向油环和气顶流动，并将带气顶油藏的气顶和油环分隔开来，屏障注入水则作为能量供给源，分别向气顶和油环补充亏空体积。屏障 + 面积注水开发相对屏障注水增加了面积注水井，而面积注水仅为油环补充能量。与屏障注水开发相同之处是，二者均存在气水和油水两个界面的移动问题。

结合物质平衡原理可知，油环的亏空体积由屏障注水和面积注水共同补充，而气顶的

亏空体积则只由屏障注水补充。因此，根据式（4-46），屏障注入水侵入油环的体积可以表示为

$$V_{Ob} = \left[N_p B_o + N_p (R_p - R_s) B_g + W_{Op} B_w \right] - NB_{oi} \left[\frac{B_o - B_{oi} + (R_{si} - R_s) B_g}{B_{oi}} + \left(\frac{C_w S_{wc} + C_f}{1 - S_{wc}} \right) \Delta p \right] - W_A B_w$$

（4-51）

而屏障注入水侵入气顶的体积可以表示为

$$V_{Gb} = \left(N_g B_g + W_{Gp} B_w \right) - NB_{oi} \left[m \left(\frac{B_g}{B_{gi}} - 1 \right) + m \frac{C_w S_{wc} + C_f}{1 - S_{wc}} \Delta p \right]$$

（4-52）

同样根据容积法可以得到屏障注水处油水界面以及气水界面的移动速度：

$$v_{owc} = \frac{V_{Ob}}{tLW\phi(1 - S_{wc} - S_{or})\sin\alpha}$$

（4-53）

$$v_{gwc} = \frac{V_{Gb}}{tLW\phi(1 - S_{wc} - S_{or})\sin\alpha}$$

（4-54）

根据上述计算过程编写相应的计算程序，计算带气顶油藏在衰竭、屏障注水及屏障+面积注水开发方式下的油气、油水和气水界面移动规律。

3）评价模型有效性验证

（1）物理模拟实验与油藏工程评价模型对比验证。

为验证理论推导评价模型的准确性，将物理模拟结果与油藏工程评价模型结果进行对比。图4-66为衰竭式以及屏障+面积注水开发方式下气顶油环同采时的流体界面移动速度计算结果。A南气顶油藏衰竭式开发采油速度为0.7%；屏障+面积注水开发方式采油速度为0.7%，注采比为0.5，屏障与面积注水分配比例为9∶1。两种开发方式下油藏工程评价模型的计算结果与物理模拟结果吻合较好，说明上述油藏工程评价模型具有较强的适用性和有效性。

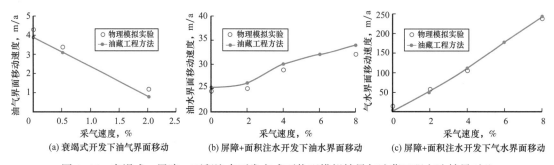

(a) 衰竭式开发下油气界面移动　　(b) 屏障+面积注水开发下油水界面移动　　(c) 屏障+面积注水开发下气水界面移动

图4-66　衰竭式、屏障+面积注水开发方式下物理模拟结果与油藏工程方法结果对比

（2）油田动态测试结果与油藏工程评价模型对比验证。

让纳若尔油气田A南油气藏自投产以来仅开发了油环，由于早期注水不足，油环压力保持水平仅为55%，导致气顶外扩，油气界面逐渐下移。应用长期停产井压力梯度测试资料可确定油气界面移动速度，地层流体密度变化导致压力梯度发生拐点变化，拐点位置即为当时油气界面位置，利用根据不同时间点的压力梯度测试得到的拐点位置便可确定油气界面在该期间内的移动距离，进一步得到油气界面移动速度。A南油气藏2007年

6月至2011年8月期间平均采油速度为0.72%，根据两次压力梯度测试结果（图4-67），A南油气藏在2007年6月的油气界面深度为2582.1m，2011年8月的油气界面深度为2601.5m，其间油气界面下移了19.4m，油气界面向油环的移动速度为4.48m/a。然后，通过油藏工程评价模型计算得到，A南油气藏在采气速度为0和采油速度为0.72%条件下的油气界面移动速度为4.20m/a，与压力梯度测试结果接近，由此验证了油藏工程评价模型能较准确地预测带气顶油藏的油气界面移动速度。

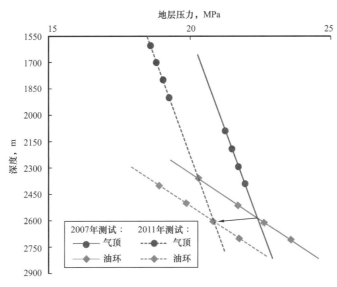

图4-67　让纳若尔A南油气藏压力梯度曲线图

3. 流体界面运移规律

1）衰竭开采方式下油气界面运移规律

建立衰竭开发方式下气顶、油环同采的三维物理模拟模型［图4-68（a）］，观察该开发方式下的流体界面移动规律，油气同采条件下的油气界面运移速度小于单采油环时的油气界面运移速度。同时，利用油藏工程评价模型分别建立采油速度、采气速度、气顶指数与油气界面运移速度的关系图版，分析衰竭开发方式下影响流体界面稳定的主控因素。

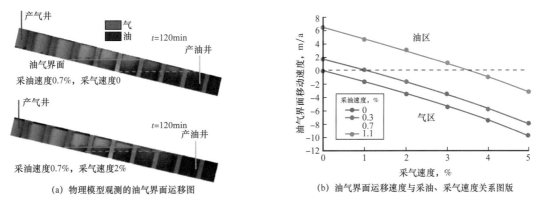

（a）物理模型观测的油气界面运移图　　（b）油气界面运移速度与采油、采气速度关系图版

图4-68　衰竭式开发方式下不同采气、采油速度时油气界面运移速度

（正值表示油气界面向油区移动，负值表示油气界面向气区移动）

（1）采油、采气速度对油气界面运移速度的影响。

图4-68（b）为衰竭开采方式下采油、采气速度与油气界面移动速度关系图版。当气顶亏空大于油环亏空，油气界面向气区移动时，相同采气速度下，采油速度越大，气顶、油环间的压力差越小，油气界面移动速度越小；相同采油速度下，采气速度越大，气顶压力下降越快，油气界面移动速度越大。当气顶亏空小于油环亏空，油气界面向油区移动时，相同采气速度下，采油速度越大，油环压力下降越快，油气界面向油区移动速度越大；相同采油速度下，采气速度越大，气顶、油环间的压力差降低，油气界面向油区的移动速度越小。对于某一采油速度，均存在一个对应的合理采气速度，实现油气界面相对稳定和移动速度为0，可有效防止油侵或气侵现象的发生。

（2）气顶指数对油气界面移动速度的影响。

在衰竭式油气同采条件下，利用油藏工程评价模型对不同气顶指数油气藏开展油气界面移动规律研究。建立采油速度为0.7%时的气顶指数、采气速度与油气界面移动速度变化规律图版（图4-69）。

由图4-69可见：① 在相同采气速度下，油气界面移动速度随气顶指数增加而增大；② 在相同气顶指数下，油气界面的移动速度随采气速度的增加而减小，当达到油气界面移动速度为0后，油气界面向气区的移动速度随采气速度的增加而增加；③ 不同气顶指数下油气藏气顶、油环同采，油气界面移动速度为0时采气速度相同，即油气界面保持平衡所需要的采气速度与采气、采油速度关系和气顶指数无关。因此，衰竭开发方式下，采油速度、采气速度是影响流体界面稳定的主控因素。

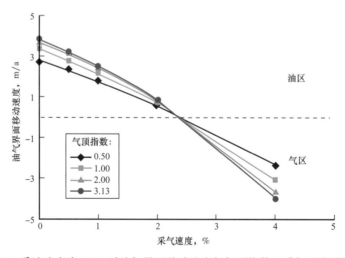

图4-69　采油速度为0.7%时油气界面移动速度与气顶指数、采气速度关系图版

2）屏障注水开发方式下流体界面运移规律

建立屏障注水开发方式下气顶油环同采的三维物理模拟模型（图4-70），观察该开发方式下的流体界面移动规律及形态。屏障注水开发在油气界面处增加了屏障注水井，当注入水形成屏障后，地层流体被分隔为水区、油区、气区3个系统。屏障注水的水障形成后，带气顶油藏就形成了气水和油水两个流体界面。通过建立屏障注水开发方式下气水、油水界面的移动速度图版，明确影响流体界面稳定的主控因素。

当注采比一定时，油水界面向油区的移动速度随采气速度的增大而减小，随采油速度的增大而增大；油水界面向气区的运移速度随采气速度的增大而增大，随采油速度的增大而减小。气水界面向油区和气区运移速度与油水界面运移速度的变化规律是一致的，气水界面向油区的运移速度随采气速度的增大而减小，随采油速度的增大而增大；气水界面向气区的运移速度随采气速度的增大而增大，随采油速度的增大而减小。由此可见，采气速度、采油速度均对气水、油水界面的运移速度产生较大的影响（图4-71）。

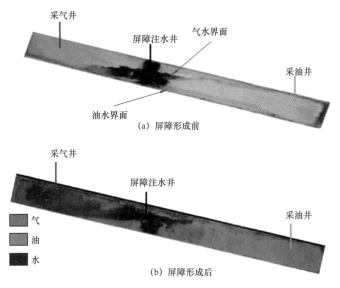

图4-70　注入水屏障形成前后注入水运移形态

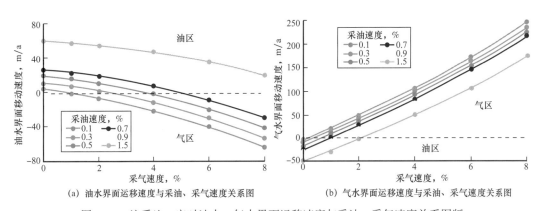

(a) 油水界面运移速度与采油、采气速度关系图　　(b) 气水界面运移速度与采油、采气速度关系图

图4-71　注采比一定时油水、气水界面运移速度与采油、采气速度关系图版

同样，采气速度一定时，油水界面运移速度随采油速度的增加而增大，随注采比的增加而加快；气水界面的运移速度随注采比的增加而增加，随采油速度的增加而降低（图4-72）。采油速度一定时，油水界面运移速度随注采比的增加而增加，随采气速度的增加而降低；气水界面运移速度随注采比的增加而增大，随采气速度的增加而增大（图4-73）。

综上所述，屏障注水开发方式下，采油速度、采气速度和注采比是影响流体界面稳定的主控因素。

3）屏障+面积注水开发方式下流体界面运移规律

建立屏障+面积注水开发方式下气顶油环开采的三维物理模拟模型（图4-74）。针对屏障注水与屏障+面积注水两种开发方式的差异，引入屏障与面积注水分配比例这个影响因素，并建立其与气水、油水界面运移速度的关系图版，分析屏障+面积注水开发方式下影响流体界面稳定的主控因素。

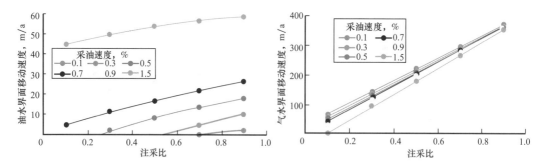

(a) 油水界面运移速度与采油速度、注采比关系图   (b) 气水界面运移速度与采油速度、注采比关系图

图4-72 采气速度一定时油水、气水界面运移速度与采油速度、注采比关系图版

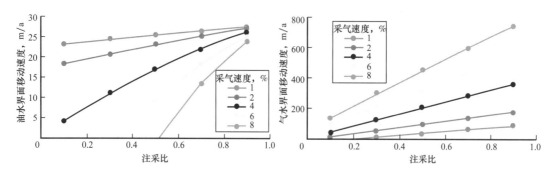

(a) 油水界面运移速度与采气速度、注采比关系图   (b) 气水界面运移速度与采气速度、注采比关系图

图4-73 采油速度一定时油水、气水界面运移速度与采气速度、注采比关系图版

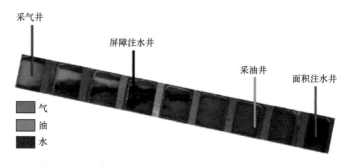

图4-74 屏障+面积注水开发方式下流体界面运移形态

由图4-75可以看出，采用屏障+面积注水同时开采气顶、油环时，当采气速度、注采比一定时，油水界面运移速度与屏障面积注水分配比例呈正相关，且同一屏障注水与面积注水分配比例下，油水界面向油区运移速度与采油速度呈正相关，油水界面向气区的运移速度与采油速度呈负相关；气水界面运移速度与采油速度呈负相关，且水障形成后受屏障和面积注水比例影响小。当采油速度、注采比一定时，油水界面移动速度与屏障与面积

注水分配比例呈正相关，且同一屏障注水与面积注水分配比例下，油水界面向油区运移速度与采气速度呈负相关，油水界面向气区的运移速度与采气速度呈正相关；气水界面移动速度与采气速度呈正相关，且水障形成后受屏障与面积注水分配比例影响小。

综上所述，在屏障＋面积注水开发方式下，除了采油、采气速度和注采比外，屏障与面积注水分配比例也是影响流体界面稳定的主控因素。

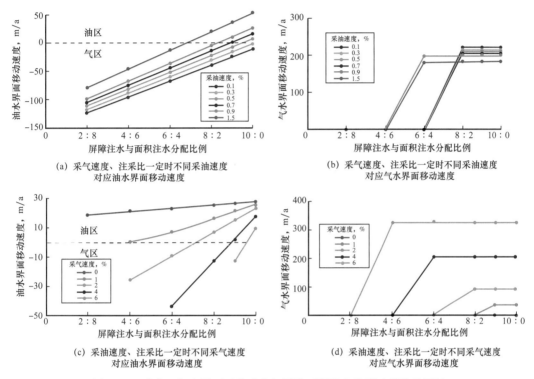

图 4-75 油水、气水界面运移速度与屏障面积注水分配比例关系图版

第四节 气藏开发稳产年限与递减规律

单一气藏开发方案的优化，可通过数值模拟多方案比选实现，但对于阿姆河右岸气田群整体优化开发，由于气田数量多（30 多个），若仍采用数值模拟方法，工作量非常巨大。针对这一问题，可以在描述单一气藏稳产年限与递减规律基础上通过建立优化模型来实现。另外，对于气藏采气速度与稳产期，一直缺少二者定量关系研究成果，因此，气藏采气速度与稳产期定量关系及递减期产量预测研究具有重要的理论和实际应用意义[10-13]。

一、气藏采气速度与稳产期末采出程度关系

1. 气藏物质平衡方程

假设条件包括气藏定容以及气藏渗透率不随压力变化，正常压力系统的定容气藏，其物质平衡方程为

$$\frac{\bar{p}_r}{Z} = \frac{\bar{p}_{ri}}{Z_i}\left(1 - \frac{G_p}{G}\right)$$

（4-55）

式中　$\bar{p}_r$——气藏平均地层压力，MPa；

　　　Z——压力等于 $\bar{p}_r$ 时，天然气偏差系数；

　　　p_{ri}——气藏初始地层压力，MPa；

　　　Z_i——初始地层压力下天然气偏差系数；

　　　G_p——累计产量，m^3；

　　　G——天然气地质储量，m^3。

对于异常高压气藏，严格来讲，式（4-55）左边还需要乘以（$1-C_e\Delta p$），但 $C_e\Delta p$（范围在 $10^{-4}\sim10^{-2}$）远小于 1，为简化处理，在满足工程精度要求前提下可忽略。也就是说，异常高压定容气藏物质平衡方程仍可用式（4-55）来表示。

式（4-55）中 $\bar{p}_r$ 取稳产期末的平均地层压力，且等式两边同时除以拟临界压力 p_{pc}，可得气藏稳产期末的物质平衡方程：

$$\frac{\bar{p}_{prsp}}{Z}=\frac{p_{pri}}{Z_i}\left(1-R_{psp}\right)\qquad(4-56)$$

式中　$\bar{p}_{prsp}$——稳产期末气藏平均拟对比压力；

　　　p_{pri}——初始拟对比压力；

　　　R_{psp}——气藏稳产期末采出程度。

气藏开发过程中，地层压力逐渐下降，而流体组成和地层温度可认为是不变的，因此，在气藏开发过程中，该气藏的天然气拟对比温度是常数。根据对比状态原理，天然气偏差系数取决于拟对比压力和拟对比温度。查阅 Standing 和 Katz 天然气偏差系数图版可见：拟对比温度一定时，天然气偏差系数与拟对比压力可用直线关系分高压和低压两个区间描述。对不同气藏，因天然气组成不同，高压或低压标准会略有差别，参考国内外相关文献，本节压力分界点取 p=13.79MPa（相应地，拟对比压力分界点取 p_{pr}=3.0）[14, 15]。

下面根据稳产期末平均地层压力水平分别讨论偏差系数与拟对比压力二者关系，并在此基础上讨论气藏物质平衡方程。

1）稳产期末对应的 $\bar{p}_{prsp}<3.0$

根据 Standing 和 Katz 天然气偏差系数图版，当天然气拟对比压力 $\bar{p}_{prsp}<3.0$ 时，偏差系数与拟对比压力二者关系可表示为

$$Z=k_1\bar{p}_{prsp}+b_1\qquad(4-57)$$

式中　k_1——常数，直线斜率；

　　　b_1——常数，直线截距。

对实际气藏，因其拟对比温度 T_{pr} 通常在 1.45～2.0，式（4-57）中系数具有如下特点：（1）$-0.1<k_1<0$；（2）$b_1\approx1$。$b_1\approx1$ 的物理意义为当压力趋近于 0 时，天然气接近理想气体，偏差系数接近于 1。

将直线关系式（4-57）代入式（4-56）得

$$\frac{\bar{p}_{prsp}}{k_1\bar{p}_{prsp}+b_1}=\frac{p_{pri}}{Z_i}\left(1-R_{psp}\right)\qquad(4-58)$$

深入研究式（4-58）可发现：当 $-0.1<k_1<0$，$\bar{p}_{prsp}<3.0$ 时，$\bar{p}_{prsp}$ 与（$1-R_{psp}$）近似

成正比例关系，即

$$\bar{p}_{\text{prsp}} = k_1^* \left(1 - R_{\text{psp}} \right) \tag{4-59}$$

式中 k_1^*——比例系数。

因此，当稳产期末对应的拟对比压力小于 3.0 时，气藏物质平衡方程可近似用式（4-59）表示。

2）稳产期末对应的 $\bar{p}_{\text{prsp}} \geqslant 3.0$

根据 Standing 和 Katz 天然气偏差系数图版，当天然气拟对比压力 $\bar{p}_{\text{prsp}} \geqslant 3.0$ 时，偏差系数与拟对比压力二者关系可表示为

$$Z = k_2 \bar{p}_{\text{prsp}} + b_2 \tag{4-60}$$

式中 k_2——常数，直线斜率；

b_2——常数，直线截距。

将直线关系式（4-60）代入式（4-56）可得稳产期末拟对比压力 $\bar{p}_{\text{prsp}} \geqslant 3.0$ 时，气藏物质平衡方程：

$$\frac{\bar{p}_{\text{prsp}}}{k_2 \bar{p}_{\text{prsp}} + b_2} = \frac{p_{\text{pri}}}{Z_i} \left(1 - R_{\text{psp}} \right) \tag{4-61}$$

2. 气井产能

不考虑近井地带渗透率变化引起的表皮系数和非达西流，在定容气藏拟稳态、达西流条件下，气井产能公式：

$$q_{\text{sc}} = \frac{\pi K h T_{\text{sc}} Z_{\text{sc}} \left(\bar{\psi} - \psi_{\text{wf}} \right)}{T p_{\text{sc}} \left(\ln \dfrac{r_{\text{e}}}{r_{\text{w}}} - \dfrac{3}{4} \right)} \tag{4-62}$$

式中 q_{sc}——标准状态下天然气产量，m^3/d；

K——储层渗透率，mD；

h——气层有效厚度，m；

T_{sc}——标准状况温度，K，$T_{\text{sc}} = 273\text{K}$；

Z_{sc}——标准状况下天然气偏差系数，$Z_{\text{sc}} = 1$；

ψ——拟压力，定义为：$\psi = 2\displaystyle\int_{p_0}^{p} \frac{p}{\mu Z} \text{d}p$，$\text{MPa}^2/(\text{mPa} \cdot \text{s})$；

μ——天然气黏度，$\text{mPa} \cdot \text{s}$；

$\bar{\psi}$——拟稳态条件下，气井控制体积内的平均拟压力，$\text{MPa}^2/(\text{mPa} \cdot \text{s})$；

ψ_{wf}——井底拟压力，$\text{MPa}^2/(\text{mPa} \cdot \text{s})$；

T——气层温度，K；

p_{sc}——标准状况压力，MPa，$p_{\text{sc}} = 0.101325\text{MPa}$；

r_{e}——供气半径，m；

r_{w}——井筒半径，m。

对于 $\psi = 2\displaystyle\int_{p_0}^{p} \frac{p}{\mu Z} \text{d}p$，因不同压力条件下天然气流体性质与压力关系不同，类似前面讨

论气藏物质平衡方程，这里也分 $p \geqslant 13.79\text{MPa}$ 和 $p < 13.79\text{MPa}$ 两种情况研究气井产能方程。

1）稳产期末对应的平均地层压力 $p < 13.79\text{MPa}$

当压力小于 13.79MPa 时，天然气 μZ（黏度与偏差系数乘积）近似为常数，此时：

$$\psi = 2\int_{p_0}^{p} \frac{p}{\mu Z}\mathrm{d}p = \frac{p^2 - p_0^2}{\mu Z} \tag{4-63}$$

将式（4-63）代入式（4-62），得稳产期末时气井产能公式：

$$q_{sc} = \frac{\pi K h T_{sc} Z_{sc}\left(\overline{p}_{rsp}^2 - p_{wf\,min}^2\right)}{T\mu Z p_{sc}\left(\ln\dfrac{r_e}{r_w} - \dfrac{3}{4}\right)} \tag{4-64}$$

上式两边乘以 d/G，可得稳产期末时采气速度 v_g：

$$v_g = \frac{\pi d K h T_{sc} Z_{sc}\left(\overline{p}_{rsp}^2 - p_{wf\,min}^2\right)}{G T\mu Z p_{sc}\left(\ln\dfrac{r_e}{r_w} - \dfrac{3}{4}\right)} \tag{4-65}$$

式中　v_g——气藏采气速度；

　　　d——气藏每年生产天数，d；

　　　$\overline{p}_{rsp}$——气藏稳产期末平均地层压力，MPa；

　　　$p_{wf\,min}$——气藏稳产期末最低井底流压，MPa。

式（4-65）中除平均地层压力外，其他参数均近似为常数，因此，可认为低压条件下气藏采气速度与压力平方差成正比，即

$$v_g = \beta_1\left(\overline{p}_{rsp}^2 - p_{wf\,min}^2\right) \tag{4-66}$$

式中　β_1——比例系数，MPa^{-2}。

2）稳产期末对应的平均地层压力 $p \geqslant 13.79\text{MPa}$

当压力不小于 13.79MPa 时，$\dfrac{p}{\mu Z}$ 近似为常数，即 $\dfrac{p}{\mu Z} = \dfrac{p_{ri}}{\mu_i Z_i}$ 此时：

$$\psi = 2\int_{p_0}^{p} \frac{p}{\mu Z}\mathrm{d}p = \frac{2p_{ri}}{\mu_i Z_i}\left(p - p_0\right) \tag{4-67}$$

将式（4-67）代入式（4-62），得到稳产期末时气井产能公式：

$$q_{sc} = \frac{2\pi K h T_{sc} Z_{sc} p_{ri}\left(\overline{p}_{rsp} - p_{wf\,min}\right)}{T\mu_i Z_i P_{sc}\left(\ln\dfrac{r_e}{r_w} - \dfrac{3}{4}\right)} \tag{4-68}$$

上式两边乘以 d/G，可得稳产期末时采气速度 v_g：

$$v_g = \frac{2\pi d K h T_{sc} Z_{sc} p_{ri}\left(\overline{p}_{rsp} - p_{wf\,min}\right)}{G T\mu_i Z_i p_{sc}\left(\ln\dfrac{r_e}{r_w} - \dfrac{3}{4}\right)} \tag{4-69}$$

式中　μ_i——气藏初始压力下的天然气黏度，$\text{mPa}\cdot\text{s}$。

式（4-69）中除平均地层压力外，其他参数均近似为常数，因此，可认为高压条件下气藏采气速度与压力差成正比，即

$$v_g = \beta_2 \left(\overline{p}_{rsp} - p_{wf} \right) \tag{4-70}$$

式中　β_2——比例系数，MPa^{-1}。

3. 气藏采气速度与稳产期末采出程度关系

同样，分 $p \geqslant 13.79MPa$ 和 $p < 13.79MPa$ 两种情况研究气藏采气速度与稳产期末采出程度定量关系。

1）稳产期末对应的平均地层压力 $p < 13.79MPa$

将低压条件下的气藏物质平衡方程（4-59）代入采气速度关系式（4-66）得

$$v_g = \beta_1 p_{pc}^2 k_1^{*2} \left(1 - R_{psp} \right)^2 - \beta_1 p_{wf\,min}^2 \tag{4-71}$$

为简便起见，可令 $A_1 = \beta_1 p_{pc}^2 k_1^{*2}$、$B_1 = \beta_1 p_{wf\,min}^2$，$A_1$、$B_1$ 为常数，可以将其理解为气藏特征参数：

$$v_g = A_1 \left(1 - R_{psp} \right)^2 - B_1 \tag{4-72}$$

由式（4-72）可见，当稳产期末平均地层压力小于 $13.79MPa$ 时，采气速度 v_g 与 $\left(1 - R_{psp} \right)^2$ 成直线关系。

2）稳产期末对应的平均地层压力 $p \geqslant 13.79MPa$

将高压条件下的气藏物质平衡方程（4-61）变形得

$$\overline{p}_{prsp} = \frac{b_2 \dfrac{p_{pri}}{Z_i}}{\dfrac{1}{1 - R_{psp}} - k_2 \dfrac{p_{pri}}{Z_i}} \tag{4-73}$$

将式（4-73）代入采气速度关系式（4-70）得

$$v_g = \frac{\beta_2 p_{pc} b_2 \dfrac{p_{pri}}{Z_i}}{\dfrac{1}{1 - R_{psp}} - k_2 \dfrac{p_{pri}}{Z_i}} - \beta_2 p_{wf\,min} \tag{4-74}$$

为简便起见，可令 $A_2 = \beta_2 p_{pc} b_2 \dfrac{p_{pri}}{Z_i}$、$B_2 = \beta_2 p_{wf\,min}$、$C_2 = k_2 \dfrac{p_{pri}}{Z_i}$，$A_2$、$B_2$、$C_2$ 为常数，将其理解为气藏特征参数：

$$v_g = \frac{A_2}{\dfrac{1}{1 - R_{psp}} - C_2} - B_2 \tag{4-75}$$

由式（4-75）可见，当稳产期末平均地层压力大于 $13.79MPa$ 时，采气速度 v_g 与 $\dfrac{1}{1 - R_{psp}}$ 成双曲线关系。

综上所述，气藏采气速度与稳产期末采出程度定量关系可用如下分段函数进行描述：

$$v_{\mathrm{g}} = \begin{cases} A_1\left(1-R_{\mathrm{psp}}\right)^2 - B_1\overline{p}_{\mathrm{rsp}} < 13.79\mathrm{MPa} \\ \dfrac{A_2}{\dfrac{1}{1-R_{\mathrm{psp}}} - C_2} - B_2\overline{p}_{\mathrm{rsp}} \geqslant 13.79\mathrm{MPa} \end{cases} \tag{4-76}$$

式（4-76）也可写成如下形式：

$$R_{\mathrm{psp}} = \begin{cases} 1-\sqrt{\dfrac{v_{\mathrm{g}}+B_1}{A_1}}\,\overline{p}_{\mathrm{rsp}} < 13.79\mathrm{MPa} \\ 1-\dfrac{1}{\dfrac{A_2}{v_{\mathrm{g}}+B_2}+C_2}\,\overline{p}_{\mathrm{rsp}} \geqslant 13.79\mathrm{MPa} \end{cases} \tag{4-77}$$

以上为气藏采气速度与稳产期末采出程度定量关系的理论推导，虽然推导过程中假设气藏为定容气藏，但上述定量关系仍然适用于带边底水的气藏，因为水的弹性膨胀能量远远小于天然气。

4.气藏采气速度与稳产期末采出程度关系的验证

1）机理模型建立

建立一个水平、均质、等厚的单井径向数值模拟模型：顶面深度 -2817m，半径 600m，地层厚度 100m，储层孔隙度为 0.15，渗透率为 1.5mD，模型中流体为气、水两相，初始含气饱和度为 0.56，束缚水饱和度为 0.44，气藏温度 393K，气藏初始压力 30MPa，岩石压缩系数为 $1.8\times10^{-4}\mathrm{MPa}^{-1}$，水密度 $1065\mathrm{kg/m}^3$，天然气密度 $0.7713\mathrm{kg/m}^3$，井眼内径为 0.14m。

2）气藏采气速度与稳产期末采出程度关系的验证

设计采气速度分别为 1.0%、1.5%、2.0%～15.0% 共 16 种情况，采用数值模拟方法预测不同采气速度对应的稳产期、稳产期末地层平均压力，并计算稳产期末采出程度、$\left(1-R_{\mathrm{psp}}\right)^2$（对应平均地层压力小于 13.79MPa）或 $\dfrac{1}{1-R_{\mathrm{psp}}}$（对应平均地层压力大于 13.79MPa），详细结果见表 4-19。

当平均地层压力小于 13.79MPa 时，用直线关系拟合采出程度 v_{g} 与 $\left(1-R_{\mathrm{psp}}\right)^2$，表征拟合精度的 R^2 高达 0.999（图 4-76）；当平均地层压力大于 13.79MPa 时，用双曲线关系拟合采出程度 v_{g} 与 $\dfrac{1}{1-R_{\mathrm{psp}}}$，表征拟合精度的 R^2 高达 0.999（图 4-77）。该算例证实了前面理论推导得到的气藏采气速度与稳产期末采出程度二者定量关系的可靠性。

二、气藏采气速度与稳产期末采出程度定量关系应用

本节前面理论推导了气藏采气速度与稳产期末采出程度定量关系，并用算例进行了验证，下面介绍如何利用上述定量关系预测某一采气速度对应的稳产期及递减期产量。

1.利用二者定量关系预测稳产期及递减期产量的计算步骤

预测采气速度对应稳产期：（1）将采气速度代入定量关系，计算得到稳产期末采出程

度 R_{psp}（对某一气藏存在高压、低压两个定量关系式，则分别代入两个关系式计算得到两个稳产期末的采出程度，然后将两个稳产期末采出程度代入气藏物质平衡方程计算平均地层压力并与 13.79MPa 进行比较，从而确定哪个采出程度是正确的）；（2）用稳产期末采出程度除以采气速度，得到稳产年限 N。

表 4-19　不同采气速度对应的稳产期末采出程度及二者定量关系拟合结果表

采气速度 v_g	数值模拟预测结果				采气速度 v_g 与稳产期末采出程度 R_{psp} 定量关系拟合
	稳产期 a	稳产期末平均地层压力，MPa	稳产期末采出程度 R_{psp}，%	$(1-R_{psp})^2$ 或 $1/(1-R_{psp})$	
1.0%	75.2	7.6	75.2	0.062	$v_g=0.1606(1-R_{psp})^2+0.0003$ $R^2=0.999$
1.5%	46.8	9.1	70.1	0.089	
2.0%	32.4	10.5	64.8	0.124	
3.0%	19.0	12.7	57.0	0.185	
4.0%	12.6	14.6	50.3	2.013	
5.0%	8.9	16.2	44.6	1.805	
6.0%	6.5	17.7	39.0	1.639	
7.0%	4.8	19.2	33.8	1.511	
8.0%	3.8	20.2	30.0	1.429	
9.0%	2.8	21.8	24.8	1.329	$v_g=0.0738\left[(1-R_{psp})^{-1}-0.598\right]^{-1}-0.0108$ $R^2=0.999$
10.0%	2.1	23.1	20.8	1.263	
11.0%	1.6	24.2	17.4	1.211	
12.0%	1.2	25.4	14.0	1.163	
13.0%	0.8	26.5	10.8	1.121	
14.0%	0.6	27.4	8.2	1.089	
15.0%	0.3	28.4	5.0	1.053	

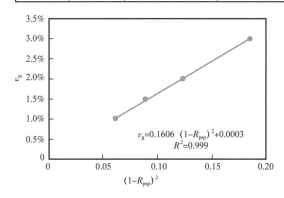

图 4-76　采气速度与稳产期末采出程度直线关系图

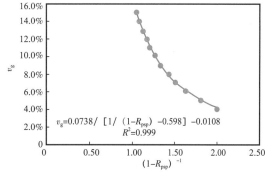

图 4-77　采气速度与稳产期末采出程度双曲线关系图

预测递减期产量：（1）假设第 n 年（$n>N$）平均采气速度为 v_{gn}，则可得到第 n 年末采出程度为 $[R_{psp}+(n-N)v_{gn}]$；（2）将 v_{gn} 和 $[R_{psp}+(n-N)v_{gn}]$ 代入定量关系式并求解方程，即可得到第 n 年平均采气速度；（3）不断重复上述步骤，就可得到第 $n+1$ 年、$n+2$ 年……的采气速度。

2. 气藏采气速度与稳产期末采出程度定量关系应用实例

1）定量关系在阿姆河右岸萨曼杰佩气田的应用

萨曼杰佩气田开发井 40 口，采用数值模拟方法预测采气速度分别为 2.0%、3.0%、4.4%、5.3%、5.7% 时对应的稳产年限为 34.03、21.01、12.87、10.02、8.69 年，由于气藏属于正常压力系统、渗透率较高等原因，稳产期末的平均地层压力均小于 13.79MPa，根据上述 5 种情况的模拟结果拟合直线定量关系式为 $v_g = 0.2393（1-R_{psp}）^2-0.0018$，根据该定量关系式预测采气速度为 5% 对应的稳产年限及递减期产量。

预测采气速度对应稳产期的步骤为：（1）将采气速度 5% 代入定量关系式，得到稳产期末采出程度为 53.5%；（2）用稳产期末采出程度 53.5% 除以采气速度 5%，得到稳产年限 10.7 年。

预测递减期采气速度的步骤为：（1）假设从第 10.7 年到第 11 年末平均采气速度为 v_{gn}，则可得到第 11 年末采出程度为 $[53.5\%+（11-10.7）\times v_{gn}]$；（2）将 v_{gn} 和 $[53.5\%+（11-10.7）\times v_{gn}]$ 代入定量关系式，求解方程得 $v_{gn} = 4.08\%$，即第 10.7 年到第 11 年末平均采气速度为 4.08%，第 11 年末采出程度为 54.72%；（3）重复前面步骤，可得到第 12 年起以后每年平均采气速度，详细结果见表 4–20 和图 4–78。

表 4–20　在稳产期采气速度为 5% 的情况下，萨曼杰佩气田递减期采气速度预测表

时间，a	1～10.7	10.7～11	12	13	14	15	16	17
采气速度，%	5	4.08	3.91	3.29	2.80	2.41	2.09	1.83
时间，a	18	19	20	21	22	23	24	25
采气速度，%	1.61	1.43	1.27	1.14	1.03	0.93	0.85	0.77

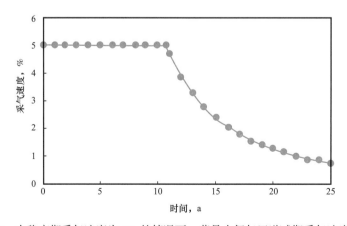

图 4–78　在稳产期采气速度为 5% 的情况下，萨曼杰佩气田递减期采气速度预测图

2）定量关系在阿姆河右岸别—皮气田的应用

别—皮气田开发井 22 口，采用数值模拟方法预测采气速度分别为 1.0%、1.5%、2.0%、4.0%、5.0% 时对应的稳产年限为 56.05、34.36、23.51、8.14、5.42 年，由于气藏异常高压、渗透率较低等原因，稳产期末的平均地层压力均高于 13.79MPa，根据上述 5 种情况的模拟结果拟合双曲线定量关系式为 $v_g = 0.04754\left(\dfrac{1}{1-R_{psp}} - 0.6901\right)^{-1} - 0.0198$，根据该定量关系式预测采气速度为 6% 对应的稳产年限及递减期产量。

预测采气速度对应稳产期的步骤为：（1）将采气速度 6% 代入定量关系式，得到稳产期末采出程度为 22.23%；（2）用稳产期末采出程度 22.23% 除以采气速度 6%，得到稳产年限 3.7 年。

预测递减期采气速度的步骤为：（1）假设从第 3.7 年到第 4 年末平均采气速度为 v_{gn}，则可得到第 4 年末采出程度为 $[22.23\%+(4-3.7)\times v_{gn}]$；（2）将 v_{gn} 和 $[22.23\%+(4-3.7)\times v_{gn}]$ 代入定量关系式，求解方程得 v_{gn} =5.63%，即第 3.7 年到第 4 年末平均采气速度为 5.63%，第 4 年末采出程度为 23.92%；（3）重复前面步骤，可得到第 5 年起以后每年平均采气速度，详细结果见表 4–21 和图 4–79。

表 4–21　在稳产期采气速度为 6% 的情况下，别—皮气田递减期采气速度预测表

时间, a	1～3.7	3.7～4	5	6	7	8	9	10	11	12	13
采气速度, %	6	5.63	4.71	4.01	3.46	3.01	2.65	2.35	2.09	1.87	1.68
时间, a	14	15	16	17	18	19	20	21	22	23	24
采气速度, %	1.51	1.37	1.24	1.13	1.02	0.93	0.85	0.78	0.71	0.65	0.60

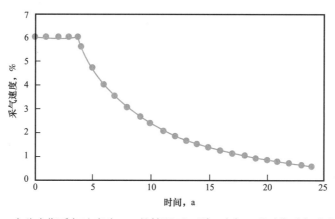

图 4–79　在稳产期采气速度为 6% 的情况下，别—皮气田递减期采气速度预测图

参 考 文 献

[1]罗蛰潭，王允诚.油气储集层的孔隙结构 [M].北京：科学出版社，1986.

[2]Zhu Guangya, Wang Xiaodong, GuoRui. Comprehensive Formation Evaluation of HF Carbonate

Reservoir by Integrating the Static and Dynamic Parameters［J］. Society of Petroleum Engineers，2013，doi：10.2118/165896-MS.

［3］朱光亚. 中东碳酸盐岩油藏注水驱油理论与应用［M］. 北京：中国水利水电出版社，2017.

［4］朱光亚. 中东低渗孔隙型碳酸盐岩油藏注海水驱油开发机理［D］北京：中国地质大学（北京）博士后研究工作报告，2016.

［5］Zhu Guangya，Xu Likun，Wang Xiaojin.Enhanced Oil Recovery by Seawater Flooding in Halfaya Carbonate Reservoir，Iraq：Experiment and Simulation［J］. Society of Petroleum Engineers，2016.

［6］Zhang Yapu，Yang Zhengming，Zhu Guangya. Seawater Flooding Law for the Low Permeability Carbonate Reservoirs in the Middle East.［J］The Electronic Journal of Geotechnical Engineering，2015，20（11）：5037-5044.

［7］黄延章. 低渗透油层渗流机理［M］. 北京：石油工业出版社，1999.

［8］袁士义. 裂缝性油藏开发技术［M］. 北京：石油工业出版社，2004.

［9］范子菲. 屏障注水机理研究［J］. 石油勘探与开发，2001（3）：54-56.

［10］郭春秋，李方明，刘合年，等. 气藏采气速度与稳产期定量关系研究［J］. 石油学报，2009，30（6）：908-911.

［11］李晓平，李允. 气井产能分析新方法［J］. 天然气工业，2004，24（2）：76-78.

［12］宋军政，郭建春. 确定气井产能不同方法的研究对比［J］. 试采技术，2005（2）：10-13.

［13］黄炳光，刘蜀知，唐海，等. 气藏工程与动态分析方法［M］. 北京：石油工业出版社，2004.

［14］李传亮. 异常高压气藏开发上的错误认识［J］. 西南石油大学学报：自然科学版，2007，29（2）：166-169.

［15］邓远忠，王家宏，郭尚平，等. 异常高压气藏开发特征的解析研究［J］. 石油学报，2002，23（2）：53-57.

第五章 大型生物碎屑灰岩油藏整体优化部署技术

伊拉克作为石油资源最丰富的地区之一，历来是全球跨国石油公司竞争的战略重地。2008—2013 年，中国石油在伊拉克的油气业务取得重大突破，先后获得艾哈代布、哈法亚、鲁迈拉和西古尔纳 4 个开发项目，原油地质储量 $184 \times 10^8 t$，其中生物碎屑灰岩油藏地质储量 $132 \times 10^8 t$，占总地质储量的 72%，是"十二五"和"十三五"期间中国石油在伊拉克矿区大规模上产和长期稳产的重要物质基础。

伊拉克油气合作采用技术服务合同模式，合同者需要垫付油田开发建设的全部资金，并通过桶油报酬费的形式获取报酬，这一合同模式决定了合同者在油田开发建设初期通过以最小的投资在最短时间内建成较高规模产量，并采取分阶段分产量台阶逐步建成最高产量规模，实现项目自身滚动发展，规避高风险地区大规模投资风险，最大化提升合同者的收益率。

伊拉克生物碎屑灰岩油藏与国内常规碳酸盐岩油藏有很大差别。国内碳酸盐岩油藏以石灰岩和白云岩为主，多期次构造，改造性强，圈闭以古生界和古老深层的潜山和风化壳为主，形成以岩溶、缝洞型为主的台地相碳酸盐岩，油藏规模小且分散，通常一洞一油藏，采用衰竭开发辅以注水，早期采油速度高达 2%～3%，后期产量迅速下降；国内多为矿税制，单井经济极限产量门槛值相对较低。而伊拉克生物碎屑灰岩油藏构造期次少，圈闭以构造—岩性为主，储层主要为台地礁滩和台内生屑滩沉积的生物碎屑灰岩，储层分布主要受沉积控制，储层物性受沉积微相和成岩改造双重影响，油藏规模大，油层厚达 100 多米，纵向上非均质十分突出，由多套沉积旋回组成，并发育多个隔夹层和高渗透层，且高渗透层随动态变化。

伊拉克的大型生物碎屑灰岩油藏的开发要求采油速度 1%～2% 并保持 10 年以上的长期稳产，技术服务合同模式下单井产量低于 100t/d 即无经济效益，因此整体开发优化部署是实现伊拉克项目快速规模建产、高效开发和提高项目经济效益的关键，国内尚无开发经验可供借鉴。而且，伊拉克大型生物碎屑灰岩油田往往发育多套油层，主力油层含油面积大，钻井只有 7～8 口并处于油藏高部位，对油藏的控制程度较低，开发钻井证实平面上和纵向上的单井产能变化大，有利的高产储层预测困难；纵向多套油层，层间非均质差异大，开发潜力差异大，需要详细研究和论证不同油层的开发动用策略；由于隔夹层的分布和不稳定性，平面上储层厚度分布不均，主力层系物性变化大等特点，需要解决整体部署与分区分层优化开发的有机结合等技术问题。

"十二五"期间通过伊拉克艾哈代布项目、哈法亚项目的油田开发实践，解决了上述针对性技术难题，中国石油在伊拉克建成了艾哈代布和哈法亚两个标志性项目，并创新形成了大型生物碎屑灰岩油藏整体优化部署技术，包括薄层生物碎屑灰岩油藏水平井注采井网模式、巨厚生物碎屑灰岩油藏大斜度水平井采油＋直井注水的井网模式、纵向多套井网立体组合模式和基于技术服务合同模式的多目标优化技术。

第一节　薄层生物碎屑灰岩油藏水平井注采井网模式

随着水平井钻井、完井技术的发展，水平井在油田中的应用日益广泛，为油田开发带来了巨大的经济效益，而地质导向技术的发展（LWD）更为薄储层低渗透的碳酸盐岩油田的开发提供了崭新的思路。目前水平井注水开发也正逐渐引起国内外石油界的普遍关注，是热点攻关课题之一。此外，随着水平井成本逐渐降低，水平井的优势显著增大。因此，从某种程度上来说，对于薄层油层开发，水平井技术是最有前途的一项技术。伊拉克艾哈代布油田主力油藏为中孔低渗透薄层生物碎屑灰岩，油层厚度约20m，分布较稳定。结合艾哈代布油田的地质油藏条件，论证了水平井注水开发的适应性，确定了适合水平井注水开发的最佳油藏条件，形成了该油田主力油藏水平井注采开发模式，即小井距（100m）、小排距（300m）、长水平段（800m）、平行正对、趾跟反向、顶采底注、流场控制的整体水平井排状注采开发技术。将水平生产井部署在油藏顶部、水平注水井部署在油藏底部，水平段与最大主渗方向呈45°，油井产能较高，见水较晚。并且制定了油藏合理的注水开发策略，即早期注水保压开发，注水时机确定为饱和压力之上（即地层压力的85%）。上述开发模式及注水开发策略为艾哈代布油田的全面高效开发提供了理论基础和依据。

一、水平井注水的优势

水平井注水技术可极大地改善低渗透油田的开发效果，不仅可提高注水量，增大波及效率和采出程度，还可提高油藏的压力保持水平，从而取得良好的经济效益[1]。

1. 增大注入量，提高波及效率

J.J.Taber等研究的结果表明：与垂直井的五点法井网相比较，一注一采两口平行的水平井，水平井注水能够增加数10倍的注入量，区域驱油效率能增加25%到40%。若油层较薄，且井网较稀，水平井优势更明显，波及效率可达到99%。

2. 较低的注入压力

在相同注入速度下，水平注入井比常规五点法的直井注水井注入压力低，在相同的注入速率下，水平井所需的注入压力一般仅为常规五点井网直井的十分之一。

3. 丰富的热裂缝

热裂缝就是由于热导致岩石破裂而成的裂缝，注入井中的热裂缝现象是一种普遍现象，尤其是在较深的注水井中。当冷水从地面注入地层中，井眼周围的油藏冷却，岩石极限张力降低，发生热裂缝现象。

经验表明，裂缝的初始破裂或延伸方向都不是沿着整个井眼发生，而是沿着最大主应力方向。一旦热裂缝形成后，注入水最先沿着破裂带前进，如不能很好控制，将导致较低的波及效率和油井的过早见水。

为了得到较好的热裂缝，水平注入井开始注水时，一般要分阶段提升注入量，最终达到设计注入速度。如果注入速度开始就达到目标速度，可能会导致少数裂缝发育，而其他裂缝还没来得及发育时，注入水已大量进入少数裂缝，从而影响水平注入井的驱替效果。

北海油田Norwegian的一口水平注入井就是一个很好的例子。该井在一个低渗透砂层钻进，为了提高油层波及系数，开始是在低于裂缝破裂压力下工作，后来瞬时以大大超过地层破裂压力的井口压力注入。压裂前，注入速度以 10 余倍增加，后来证明 80％ 的注入水进入了几个单一裂缝，占据了仅几英尺长的井段。此外，由于注水量较大，估计该裂缝发育在一个高渗层。此时，其作用与裂缝直井已无区别。因此，在利用水平井注水时，注入速度应在一个注水周期内连续增加，这样允许在所有的射孔段逐渐降温，从而实现裂缝平稳地向所有冷却带发育。

4. 线性驱动

由于水平注入井在油层中有相对长的水平井段，且能够产生丰富的热裂缝，使其注水的水驱前缘可近似为线性驱动，并且具有很好的稳定性。当井网面积较大时，线性驱动更明显，当油层较厚或井网较密时，大部分注入流体形成了径向流，此时水平注水井的驱动不再近似为线性驱[2]。

二、水平井注水的适应性

尽管水平井注水较直井注水具有优势，但水平井注水仍有一定的局限性。客观地说，很多油藏不适合水平井注水开发。因此，选择水平井注水前，必须研究油藏水平井注水开发的适应性。

1. 油藏物性相对均匀

由于沉积、胶结、成岩的不同，油藏在物性上存在一定的差别，从而在平面和纵向上形成储层的非均质性。在水平井注水开发中，要求其储层的均质性相对较好。如果储层的非均质强，特别纵向上非均质性强，将会极大地降低水平井注水的开发效果。

2. 油层厚度较薄

油层厚度是影响水平井注水效果的关键因素。一般油层厚度越薄，采用水平井注水开发的效果越好，随着油层厚度增加，开采效果逐渐变差。但是，并不是厚度越薄越好，一般而言，厚度至少应大于 6m。

利用均质模型模拟不同油层厚度下的水平井和直井注水开发的效果。在渗透率为100mD 的油藏中，随着油层厚度从 15m 逐渐增大到 45m，水平井注水的优势逐渐降低。当油层厚度达到 45m 时，水平井注水和直井注水的采收率基本相同，此时水平井注水已无明显优势，此时优选直井注水。

3. 油藏渗透率较低

根据前人的研究成果，水平注入井最有利渗透率的范围是 1～50mD。渗透率太低，注水效果不明显，渗透率太高容易发生生产井过早见水。

对于储层物性很好的油层，由于单位油层厚度的产量较大，推荐使用直井注水。若采用水平井注水，当黏滞力减小到了一定的程度，水平注入井的注入水立即涌入高渗透层，从而降低了整体的波及系数。而直井的黏滞力比较大，可取得很好的体积波及系数。若将渗透率按比例降低，则水平注入井优势逐渐变大。此外，垂直渗透率 K_v 和水平渗透率 K_h 比值也会影响水平注入井的波及系数，K_v/K_h 值越大，即纵向上的渗透率越大，越有利于水平注入井在纵向上的驱替，从而增大水平注入井在纵向上的波及系数。

4. 油水流度比低

在水平井的注水开发中，地层流体物性也是一个重要的影响因素，其中主要是油水流度比的影响。油水流度比越小，水平井注水开发的效果越好。

三、薄层水平井注采井网优选

艾哈代布油田 Kh2 层为单一薄层的生物碎屑灰岩油藏，具有如下储层特征，满足水平井开发条件：

（1）中等油藏埋深，约为 2600m，适宜水平井开发；

（2）储层平均有效厚度为 17.2m，相对较薄，适宜水平井开发；

（3）储层垂直渗透率与水平渗透率比约为 1.5，有利于水平井开发；

（4）根据 Kh2 层油井测试结果表明，水平井产能至少为直井产能的 2 倍。

根据这种油藏特征，共设计 3 套排状井网方式：完全正对排状井网、交错正对排状井网和完全交错排状井网（图 5-1）[3-4]。其中 a 为水平生产井排与水平注水井排之间的距离，b 为水平生产井与水平生产井相邻端点之间距离或注水井与注水井相邻端点之间距离，L 为水平段长度。

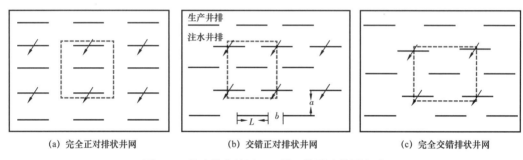

| (a) 完全正对排状井网 | (b) 交错正对排状井网 | (c) 完全交错排状井网 |

图 5-1　艾哈代布油田 kh2 层 3 种可选井网方式

根据地质研究结果，建立井组静态模型，利用数值模拟方法对上述 3 种井网开展研究，建立包括两口注水井和一口生产井的井组模型。针对以上 3 种井网方式，利用井组模型（含油面积相同）分别开展了不同井距下的见水时间和开发效果预测。

1. 完全正对排状井网

对完全正对排状井网共设计 100～600m 6 套不同井距方案开展对比研究。井组模型研究结果表明，井距越短，水突破时间越长，波及效率越高。随着井距的增加，注入水突破时间从 4959 天逐渐减小到 3623 天，波及效率从 62.09% 降到 45.49%（表 5-1）。同时，井距对油井稳产能力及采出程度具有显著影响，随着井距的减小稳产时间逐步延长，合同期采出程度提高。但二者增加幅度均逐渐减小。

表 5-1　不同井距下见水时间和波及效率比较

井距，m	见水时间，d	波及效率，%	合同期末含水，%	合同期末地质储量采出程度，%	稳产时间，a
100	4959	62.09	92.1	60.8	18.8
200	4763	59.69	90.4	58.5	18.1
300	4565	57.34	86.2	56.2	17.3
400	4141	51.89	80.3	50.9	16.2
600	3623	45.49	72.5	44.6	12.5

2. 交错正对排状井网

交错正对排状井网共设计了井距 100m、200m 和 400m 3 套方案。井组模型计算结果表明，井距越小，见水时间越长，波及效率越大，井距由 400m 减少至 100m，见水时间由 4352 天增加至 4960 天，波及效率由 54.58% 增加至 62.17%（表 5-2）。同样，随着井距的减小，合同期采出程度和稳产期均有所增加。

表 5-2　不同井距下见水时间和波及效率比较

井距，m	见水时间，d	波及效率，%	合同期末含水，%	合同期末地质储量采出程度，%	稳产时间，a
100	4960	62.17	92.4	60.9	18.1
200	4808	60.31	90.5	59.1	18.0
400	4352	54.58	84.3	53.5	16.3

3. 完全交错排状井网

完全交错排状井网共设计 5 套方案，其井距范围从 800m 增加到 1800m。井组模型研究结果表明，随着井距的增加，注入水突破时间与波及效率均呈现出先减小后增加的趋势。分析认为，由于井组模型设计原则基于单井控制储量一定，因此在井距逐渐增加的条件下，其排距逐渐减小，导致见水时间和波及效率逐渐减小，但随着井距进一步增加，注水井与生产井之间绝对距离增加，从而延迟了油井见水时间和增加了波及系数（表 5-3）。从采出程度和稳产能力看，井距越小则采出程度越高，油井稳产时间越长。

表 5-3　不同井距下见水时间和波及效率比较

井距，m	见水时间，d	波及效率，%	合同期期含水，%	合同期末地质储量采出程度，%	稳产时间，a
800	3347	42.06	70.2	40.0	14.6
1000	3014	37.84	70.1	35.9	14.0
1200	3000	37.80	69.8	35.9	13.4
1400	3133	39.22	69.7	37.3	13.2
1800	3454	43.25	70.1	41.1	13.0

4. 不同注采井网对比

从计算结果看，对于完全正对井网和交错正对井网，井距越短，见水时间越长，水驱效率越大。对于完全交错井网，见水时间和水驱效率随着井距增大而减小，但当井距增加到一定程度后，随着井距增加而又增加。同样从开发效果图来看（图 5-2），对于完全正对井网和交错正对井网，井距越短，开发效果越好。对于完全交错井网，开发效果随着井距增大而减小，但当井距增加到一定程度后，随着井距增加而又增加。

从以上对比看，由于采用的井距小，完全正对和交错正对的采出程度基本接近（图 5-2）。但在同样含水率条件下，完全正对井网采收率较高，因此推荐采用完全正对井网方式，井距 100m。

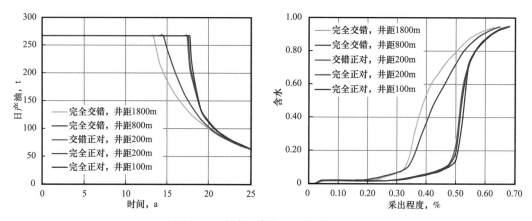

图 5-2　不同注采井网开发效果对比

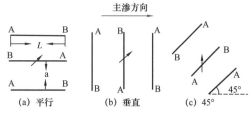

图 5-3　水平井水平段与储层主渗方向关系

a—排距，m；L—水平段长，m；

A、B—水平段趾端、跟端点

5. 水平井井段方向

在研究水平井之间的排距前，需要先确定水平井水平段的部署方向，A 点为水平井跟端，B 点为水平井趾端（图 5-3）。根据水平段不同走向，论证了水平段与油田主渗方向平行、垂直和成 45° 的关系。

从见水时间、波及效率、合同期末采出程度指标看（表 5-4），在水平段与主渗方向成平行关系到 45° 的区间内，开发效果最好；超过 45° 之后，开发效果将逐渐变差。因此，水平井水平段与地层最大主渗方向呈 45° 为合理方向。

表 5-4　不同水平段方向的见水时间与波及效率

水平段方向	见水时间，d	波及效率，%	合同期地质储量采出程度，%
垂直	4352	59.8	33.5
平行	4748	65.2	37.1
45°	4825	66.3	39.8

根据 AD-8 井和 AD-10H 井测试结果，最大主应力方向为 30°~40°（图 5-4）。根据岩石力学理论，最大主渗方向通常与最大主应力方向平行，因此在实际部署中，水平井段与最大主应力合理方向为 45° 左右。

6. 水平井井网排距

基于上述研究，水平井井网采用平行正对 100m 井距，水平井与最大主应力方向呈 45° 夹角，在全油藏地质模型基础上对 Kh2 层水平井排距开展优化研究。共设计 200m 排距、300m 排距、400m 排距以及 500m 排距 4 套方案进行开发效果预测（图 5-5），其布井数分别为 336 口、224 口、168 口和 134 口。各套方案井网控制地质储量保持一致，以保证对比结果具有统一的地质储量基础。

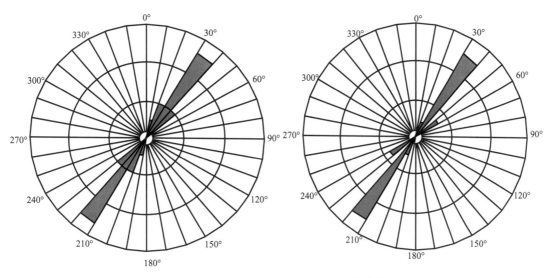

图 5-4　Kh2 层 AD-8 井及 AD-10 井最大主应力方向

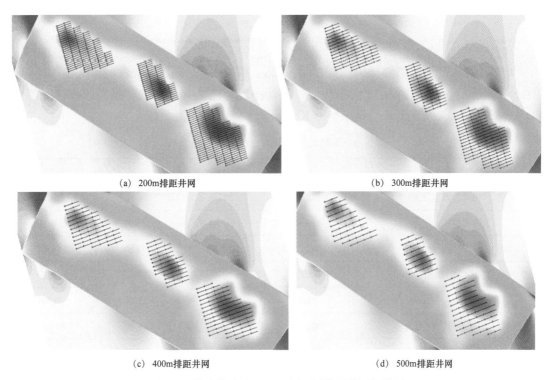

(a) 200m排距井网　　　　　　　　　　　　(b) 300m排距井网

(c) 400m排距井网　　　　　　　　　　　　(d) 500m排距井网

图 5-5　艾哈代布油田 Kh2 层不同排距井网部署图

　　对上述 4 套方案 20 年采出程度及含水率等指标开展了对比，500m 排距方案在采出程度及稳产年限等开发指标上明显低于其他 3 套方案，不适宜采用 500m 排距井网。200m 排距井网由于排距较小井数较多，开发指标略高于其他方案，但其经济效益将受到影响。虽然 300m 与 400m 井网采出程度较为接近，但 400m 井网井数少，方案稳产能力相对较差，稳产期限仅为 7 年，刚刚满足合同规定要求（表 5-5，图 5-6）。因此若采用 400m 排距井网开发存在无法满足合同要求的风险。

表 5-5   不同排距井网采出程度对比表

排距，m	200	300	400	500
井数，口	336	224	168	134
地质储量采出程度，%	27.66	27.05	26.16	23.64

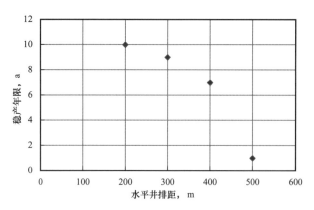

图 5-6   不同排距井网稳产期对比图

4 套不同排距井网经济评价结果表明，200m 和 500m 方案的内部收益率低于 300m 和 400m 方案（表 5-6）。300m 方案净现值、累计净现金流为 4 套方案中最高的。因此综合考虑油藏开发效果及经济评价结果推荐 Kh2 层水平井网排距为 300m。

表 5-6   不同排距井网方案经济评价结果表

井网排距，m	200	300	400	500
钻井投资，亿元	120.54	80.39	60.31	48.09
地面投资，亿元	124.68	115.44	111.37	109.92
总投资，亿元	245.22	195.83	171.68	158.01
合同期累计采油，10^4t	8507	8319	8101	7261
内部收益率，%	20.60	22.00	22.20	19.70
净现值，亿元	40.99	44.09	43.95	33.12
累计现金流，亿元	231.29	223.08	215.83	194.17

四、水平井注水技术政策

充分利用油田自身天然能量进行油田开发，可有效推迟油田能量补充时间，降低油田开发成本提高经济效益。但艾哈代布油田弹性驱采收率为 1.6%～3.6%，其中主力油藏 Kh2 层由于地饱压差小，导致其弹性采收率为各层最低，仅为 1.6%。一方面在油田开发的过程中出于充分利用天然能量及提高油田采出程度等原因，应保证地层压力接近或略低于泡点压力，避免地层压力下降幅度过低，造成地层大面积脱气；另一方面，资源国伊拉克政府要求在油田开发过程中地层原油不脱气，也就意味着在开发过程中地层压力不允许降低到泡点压力以下。这也就说明溶解气驱在该油田开发过程中不存在，若依靠天然能量开发，则该油田采出程度仅为弹性驱采收率，难以满足合同对高峰期日产油和稳产期的要求，因此及时注水补充能量是艾哈代布油田开发的必然选择，采用水平井注水开发是该油田高效合理开发的重要保证[5-6]。

1. 合理地层压力保持水平和注水时机

结合合理地层压力保持水平的一般原则，油藏合理地层压力各种界限分别为：（1）不低于饱和压力，或低于饱和压力的4%～5%，则该油藏应要求大于19MPa；（2）高于停喷压力，则该油藏中低含水应要求大于20MPa；（3）苏联经验值要求保持在原始压力的75%以上，则该油藏应要求大于22MPa。

合理地层压力保持水平的研究是与注水时机研究相结合，设计多套方案进行全油藏数值模拟，通过稳产期、合同期末含水、采出程度等多项指标进行综合评价来确定最优值。

注水开发时机研究核心在于以油田开发效果最优为目标，优化天然能量与人工补充能量的相互关系。一方面要充分利用油田天然能量，推迟注水时机提高油田经济效益；另一方面，要及时开展人工注水补充地层能量，维持油层压力保持在一定水平，保证油井合理产能，提高油田采出程度。

针对主力油层Kh2层水平井网开发层系，共设计了5套方案。

方案1：地层压力为原始地层压力90%时注水。

方案2：地层压力为原始地层压力85%时注水。

方案3：地层压力为原始地层压力80%时注水。

方案4：地层压力为原始地层压力75%时注水。

方案5：地层压力为原始地层压力70%时注水。

首先利用全油藏模型对弹性能开发条件进行预测，从而确定出对应方案注水时机对应的注水时间，其中方案1对应注水时间为2012年6月，方案2对应注水时间为2012年9月，方案3对应注水时间为2013年5月，方案4对应注水时间为2014年1月，方案5对应注水时间为2014年7月。

主力油藏Kh2层数值模拟结果表明，方案5注水开发效果最差，主要原因为该方案注水时间偏晚，导致其注水前产量出现明显下降，虽然注水后地层压力保持稳定，油田产量回升，但其稳产能力受到较大影响，其采出程度明显低于其他方案，在同一采出程度条件下含水率明显高于其他方案。

Kh2层合理注水时机应为地层压力为原始地层压力的85%～90%，合同期采出程度与稳产期相对较高（图5-7、图5-8）。

2. 注采比

注采比是油田生产情况的重要指标，合理的注采比可以有效地保持油层压力变化，减缓油田含水上升速度，提高油井产能，及时补充地层能量和地下流体亏空。因此，为了确定合理注采比大小，共设计了3套不同注采比方案。

方案1：注采比0.85；方案2：注采比1.0；方案3：注采比1.15。

结果表明方案2开发效果最好，方案1由于注采比过低，地层压力保持水平较低，导致油井产能下降，油田稳产时间缩短，开发效果变差。方案3由于注采比较高，地层压力虽然较高，但由于注水强度过大，油井见水过早，油田含水率较高，导致油井较早的由于含水过高而关井，影响油田最终开发效果。因此合理注采比为 1.0，有助于将地层压力保持在合理水平（图 5-9、图 5-10）。

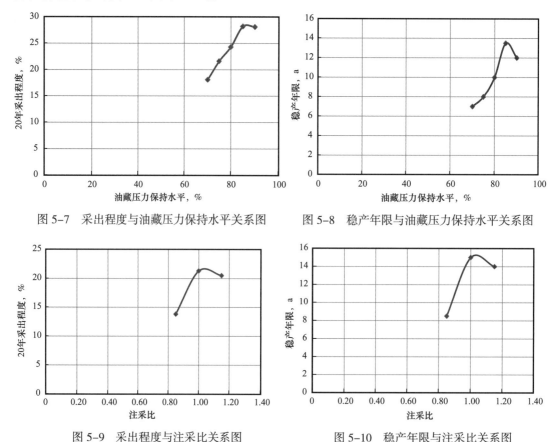

图 5-7 采出程度与油藏压力保持水平关系图　　　图 5-8 稳产年限与油藏压力保持水平关系图

图 5-9 采出程度与注采比关系图　　　图 5-10 稳产年限与注采比关系图

在实际生产中，注采比 1.0 将作为油田参考值，各井组应根据实际井组采出状况确定合理的注采比，还应该及时检测地层压力、含水变化情况，进行及时调整。

3. 油井合理生产压差及井底流压

合理生产压差的确定主要考虑能够合理利用地层能量，同时避免水窜并且保证较长时间的稳产要求。利用油藏工程及油井试油结果确定合理生产压差，试油过程中油井生产压差在 4～15MPa，平均为 9.65MPa，各层系井底流压设置在各层泡点压力附近，合理地层压力保持水平维持在 85%～90% 原始地层压力，合理生产压差为 5～8MPa（表 5-7）。

表 5-7 艾哈代布油田 Kh2 层合理生产压差

测试结果			计算结果		
流压，MPa	原始地层压力，MPa	压差，MPa	井底压力，MPa	压力保持水平，MPa	压差，MPa
21.00	29.10	8.10	21.03	26.19	5.17

如果井底流压低于饱和压力太多，会引起油井脱气半径扩大，使液体在油层和井筒中流动条件变差，对油井正常生产造成不利影响，因而井底流压应控制在正常合理范围内，

保证油井正常生产，达到预期的增产效果。

4. 注入压力

确定中—高孔低渗透的碳酸盐岩油藏注水压力的原则。

（1）满足一定的注采比，保证注够水。

（2）注水压力不能超过破裂压力 0.9 倍。

根据 Dickie 和 Williams 方法来计算油田注水压力，确定最大井底注入流压范围为 40～48MPa（表 5-8）。

表 5-8　艾哈代布油田注入压力推荐值

层位	深度，m	Dickie 方法，MPa	Williams 方法，MPa	平均注入压力，MPa	注入压力推荐值，MPa
Kh2	2644	47.6	43.3	45.4	40～48

五、应用效果

1. 滚动扩边，油田含油范围增大，地质储量增加

艾哈代布油田合同区面积为 298 平方千米，长 30 千米，宽 10 千米，发现于 20 世纪 80 年代初期。2009—2010 年部署了 374 平方千米 3D 地震，完成了 3D 地震处理及解释工作；完钻了 6 口直井、1 口定向井和 14 口水平井，开展储量复算是在新增加资料的基础上进行的，储量落实程度与中方接管前相比有了很大程度的提高。利用容积法计算得到各层系的 P1、P2 和 P3 级原始石油地质储量，艾哈代布油田 1P 原油地质储量 4.34×10^8t，主要集中在 Kh2、Mi4、Ru1、Ru2b 及 Ma1 主力油组，2P 地质储量 5.0×10^8t，3P 地质储量为 5.5×10^8t。主力产油层 Kh2 油组储量最大，占总储量的 60%。艾哈代布油田地震资料品质好，构造解释可靠性较高，含油面积可靠，采用了岩心分析资料标定测井，获得的测井参数也较为合理，储量评价结果可靠程度高。

与油田概念方案结果相比，开发方案的原油地质储量增加了 24%，其中 Kh2 中的原始地质储量增加了近 1×10^8t，主要原因是 Kh2 层西北边部 AD-5 井区探明了工业油流，含油面积由 104 平方千米增加到 165 平方千米（图 5-11）。

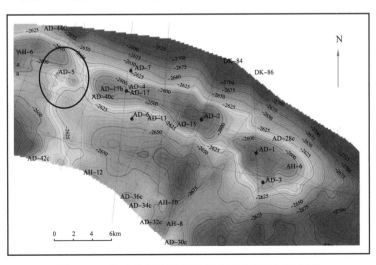

图 5-11　艾哈代布油田 Kh2 层含油面积增加示意图

2. 分阶段开发，快速建成 700×10^4t 产能规模

艾哈代布油田 2011 年 6 月 21 日投产，8 月 8 日进入商业运行，2012 年 7 月建成 700×10^4t 产能规模。第一阶段主要是在 AD1、AD2 区高部位部署新井，实现 300×10^4t 产量规模。第二阶段主要在 AD1、AD2 低部位和 AD4 主要部位布井，实现上产 600×10^4t 产量规模并维持稳产。第三阶段主要是依靠注水，并动用鞍部及边部全部储量，维持 700×10^4t 的持续稳产（图 5–12）。截至 2016 年年底，保持 700×10^4t 持续稳产 5 年（图 5–13），油田累计生产原油 3716×10^4t，累计生产 LPG30.1 $\times 10^4$t，累积生产硫黄 4407t。

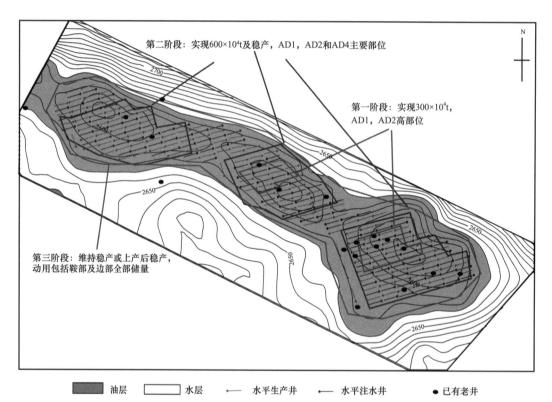

图 5–12　分阶段上产和开发动用储量示意图

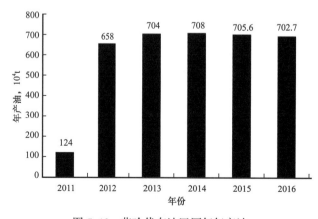

图 5–13　艾哈代布油田历年年产油

3. 优化井位部署和轨迹设计，水平井初产获得高产

2016 年水平井产油占总产量的 85%，Kh2 层系水平井 250 口，平均单井日产 100t，直井平均单井日产 38t（图 5–14），水平井平均初产达到直井的 2.63 倍，而平均单井钻井成本仅是直井的 1.47 倍，保障了油田实现 5 年回收全部开发投资。

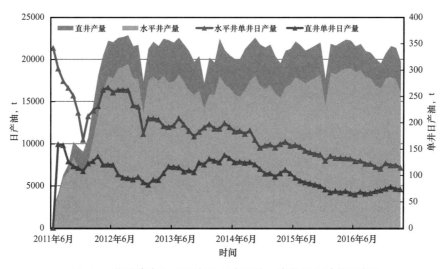

图 5-14　艾哈代布油田日产油及水平井、直井平均单井日产量

4. 水平井注水开发，减缓油田递减

艾哈代布油田从 2012 年 6 月开始水平井整体注水，2012 年投转注 5 口，2013 年投转注 11 口，2014 年投转注 37 口，2015 年投转注 22 口，2016 年投注 17 口。2016 年平均日注水量 $1.6 \times 10^4 m^3$，年注水量 $589 \times 10^4 m^3$，综合含水 49.9%。2016 年年底共 92 个注采井组，对应 112 口采油井（图 5-15），其中单向对应井 47 口、双向对应井 65 口。统计注水区 100 口受效油井，当注水量逐步增加后，注水区域日产油量逐步增加，出现产量稳定阶段，2016 年月度日产油量稳定在 11000t（图 5-16、图 5-17）。

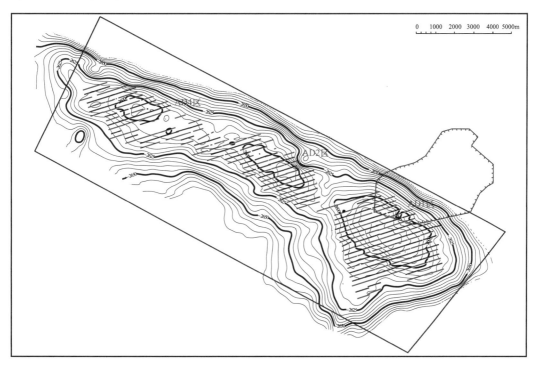

图 5-15　艾哈代布油田 Kh2 层水平井注采井网图

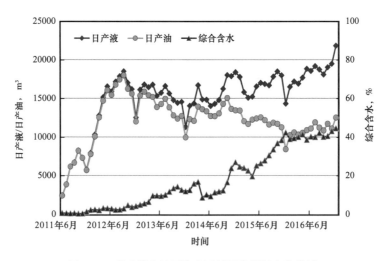

图 5-16　艾哈代布油田注水区域开发指标变化曲线

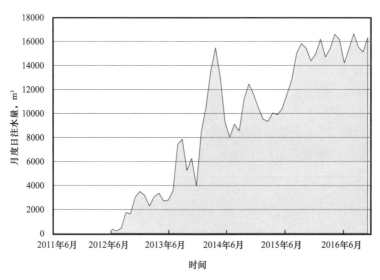

图 5-17　艾哈代布油田注水区域日注水变化曲线

第二节　巨厚生物碎屑灰岩大斜度水平井采油＋直井注水井网模式

哈法亚油田 Mishrif 油藏是一背斜构造块状底水油藏，油藏埋深 2820～3080m，是哈法亚油田主力储层，纵向上油藏主要划分为 MA、MB1、MB2、MC1、MC2、MC3 6 个大层，其中 MA 层又细分为 MA1 和 MA2 两个小层；MB1 层细分为 MB1-1、MB1-2A、MB1-2B、MB1-2C 等 4 个小层；MB2 层细分为 MB2-1、MB2-2、MB2-3 等 3 个小层；MC1 层细分为 MC1-1、MC1-2、MC1-3 和 MC1-4 等 4 个小层。Mishrif 油藏储层平均厚度介于150～200m，储层类型以孔隙型为主，裂缝不发育，纵向上物性变化大，层间差异明显，渗透率差异比较大，层内存在夹层；水体大小有限。其中主力小层 MB1、MB2 储层发育相对较厚，平均厚度分别为 81m、45m，厚度平面变化趋势 MB1 向西变厚，MB2、MC1 向西变薄，大部分储层连续稳定分布。MA2 和 MB1 层间发育稳定隔层，厚约 4～27m，MB1

－208－

层内发育夹层；MB1 和 MB2 层间不发育稳定隔层，MC1 和 MC2 层间发育稳定隔层，厚约 20～30m。

Mishrif 生物碎屑灰岩储层各小层储层物性差异较大，受沉积环境控制和成岩作用改造影响。纵向上储层物性变化大，层间差异明显，渗透率差异比较大。主力油层 MB1 层物性较差，属于中孔低渗透储层，MB2、MC1 层物性较好，属于中高孔中低渗透储层。

Mishrif 巨厚孔隙型碳酸盐岩油藏在开发部署方面存在两个挑战，一是 Mishrif 储层厚度大，纵向上非均质性强，对于巨厚、纵向非均质的油藏采用何种井型开发需要深入研究；二是大规模注水井网没有现成的模式可以参考，需要提出适合本油藏特点的注采井网。针对以上问题，优选巨厚碳酸盐岩油藏的井型、注采井网，提高油藏水驱波及系数及采收率，保障油田快速规模建产，为中东地区类似油藏开发提供重要技术借鉴。

一、巨厚生物碎屑灰岩油藏大斜度水平井适应性评价

如上节所述，在薄层油藏中钻水平井是有效的，在厚层油藏中适合钻直井。水平井或大斜度井是否同样可行，需要通过单井产能对比、隔夹层对单井产能的影响等来判定。

1. 产能对比

对巨厚生物碎屑灰岩油藏的合理井型进行选择，实现的方法之一是假定被钻的井具有固定的长度，这种固定长度可能是垂直的、倾斜的或水平的，通过相互对比直井、水平井以及斜井的产能，以确定井型适应性。由于直井是一定适应的，因此只讨论水平井、斜井或者大斜度水平井的适应性。

对于水平井产能，比较著名的有 Borisov 公式、Giger 公式、Joshi 公式、Renard 公式；而大斜度井产能公式研究较少，Besson 给出了一个可计算任意长度斜井和水平井的计算公式。为了在统一标准下对比不同井型产能，以 Besson 的产能计算方法为基础，对比不同厚度油藏条件下斜井和水平井的产能，以得到一个不同厚度油藏的井型选择图版。

基于直井产能计算公式：

$$J_{\mathrm{V}} = \frac{0.543Kh/\mu}{\ln(r_{\mathrm{e}}/r_{\mathrm{w}})+S} \tag{5-1}$$

对于水平井和大斜度井产能计算，Besson 认为可以在产能公式中加入一个形状表皮因子 S_{f}，以此考虑水平井和大斜度井与直井形状不同对产能造成的影响：

$$J_{\mathrm{H.S}} = \frac{0.543Kh/\mu}{\ln(r_{\mathrm{e}}/r_{\mathrm{w}}+S+S_{\mathrm{f}})} \tag{5-2}$$

综合考虑油藏各向异性，Besson 给出水平井形状表皮因子 S_{fH} 的计算公式为

$$S_{\mathrm{fH}} = \ln\frac{4r_{\mathrm{w}}}{L} + \frac{\alpha H}{L}\ln\frac{H}{0.543r_{\mathrm{w}}}\frac{2\alpha}{1+\alpha}\frac{1}{1-\left(\frac{2e}{H}\right)^2} \tag{5-3}$$

斜井形状表皮因子 S_{fs} 的计算公式为

$$S_{\mathrm{fs}} = \ln\left(\frac{4r_{\mathrm{w}}}{L}\frac{1}{\alpha\gamma}\right) + \frac{H}{\gamma L}\ln\left(\frac{\sqrt{LH}}{4r_{\mathrm{w}}}\frac{2\alpha\sqrt{\gamma}}{1+1/\gamma}\right) \tag{5-4}$$

式中　H——油层厚度，m；

　　　　J_V，J_S，J_H——直井、斜井、水平井采油指数，$m^3/(d \cdot MPa)$；

　　　　K_v，K_h——垂直渗透率，水平渗透率，mD；

　　　　L——水平井长度，m；

　　　　r_e——泄油半径，m；

　　　　r_w——井筒半径，m；

　　　　S，S_f，S_{fH}，S_{fs}——表皮因子，形状表皮，水平井形状表皮，斜井形状表皮；

　　　　α——各向异性系数，$a = \sqrt{K_V / K_H}$；

　　　　θ——井斜角，（°）；

　　　　γ——井的形状因子，$\gamma = \sqrt{\cos^2 \theta + \dfrac{1}{\alpha^2} \sin^2 \theta}$。

将式（5-3）和式（5-4）分别代入式（5-2），便可以得到水平井和大斜度井的产能计算公式。对于已知厚度的油藏，由式（5-2）至式（5-4）分别计算水平井和斜井的产能，对比两者的产能大小，便可确定一定厚度的油藏究竟是适合水平井开发还是适合大斜度井开发。

以 30m 厚度的油藏为例，在 K_v/K_h=1 和 K_v/K_h=0.5 的条件下，不论钻的井眼长度多长，水平井的产能都要高于大斜度井的产能（图 5-18）；在 K_v/K_h=0.1 的条件下，若井眼长度大于 500m，水平井的产能也要高于大斜度井的产能。因此对于 30m 厚度的油藏，绝大多数情况下应该选择水平井开发。

同样以 150m 厚度的油藏为例，在 K_v/K_h=1 的条件下，水平井的产能要高于大斜度井的产能；但在 K_v/K_h=0.5 和 K_v/K_h=0.1 的条件下，大斜度井的产能要高于水平井的产能（图 5-19）。对于巨厚油藏，水平井适用于垂直渗透率高的油藏，而大斜度井在垂直渗透率低的油藏中更适用。

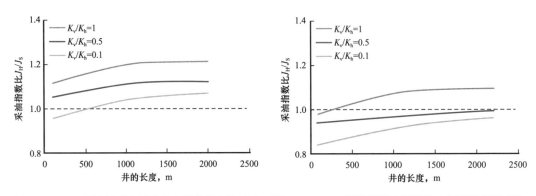

图 5-18　30m 厚度油藏水平井和大斜度井产能对比　图 5-19　150m 厚度油藏水平井和大斜度井产能对比

以上说明了对于 30m 和 150m 厚度的油藏，水平井和大斜度水平井的适用性。下面采用同样的方法，分别做出 10m，30m，50m，90m，120m，150m 厚度油藏的水平井和大斜度水平井的产能对比图，进一步给出不同厚度油藏条件下井型的选择图版。

以 10m 厚度的油藏为例说明图版的绘制方法。假设被钻的井具有相同的长度，对比这个长度条件下大斜度井和水平井的产能，由式（5-2）、式（5-3）、式（5-4），求出

$J_H = J_S$ 时对应的（L，K_v/K_h）点。然后将所有的（L，K_v/K_h）点连线，则这条线上的所有点代表大斜度井和水平井产能相同的点。在这条线以上的区域，大斜度井的产能大于水平井的产能，代表对于 10m 厚度的油藏，在相应 K_v/K_h 和对应的井长度条件下钻大斜度井更优；在这条线以下的区域，水平井的产能大于大斜度井的产能，在相应 K_v/K_h 和对应的井长度条件下钻水平井更优（图 5-20）。采取同样的方法，分别绘出 30m，50m，90m，120m，150m 厚度油藏的井型选择图版（图 5-21）。

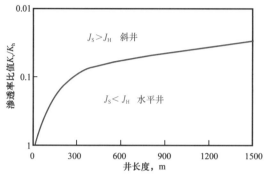

图 5-20　10m 厚度油藏条件下井型选择图版

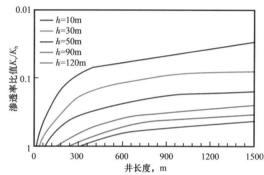

图 5-21　不同厚度油藏条件下井型选择图版

图 5-21 给出了不同厚度油藏条件下的井型选择图版，对于 50m 以上厚度的巨厚油藏，大斜度井比水平井有更广范围的适应性。在 $K_v/K_h < 0.3$ 时，无论多大长度的井眼，对于 50m 以上厚度的巨厚油藏，大斜度井的产能均比水平井的产能更高。在一般情况下，大部分油藏的 $K_v/K_h < 0.3$。因此，从产能角度来说，对于巨厚生物碎屑灰岩油藏，大斜度井比水平井有更好的适应性。

2. 隔夹层的影响

巨厚生物碎屑灰岩油藏内部一般会存在许多隔夹层，隔夹层的存在对水平井和大斜度井产能存在一定的影响[7]。在 Mishrif 实际油藏模型中切割了一个单井模型（图 5-22），模型大小为 2000m×2000m×150m，网格数为 20×20×37，在模型的第 20 小层存在隔层。主要是通过模拟有无隔层的情况下，对比大斜度斜井和水平井单井产能的变化以及稳产时间。

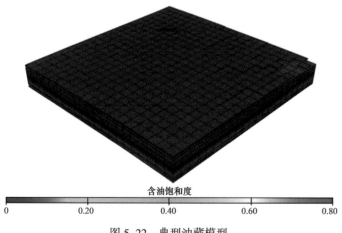

含油饱和度

图 5-22　典型油藏模型

地质模型中变隔层为储层的处理方法：隔层（20层）的孔隙度和渗透率分别取其上下两层（19层、21层）对应孔隙度和渗透率的平均值。处理前后的孔隙度及渗透率分布如图5-23、图5-24所示。

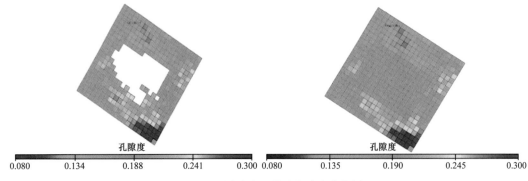

图5-23 隔层处理前后孔隙度分布图

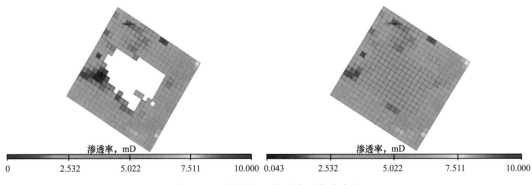

图5-24 隔层处理前后渗透率分布图

在单井模型中分别对同样长度的水平井和大斜度井（1200m）进行衰竭式开采，比较隔层的有无情况对大斜度井和水平井稳产时间和生产能力的影响（图5-25至图5-28）。

由图5-25、图5-26可以看出，有隔层存在情况下的水平井的稳产时间远远低于无隔层存在的稳产时间，而大斜度井的稳产时间受隔层的影响较小；由图5-27、图5-28可以看出，在同样的生产压差下，有隔层存在情况下的水平井的日产油能力要远远低于无隔层存在的情况，而同样生产压差条件下的大斜度井的日产油能力受隔层的影响较小。

综上所述，隔层的存在使巨厚生物碎屑灰岩油藏中水平井的稳产时间和日产油能力都大大下降，而大斜度井的稳产时间和日产油能力受隔层的影响较小。因此，对于有隔层存在的巨厚生物碎屑灰岩油藏，大斜度井比水平井有更好的适应性。而为了充分发挥 Mishrif 巨厚油藏上部 MB1 低渗透段、下部 MB2 高渗透段的各自优势，同时避免内部隔夹层的影响，可采用大斜度水平井的模式，即利用上部斜度段的优势，又可利用下部水平段的优势。

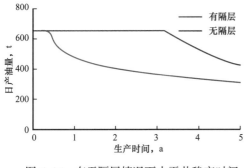

图 5-25　有无隔层情况下水平井稳产时间

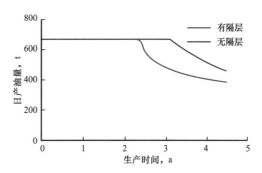

图 5-26　有无隔层情况下大斜度井稳产时间

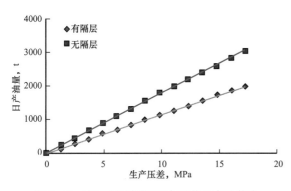

图 5-27　有无隔层情况下水平井日产油能力

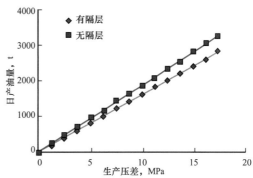

图 5-28　有无隔层情况下大斜度井日产油能力

二、巨厚油藏大斜度水平井井段优化

1. 大斜度水平井长度优化

哈法亚油田 Mishrif 油藏主要的含油小层是 MB1 及 MB2 层，MB1 相对低渗透段储量占 Mishrif 油藏总储量的 58.4%，MB2 相对高渗透段储量约占总储量的 22.9%，MB1 及 MB2 层在渗透率、储层厚度及流体黏度方面存在差异（表 5-9）。

表 5-9　MB1 与 MB2 层储层渗透率及流体黏度对比表

参数	MB1	MB2
渗透率范围，mD	1.3～82.2	39.6～136
平均渗透率，mD	15	79
平均储层厚度，m	80	40
黏度，mPa·s	1.7	3.3

大斜度水平井的长度决定了井的泄油面积和控制的可采储量，从理论上说，大斜度水平井长度越长，则产能越高。但实际生产中由于受井网部署、钻井工艺、油层保护措施、储层特点和经济效益等因素的制约，大斜度水平井的长度并不是越长越好。

模型采用定压生产 10 年，大斜度水平井长度从 200m 一直增加到 2000m，在 MB1 层采用斜井方式，在 MB2 层采用水平段方式（图 5-29），通过数值模拟计算得到 10 年累计产油量与斜井长度的关系（图 5-30），大斜度水平井长度大于 800m 之后，累计产油增加趋势变缓，大斜度水平井的合理长度为 800～1200m。

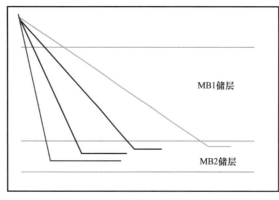

图 5-29 不同长度的大斜度水平井示意图

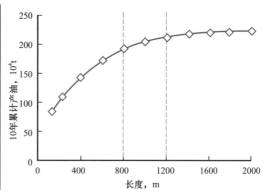

图 5-30 大斜度水平井长度与累计产油量关系

2. 大斜度井水平井井型结构优化

表 5-9 表明 Mishrif 油藏 MB1、MB2 层储层物性及流体性质存在比较明显的变化，两个小层对应不同的开发效果及生产动态。因此，采用大斜度井开发，要对油层内的大斜度生产井段在 MB1 及 MB2 内的长度分配进行优化，以获得油藏整体较高的采收率。具体的井型结构方式为：较厚的 MB1 低渗透层采用大斜度段，较薄的 MB2 高渗透层采用水平段开发。

井组模型研究中共部署 13 口大斜度井，采用注水开发方式，根据井型的不同，共设计并预测了井长度为 800m 的 4 个对比方案的开发动态，表 5-10 列出了对比方案具体的井型参数及其模拟结果。

表 5-10 大斜度井水平井井型结构优化设计方案参数表

方案	MB1 大斜度段，m	MB2 水平段，m	20 年合同期采出程度，%	20 年合同期末含水率，%
方案 1	100	700	33.4	77.4
方案 2	300	500	34.7	73.2
方案 3	500	300	36.4	68.3
方案 4	700	100	36.9	66.5

根据 MB1 和 MB2 层不同长度的方案，对比合同期内（以 20 年为例）的采出程度与含水率，图 5-31 和图 5-32 为大斜度段在 MB1 层内的长度与采出程度或含水率的关系曲线，对于 MB1 及 MB2 段合采的大斜度水平井，完井段在 MB1 层内长度越长，20 年内的采出程度越高，同时含水率越低。

在 MB1 与 MB2 层合采过程中，由于 MB2 段相对高渗透带的存在，产油及产水能力较强，而 MB1 层由于物性略差，地层供液能力不足，该层生产井段产液能力较低，以上的物性差异导致 MB2 段水驱波及体积高于 MB1 层。但是由于 MB1 段储量占比较大，优化该层的完井段后，可以提高该层储量动用程度及采出程度，同时将 MB2 层的采油速度控制在一个合理的水平，减小 MB1 和 MB2 两层间的开发矛盾，提高巨厚油藏整体采出程度。

根据模型预测结果，当井长度为800m，设计的斜井段在MB1层的长度超过500m时，对采出程度的改善效果显著变小，因此，Mishrif油藏大斜度水平井MB1层大斜度段与MB2层水平段井的合理比值为5：3时开发效果最好。

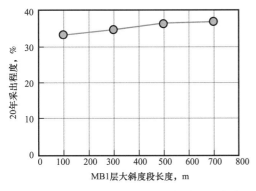

图 5-31　MB1 层大斜度段长度与采出程度关系

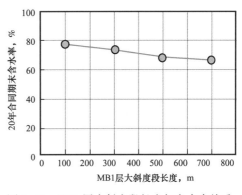

图 5-32　MB1 层大斜度段长度与含水率关系

三、大斜度水平井采油+直井注水的注采井网模式

对于巨厚生物碎屑灰岩油藏，直井和大斜度水平井都是适宜的开发井型[8-9]。因此其井网模式可以采用直井井网模式、大斜度水平井井网模式或者大斜度水平井+直井的混合井网模式（图5-33 至图5-35）。

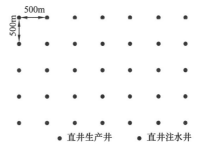

图 5-33　巨厚油藏反九点直井注采井网模式

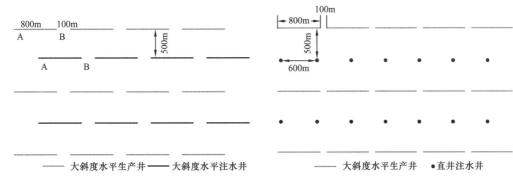

图 5-34　巨厚油藏大斜度水平井交错注采井网模式

图 5-35　巨厚油藏大斜度水平井采油+
直井注采井网模式

根据以上不同井网模式，设计3个不同注采井网开发部署对比方案（表5-11），优化哈法亚油田 Mishrif 巨厚油藏注采井网。

表 5-11　哈法亚油田 Mishrif 巨厚油藏注采井网对比方案参数表

方案	井型		井距，m	井数		
	生产井	注水井		生产井，口	注水井，口	总井数，口
方案一	直井	直井	500~600	337	113	450
方案二	大斜度水平井	大斜度水平井	900	255	124	379
方案三	大斜度水平井	直井	900	245	190	435

　　方案一的生产井及注水井均为直井，注采井网采用反九点非均匀井网形式，构造高部位地层较厚区域井距为500m，在构造边部储量较薄的区域，采用600m井距；部署注采井数450口井，包括337口直井生产井及113口直井注水井（图5-36），合同期内累计产油量为2.54×10^8t，累计注水$9.21 \times 10^8 m^3$，对应合同期内油藏采出程度为18.7%，合同期末油藏综合含水为80%，高峰产量稳产时间8年。

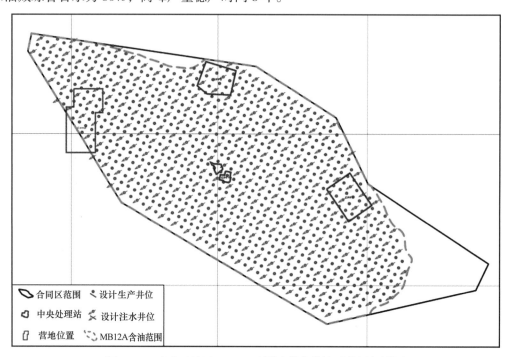

图 5-36　哈法亚油田 Mishrif 巨厚油藏直井注采井网部署图

　　方案二的注水井与采油井均为大斜度水平井，注采井网采用排状交错形式，注采井排距为500m，井距为900m。部署注采井379口，包括255口生产井及124口注水井（图5-37）。合同期内累计产油2.86×10^8t，累计注水$9.63 \times 10^8 m^3$。对应油藏合同期内采出程度20.98%，综合含水为85.03%，高峰产量稳产约12.8年。

　　方案三为大斜度水平井采油＋直井注水井网，水平井和直井交错排状注采井网，生产井排井距为900m，注水井排直井井距600m，注采井排距500m。部署注采井435口，包括245口生产井及190口注水井（图5-38）。合同期内累计产油2.95×10^8t，累计注水$9.93 \times 10^8 m^3$，采出程度21%，综合含水83.86%，高峰产量稳产约13年。

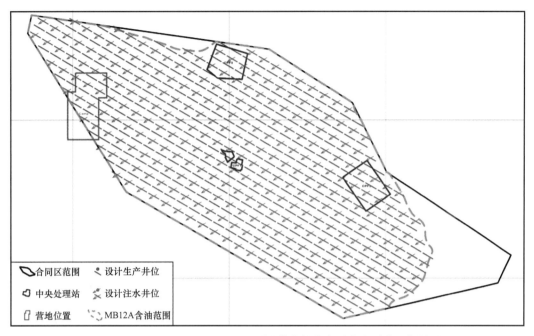

图 5-37 哈法亚油田 Mishrif 巨厚油藏大斜度水平井注采井网部署图

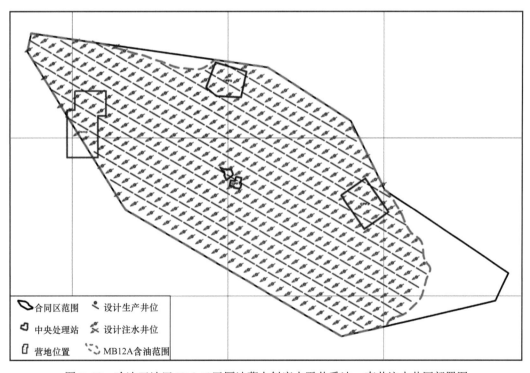

图 5-38 哈法亚油田 Mishrif 巨厚油藏大斜度水平井采油 + 直井注水井网部署图

　　方案一的高峰产量稳产时间仅 8 年，不能满足合同对油田产量稳产 13 年的要求，为达到稳产要求，必须进一步加密井网。方案二与方案三的主要开发指标动态预测结果无显著差别，方案三合同期内累计产油量略高于方案二，对应的累计注水量也略高于方案二，由于主要开发指标差别较小，从指标对比的角度分析，两个方案无实质性差异（表5-12）。

表5-12　哈法亚油田Mishrif巨厚油藏不同注采井网开发指标对比表

开发指标	方案一	方案二	方案三
注采总井数，口	450	379	435
合同期末采出程度，%	18.7	20.98	21
稳产时间，a	8	12.8	13
合同期末含水率，%	80	85.03	83.86
累计产油，10^8t	2.54	2.86	2.95
累计注水，10^8m^3	9.21	9.63	9.93

由于 Mishrif 油藏主力层 MB1 地质储量占比较大，约为 MB2 层的 2.5 倍，两个小层之间在储层物性、流体性质以及边底水的活跃程度上虽然存在一定的差异，但两个层之间无连续分布的隔层将两层分开，投产后将会存在较为严重的层间矛盾，在实施规模注水开发后，油水关系变得复杂，能否对部署的基础注采井网进行灵活的井网调整，是能否获得较高水驱开发效果的重要保障和前提条件。方案三采用直井作为注水井型，与大斜度水平井注水相比，选择直井作为注水井可以实现注水井的措施作业更加灵活，包括注入层位的调整，注采关系调整等措施，更容易实现精细分层注水。因此，优选方案三作为 Mishrif 油藏开发的注采井网部署方案。

四、应用效果

1. 大斜度水平井获得高产

截至 2015 年年底，哈法亚油田 Mishrif 油藏共钻大斜度水平井 37 口，平均单井产量达到 792t/d，比设计 729t/d 高出 63t/d；直井投产 58 口，平均单井产量 472t/d，比设计 364t/d 高出 108t/d。大斜度水平井平均单井产量是直井的 1.7 倍，而大斜度水平井平均单井钻井费用只有直井的 1.4 倍，钻井周期只有直井的 1.3 倍。

2. 哈法亚油田快速建成年产 1000×10^4t 产能规模

通过注采井网优化部署，哈法亚油田于 2012 年仅用 28 口井建成一期 $500 \times 10^4t/a$ 的产能，二期产能建设于 2014 年再用 41 口井建成 $500 \times 10^4t/a$，实现快速规模上产 1000×10^4t 年产能。

第三节　纵向多套井网的立体组合优化技术

伊拉克地区经历长期战乱影响，油田开发经营的安全保障受到严重挑战，加上油田地面环境复杂，有的油田在宝贵的农牧区，有的在稀少的河流旁边，采用一口井一个平台的模式已经非常困难，为降低安全生产风险和地面投资，采用丛式井模式成为必然选择，故多层系井网必须实施优化组合，以减少地面管汇和安全限制[10]。

立体井网组合优化需要以主力油藏的注采井网为骨干井网，其他层系的井网在骨干井网两边作为枝干井网，相互配置，减少地面工程建设投资。通过立体井网组合优化实现3个目标，一是利用丛式井尽量减少钻井平台数，二是减少现场工程作业队伍，提高安保防恐等级；三是同一平台不同油藏间的井交错配置，以便后期老井互换层系开发，提高开发效果。

一、艾哈代布油田纵向多套井网立体组合优化技术

艾哈代布油田除 Kh2 层作为主要开发层系外，还另有 Mishrif 和 Rumaila 作为次要开发层系。Mishrif 和 Rumaila 油藏比较小，油层分为多个小层，内部隔夹层发育，采用直井开发。纵向上多套层系，平面上多套井网，需要考虑井网在空间分布及钻井防碰等问题。

1. 地质油藏特征

从 Khasib、Mishrif、Rumaila 到 Mauddud 共划分 22 个小层，地层对比标志清晰，分布稳定。全区总共发育有 7 套石灰岩含油层系，分别为 Kh2、Mi4、Ru1、Ru2a、Ru2b、Ru3 和 Ma1，油藏埋深 2600～3200m。艾哈代布油田构造上为西北—东南走向长轴背斜，长约 29km、宽约 8km，构造落实；各目的层圈闭面积约为 102～165km^2，闭合幅度 42～62m，地层倾角小于 2°。在目的层没有识别出断层。AD-1，AD-2 和 AD-4 井存在 3 个构造高点。主要沉积环境为生物碎屑灰岩台地浅滩。Kh2 储层全油田分布稳定，平均厚度约为 22m。Mi4、Ru1、Ru2、Ru3 和 Ma1 主要分布于 AD-1 井区，平均厚度约为 14～28m。储层物性为中—高孔隙度（17%～25%）和低渗透率（5～12mD）。共划分 7 套油水系统、分属 2 种油藏类型，如图 5-39 所示。其中 Kh2、Mi4、Ru2a 和 Ru2b-U 油藏属岩性构造—层状边水油藏，Ru1，Ru2b-L+Ru3，Ma1 属于构造—块状底水油藏。

2. 开发层系划分

艾哈代布油田共发育 7 套（Kh2、Mi4、Ru1、Ru2a、Ru2b、Ru3、Ma1）油层，科学合理进行开发层系划分与组合有助于改善油田开发效果，提高经济效益。根据各含油层系储量分布、压力系统、储层物性、油井产能以及流体性质等因素，明确开发层系划分主要依据。

首先从压力系统来看，根据现有 9 口油井压力测试数据可知，油田各层压力系数在 1.12～1.14，各层压力系数相差不大，开发过程中层间窜流的可能性较小，对层系划分与组合不会造成不利影响。7 套油层储量分布差异较大，其中 Kh2 层含油面积分布最广、储量最大，其储量占油田总储量的 60%，所以 Kh2 层适宜作为单独一套层系开发。7 套含油层系纵向分布跨度为 500m，其中 Kh2 层与 Mi4 层、Mi4 层与 Ru2 层以及 Ru3 层与 Ma1 层之间间隔均相差 100m 以上，隔层厚度较大，主力含油层系或 2 个含油层系组合具有一定的厚度（图 5-40 至图 5-43），具备分层开发的基础。

从物性上来看，各储层孔隙度范围在 18%～25%，较为接近，属于中—高孔油藏。各储层平均测井渗透率均接近或低于 20mD，属于典型低渗透油藏，储层渗透率范围在 5～20mD。其中平均渗透率最高层 Ru2a 为 20.8mD，而最低层 Ma1 为 5mD。从数值模拟结果来看，若将 Ru2a—Ma1 层划分为一套开发层系，由于层间渗透率差异，会造成 Ma1 层开发效果变差。因此虽然 Ma1 层储量较小，但考虑到储层埋深及储层物性等因素，该层应划分为单独一套开发层系。从已获取的各层原油 PVT 物性看，各储层原油溶解气油比及原油黏度等指标均较为接近，同时上述 4 套开发层系单井产能相对较高，范围在 72～116t/d，适宜作为一套层系开发。综合上述因素，艾哈代布油田共分为 4 套开发层系：Kh2，Mi4—Ru1，Ru2—Ru3 和 Ma1。

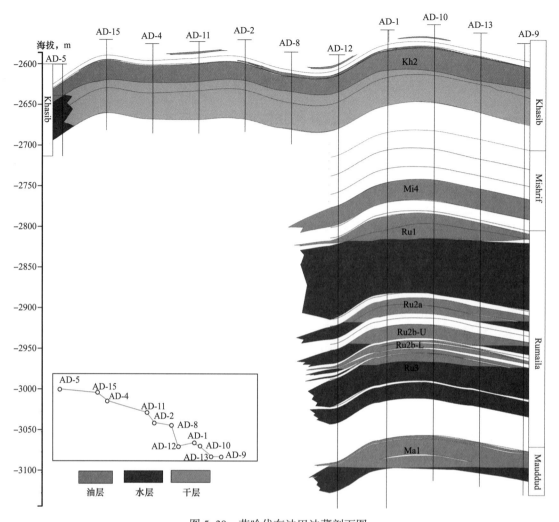

图 5-39　艾哈代布油田油藏剖面图

3. 两套直井开发层系间的井网模式

Mi4—Ru1、Ru2—Ru3 为层状油藏，采用直井开发，为了优化 Mi4—Ru1、Ru2—Ru3 两套开发层系的井距，对比分析了 4 套井距方案：井距 550m，井数 165 口，包括 128 口生产井和 37 口注水井；井距 600m，井数 148 口，包括 114 口生产井和 34 口注水井；井距 650m，井数 153 口，包括 121 口生产井和 32 口注水井；井距 700m，井数 103 口，包括 79 口生产井和 24 口注水井。

数值模拟结果表明，井距 700m 方案高峰期产量低且采出程度低于其他 3 套方案，550m 井距方案合同期末采出程度高但含水最高，600m 井距方案合同期末采出程度与 550m 井距基本一致但含水率最低，600m 方案的采出程度高于 650m，因此从油藏工程角度推荐 600m 井距。

对上述 4 套井距方案进行了经济评价，结果表明 650m 和 700m 方案内部收益率及累计净现值均低于其他两个方案，虽然 550m 方案经济指标略高于 600m 方案，但其增加新井的增量经济效益变差，同时采用 600m 井距开发有利于与上部 Kh2 层 300m 排距井网相互错开，有利于解决纵向多套井网平面布局问题。因此综合油藏及经济评价结果，推荐直井采用 600m 井距开发。

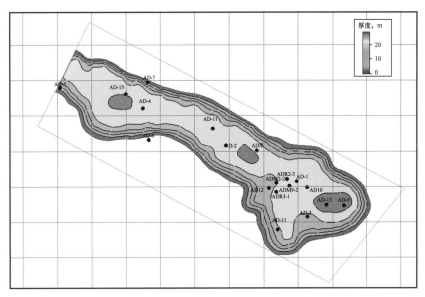

图 5-40　Kh2 层有效厚度分布图

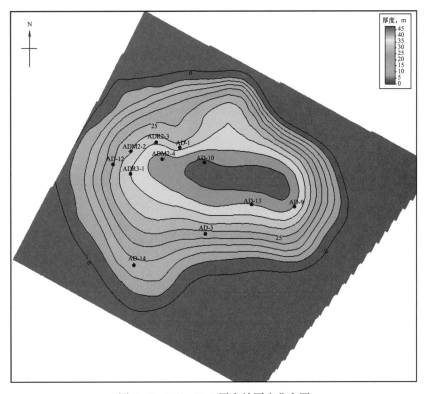

图 5-41　Mi4—Ru1 层有效厚度分布图

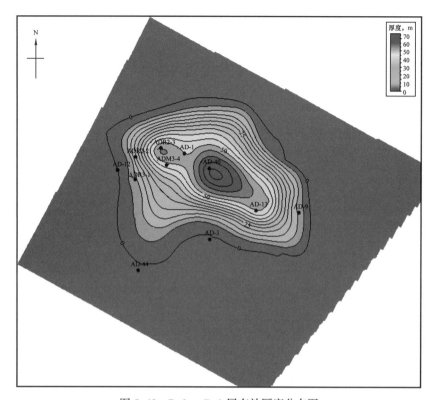

图 5-42　Ru2a—Ru3 层有效厚度分布图

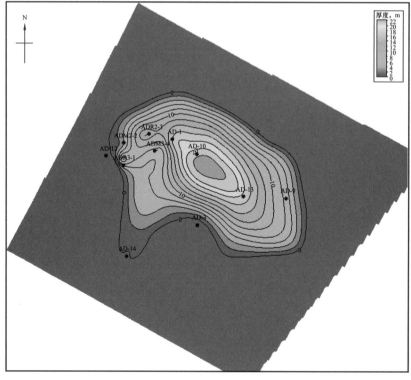

图 5-43　Ma1 层有效厚度分布图

因此，下部两套直井井网采用相同的井网井距，均为 600m 井距，井排之间互相间隔。待后期开采到一定时间后，互相交换，即 Mi4—Ru1 开发层系井改为开采 Ru2—Ru3 油藏，Ru2—Ru3 开发层系井改为开采 Mi4—Ru1 油藏（图 5-44）。

4. 水平井井网与直井井网匹配模式

Kh2 的水平井的排距为 300m，直井井网的井距为 600m，水平井与直井网在同一排，但井口略微错开 200m 左右。两排直井井网对应三排水平井排，在平面上以 Kh2 层井网为主干井网，下部直井井网为枝干井网，实现在空间上相容匹配（图 5-45）。

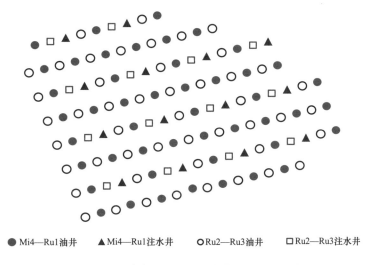

●Mi4—Ru1油井　▲Mi4—Ru1注水井　○Ru2—Ru3油井　□Ru2—Ru3注水井

图 5-44　艾哈代布油田下部两套直井井网匹配模式

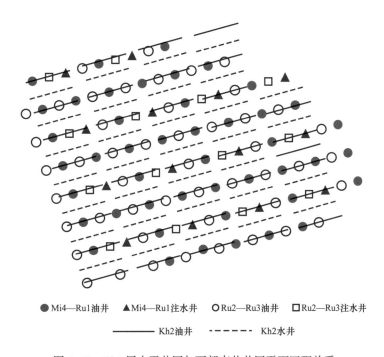

●Mi4—Ru1油井　▲Mi4—Ru1注水井　○Ru2—Ru3油井　□Ru2—Ru3注水井

——— Kh2油井　- - - - - Kh2水井

图 5-45　Kh2 层水平井网与下部直井井网平面匹配关系

二、哈法亚油田纵向多套井网立体组合优化技术

哈法亚油田 Mishrif 储层分布范围最广，为该油田主力油藏，因此 Mishrif 油藏井网作为该油田主干井网，纵向上其他开发层系井网需要与 Mishrif 井网进行匹配，形成枝干井网。

1. 哈法亚油田开发层系划分

哈法亚油田共发现 16 套含油层，综合考虑油藏埋深、地质储量、储层物性、流体性质、压力系统和油藏类型等因素，自上而下分为 9 套独立开发层系（表 5-13）。

表 5-13　哈法亚油田开发层系划分依据

序号	油藏	顶部埋深，m	岩性	渗透率，mD	油藏类型	备注
1	Jeribe	1890	白云岩	2～6	未饱和油藏	具有相同压力油水系统
	Upper Kirkuk	1900	疏松砂岩	>1000	未饱和疏松砂岩	
2	Hartha	2550	泥粒灰岩	5～15	近饱和和边水构造油藏	挥发性轻质油，与 sadi 区别大
3	Sadi	2600	泥粒灰岩	0.05～5	未饱和和边水构造油藏	下部物性明显好于上部
	Tanuma	2720	泥粒灰岩	0.3～5	未饱和和边水构造油藏	储量比例小
4	Khasib	2730	泥粒灰岩	0.2～3	未饱和和边水构造油藏	下部物性明显好于上部
5	MA2	2800	泥粒灰岩	2～30	未饱和和边水构造油藏	与 Mishrif 主体油藏具有稳定隔层
6	MB1—MB2—MC1	2810	粒状灰岩	2～60	未饱和和底水油藏	主力油藏，储量占 55%
7	MC2—MC3	3150	泥粒灰岩	2～60	未饱和和底水油藏	2 个油藏均为底水油藏
8	Nahr Umr	3650	砂岩	400～700	未饱和和边水构造油藏	高渗高产油藏
9	Yamama	4210	粒泥灰岩	1～5	未饱和和岩性油藏	异常高压油藏

Jeribe 和 Upper Kirkuk 油藏为第一套开发层系。Jeribe 层与 Upper Kirkuk 层顶部埋深分别为 1890m 和 1900m，尽管之间存在局部的夹层，但未被完全隔开，为同一油藏，特点是上部的 Jeribe 为白云岩储层，储量较小，而下部的 Upper Kirkuk 层为疏松砂岩，储量较大，上下两层的储层渗透率差异较大。

Hartha 油藏为第二套开发层系。Hartha 油藏（顶部埋深 2550m）属于近饱和油藏，与下伏的 Sadi（顶部埋深 2600m）纵向上距离约为 50m，但两油藏储层物性、单井产能差异很大，且原油性质完全不同，因此 Hartha 油藏需单独开发。

Sadi 和 Tanuma 油藏为第三套开发层系。Sadi 油藏和 Tanuma 油藏上下紧邻，之间只有一层 2m 左右的稳定泥岩夹层，两油层的岩性、物性、流体和地层压力系统均相似，合为一套层系开发。

Khasib 油藏为第四套开发层系。Khasib 油藏顶部埋深 2730m，包括 Khasib A1、Khasib A2 和 Khasib B 三个油藏。Khasib 油藏地质储量 1.64×10^8t，三个油藏上下紧邻，具有一套层系开发的储量基础。但 Khasib A1、Khasib A2 地层压力系数为 1.26，而 Khasib B 地层

压力系数为 1.18，两者间差别较大，尽管采用同一套井网，但三个油藏并不合采。大斜度水平井先开发下部渗透率相对较好的 Khasib B 油藏，然后上返开发上部的 Khasib A1 和 Khasib A2 油藏。

Mishrif 层 MA2 油藏为第五套开发层系。MA2 油藏与下部主力油藏 MB1—MC1 之间具有稳定的隔层，油藏平均厚度为 10m，采用水平井开发，与下部油藏共享注水井实行分注。

Mishrif 层 MB1—MB2—MC1 油藏为第六套开发层系。该油藏为主力油藏，地质储量占油田总储量的比例接近 50%，单独作为一套开发层系。

Mishrif 层 MC2—MC3 油藏为第七套开发层系。MC2 和 MC3 油藏均为独立的边水油藏，油藏分布范围小，储量较小。MC2 和 MC3 油藏在纵向上含油范围基本重合，采用一套水平井网开发，开发方式为天然能量，水平井段先开发 MC3 油藏，后期上返至 MC2 油藏生产。

Nahr Umr 油藏为第八套开发层系。Nahr Umr 为中高渗透性砂岩油藏，单井产能较高，为哈法亚油田最早动用的油藏。该油藏在纵向上距其他油藏较远，具备单独开发的产能和储量基础，采用一套井网单独开发。

Yamama 油藏为第九套开发层系。Yamama 为异常高压碳酸盐岩油藏，宜独立开发，目前处于评价阶段。

2. 哈法亚油田多层系井型井网优化部署

基于各油藏不同的地质特征，利用数值模拟手段，开展了哈法亚油田各开发层系井型优化研究。Jeribe—Upper Kirkuk，Nahr Umr 和 Yamama 3 个油藏推荐直井井网开发，对于 Hartha、Sadi—Tanuma 和 Khasib 等油藏，为了获得较高的单井产量，推荐采用大斜度井水平井开发。主力油藏 Mishrif 推荐采用大斜度井和水平井作为生产井，直井（定向井）作为注水井（表 5-14）。

表 5-14 哈法亚油田各油藏井型及基础井网参数优化结果表

序号	油层	井型	井网	井/排距，m	开发方式
1	Jeribe	直井	边部注水	井距 1000m	天然能量 + 注水
	Upper Kirkuk				
2	Hartha	大斜度水平井	不规则井网	排距 500m，井距 1000m	Sadi/Tanuma 开发层系与下部 Khasib 层系共享注水井
3	Sadi	大斜度水平井	不规则井网	排距 500m，井距 1000m	
	Tanuma				
4	Khasib	大斜度水平井	不规则井网	排距 500m，井距 1000m	
5	MA2	水平井 + 直井	交错线性排状	排距 500m，水平井井距 1000m，直井井距 600m	天然能量 + 注水
6	MB1—MB2—MC1	大斜度水平井 + 直井	交错线性排状	排距 500m，水平井井距 1000m，直井井距 600m	天然能量 + 注水
7	MC2—MC3	水平井	沿轴线高部位	井距 1500m	天然能量
8	Nahr Umr	直井	边外注水	井距 1000m	天然能量 + 注水
9	Yamama	直井	不规则井网		天然能量

Jeribe—Upper Kirkuk 油藏岩性为砂岩、泥岩、砂质灰岩和白云岩条带互层。上部 Jeribe 层为薄的白云岩储层，Upper Kirkuk 层为胶结疏松的砂岩油藏，尽管下部存在底水，但油层较厚，且层间夹层发育，因此采用直井开发。基础井网井距为 1000m，采用边缘注水方式，后期结合剩余油富集区逐步加密。

Nahr Umr 油藏为砂岩油藏，油藏内砂体空间分布及油水关系复杂，加上油层顶部存在一套易碎泥页岩，在水平井钻井过程中容易垮塌，经现场钻井试验，不宜钻水平井，故该油藏采用直井开发。在油层连片发育区，部署井距为 1000m 的开发井网，采用边缘注水方式。

Sadi—Tanuma 属于低渗透碳酸盐岩油藏，采用大斜度水平井的井型，排距 500m，井距 1000m，利用大斜度水平井增大单井的泄油面积的优势，提高单井产量。

Khasib 层纵向上由三个碳酸盐岩油藏组成，油层厚度相对较薄，储层物性变化大，且压力系数差异较大，大斜度水平井穿过 Khasib A1、Khasib A2 和 Khasib B 3 个油藏，排距 500m，井距 1000m，先开采 Khasib B，然后再上返开采上部层。

Mishrif 油藏纵向上非均质性较强，在平面上构造高部位（油藏中—东部）分布着 MB1、MB2、MC1 3 个相连的含油层，3 个层之间物性存在差异，MB2 和 MC1 层物性相近，优于 MB1 层。为了在 Mishrif 油藏开发过程中实施分采开发策略，在开发早期充分发挥 MB2 的生产潜力，推荐大斜度水平井为合理开发井型。大斜度水平井具有较强的地质适应灵活性，MB1 层在构造高部位存在隔夹层，与直井及水平井相比，大斜度水平井在 MB1 层可以穿过更多油层，提高单井动用储量，同时 MB2 层和 MC1 层纵向上相连通，通过位于 MB2 层内的水平段动用这两层获得较高的产量。在生产过程中，利用水平段优先开采 MB2 和 MC1 层，待 MB2 和 MC1 段较高含水后再上返至 MB1 大斜度段。为了在 Mishrif 油藏 MB2 和 MC1 水平段和 MB1 大斜度段实施分采以及逐层控水生产，大斜度水平井尽量采用分段完井方式。考虑到可操作性和作业方便性，推荐直井（定向井）作为注水井井型，基础井网井距及排距分别为 1000m、500m，实现油藏补充能量整体上为底水驱油与直井注水驱油相结合。

对于 Mishrif 油藏 MA2 和 MC2—MC3 开发层系井网，均采用水平井生产。MA2 主要以水平井生产，与下部 MB1—MC1 层系共享直井注水井，实行分注。而 MC2—MC3 主要以水平井生产，水平段先开发 MC3 层，然后上返直井段开采 MC2 层。水平井水平段方向主要沿油藏构造的长轴方向布置，按照与构造线平行设计，以避免生产井过早见水。

对于油层平面分布较为连续的油藏，包括 Mishrif，Jeribe—Upper Kirkuk 和 Nahr Umr 等油藏，基本采用均匀的井距及井网形式。对于具有多油水界面的岩性油藏或者储层平面分布连续性较差的油藏，包括 Hartha、Sadi、Khasib 及 Yamama 等油藏，将根据储层、油层的发育情况，针对具体情况优选井位。

3. 主力层系 Mishrif 井网部署模式

Mishrif 井网为排式井网，即一排大斜度水平井为生产井，另一排直井作为注水井，采油井排与注水井排交错间隔。对于同为 Mishrif 油藏的井，从同一个钻井平台上，往右一口大斜度水平井，一口直井注水井，同时往左一口直井注水井，即一个钻井平台在 Mishrif 需要钻 3 口井（图 5-46）。

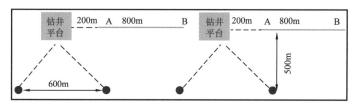

图 5-46　Mishrif 油藏钻井平台上大斜度水平井与直井匹配模式

4. Mishrif 层与其他开发层系井之间的匹配模式

哈法亚油田 Upper Kirkuk 层和 Nahr Umr 层为砂岩油藏，主要采用直井开发，其他层均为生物碎屑灰岩油藏，主要采用水平井或大斜度水平井开发。哈法亚油田主要有Mishrif、Upper Kirkuk、Nahr Umr、sadi 和 khasib 等 5 套井网，其余 4 套开发层系的井数较少，在空间匹配上主要以这 5 套井网为主。Upper Kirkuk 层、Nahr Umr 层位的直井井位作为钻井平台的位置，大斜度水平井平行构造线方向钻井，Mishirf 直井可同时兼做其他层的注水井（图 5-47）。

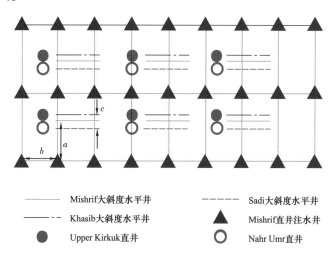

——— Mishrif大斜度水平井	- - - Sadi大斜度水平井
—·— Khasib大斜度水平井	▲ Mishrif直井注水井
● Upper Kirkuk直井	○ Nahr Umr直井

图 5-47　哈法亚油田 Mishrif 油藏与其他开发层系井网平面匹配图

a—排距，m；b—直井井距，m；c—水平井间距，m

三、应用效果

哈法亚油田 7 套开发层系共部署 764 口井，经过井网的立体组合优化后，平台数由 188 个优化至 133 个，地面钻井平台大幅减少。艾哈代布平均百万吨产能建设费用为13.86 亿元人民币，哈法亚为 18.40 亿元人民币，平均为 16.53 亿元人民币，创造了海外百万吨产能建设投资的新低。

第四节　基于服务合同模式的多目标协同整体优化技术

中东大型生物碎屑灰岩油藏的整体开发优化部署，必须结合油田开发合同模式。伊拉克大型生物碎屑灰岩油藏主要合同模式为技术服务合同。合同者通过作业服务，利用生产出的原油进行投资和成本费用的回收并获得一定的报酬费。年度报酬费按每桶报酬乘以年度产量计算得到，并从油田年度总收入中支付给合同者。技术服务合同的特点决定了油藏开发部署优化必须遵循"三最"原则，即在最短的时间内，以最小的投资实现最大的商业产能。

一、"上产速度＋投资规模＋增量效益"多目标协调优化技术

对于中东大型生物碎屑灰岩油藏，其产能建设应当按照多期次的产能建设进行安排。每一期的产能建设规模和时间安排必须合理，以保证效益的最大化。

1. 初始商业投产时间的安排策略

哈法亚油田初始商业年产 $500 \times 10^4 t$ 投产的时间对项目效益具有明显的影响。项目越早开始商业生产，项目的整体经济效益越好，商业生产时间越往后延，项目效益下降越明显（图5-48）。在合同期内，如果初始商业生产延迟4个季度，则内部收益率下降约3%，即每延迟一个季度内部收益率下降约为0.75%。因此在产能建设的整体优化中必须要充分考虑初始商业产能的规模和工作量，以确保尽早投产。

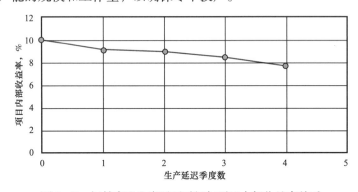

图5-48　初始商业生产后延时间与项目内部收益率关系

影响初始商业投产时间节点包括开发方案编制、资源国政府审批开发方案、开发井钻井进度、地面长周期设备招投标及制造、地面工程设备的安装与调试。一般技术服务合同的初始商业产能最快投产时间应该在合同生效日之后的2～2.5年。哈法亚项目是初始商业产能投产最快的项目，该项目2010年3月1日生效，2012年6月投产，用时2年3个月建成了年产 $500 \times 10^4 t$ 初始商业产能。

2. 二期产能建设安排策略

对于多期次产能建设的项目而言，第二期产能建设规模和时间控制异常重要。因为合同方通常期望第一期的全部投资要在第二期建设期间回收，同时剩余的回收池也尽可能满足第二期产能建设的投资。

以伊拉克第一、第二轮国际招标项目为例，每年投资回收最大比例为50%，假设吨桶换算系数为6.8，第一、第二期单位产能建设成本相当。

第二期投资回收总量 = 第一期投资 + 第二期投资，即

$$6.8 \times N_1 \times P \times 50\% \times Y_2 = (N_1 + N_2) \times V \qquad (5-5)$$

式中　N_1，N_2——第一、第二期产能，$10^6 t/a$；

P——长期油价，美元/bbl；

Y_2——第二期产能建设周期，a；

V——百万吨产能建设成本，10^8 美元 /10^6t。

按照长期油价 75 美元 /bbl 计算，则得到第二期产能建设合理周期：

$$Y_2 = \frac{V}{255}\left(1 + \frac{N_2}{N_1}\right) \qquad (5-6)$$

假设一期、二期建设产能相当，即 Y_2=0.7843V，则二期产能建设周期的长短就与百万吨产能建设投资相关（表 5-15）。从中东地区实际产能建设规划出发，早期的产能建设投资基本可以控制在（20～28）亿元 /10^6t，而后期逐渐上升至（28～35）亿元 /10^6t。结合实际产能建设规划，通常第二期产能建设周期安排为 2 年。

表 5-15　技术服务合同二期产能建设周期优化

百万吨产能建设投资，亿元	20	28	35
二期产能建设周期，a	2.3	3.1	3.9

3. 多期次产能规模安排

伊拉克大型生物碎屑灰岩油藏的产能建设一般给定 7 年高峰产能建设期，考虑初始商业生产周期一般在 2～2.5 年，二期产能建设周期一般在 2 年，因此整个高峰产能建设可以划分为二级或四级产能建设。

根据长期 75 美元 /bbl 的国际油价和年度 50% 的回收池比例，下一期产能建设台阶的规模应该等于前面期次全体产能规模，因此整个 7 年期内的产能建设模式可以划分为三级或四级模式，初始商业产能 N 与高峰期产能 PPT 之间可简化为

三级产能建设模式：　　$PPT=N+N+2N=4N$，N=1/4PPT 　　　　（5-7）

四级产能建设模式：　　$PPT=N+N+2N+4N=8N$，N=1/8PPT 　　（5-8）

式中　PPT——油田高峰产能规模，10^4t/a；

　　　　N——初始商业产能，10^4t/a。

以哈法亚油田为例，最初规划的高峰产量规模为 $3000×10^4$t/a，进一步优化后，削减高峰产量规模至 $2000×10^4$t/a，初始商业产量规模见表 5-16。考虑油田实际生产建设需求以及今后欧佩克组织减产可能性，哈法亚油田在 $2000×10^4$t/a 高峰产能规模方案中可实行三级建产模式，而在最初的 $3000×10^4$t/a 高峰产量规模方案中则可实行四级建产模式，因此初始商业产能均可确定为 $500×10^4$t/a。

表 5-16　哈法亚油田技术服务合同初始商业产能规模表

产能建设，10^4t/a	高峰产能规模 $3000×10^4$t/a		高峰产能规模 $2000×10^4$t/a	
	三级建产	四级建产	三级建产	四级建产
一期（初始商业产能）	750	375	500	250
二期	750	375	500	250
三期	1500	750	1000	500
四期		1500		1000

哈法亚油田经过多轮次 21 套方案对比，采用三级台阶建产模式，分阶段建成 $500 \times 10^4 t/a$、$1000 \times 10^4 t/a$、$2000 \times 10^4 t/a$，实现前期投资少、快速回收投资和自身滚动发展。

二、大型生物碎屑灰岩油田平面及纵向开发部署的整体优化

1. 油田平面上分区分块动用策略

对于多期次产能建设的油田，平面上应实行分区分块动用。按照每一期次产能建设的大小与高峰产能之间的比例关系，在平面上按储层物性和储量丰度划分产能建设的面积。通常初始商业产能的动用面积应当处于油田高部位区域，并尽量以中心处理站为圆点呈圆形或半圆形分布，后期产能建设再逐渐向四周展开，图 5-49 中部表示哈法亚油田初始商业产能建设区域，产能规模 $500 \times 10^4 t/a$；图 5-49 东部表示二期产能建设区域，产能规模 $500 \times 10^4 t/a$；图 5-49 西部表示三期产能建设区域，产能规模 $1000 \times 10^4 t/a$。艾哈代布油田具有多个油藏高点，可从每个高点开始进行产能建设，然后向鞍部之间逐渐展开（图 5-50）。

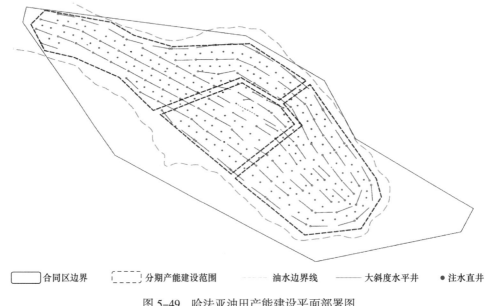

| 合同区边界 | 分期产能建设范围 | 油水边界线 | 大斜度水平井 | ●注水直井 |

图 5-49 哈法亚油田产能建设平面部署图

2. 油田纵向多层系优先动用确定方法

纵向油藏的动用，并不简单以油藏储量或单井产量为依据，而应结合油藏储层物性、单井产量、钻完井投资、工程作业风险等进行综合判定。依据对油藏动用优先顺序的主要因素建立纵向动用优先指数 I，按照优先指数的顺序来确定纵向上的油藏动用顺序。

通常而言，油藏物性越好，渗透率 K 越高，油藏应该优先动用；地饱压差（$p_i - p_b$）越大，油藏越优先动用；单井产量 Q 越高，越应该优先动用；钻完井投资 V 越低，越优先动用；工程风险 F 越大，油藏应该越晚动用。

根据以上优先动用的原则，考虑到 7 年高峰建产期，建产后 2 年投资回收期的要求，

纵向动用优先指数 I 可描述如下：

$$I = K \times \frac{p_i - p_b}{7} \times \frac{Q\left(1 - a^{24}\right)}{1 - a} \times \frac{1}{V} \times \frac{1}{F} \qquad (5\text{-}9)$$

式中　I——油藏优先动用指数；

$\quad\quad K$——油藏渗透率，mD；

$\quad\quad p_i$——地层原始压力，MPa；

$\quad\quad p_b$——地层饱和压力，MPa；

$\quad\quad Q$——单井投产初期产量，t/d；

$\quad\quad a$——2 年回收期内的产量递减指数，%；

$\quad\quad V$——单井钻完井投资，万元 / 井；

$\quad\quad F$——钻完井风险指数，%。

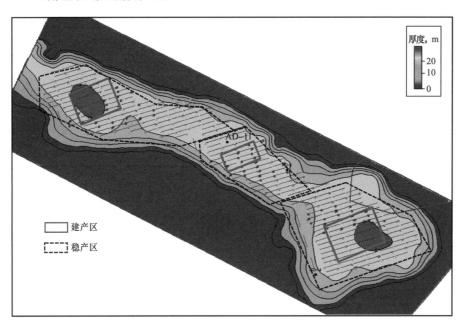

图 5-50　艾哈代布油田产能建设平面部署图

由于投产前无法确认油藏产量递减率，均假设油田产量递减为 10%，则式（5-9）进一步简化为

$$I = \frac{K\left(p_i - p_b\right)Q}{63VF} \qquad (5\text{-}10)$$

以伊拉克哈法亚油田为例，工程风险主要指异常高压（压力系数 1.9）导致的钻完井风险，而 Nahr Umr 风险来自其顶部的脆性页岩，Upper Kirkuk 为疏松砂岩，主要风险为砂埋或生产过程可能出砂。纵向上各油藏的动用优先指数排序见表 5-17。

所以尽管 Nahr Umr 油藏和 Mishrif 油藏埋藏较深，但由于井型不同，产能不同等，其动用指数要高于顶部埋藏较浅的 Upper Kirkuk 和 Hartha 储层。在一期产能建设期，主要以 Nahr Umr 和 Mishrif 为主，其他油藏进行试采，二期产能建设再加入 Upper Kirkuk 油藏，在二期产能建设完成后，油田纵向上主要动用 Nahr Umr，Mishrif 和 Upper Kirkuk 油藏，其他油藏基本不动用，留待后期动用。

表 5-17　哈法亚油田纵向动用优先指数

纵向油藏	渗透率 mD	地饱压差 MPa	单井产量 t/d	钻完井投资 万元/井	风险指数 %	动用指数	排序
Upper Kirkuk	1000	13.7	219	4127	10	46	3
Hartha	700	0.3	292	5361	1	8	4
Sadi	2	11.9	219	5796	1	0.6	6
Khasib	5	5.9	219	5796	1	0.7	5
Mishrif	50	15.5	729	5040	1	70	2
Nahr Umr	900	22.5	292	4410	10	84	1
Yamama	15	60.6	292	6615	80	0.3	7

3. 制定"中心突破，两翼展开，采用分区分层系接替上产，最大程度降低早期投资"滚动发展策略

哈法亚油田纵向上优先动用 Mishrif 及 Nahr Umr 油藏，其他层系接替开发，平面上从油田中部先动用，向两边扩展，实现优质储量开发、上产台阶与工程建设配套优化（表 5-18）。

表 5-18　哈法亚油田平面和纵向产能接替的分期建产安排

中心处理站名称	油藏	一期产能规模 10^4t/a	一期、二期总产能规模 10^4t/a	一期、二期、三期总产能规模 10^4t/a	高峰稳产期产能规模 10^4t/a
		500	1000	2000	2000
CPF1	Upper Kirkuk	5	5	100	100
	Hartha	20	10	5	5
	Sadi/Tanuma	5	5	5	5
	Khasib	5	5	0	0
	Mishrif	370	370	350	350
	Nahr Umr	95	105	40	40
	Yamama				
	合计	500	500	500	500

续表

中心处理站名称	油藏	一期产能规模 10⁴t/a	一期、二期总产能规模 10⁴t/a	一期、二期、三期总产能规模 10⁴t/a	高峰稳产期产能规模 10⁴t/a
		500	1000	2000	2000
CPF2	Upper Kirkuk		50	120	120
	Hartha			5	5
	Sadi/Tanuma			5	5
	Khasib				
	Mishrif		400	350	350
	Nahr Umr		40	10	10
	Yamama		10	10	10
	合计		500	500	500
CPF3	Upper Kirkuk				
	Hartha			15	15
	Sadi/Tanuma			15	15
	Khasib			50	50
	Mishrif			900	900
	Nahr Umr			20	20
	Yamama				
	合计			1000	1000

三、应用效果

大型生物碎屑灰岩油藏整体优化部署技术广泛应用于伊拉克哈法亚油田、鲁迈拉油田和艾哈代布油田，并推广应用至西古尔纳油田，取得了良好的效果。推动伊拉克艾哈代布、哈法亚、鲁迈拉三大项目原油作业产量从 2010 年的零开始快速上产到 2015 年 5000×10^4 t/a 以上规模，其中艾哈代布项目提前 3 年建成 700×10^4 t/a 产能规模并实现持续稳产，哈法亚项目一期 500×10^4 t/a 产能建设提前 15 个月建成，于 2012 年 6 月投产，2014 年 8 月实现二期投产，一期、二期总产能规模达到 1000×10^4 t/a 并稳产；与中方进入前相比，鲁迈拉项目原油作业产量大幅提升 3196×10^4 t/a。项目经济效益的显著提升，艾哈代布项目内部收益率从 16.8% 提高到 20.7%，哈法亚项目内部收益率从 9% 提高到 15%。

参 考 文 献

［1］许宁，郭秀文. 得克萨斯州 NHSU 油田低渗透砂岩油藏水平井注采［J］. 世界石油工业,1997,4（4）：
40-43.

［2］Seeberger F C, Rothenhoefer H W, Akinmoladum O J. The ultimate line drive using multilateral wells：
plans for 200 km of horizontal hole in the Saih Rawl Shuaiba Reservoir, PDO［C］. SPE 36223, 1996：
536-541.

［3］Graves K S, Valentine A V, Dolman M A, et al. Design and implementation of a horizontal injector
program for the Benchamas Waterf lood-Gulf of Thailand. SPE 68638, 2001：1-16.

［4］凌宗发，胡永乐，李保住，等. 水平井注采井网优化［J］. 石油勘探与开发，2007，34（1）：65-66.

［5］Bryce Cunningham A, Chaliha-ADCO P R.Field testing and study of horizontal water injectors in increasing
ultimate recovery from a reservoir in Thamama Formation in a peripheral water injection scheme in a giant
carbonate reservoir, United Arab Emirates［C］. SPE 78480, 2001：1-9.

［6］Westemark R V, Robinowitz S, Weyland H V. Horizontal waterf looding increases injectivity and
accelerates recovery［J］.World Oil, 2004, 225（3）：81-82.

［7］庞长英，等. 水平井直井联合井网产能研究［J］. 石油天然气学报，2006，28（6）：113-116.

［8］王大为，李晓平. 水平井产能分析理论研究进展［J］. 岩性油气藏，2011，23（2）：118-123.

［9］赵碧华，等. 垂直井开采厚油层的正交分析研究［J］. 断块油气田，1998，5（4）：23-25.

［10］宋文玲，等. 水平井和分支水平井与直井混合井网产能计算方法［J］. 大庆石油学院学报，2004，
28（2）：107-109.

第六章 带凝析气顶碳酸盐岩油藏油气协同开发技术

哈萨克斯坦让纳若尔油田带凝析气顶的 A 南与 Γ 北两个油气藏自 1983 年以来只开发了油环，气顶资源未开发动用。2014 年 9 月 A 南气顶投入了开发，而油气同采极易造成气顶和油环间的压力失衡，导致油气藏整体开发效果变差[1-3]。为实现气顶与油环协同高效开采，分别建立了衰竭、屏障注水以及屏障 + 面积注水 3 种开发方式下的气顶油环协同开发技术政策图版，明确各开发参数的合理匹配关系。衰竭开发方式下，合理的采油速度与采气速度呈正相关；屏障注水开发方式下，屏障注水井的合理位置随采气速度及注采比增大向内油气边界移动；屏障 + 面积注水开发方式下，屏障注水与面积注水合理分配比例与采气速度、注采比成正相关。让纳若尔 A 南油气藏通过完善屏障 + 面积注水井网及注水分配比例，实现了油气协同开发，气顶年产气 $20 \times 10^8 m^3$，油环水驱储量控制程度提高，自然递减降低，油环开发效果改善。

第一节 碳酸盐岩储层剩余油分布规律表征技术

基于流动单元的三维地质模型经过合理的网格粗化以后，确定不同类型储层流动单元的相渗曲线，进行模型初始化和储量拟合，得到油藏原始状态下含油饱和度场，然后进行油藏开发历史拟合，得到目前状态下油藏剩余油饱和度场，由剩余地质储量减去残余油储量得到剩余可动储量，在此基础上编制各小层剩余油饱和度分布图、剩余可动储量丰度图、不同类型流动单元剩余可动储量丰度分布图等各种图件，表征各小层以及各类流动单元剩余油分布规律。本节以让纳若尔带凝析气顶的裂缝孔隙型碳酸盐岩油田 Γ 北油藏为例，介绍碳酸盐岩油藏剩余油分布规律表征技术。

一、基于储层流动单元的油藏水动力模型建立

1. 地质模型粗化

由于计算机运算能力限制，数模模型建立过程中经常会遇到将精细地质模型进行合理粗化的问题。本次研究过程中，在尽可能保持油藏特征的同时，在平面上和纵向上对精细地质模型网格进行了合理粗化。

对流动单元类型采用优势值粗化方法，其他参数采用算术平均法粗化，表 6-1 为 Γ 北油藏粗化后的数模模型的网格参数。

表 6-1 数模模型网格参数

模型	网格精度平面网格 m	地质模型层数	数模模型层数	地质模型平均网格厚度 m	数模模型平均网格厚度 m
Γ 北	60×60	234	24	1	10

通过对比地质和数模模型的孔隙度、渗透率分布直方图和油气原始地质储量计算检查模型粗化质量。图 6-1 为模型粗化前后孔隙度分布直方图，粗化后不同区间孔隙度分布频率有所不同，但平均孔隙度差别不大。

图 6-2 为模型粗化前后渗透率分布直方图，由图可以看出，粗化后渗透率有所减小，但是由粗化前后渗透率分布特征和渗透率平均值来看，模型粗化前后渗透率变化可以接受。

储量计算结果表明，粗化后模型计算的原油、溶解气、干气和凝析油原始地质储量跟批复储量的相对误差在 –3.2%～1.6%，表明粗化模型可以用于开展数模研究。

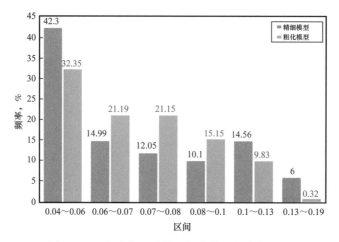

图 6-1　Γ北油藏地质模型粗化前后孔隙度对比

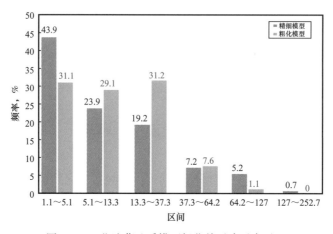

图 6-2　Γ北油藏地质模型粗化前后渗透率对比

2. 不同流动单元相对渗透率曲线确定

不同类型流动单元具有不同储层物性和渗流特征，根据 6 种不同类型流动单元的相对渗透率曲线特征，Γ北油藏归纳总结出了各类流动单元的油水和油气相对渗透率曲线，用于建立油藏数模模型。不同储层流动单元的孔喉和裂缝发育程度不同，其相渗曲线也具有明显差异[4-6]。按照流动单元类型 A、D、B1、C1、B2 和 C2 的顺序，油相相对渗透率曲线依次由左往右移动（图 6-3），束缚水饱和度由 8.45% 逐渐增大到 33.2%（表 6-2），但是随着含水饱和度增大，各类流动单元的油相相对渗透率差异减小，趋于一致。按照流动单元类型 A、B1、C1、B2、D 和 C2 的顺序，水相相对渗透率曲线呈由上往下移动趋势，残余油饱和度由 31.54% 逐渐增大到 36%，驱替效率由 65.5% 逐渐减小到 46.1%，反映了渗流能力逐渐变差的趋势。

不同类型流动单元的油气相对渗透率曲线之间差别较油水相对渗透率曲线小。C2 类流动单元油气相对渗透率曲线等渗点较其他类型流动单元左移，不同流动单元的油相相对渗透率曲线中，低级别的 C2 类流动单元的油相相对渗透率曲线明显较其他类型流动单元偏左，且油相相对渗透率随含气饱和度增加下降最快；高级别的 A 类流动单元油相相对渗透率随含气饱和度增加下降最慢，其他曲线间差别较小。不同流动单元的气相相对渗透率曲线特征跟油相相对渗透率曲线特征相近，低级别的 C2 类流动单元的气相相对渗透率曲线明显较其他类型流动单元偏左，且气相相对渗透率随含气饱和度增加近直线上升；高级别的 A 类流动单元气相相对渗透率随含气饱和度增加上升最慢，其他曲线间差别较小（图 6-4）。

表 6-2　Γ北油藏不同类型流动单元物性及相曲线端点值统计

流动单元	孔隙度 %	渗透率 mD	束缚水饱和度 %	残余油饱和度 %	驱油效率 %
A	10.0～21.5	9.28～3000.00	8.45	31.54	65.5
B1	8.0～19.5	1.08～965.62	16.54	33.20	60.2
B2	6.0～13.0	0.65～59.72	22.50	35.05	54.8
C1	8.0～20.0	0.24～234.78	18.25	34.20	58.2
C2	6.0～11.3	0.02～33.79	33.20	36.00	46.1
D	3.0～6.0	1.00～36.70	14.30	36.00	58.8

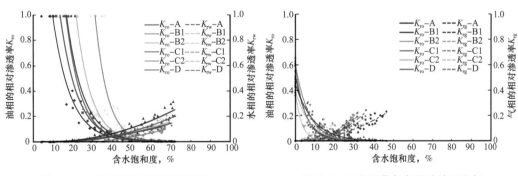

图 6-3　Γ北油藏各类流动单元油水　　　　图 6-4　Γ北油藏各类流动单元油气
相对渗透率曲线　　　　　　　　　　　相对渗透率曲线

3. 模型初始化

地层的原始条件是指油田投入开发前数模模型中的压力、油气界面、油水界面等参数，Γ北油藏数模模型中的初始条件见表 6-3。

表 6-3　Γ 北油藏数模模型初始条件

油藏	参考深度，m	初始地层压力，MPa	油气界面，m	油水界面，m
Γ 北	−3475	37.6	−3385	−3580～−3606

4. 历史拟合

数模模型的历史拟合分为两个阶段，首先完成油藏产油量和产气量的拟合，主要通过调整绝对渗透率实现。第二个阶段通过微调相渗曲线、残余油饱和度和束缚水饱和度以及绝对渗透率，实现单井产油量、产液量、注水量和井底压力等的拟合。

累计产油量、累计产液量和累计注入量拟合的标准是计算结果与实际累计注入量的相对误差在 ±10% 之间。通过对历史上和目前每口采油井及注水井相关参数进行调整，完成全部采油井累计产油量、累计产液量，注水井累计注水量和井底压力等开发指标的拟合，累计产油量拟合率达 100%，累计产液量拟合率达 96%，累计注入量拟合率达 100%（图 6-5 至图 6-7）。

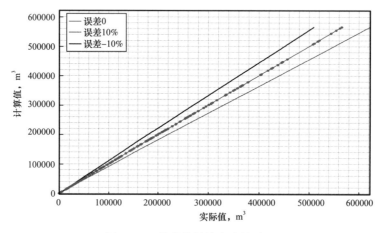

图 6-5　Γ 北单井累计产油量对比

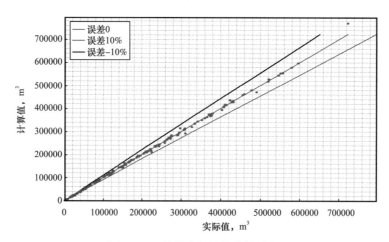

图 6-6　Γ 北单井累计产液量对比

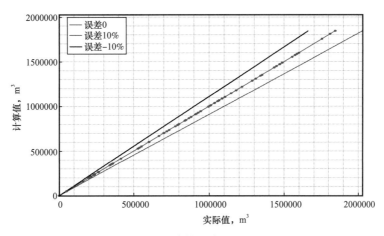

图 6-7　Γ北单井累计注入量对比

二、碳酸盐岩油藏剩余油分布规律

1. 油藏剩余油分布影响因素分析

让纳若尔油田各油藏为具有层状特征的裂缝—孔隙型碳酸盐岩油藏，储层平面和层间非均质性强，储层物性横向变化快，影响碳酸盐岩剩余油分布的主控因素较多，可归纳为地质因素和开发因素两类。地质因素主要有沉积相、储层类型、渗透率、厚度、断层、裂缝和油水井之间储层的连通状况等，开发因素包括油水井射孔对应状况、注采井网、井距、注水时机及措施情况等。两种因素是相互作用的，前者是内因，后者属于外因，它们的综合作用就决定了剩余油分布的复杂性和多样性[7-8]。

1）地质因素对剩余油分布的影响

造成碳酸盐岩剩余油分布状况差异的地质因素主要由储层类型的多样性及储层非均质性来体现。由于裂缝发育对储层渗流能力的影响，平面上裂缝发育程度的不同以及储层类型的差异导致渗透率相差大，高渗透层驱油效率和波及体积系数大，产油能力高，剩余油分布相对较少，低渗透储层导流能力弱，油井产能低，剩余油相对富集。对滨里海盆地具有层状特征的碳酸盐岩油藏而言，一般单储层厚度薄，层数多，储层纵向分布跨度大，储层类型多样，层间非均性严重。注水开发过程中，注入水易沿高渗透层突进引起油井暴性水淹，而渗透率相对低的储层不吸水或吸水能力差，造成注入水纵向波及程度低。同样，油井主要是高渗透的裂缝—孔隙型、孔—缝—洞复合型储层产油，而相对低渗透的油层采油强度低或者不出油，纵向剩余油分布极不均衡。因此，影响碳酸盐岩剩余油分布的主要因素是储层类型的多样性。储层类型和碳酸盐岩储层流动单元划分相结合表征剩余油分布，提出了一种剩余油分布规律研究的新方法。

2）开发因素对剩余油分布的影响

注采开发状况是剩余油分布的外在影响因素。在油田开发过程中，由于开发层系、注采井网布置、射孔方案、注采对应、注采强度、累计注采比等因素的影响，井间注入水未波及的区域原油未动用或动用程度低，从而形成剩余油富集区。

在所有的开发因素中，对剩余油分布最重要的因素为注采系统的完善程度以及它和地质因素的适应性。由于储层类型不一，平面和层间非均质性严重，原有的 700m×700m 反九点注采井网对储层控制程度低，在局部形成剩余油富集区。另外，局部井网不完善和注采关系不对应也是影响剩余油分布的主要因素。

2. Γ 北油藏剩余油分布规律

1）不同类型流动单元剩余油分布规律

Γ 北油藏原油地质储量为 11856×10^4t，主要分布在 B1、A、B2、C2 和 C1 类型流动单元（图 6-8），由于不同类型流动单元渗流能力不同，采出程度也不相同。A 类流动单元渗流能力最好，采出程度最高，为 33.5%；B1 类流动单元次之，采出程度为 28%，上述两类流动单元是 Γ 北油藏主力产油储层。C2 类流动单元渗流能力差，采出程度最低，为 18.3%，约为 A 类流动单元采出程度的一半。D 类流动单元中的原油主要存在于裂缝中，由于裂缝渗流能力强，该类流动单元采出程度也较高（图 6-9）。

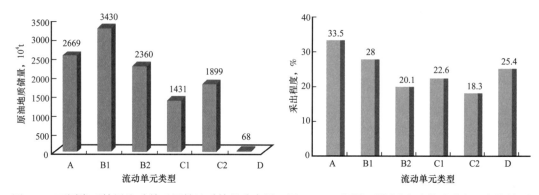

图 6-8　不同类型储层流动单元原始地质储量分布图　图 6-9　不同类型储层流动单元采出程度统计图

目前 Γ 北油藏剩余地质储量为 8840×10^4t，剩余可动用储量 3998×10^4t。B1 类型储层流动单元剩余地质储量和剩余可动储量最多，剩余可动储量占油藏总量的 28.9%，该类流动单元今后仍将是主力产层。C2 和 B2 类流动单元剩余地质储量占同类原始地质储量最高，分别为 81.7% 和 79.9%，剩余可动用储量占同类原始地质储量的 37.4% 和 34.9%，是今后挖潜的主要对象。A 类流动单元采出程度高，剩余可动储量占 Γ 北油藏总量的 19.4%。D 类流动单元储量占比非常小，不宜独立作为挖潜改造对象，不对其剩余油分布规律进行重点研究（图 6-10，表 6-4）。

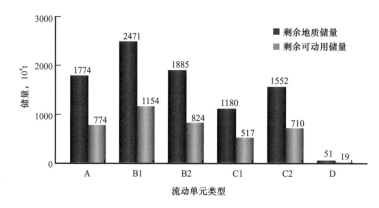

图 6-10　不同类型储层流动单元剩余储量分布直方图

表6-4　不同类型储层流动单元剩余储量分布情况统计表

流动单元	剩余地质储量占同类地质储量比例，%	剩余可动用储量占同类地质储量比例，%	剩余可动用储量占同类剩余储量比例，%	占油藏总剩余储量比例，%	占油藏总剩余可动用储量比例，%
A	66.5	29	43.6	20.1	19.4
B1	72	33.6	46.7	28	28.9
B2	79.9	34.9	43.7	21.3	20.6
C1	77.4	36.1	46.7	12.5	12.9
C2	81.7	37.4	45.7	17.6	17.8
D	74.6	27.7	37.1	0.6	0.5

2）主力小层剩余油分布规律

由于碳酸盐岩储层平面和纵向非均质性强，各小层储层发育程度、流动单元和剩余油分布差异较大。Γ北油藏剩余可动储量主要分布在 $Γ4^1$ 小层，为 1022×10^4t，占油藏总量的 25%；$Γ3^2$ 小层次之，为 732×10^4t，占油藏总量的 18%；再次为 $Γ4^2$ 和 $Γ1^1$ 小层，分别为 523×10^4t 和 389×10^4t，占油藏总量的 13% 和 10%；其他各小层剩余可动储量在（$152 \sim 352$）$\times 10^4t$，占油藏剩余可动储量的 4%～9% 不等（图6-11）。

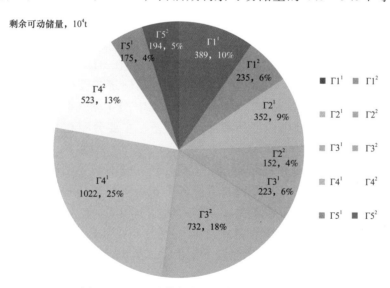

图6-11　Γ北油藏各小层剩余可动储量构成图

不同类型流动单元剩余可动储量在各小层分布情况不同。A类流动单元剩余可动储量主要分布在 $Γ4^1$、$Γ3^2$、$Γ1^1$ 小层，分别为 185.2×10^4t、160.3×10^4t 和 143.7×10^4t；其次为 $Γ1^2$、$Γ2^1$ 和 $Γ4^2$ 小层，分别为 106.5×10^4t、62.8×10^4t 和 62.8×10^4t；B1类流动单元剩余可动用储量主要分布在 $Γ4^1$ 层，为 325.5×10^4t，其次为 $Γ3^2$、$Γ4^2$ 和 $Γ1^1$ 层，分别为 198.2×10^4t、183.9×10^4t 和 165.2×10^4t；B2类流动单元剩余可动用储量主要分布在 $Γ3^2$ 和 $Γ4^1$ 层，分别

为 $199.4 \times 10^4 t$ 和 $163 \times 10^4 t$，其次为 $\Gamma 2^1$ 和 $\Gamma 4^2$ 小层，分别为 $119.8 \times 10^4 t$ 和 $91.5 \times 10^4 t$；C1 类流动单元剩余可动用储量主要分布在 $\Gamma 4^1$ 层，为 $149.1 \times 10^4 t$，其次 $\Gamma 4^2$、$\Gamma 1^1$ 和 $\Gamma 3^2$，分别为 $86 \times 10^4 t$、$64.5 \times 10^4 t$ 和 $60.6 \times 10^4 t$；C2 类流动单元剩余可动用储量主要分布在 $\Gamma 4^1$ 层，为 $194.6 \times 10^4 t$，其次为 $\Gamma 3^2$、$\Gamma 4^2$ 和 $\Gamma 5^1$ 小层，分别为 $109.9 \times 10^4 t$、$98.7 \times 10^4 t$ 和 $77.8 \times 10^4 t$；D 类剩余可动用储量在各小层均少有分布（图 6–12）。

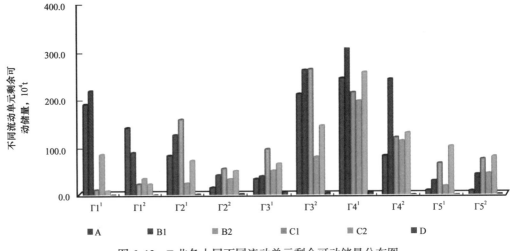

图 6-12　Γ 北各小层不同流动单元剩余可动储量分布图

图 6–13 至图 6–16 分别为 $\Gamma 1^1$、$\Gamma 3^2$、$\Gamma 4^1$、$\Gamma 4^2$ 等 4 个主力小层剩余可动储量丰度图、剩余油饱和度图以及剩余可动储量丰度与流动单元叠合图。由图可以看出，不同类型流动单元在各小层不同位置剩余油分布程度不尽相同，且多为不连续分布。$\Gamma 1^1$ 小层剩余油可动储量主要分布在油环的北部和中东部，主要分布在 B1 和 A 类流动单元，油环边部剩余油分布在 C1 类流动单元；$\Gamma 3^2$ 小层剩余油可动储量主要分布在油环的西部和南部，主要分布在 B1、B2、C1 和 C2 类型的流动单元中；$\Gamma 4^1$ 和 $\Gamma 4^2$ 小层剩余油可动储量在油环各处均较为富集，其中西部和南部更为丰富，主要分布在 C2、C1、B2 和 B1 类流动单元中。

图 6–17 和图 6–18 分别为 Γ 北油藏 Γ 上段、Γ 下段不同类型流动单元剩余可动储量丰度分布图。由图可知，Γ 上段和 Γ 下段各类流动单元富集程度不同，平面上，不同类型流动单元剩余可动储量在各井区富集程度也不相同。Γ 上段 A、B1、B2 类流动单元剩余可动储量相对较为富集，其中 A 类主要分布在油藏北部和南部区域；Γ 下段 B1、B2、C2 类流动单元剩余可动储量较为富集，A 类流动单元剩余储量分布范围小。

3. 带气顶裂缝—孔隙型碳酸盐岩油藏剩余油分布模式

剩余油分布不仅受油藏构造特征、断层分布、储层物性、非均质性、隔夹层分布、油品性质等油藏自身条件的影响，很大程度上还受到注采井网、开发方式、采油方式等人为因素影响。针对让纳若尔油田带气顶裂缝—孔隙型碳酸盐岩油藏具有层状特征、储层非均质性强、不同流动单元动用程度差异大的地质特点，同时考虑气顶周边实施屏障注水，油环实施面积注水开发方式及注采井网完善程度、油水井射孔对应程度对剩余油分布影响，总结归纳了带凝析气顶碳酸盐岩油藏开发中后期 8 种剩余油分布模式（表 6–5）。

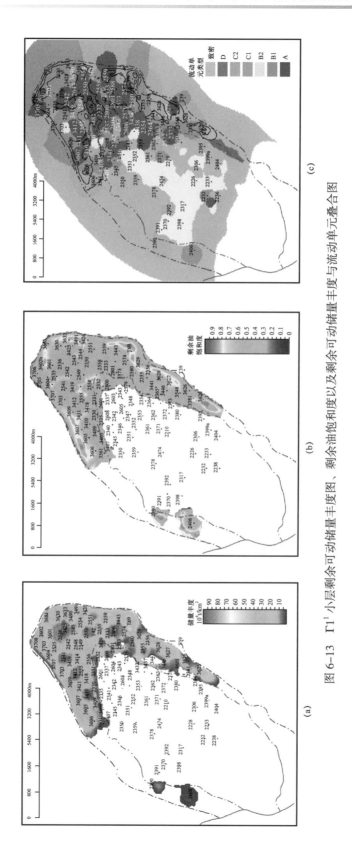

图 6-13　Γ_1^1 小层剩余可动储量丰度图、剩余油饱和度以及剩余可动储量丰度与流动单元叠合图

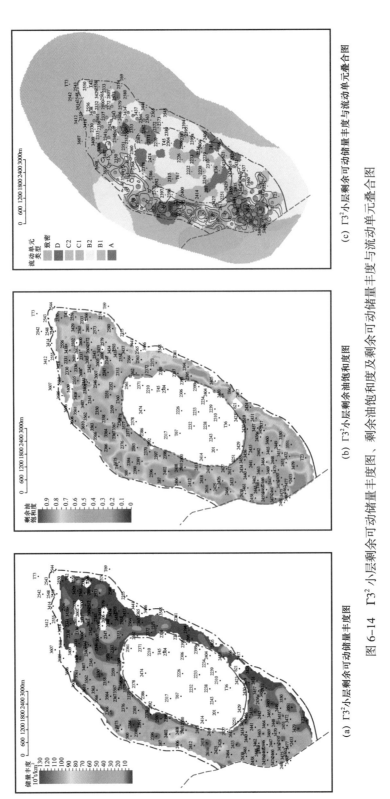

（a）Γ3²小层剩余可动储量丰度图

（b）Γ3²小层剩余油饱和度图

（c）Γ3²小层剩余可动储量丰度与流动单元叠合图

图6-14　Γ3²小层剩余可动储量丰度图、剩余油饱和度及剩余可动储量丰度与流动单元叠合图

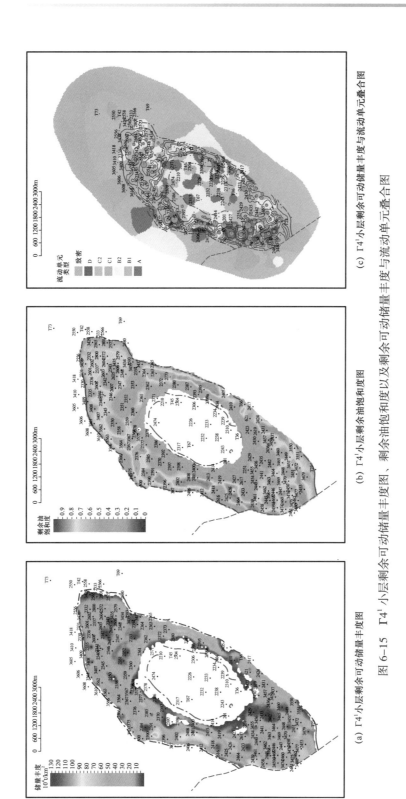

(c) $\Gamma 4^1$ 小层剩余可动储量丰度与流动单元叠合图

(b) $\Gamma 4^1$ 小层剩余油饱和度图

(a) $\Gamma 4^1$ 小层剩余可动储量丰度图

图 6–15 $\Gamma 4^1$ 小层剩余可动储量丰度图、剩余油饱和度以及剩余可动储量丰度与流动单元叠合图

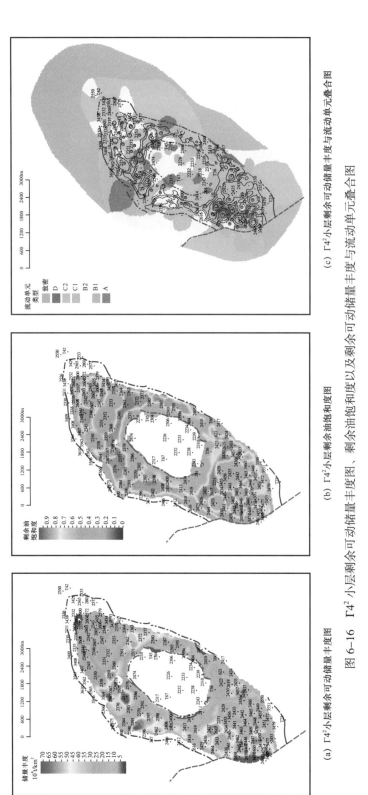

(a) Γ4² 小层剩余可动储量丰度图

(b) Γ4² 小层剩余油饱和度图

(c) Γ4² 小层剩余可动储量丰度与流动单元叠合图

图 6—16　Γ4² 小层剩余可动储量丰度图、剩余油饱和度以及剩余可动储量丰度与流动单元叠合图

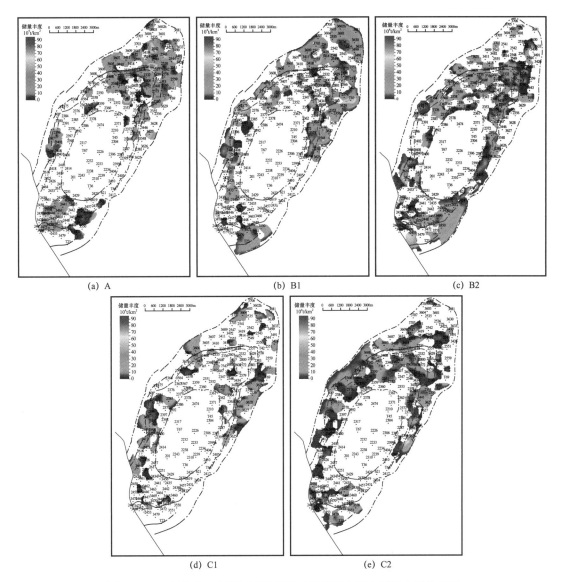

图 6-17 Γ北油藏Γ上段不同类型流动单元剩余可动储量丰度分布图

（1）"边、薄、差"井区剩余油。主要分布在油藏边部，油层厚度一般于小于或等于15m，油层物性较差。由于靠近油水边界、品质较差，动用难度大，尚未有效动用。

（2）气顶下部避射油层。为了防止气窜，开发早期对气顶下部油层预留了20m的避射厚度，该井段内的油层没有射开。在气顶底部和油层之间局部隔夹层发育的地方，夹层形成有效隔挡，形成剩余油富集区。

（3）底水上部避射油层。为了防止底水锥进，开发早期对油水界面上部油层预留了20m的避射厚度，该井段内的油层没有射开。在局部隔夹层发育的井区，由于夹层对底水形成有效隔挡，形成剩余油富集区。

（4）欠水驱井区剩余油。由于注采系统不完善，注采对应程度低，加之储层非均质性强，低渗透层吸水能力差异大，水驱储量程度控制低，油层平面和纵向动用程度低，剩余油较为富集。

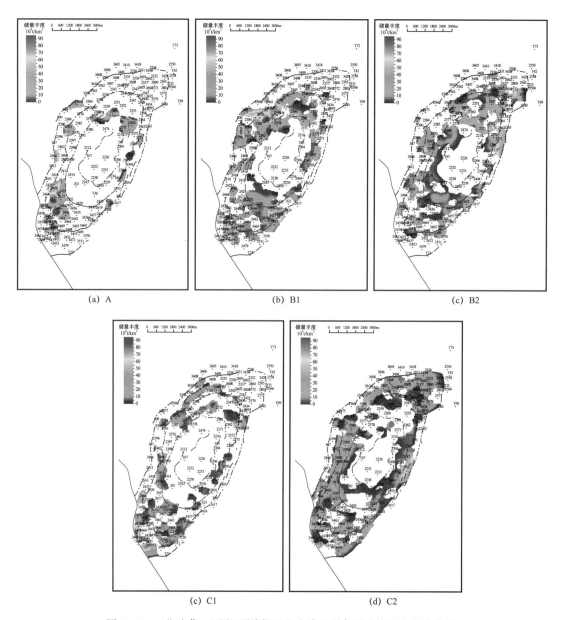

图 6-18 Γ 北油藏 Γ 下段不同类型流动单元剩余可动储量丰度分布图

（5）未水驱油层剩余油。由于海外油田高速高效开发、快速回收投资的现实需求，油井投产后长期采油，转注速度较为缓慢。或者由于设计注水井周边油井尚未钻井，导致设计注水井长期处于排液状态。长期衰竭式开发导致地层压力低，采出程度较低，剩余油较多。

（6）低级别流动单元剩余油。不同类型流动单元物性不同，渗流特征不同，产液能力不同，动用程度差异大，B1 和 C1 低级别流动单元动用程度低，剩余油较多。

（7）基质孔隙"滞留油"。从微观非均质层面考虑，裂缝和孔隙均为较发育的井区，裂缝为高渗透条带，基质渗透率相对较低，开发过程中裂缝中的原油优先流动，注水开发后则裂缝形成注水优势通道，孔隙中的原油流动能力较差，被屏蔽在孔隙中形成"滞留油"。

（8）气顶周边"滞留油"。气顶周边油层厚度较小，井网不完善，局部剩余油较为富集。

表 6-5　带凝析气顶碳酸盐岩油藏剩余油分布模式表

剩余油模式	主控因素	分布示意图	分布范围	挖潜对策
井网未控制区	井网不完善		井网不完善处	完善井网
气顶避射区	致密隔夹层	2408　2398　2370	气顶底部和油层间隔夹层发育处	补孔
底水避射区	致密隔夹层	3564　3563　3562　3561	水层顶部和油层之间隔夹层发育处	补孔
注采井网未完善区	注采井网		注采井网不完善处	完善井网
未水驱剩余油	注采不对应	387　2379　2396　2370　2391　2390	注采井网及射孔段不对应处	补孔
低级别流动单元剩余油	渗流能力差		B2、C2类流动单元发育区	储层改造
基质孔隙内剩余油	双重介质		A、B1、C1类流动单元发育区	
气顶周边滞留油	屏障注水		气顶周围井网不完善处	完善屏障注水井

三、碳酸盐岩油藏挖潜策略及开发调整部署

让纳若尔油田Γ北油气藏不同井区所处沉积环境、构造位置不同，经历的储层演化过程不同，导致储层非均质性强，储层渗透性、裂缝发育程度在平面和纵向上均有所不同，储层流动单元类型不同。油藏不同部位的油层厚度、油层跨度相差很大，加之不同井区井网控制程度以及投入开发时间不同，不同井区和不同层段的剩余油富集程度差异较大。针对不同的剩余油分布模式，制订三类针对性的剩余油挖潜策略[9]。

1. 剩余油挖潜策略

1）在储量控制程度低、剩余油较为富集的井区钻新井，提高储量动用程度

（1）在油层厚度大、纵向上储层物性差异大、流动单元级别不同、储量动用不均匀的井区，部署井网加密井，分层注水和细分层系开发相结合，提高储量动用程度。

（2）在油层厚度较小、物性较差、隔夹层不发育的井区，部署水平井提高钻遇储层厚度，提高单井产能。

（3）在油水边界附近、油层厚度较薄区域，平行油水边界钻水平井，动用油藏边部剩余油。

（4）在下有边水、上有气顶的窄油环处沿油环展布方向钻水平井，减缓边水推进和气顶锥进，高效开发窄油环中剩余油。

2）完善注采井网，改变液流方向，提高水驱储量控制程度

（1）在井网控制程度高、注采井网不完善的井区，按设计注采井网，加强油井转注工作，补充地层能力，逐步恢复地层压力。

（2）在油层厚度小、储层渗透性差的区域开展水平井对应注采试验，提高低渗透区难动用储量注水开发效果。

（3）在油水井射孔层位不对应井区，实施油水井完善补孔，提高油水井注采对应程度。

（4）在裂缝较为发育、综合含水较高的井区，开展周期注水试验，释放基质孔隙中被"封闭"的剩余油，提高注水开发采收率。

3）优化注采结构，提高低渗透层动用程度

（1）通过分层酸压、分层酸化改善低级别流动单元渗透性，提高弱动用或未动用的低级别流动单元产油能力。

（2）实施分层注水减少高级别流动单元吸水量，增加低级别流动单元吸水量。

（3）注水井开展深度调剖，降低高级别流动单元吸水能力，优化注水结构。

（4）通过气举放大油井生产压差，释放未动用及弱动用储层产油能力。

2. Γ北油藏开发调整部署

根据Γ北油藏地质油藏特征，开发现状，结合剩余油分布规律，按照上述剩余油挖潜策略，制订了Γ北油藏的开发调整部署，并筛选油藏南部的3448井和3460井两个注采井组，建立井组模型，论证了开展周期注水的可行性。

1）Γ北油藏井位优化部署

根据井网储量控制程度和剩余油分布情况（图6-19），对Γ北油藏井位和注采井网进行了优化，共部署51口新井，其中设计油井43口，注水井8口。由于Γ北油藏已经处于开发中后期，井网储量控制程度较高，部署新井以42口加密井为主，另外还有2口井网完善井，7口扩边井。由于油藏边部厚度较小，为了获得较大的供油面积和控制边水推进速度，扩边井以水平井为主，部署了5口水平井。

在部署新井、完善井网的基础上，通过高含水或低产油井转注，进一步优化注采井网，优选出了11口油井转注，调整后的注采井网如图6-20所示。

2）Γ北油藏周期注水可行性研究

根据国内外油田的成功经验，在地质条件合适的油藏，周期注水可以控制油藏含水上升速度，提高注水波及体积，改善油田注水开发效果。在周期注水过程中，注水附加压力和毛细管力的双重作用，可以引起高渗透和低渗透介质间的流体交换，从而提高注水波及

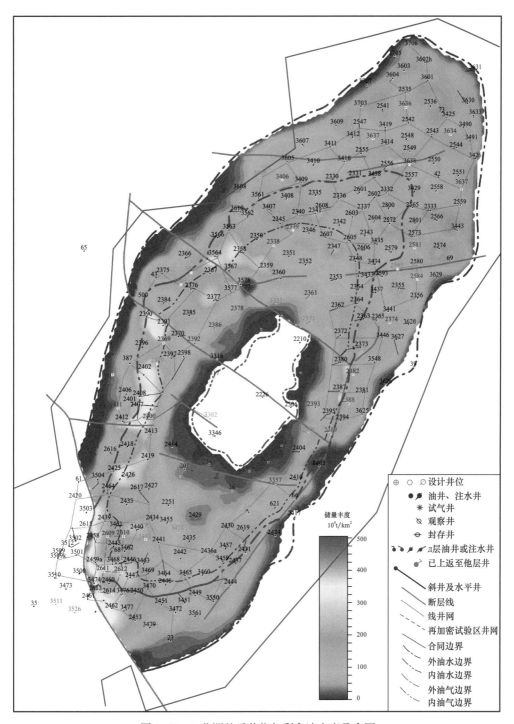

图 6-19　Γ北调整后井位与剩余油丰度叠合图

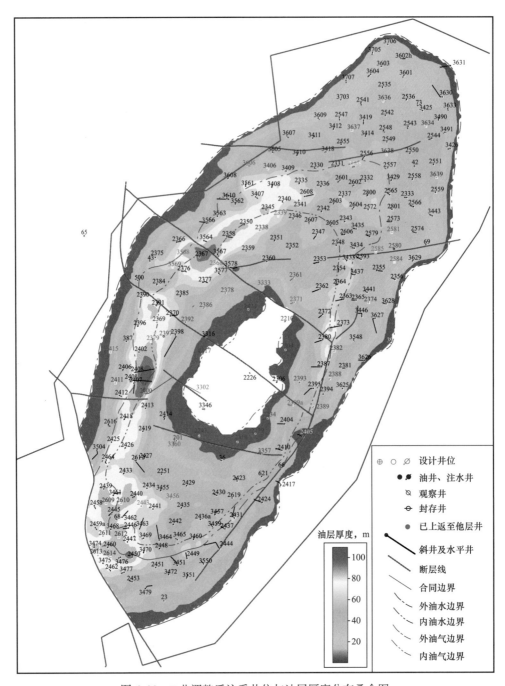

图6-20　Γ北调整后注采井位与油层厚度分布叠合图

油层厚度，m

100
80
60
40
20

设计井位
油井、注水井
观察井
封存井
已上返至他层井
斜井及水平井
断层线
合同边界
外油水边界
内油水边界
外油气边界
内油气边界

系数。Γ北油藏储层非均质性强、油藏岩石亲水性强，具备实施周期注水的有利地质条件。Γ北油藏含水率已处于中高含水阶段，周期注水具有提高水驱效率、改善开发效果的潜力。

选取Γ北油藏南部的 2448 井组和 3460 井组两个注采井组，建立高精度数值模拟模型，进行周期注水可行性研究（图 6-21）。实施周期注水前这两个井组中的 2436a 井、2437 井、2442 井、3451 井停产，其他采油井按照定液方式生产进行预测，日产液为 80m³。

对比周期注水和常规注水的开发效果得出：Γ北试验井组开展周期注水可以提高原油采出程度，降低油田含水率，其中原油产量增加 $20 \times 10^4 m^3$，最终采收率提高 1.7%（图 6-22）。

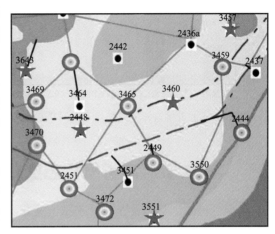

图 6-21　Γ北周期注水实验井组

在保持总注采比为 1 注采平衡的前提下，注水井采用分层注水的方式，2448 井Γ上段日注水量为 180m³，Γ下段日注水量为 230m³；3460 井Γ上段日注水量为 330m³，Γ下段日注水量为 130m³。利用数值模拟软件分别论证了合理注水半周期、合理注水比例以及注水方式。

注水方式包括连续注水、异步周期注水和分层周期注水，异步周期注水是指两口注水井以不同的频率实施周期注水，分层周期注水是指注水井分不同层位实施周期注水，异步周期注水和分层周期注水开发效果好于连续注水（图 6-23）。

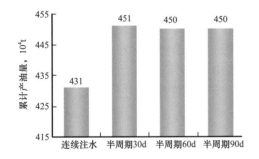

图 6-22　Γ北周期注水开发效果对比

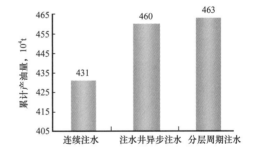

图 6-23　Γ北油藏不同注水方式开发效果对比

注水比例是指增注阶段日注水量与停注阶段日注水量比值，包括对称周期注水和非对称周期注水，即一个注水周期内注水和减注（或停注）的不同分配比例，周期注水比例包括 1.3∶0.7、1.5∶0.5、1.7∶0.3，不同停注周期包括注 2 个月、停 2 个月，注 1 个月、停 3 个月和注 3 个月、停 1 个月。通过研究得出合理的注水半周期为 60 天，累计产油量随周期注水恢复比例的增加而增加，故应该尽量增加注水井在注水周期的注入量，在维持注水管线正常工作的最低注入量条件下，可以减少在减注周期内的注水量，不同停注周期合理的注水方式为对称式分层周期注水（图6-24、图6-25）。

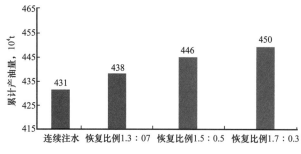

图 6-24　Γ北油藏不同周期注水比例开发效果对比

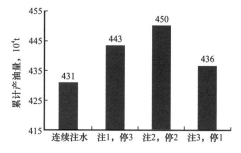

图 6-25　Γ北油藏不同停注周期开发效果对比

第二节　凝析气相态变化规律及单井产能评价方法

地层压力下降，凝析气组成发生变化，重质组分含量降低，轻质组分含量增加；凝析气密度、黏度随压力降低而减小，分子量、偏差系数随压力降低先减小再增加；地层压力下降，凝析油析出量增加，气相渗流能力逐渐降低。需考虑地层压力变化对凝析气高压物性及气相渗流能力的影响，进一步完善凝析气井产能评价方法，提高凝析气井产量预测精度[10]。

一、凝析气相态变化规律

凝析气相态研究一直是凝析气藏开发中极其重要的研究内容。让纳若尔油气田 KT-I 层的 A 南、A 北、Б 南、Б 北、B 南、B 北和 KT-II 层的 Γ 北等 7 个油气藏均带有凝析气顶。为了开发过程中凝析气组成及特征变化规律，以 Γ 北油气藏为例，开展凝析气相态变化规律研究。

1. 取样情况

2009 年 11 月 16 日，对让纳若尔油气田 3316 井 9mm 试产工作制度下的分离器油、气进行了取样工作。通过油、气样质量检查，确定取样质量合格，并在此基础上，对样品地层条件下的井流物进行配置。3316 井地层温度为 70.4℃，地层压力为 27.76MPa。配制的样品在地层条件下达到热相平衡后，进行了闪蒸实验，并将收集的油、气样进行组成分析，测定了闪蒸油及其重馏分（C_{11+}）的密度和分子量，由此计算出配制样品的井流物组成，与原始井流物组成比较（表 6-6）。配制样品的甲烷摩尔分数与原始井流物的甲烷摩尔分数相差 1.74%，小于质量标准 3%，说明本次配制的样品合格。

表 6-6　让纳若尔油田 3316 井配制样品井流物组成

组成	原始井流物摩尔分数，%	配制样品井流物摩尔分数，%
H_2S	0.66	0.22
CO_2	0.64	0.61
N_2	1.92	1.94
C_1	79.65	81.39

组成	原始井流物摩尔分数，%	配制样品井流物摩尔分数，%
C_2	5.69	5.41
C_3	2.99	2.66
iC_4	0.72	1.54
nC_4	1.40	1.22
iC_5	0.70	0.42
nC_5	0.89	0.46
C_6	1.34	0.67
C_7	1.42	0.73
C_8	1.23	0.84
C_9	0.35	0.63
C_{10}	0.24	0.48
C_{11^+}	0.18	0.79
合计	100	100

分别对地层流体进行了闪蒸实验、恒质膨胀实验、定容衰竭实验，通过实验测定计算和基于状态方程的模拟计算发现，在地层温度和地层压力条件下，3316 井地层流体呈单相气态，而且随着压力的降低有液体析出，符合凝析气的一般相态特征。同时，根据地层流体拟合相图特征和地层流体等温线在相图中的位置确定该地层流体属于凝析气。同时还确定该地层流体在地层温度下的露点压力为 27.2MPa，与地层压力 27.76MPa 比较，地露压差为 0.56MPa，凝析油含量（以 C_{5^+}）为 242.49g/m^3。

对地层流体进行恒质膨胀实验，发现在地层温度 70.4℃下，当压力从 27.2MPa 降到 2.21MPa 时，凝析液量从 0 变化到 10.92%。在 16.81MPa 左右时达到最大值 15.01%。

对地层流体进行定容衰竭实验，发现在地层温度 70.4℃下，随着压力的降低，滞留在地层中的反凝析液量呈先增大后减小的变化规律，流体的反凝析液量在 20MPa 左右达到最大值 13.87%，然后逐渐减小，在废弃压力 5MPa 时为 10.78%。随着压力的降低，井流物和天然气的采收率基本上呈线性增大的趋势，凝析油采收率也逐渐增大；在废弃压力 5MPa 条件下，井流物、天然气和凝析油的采收率分别达到 78.6%、81.4% 和 14.1%。

2. 凝析气相态特征研究

让纳若尔油田地层流体组成与性质的研究始于地质勘探阶段。多家石油公司曾分别在实验室内对地层及地面条件下的原油、天然气和凝析油的性质进行了研究，并确定 Γ 北凝析气顶原始凝析油含量为 360g/m^3。

由于 Γ 北油气藏 3316 井气顶气取样时地层压力已经低于原始露点压力，因此取样时已经有大量的凝析油析出到地层中。为了得到原始饱和压力条件下的凝析油含量，利用 Eclipse 软件 PVTi 模块对地层流体组分进行恢复。

由于相态分析需要，将井流物组成按热力学特征重新组合成6个拟组分开展研究，拟组分组成和含量见表6-7。

表6-7　取样时凝析气井流物组分及拟组分组成和含量

组分	组分含量，%	拟组分	拟组分含量，%
C_1	81.39	PC1	83.33
N_2	1.94		
H_2S	0.22	PC2	6.24
CO_2	0.61		
C_2	5.41		
C_3	2.66	PC3	5.42
iC_4	1.54		
nC_4	1.22		
iC_5	0.42	PC4	1.55
nC_5	0.46		
C_6	0.67		
C_7	0.73	PC5	2.2
C_8	0.84		
C_9	0.63		
C_{10}	0.48	PC6	1.27
C_{11^+}	0.79		
合计	100		100

首先利用PVTi软件对3316井实验数据进行拟合，拟合结果如图6-26所示，在此基础上将地层流体恢复到原始状态，原始状态地层流体组成见表6-8。

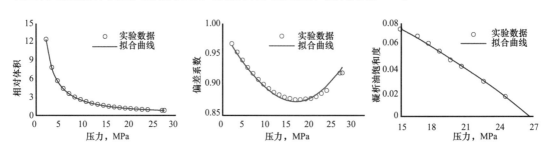

图6-26　3316井凝析气相对体积、偏差系数、凝析油饱和度拟合图

表 6-8　原始状态下取样时凝析气井流物拟组分含量

组分	拟组分	拟组分含量，%
C_1	PC1	82.0
N_2		
H_2S	PC2	6.16
CO_2		
C_2		
C_3	PC3	5.45
iC_4		
nC_4		
iC_5	PC4	1.58
nC_5		
C_6		
C_7	PC5	2.46
C_8		
C_9		
C_{10}	PC6	2.35
C_{11^+}		
合计		100

1）凝析气组成及相态变化

以凝析气原始状态组成为基础，开展凝析气相态特征研究，随着地层压力的不断降低，地层中凝析油不断析出导致凝析气的组成发生变化，其中重质组分（如 C_{7^+}，C_{11^+}）含量降低，而轻质组分（如 C_1+N_2，$C_2+CO_2+H_2S$）含量升高（图 6-27）。

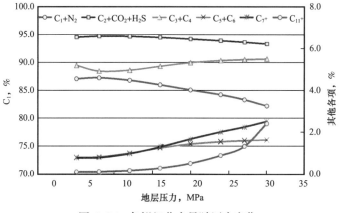

图 6-27　各拟组分含量随压力变化

同时，随着凝析气组成的变化，凝析气高压物性也发生变化，凝析气密度、黏度随压力降低而降低。但是随着压力的进一步降低，凝析液将会反蒸发为气相，这时气体的分子量、偏差系数随地层压力的降低出现了先减小后增加的变化趋势（图6-28）。

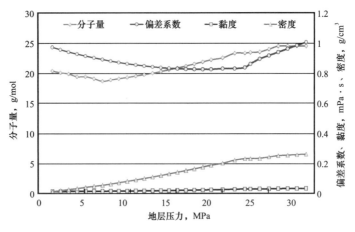

图6-28　凝析气高压物性变化

2）凝析气相相对渗透率

当地层中有凝析油析出时，不仅气体的组成发生变化，析出的凝析油也会影响储层的渗透率。根据稳定定理油气两相相对渗透率满足：

$$\frac{K_{ro}}{K_{rg}} = \frac{\rho_g L \mu_o}{\rho_o V \mu_g}$$ （6-1）

式中　L、V——液相和气相的摩尔分数；

　　　ρ_o——凝析油的密度，g/cm^3；

　　　μ_o——凝析油的黏度，$mPa \cdot s$。

不同地层压力下的气相相对渗透率计算方法为：

（1）利用等容衰竭实验或闪蒸计算得到反凝析液量L随着压力p的变化关系；

（2）然后利用公式（6-1）求出K_{ro}/K_{rg}与压力p之间的关系；

（3）根据相对渗透率曲线中K_{ro}/K_{rg}与S_g之间的关系，得到含气饱和度S_g与压力p之间的关系；

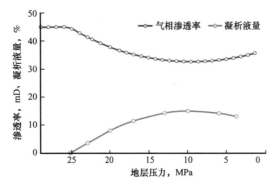

图6-29　压力下降凝析液含量及气相渗透率变化

（4）再根据相渗曲线中K_{ro}、K_{rg}与S_g之间的关系，进而得到K_{ro}、K_{rg}与压力p之间的关系。

通过等容衰竭实验可以得到不同地层压力下的凝析油含量以及与其对应的含气饱和度，根据油气相渗曲线就可以推出不同地层压力下气相的渗透率（图6-29）。随着地层压力的下降，凝析油析出量不断增加，气相渗流能力逐渐降低；当地层压力降至最大反凝析压力后，地层中的凝析油开始正常蒸发，而气相的渗流能力也逐渐升高。

二、带凝析气顶油藏地层压力预测方法

带凝析气顶油藏是一类特殊的油气藏类型，在其开发过程中会伴随着气顶反凝析、油环溶解气逸出、原生水蒸发、边底水入侵等一系列复杂的相态转化及能量交换。因此，带凝析气顶油藏的地层压力降除了与地层凝析油、气的采出量有关外，还与气顶反凝析、油环溶解气逸出等因素相关。目前，带凝析气顶油藏地层压力的计算方法主要考虑了反凝析现象、水蒸气含量的影响，而未考虑油环溶解气逸出这一重要因素。为此，基于烃类流体摩尔量平衡原理，综合考虑凝析油析出、油环溶解气逸出、水蒸气含量、边底水入侵、注水注气等因素的影响，建立了带凝析气顶油藏物质平衡方程，并采用迭代法得到了不同时期的地层压力。

1. 物质的量平衡方程的建立

假设带凝析气顶油藏存在外部水体，气顶与油环处于同一压力系统内；气顶与油环内均存在束缚水；地层压力高于凝析气体的露点压力和油环原油的泡点压力；忽略岩石及地层束缚水的压缩性、凝析气顶气体在油环中的溶解以及气体吸附等因素的影响。

由于物质的量不受温度和压力等因素的影响，因此物质的量物质平衡方程可以较好地描述带凝析气顶油藏开发过程中复杂的相态变化。其具体的平衡原理为原始烃类物质的量等于采出烃类物质的量与剩余烃类物质的量之和（图6-30）：

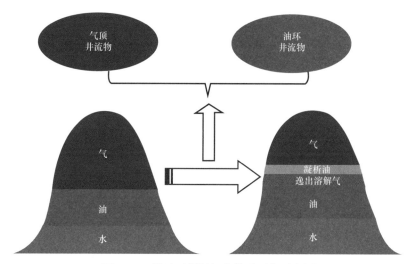

图 6-30　带油环凝析气藏物质平衡示意图

$$n_{ig} + n_{il} = (n_{pG} + n_{pO}) + (n_{rg} + n_{rl}) \tag{6-2}$$

式中　n_{ig}——烃类气体的原始物质的量，kmol；

n_{il}——油的原始物质的量，kmol；

n_{pG}——气顶中累计采出的烃类井流物量，kmol；

n_{pO}——油环中累计采出的烃类井流物量，kmol；

n_{rg}——剩余烃类气相量（包括凝析气和油环逸出的溶解气），kmol；

n_{rl}——剩余烃类液相量（包括油环剩余油、气顶地下凝析油），kmol。

1）原始烃类流体物质的量

考虑到凝析气藏中水蒸气的影响，由真实气体状态方程可以得到凝析气的原始物质的量：

$$n_{ig} = \frac{p_i V_{Gi}(1-S_{wcG})(1-y_{wi})}{Z_i R T}$$ （6-3）

式中　p_i——原始地层压力，MPa；

　　　V_{Gi}——原始气顶孔隙体积，m^3；

　　　S_{wcG}——气顶体积内的束缚水饱和度；

　　　y_{wi}——原始条件下气相中水蒸气含量；

　　　Z_i——原始条件下气藏烃类气体的偏差因子；

　　　R——通用气体常数；

　　　T——气藏温度，K。

根据液体的物质的量计算公式可以得到油环的原始物质的量：

$$n_{il} = \frac{m V_{Gi}(1-S_{wcO})\rho_{oi}}{M_{oi}}$$ （6-4）

式中　m——原始条件下油环孔隙体积与气顶孔隙体积之比；

　　　S_{wcO}——油环体积内的束缚水饱和度；

　　　ρ_{oi}——原始条件下油环油的密度，kg/m^3；

　　　M_{oi}——原始条件下油环油的分子量，kg/mol。

2）采出烃类流体物质的量

根据真实气体状态方程可以得到气顶区域内累计采出的烃类井流物物质的量：

$$n_{pG} = \frac{p_{sc} G_{wp}}{T_{sc} R Z_{sc}}$$ （6-5）

式中　p_{sc}——标准状况下的压力，MPa；

　　　G_{wp}——气顶区域内累计采出的烃类井流物体积（折算成气相后的体积），m^3；

　　　T_{sc}——标准状况下的温度，K；

　　　Z_{sc}——气相在标准状况下的偏差因子。

而油环区域内累计采出的烃类井流物物质的量为

$$n_{pO} = \frac{N_p \rho_{osc}}{M_{osc}} + \frac{p_{sc} N_p R_p}{Z_{sc} R T_{sc}}$$ （6-6）

式中　N_p——采出油环油的地面体积，m^3；

　　　R_p——油环区域的生产气油比，m^3/m^3；

　　　ρ_{osc}——油环油在标准状况下的密度，kg/m^3；

　　　M_{osc}——油环油在标准状况下的平均分子量，kg/mol。

3）剩余烃类气体物质的量

带油环凝析气藏开发过程中，随着地层压力的不断降低，油环会有溶解气不断逸出，并且部分溶解气会在地层中以游离状态存在。因此地层中剩余烃类气相物质的量包括剩余凝析气物质的量 n_{rcg} 和逸出溶解气物质的量 n_{sg} 两部分：

$$n_{rg} = n_{rcg} + n_{sg} \tag{6-7}$$

考虑到凝析气体的反凝析现象和原生水的蒸发，气顶中剩余凝析气物质的量为

$$n_{rcg} = \frac{p\left[V_{Gi}(1-S_{wcG}-S_{co})-G_{ig}B_{ig}-(W_e+W_i-W_pB_w)\right](1-y_w)}{Z_{cg}RT} \tag{6-8}$$

式中　p——目前地层压力，MPa；

　　　y_w——目前地层压力下凝析气相中水蒸气百分数；

　　　S_{co}——气顶体积内凝析油的饱和度；

　　　Z_{cg}——目前地层压力下凝析气气体偏差因子；

　　　W_e——气藏累计水侵量，m^3，可以由不稳定水侵方程来求取；

　　　W_i——气藏累计注水量，m^3；

　　　W_p——气藏累计产水量，m^3；

　　　B_w——地层水的体积系数，m^3/m^3；

　　　G_{ig}——累计注入干气量，m^3；

　　　B_{ig}——注入干气的体积系数，m^3/m^3。

油环开采过程中，当地层压力降低至油环油的饱和压力以下时，油环油的溶解气开始逸出。考虑到地面会采出一部分地层逸出溶解气，所以地层中剩余的逸出溶解气量为

$$n_{sg} = \frac{p\left[\dfrac{mV_{Gi}(1-S_{wcO})}{B_{oi}}(R_{si}-R_s)-N_p(R_p-R_s)\right]B_{sg}}{Z_{sg}RT} \tag{6-9}$$

式中　B_{oi}——油环油在原始压力下的体积系数，m^3/m^3；

　　　R_{si}、R_s——油环在原始地层压力和目前地层压力下的溶解气油比，m^3/m^3；

　　　Z_{sg}——目前地层压力下逸出溶解气的偏差因子；

　　　B_{sg}——目前地层压力下逸出溶解气的体积系数。

4）剩余烃类液体物质的量

随着地层压力的下降，凝析气顶会出现反凝析现象，因此地层中剩余烃类液相物质的量要包括剩余油环油物质的量和地层凝析油物质的量。其中地层凝析油物质的量 n_{co} 为

$$n_{co} = \frac{V_{Gi}S_{co}\rho_{co}}{M_{co}} \tag{6-10}$$

而剩余油环油的物质的量为

$$n_{ro} = \frac{\left[\dfrac{mV_{Gi}(1-S_{wcO})}{B_{oi}}B_o-N_pB_o\right]\rho_o}{M_o} \tag{6-11}$$

因此剩余液相物质的量为

$$n_{rl} = \dfrac{\rho_o \left[\dfrac{mV_{Gi}(1-S_{wcO})}{B_{oi}} B_o - N_p B_o \right]}{M_o} + \dfrac{V_{Gi}S_{co}\rho_{co}}{M_{co}} \qquad （6-12）$$

式中 B_o——油环油在目前地层压力下的体积系数，m^3/m^3；

　　　ρ_o——油环油在目前地层压力下的密度，kg/m^3；

　　　M_o——目前地层压力下油环油的平均分子量，kg/mol；

　　　ρ_{co}——凝析油的密度，kg/m^3；

　　　M_{co}——凝析油的平均分子量，kg/mol。

将式（6-3）、式（6-4）、式（6-5）、式（6-6）、式（6-8）、式（6-9）、式（6-10）与式（6-11）进行整理代入式（6-12）中，可以得出最终的烃类流体物质的量物质平衡方程：

$$\dfrac{p_i V_{Gi}(1-S_{wcG})(1-y_{wi})}{Z_i RT} + \dfrac{mV_{Gi}(1-S_{wcO})\rho_{oi}}{M_{oi}} = \dfrac{p_{sc}G_{wp}}{T_{sc}RZ_{sc}} + \dfrac{N_p\rho_{osc}}{M_{osc}} + \dfrac{p_{sc}N_pR_p}{Z_{sc}RT_{sc}} +$$

$$\dfrac{p\left[V_{Gi}(1-S_{wcG}-S_{co}) - G_{ig}B_{ig} - (W_e - W_pB_w)\right](1-y_w)}{Z_{cg}RT} +$$

$$\dfrac{p\left[\dfrac{mV_{Gi}(1-S_{wcO})}{B_{oi}}(R_{si}-R_s) - N_p(R_p-R_s)\right]B_{sg}}{Z_{sg}RT} +$$

$$\dfrac{\rho_o\left[\dfrac{mV_{Gi}(1-S_{wcO})}{B_{oi}}B_o - N_pB_o\right]}{M_o} + \dfrac{V_{Gi}S_{co}\rho_{co}}{M_{co}}$$

$$（6-13）$$

2. 地层压力预测

1）凝析油饱和度的计算

对于凝析气藏流体，在给定压力、温度、组成条件下，可以通过多组分相平衡计算模型计算出压力降落过程中每级压力下的气相、液相摩尔分数以及各组分在气液相中的摩尔分数。在相平衡计算的基础上，再根据物质守恒原理可以计算出凝析油的饱和度。凝析气藏衰竭开采过程中，随着地层压力的不断降低，储层流体不断发生相态变化。其中，露点压力下单位摩尔质量的油气体系所占孔隙体积为

$$V_d = \dfrac{Z_d RT}{p_d} \qquad （6-14）$$

第 k 次压力降落段采出的井流物的物质的量为

$$\Delta N_{pk} = \left[\dfrac{(Z_{gk}V_k + Z_{lk}L_k)(1-N_{pk-1})RT}{p_k} - V_d\right]\dfrac{p_k}{Z_{gk}RT} \qquad （6-15）$$

压力降落至第 k 级压力时，井流物的累计采出物质的量为

$$N_{pk} = \sum_{j=2}^{k} \Delta N_{pj} \qquad (6\text{-}16)$$

压力降落至第 k 级压力时，此时孔隙体积内反凝析油的饱和度为

$$s_{1k} = \frac{Z_{1k} L_k (1 - N_{pk-1}) RT}{V_d p_k} \qquad (6\text{-}17)$$

式中　Z_d——露点压力下凝析气体的偏差因子；

　　　p_d——凝析气的露点压力，MPa；

　　　Z_{gk}、Z_{1k}——第 k 级压力下气相和液相的偏差因子；

　　　V_k、L_k——第 k 级压力下的气相和液相的摩尔分数；

　　　s_{1k}——第 k 级压力下反凝析油的饱和度。

2）气体偏差因子以及水蒸气含量的计算

气体偏差因子可以利用 1974 年 Dranchuk 和 Purvis 等拟合 Standing–Katz 图版所得的相关经验公式进行求解。

$$Z = 1 + \left(0.31506 - \frac{1.0467}{T_{pr}} - \frac{0.5783}{T_{pr}^3}\right)\rho_R + \left(0.5353 - \frac{0.6123}{T_{pr}} + \frac{0.6815}{T_{pr}^3}\right)\rho_R^2 \qquad (6\text{-}18)$$

$$\rho_R = \frac{0.27 p_{pr}}{Z T_{pr}}$$

$$p_{pr} = p / p_{pc}$$

$$T_{pr} = T / T_{pc}$$

$$p_{pc} = \left[46.7 - 32.1(\gamma_g - 0.5)\right] \times 0.09869$$

$$T_{pc} = 171(\gamma_g - 0.5) + 182$$

式中　ρ_R——气体对比密度；

　　　p_{pr}、T_{pr}——拟对比压力和拟对比温度；

　　　p_{pc}——拟临界压力，MPa；

　　　T_{pc}——拟临界温度，K；

　　　γ_g——气体相对密度。

在利用上式计算气体偏差因子时，由于 ρ_R 也是 Z 的函数，所以需要采用迭代法进行求解。

随着地层压力的降低，气顶中的原生水不断蒸发，凝析气顶中的水蒸气含量会不断升高。对于水蒸气含量的计算，可以通过室内实验测定出水蒸气含量与压力的关系，并借助多元回归方法建立水蒸气含量的拟合公式。

3）地层压力的确定

由物质的量物质平衡方程（6-13）可以看出，某一时刻的地层压力与油气藏的动态开发数据、岩石流体物理性质等相关。由于凝析油饱和度 S_{co}、气体偏差因子 Z、水蒸气含量 y_w、水侵量 W_e、油环生产气油比 R_p、油环溶解气油比 R_s 等物性数据均与压力相关，所以地层压力需要迭代法进行求解。这里主要在二分法的基础上对地层压力进行迭代求解。

将式（6-13）进行整理得

$$f(p) = \frac{p_i V_{Gi}(1-S_{wcG})(1-y_{wi})}{Z_i RT} + \frac{mV_{Gi}(1-S_{wcO})\rho_{oi}}{M_{oi}} - \frac{p_{sc}G_{wp}}{T_{sc}RZ_{sc}} - \frac{N_p \rho_{osc}}{M_{osc}} - \frac{p_{sc}N_p R_p}{Z_{sc}RT_{sc}}$$
$$- \frac{p\left[V_{Gi}(1-S_{wcG}-S_{co}) - G_{ig}B_{ig} - (W_e - W_p B_w)\right](1-y_w)}{Z_{cg}RT} -$$
$$\frac{p\left[\dfrac{mV_{Gi}(1-S_{wcO})}{B_{oi}}(R_{si}-R_s) - N_p(R_p-R_s)\right]B_{sg}}{Z_{sg}RT} - \qquad (6-19)$$
$$\frac{\rho_o\left[\dfrac{mV_{Gi}(1-S_{wcO})}{B_{oi}}B_o - N_p B_o\right]}{M_o} - \frac{V_{Gi}S_{co}\rho_{co}}{M_{co}}$$

地层压力具体的迭代计算过程如下：

（1）令 $p_A=0$，$p_B=p_i$；

（2）令 $p=\dfrac{(p_A+p_B)}{2}$，分别计算出当前地层压力 p 时的凝析油饱和度 $S_{co}(p)$、气体偏差因子 $Z(p)$、水蒸气含量 $y_w(p)$、水侵量 $W_e(p)$、油环生产气油比 $R_P(p)$、油环溶解气油比 $R_s(p)$ 等参数；

（3）将上述参数代入式（6-19）得到当前地层压力下的 $f(p)$；

（4）判断 $\left|f(p)\right| \leqslant \varepsilon_p$ 是否成立（ε_p 为地层压力计算的精度要求）。如果不等式成立，则停止计算，否则进行如下判断：

①若 $f(p_A)f(p)>0$，则令 $p_A=p_A$，$p_B=p$，并转入步骤（2）重新计算；

②若 $f(p_B)f(p)>0$，则令 $p_A=p$，$p_B=p_B$，并转入步骤（2）重新计算。

3. 油藏实际应用

让纳若尔 A 南油气藏中部埋深为 2750m，原始地层压力为 28.6MPa，温度为 58℃，原始气体偏差因子为 1.026，原始条件下气顶孔隙体积与油环孔隙体积之比为 3.1，油环内的束缚水饱和度为 0.13，气顶内的束缚水饱和度为 0.2，原始条件下油环油的密度为 0.81g/cm³，油环油的原始溶解气油比是 250m³/m³，凝析气的相对密度为 0.8，凝析油的密度为 0.732g/cm³。

为了检验上述地层压力预测模型的有效性，将迭代计算出的地层压力与关井测压历史数据进行对比（图 6-31）。由图 6-31 可以看出，模型计算出的地层压力与实测值吻合较好，说明该模型具有一定的实用性和可靠性，可以较为准确地计算出带凝析气顶油藏任意时刻的地层压力。

此外，该模型还可以预测出不同采气速度、采油速度下带凝析气顶油藏的地层压力变化趋势，图 6-32 为油环采油速度为 0.7% 时，不同气顶采气速度条件下的地层压力变化曲线；图 6-33 为气顶采气速度为 2% 时，不同油环采油速度下的地层压力变化曲线。在图 6-32 中，由于油环采油速度保持一定，其横坐标"油环累计采出量"实际上代表了油气藏的开发时间，图 6-33 亦然。

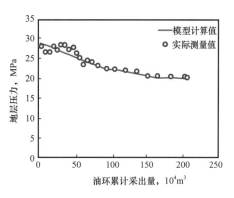

图 6-31　A 南油气藏预测压力与实际压力对比

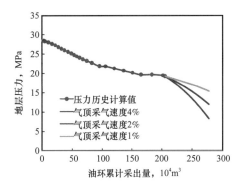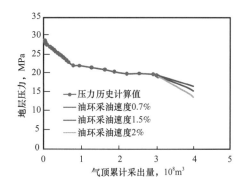

图 6-32　不同气顶采气速度下地层压力变化曲线　　图 6-33　不同油环采油速度下地层压力变化曲线

从图 6-32、图 6-33 可以看出：

（1）在注采比一定条件下，不论是气顶采气速度增加，还是油环采油速度增加，同一开发时刻的地层压力都会不断降低。这主要是由于凝析气和油环原油的高速采出加快了地层流体的亏空速度，而 A 南油气藏为弱边底水油藏，地层能量不能得到及时有效地补充，从而导致地层压力加速降低。

（2）在增幅相同的情况下，气顶采气速度的增加比油环采油速度更容易加快地层压力的下降。这主要是由于 A 南油气藏的气顶指数大于 1，即气顶孔隙体积明显大于油环孔隙体积，也就意味着相同幅度的采气速度增加量所造成的地层流体亏空量远大于采油速度，从而导致采气速度的增加更容易加速地层弹性能量的衰竭。因此，为了保持油气藏的驱动能量、延长油气藏的开发年限，气顶采气速度不宜过高。

三、凝析气井产能预测方法

目前不同地层压力下气井绝对无阻流量的计算方法主要有两种，分别为指数式和二项式产能方程预测法。二项式产能方程预测法主要是通过考虑地层压力变化对气体高压物性的影响，基于二项式产能方程的系数变化推导出不同地层压力下的气井无阻流量，但是该方法主要用于计算同一口气井在不同开发时期的无阻流量，未涉及不同气井间在不同地层压力下的产能预测问题，同时也未涉及随压力变化气相组成发生变化对气井产能的影响。为此，基于气井二项式产能方程，综合考虑地层压力变化对凝析气气体黏度、气体偏差系数、气相相对渗透率的影响，并结合不同气井之间的产气厚度、井点平均渗透率、泄气半径等参数的差异性，建立了适用不同凝析气井井间产能预测的新方法。

1. 无阻流量预测方法

在径向拟稳定渗流条件下，服从二项式定律的气井产能方程可以表示为

$$p_r^2 - p_{wf}^2 = aq_g + bq_g^2 \quad (6-20)$$

其中

$$a = \frac{3.684 \times 10^4 \mu_g Z T p_{sc}}{k_g h T_{sc}} \left(\ln \frac{0.472 r_e}{r_w} + s_t \right) \quad (6-21)$$

$$b = \frac{1.966 \times 10^{-8} \beta \gamma_g Z T p_{sc}^2}{h^2 T_{sc}^2 R} \left(\frac{1}{r_w} - \frac{1}{r_e} \right) \quad (6-22)$$

$$\beta = \frac{7.64 \times 10^{10}}{k_g^{1.2}} \quad (6-23)$$

式中　p_r——地层压力，MPa；

　　　p_{wf}——井底流动压力，MPa；

　　　p_{sc}——地面标准压力，MPa；

　　　T_{sc}——地面标准温度，K；

　　　q_g——气井产气量，$10^4\text{m}^3/\text{d}$；

　　　μ_g——平均压力下的气体黏度，mPa·s；

　　　Z——平均压力下的气体偏差系数；

　　　β——高速湍流系数，m^{-1}；

　　　T——地层温度，K；

　　　R——通用气体常数（其值为 0.008314），MPa·m³/(kmol·K)；

　　　k_g——气相渗透率，mD；

　　　h——气层厚度，m；

　　　r_w、r_e——井筒半径、供气半径，m；

　　　s_t——总表皮系数。

凝析气井在地面条件下的产量包括干气和凝析油两部分。因此凝析气井的总井流物产量为

$$q_{gt} = q_{gd} + \frac{2.4056 \gamma_o}{M_o} q_{co} \quad (6-24)$$

式中　q_{gt}——凝析气井总井流物产量，$10^4\text{m}^3/\text{d}$；

　　　q_{gd}——凝析气井的干气产量，$10^4\text{m}^3/\text{d}$；

　　　q_{co}——凝析气井的凝析油产量，m^3/d；

　　　γ_o——凝析油的相对密度；

　　　M_o——凝析油的分子量，kg/kmol。

在利用常规干气折算法评价凝析气井产能时，只需将式（6-20）中的 q_g 替换为 q_{gt} 即可。

随地层压力的不断下降，地层中不断会有凝析油析出，并黏附在岩石表面，从而导致地层气相渗透率不断降低。同时，凝析油的析出也会导致凝析气组成发生变化，导致其黏度、密度以及偏差系数发生变化。反观气井产能方程（6-20），式中的系数 a 与 b 将会随着压力的变化而发生改变。

假设两口邻近凝析气井井筒半径 r_w 相同，其二项式产能方程系数分别为 a_1、b_1 和 a_1、b_1，两口气井对应的地层平均渗透率、气相相对渗透率、产气厚度、泄气半径、表皮系数、天然气黏度和偏差系数分别为 K_1、K_{rg1}、h_1、r_{e1}、s_1、μ_{g1}、Z_1 和 K_2、K_{rg2}、h_2、r_{e2}、s_2、μ_{g2}、Z_2，则根据式（6-21）、式（6-22）、式（6-23）可以得到：

$$\frac{a_1}{a_2} = \frac{K_2 K_{\text{rg2}} h_2 Z_1 \mu_{\text{g1}} \left(\ln \dfrac{0.472 r_{\text{e1}}}{r_\text{w}} + s_1' \right)}{K_1 K_{\text{rg1}} h_1 Z_2 \mu_{\text{g2}} \left(\ln \dfrac{0.472 r_{\text{e2}}}{r_\text{w}} + s_2' \right)} \tag{6-25}$$

$$\frac{b_1}{b_2} = \left(\frac{K_2 K_{\text{rg2}}}{K_1 K_{\text{rg1}}} \right)^{1.2} \left(\frac{h_2}{h_1} \right)^2 \frac{\gamma_{\text{g1}} Z_1}{\gamma_{\text{g2}} Z_2} \tag{6-26}$$

假设其中一口井（M1 井）已进行产能测试，并通过对试井数据线性回归得到了产能方程系数 a_1、b_1，通过式（6-25）、式（6-26）便可以求得另外一口未进行产能试井（M2 井）的采气井的产能方程系数 a_1、b_1，进而可以得到未进行产能试气井当前的米无阻流量：

$$q_{\text{AOF2}} = \frac{\sqrt{(a_2)^2 + 4 b_2 p_{\text{r2}}^2} - a_2}{2 b_2 h_2} \tag{6-27}$$

式中 p_{r2}——M2 进行产能试井时的当前地层压力，MPa。

如果在式（6-25）和式（6-26）中不考虑 K_{rg}、μ_g、γ_g、Z 等参数在两口井之间的变化，则可简化为不考虑地层压力变化对凝析气高压物性和气相渗透率影响的气井无阻流量预测方法。

结合式（6-25）与式（6-26），将式（6-27）中的参数 a_1、b_1 用包含已知参数 a_1、b_1 的多项式代替，结果表明米无阻流量 q_{AOF2} 与厚度项 h_1 无关。如果预测同一口凝析气井在不同地层压力下的米无阻流量，只需要将式（6-25）、式（6-26）修改为

$$\frac{a_1}{a_2} = \frac{K_{\text{rg2}} Z_1 \mu_{\text{g1}}}{K_{\text{rg1}} Z_2 \mu_{\text{g2}}} \tag{6-28}$$

$$\frac{b_1}{b_2} = \left(\frac{K_{\text{r2}}}{K_{\text{r1}}} \right)^{1.2} \frac{\gamma_{\text{g1}} Z_1}{\gamma_{\text{g2}} Z_2} \tag{6-29}$$

2. 凝析气井产能预测

让纳若尔 A 南凝析气顶两口气井 351 井与 180 井的平均渗透率分别为 3.78mD、1.65mD，产气厚度分别为 41.2m、33.4m；两口井分别于 2007 年、2012 年进行了系统产能试气工作，试井期间的地层压力分别为 23.5MPa、22MPa，而通过产能试井数据得到的

绝对无阻流量分别为 $132.1 \times 10^4 m^3/d$、$55.4 \times 10^4 m^3/d$。

为了验证计算方法的准确性，用 180 井的系统产能试井结果预测 351 井的米无阻流量，并与 351 井的产能试井结果作对比；同时利用该方法预测了不同地层压力下的 351 井与 180 井的米无阻流量，并与不考虑相态变化的常规干气法进行了对比（图 6-34）。

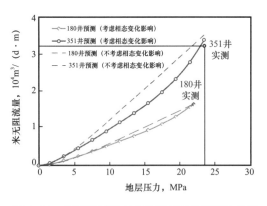
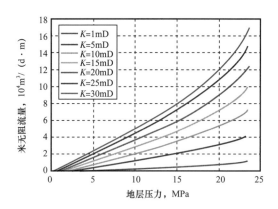

图 6-34 不同地层压力下的米无阻流量变化曲线　　　图 6-35 不同渗透率条件下米无阻流量变化曲线

从图 6-34 可以看出，基于产能试井数据得到的 351 井的实际米无阻流量为 $3.21 \times 10^4 m^3/$（d·m），利用新方法预测的 351 气井米无阻流量为 $3.39 \times 10^4 m^3/$（d·m），而不考虑相态变化影响的常规干气法预测的米无阻流量为 $3.52 \times 10^4 m^3/$（d·m）。由此可见，与常规干气预测法相比，新方法的预测精度更高。另外，考虑地层压力变化对凝析气高压物性及气相渗流能力的影响，利用新方法得到的不同地层压力下的气井米无阻流量均相对偏低。究其原因，这主要是由于凝析油的析出降低了地层绝对渗透率以及气相相对渗透率。

在以上研究基础上，考虑各采气井泄气半径、表皮系数相同时，给定不同的地层渗透率，便可以预测出不同渗透率条件下气井米无阻流量与地层压力的关系图版（图 6-35），随着地层渗透率的不断增加，米无阻流量与地层压力的关系曲线变得越来越陡峭；在相同地层压力条件下，随着渗透率的不断增加，米无阻流量的增加速度变缓。

3. 让纳若尔油气田凝析气井产能评价

为了取得好的经济效益，尽可能地减少投资，让纳若尔 A 层气顶开发的采气井立足于利用现有的老井实施上返采气。老井上返原则：（1）KT-1、KT-2 各层系的低效井和关停井，日产油小于 5t；（2）每口低效井和已关井都核对了已射孔层和未射孔层，确保老井所在原层系已没有可补孔的油层段，老井在原开发层系基本没有继续生产的能力；（3）上返老井井距在 900～1500m 之间，平面上尽量均匀分布，且尽可能远离油气界面；（4）在上返老井位置密集处，按 A 层气顶厚度进行取舍，优先取 A 层气顶厚度大的老井。

从让纳若尔 400 多口老井中筛选出了 38 口老井实施上返采气（图 6-36）。按照凝析气井产能预测公式对各井合理产能进行了配产，配产结果为平均单井合理产能为 $17.7 \times 10^4 m^3/d$，年产能规模可达到 $22 \times 10^8 m^3$，单井配产结果见表 6-9。

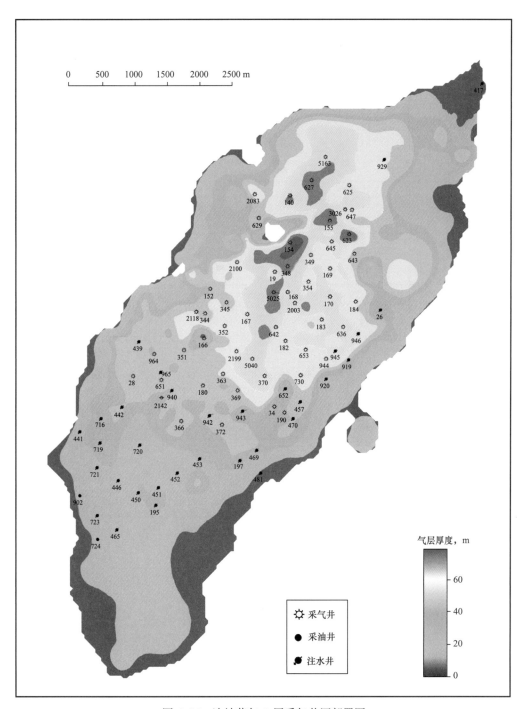

图 6-36 让纳若尔 A 层采气井网部署图

表 6-9 让纳若尔 A 南采气井配产

井名	射开厚度 m	米无阻流量 $10^4m^3/$（d·m）	绝对无阻流量 $10^4m^3/d$	计算单井配产 $10^4m^3/d$	实际单井配产 $10^4m^3/d$	单井年产 10^8m^3
140	29.9	7.35	220	44	21.0	0.69
152	14.3	7.35	105	21	15.0	0.50
154	28.95	7.35	213	43	21.0	0.69
155	34.7	7.35	255	51	21.0	0.69
166	4.9	7.35	36	7	18.0	0.59
168	41.7	7.35	306	61	22.0	0.73
169	17.25	7.35	127	25	11.0	0.36
180	18.5	7.35	136	27	19.0	0.63
182	42.95	7.35	316	63	20.0	0.66
183	17.55	7.35	129	26	11.0	0.36
184	22.6	2.45	55	11	5.0	0.17
190	14.9	2.45	37	7	10.0	0.33
344	16.55	7.35	122	24	17.0	0.56
345	26.65	7.35	196	39	19.0	0.63
348	33.15	7.35	244	49	22.0	0.73
351	22.3	7.35	164	33	17.0	0.56
352	17.8	7.35	131	26	23.0	0.76
366	19.8	2.45	49	10	10.0	0.33
369	22.6	7.35	166	33	28.0	0.92
370	31.0	7.35	228	46	25.0	0.83
372	19.2	2.45	47	9	10.0	0.33
623	25.9	7.35	190	38	18.0	0.59
625	24.7	7.35	182	36	17.0	0.56
627	42.6	7.35	313	63	22.0	0.73
629	34.35	7.35	252	50	22.0	0.73
636	23.4	2.45	57	11	4.0	0.13
642	24.65	7.35	181	36	21.0	0.69
643	28.8	7.35	212	42	20.0	0.66
647	27.7	7.35	204	41	20.0	0.66

井名	射开厚度 m	米无阻流量 10⁴m³/（d·m）	绝对无阻流量 10⁴m³/d	计算单井配产 10⁴m³/d	实际单井配产 10⁴m³/d	单井年产 10⁸m³
651	17.3	7.35	127	25	16.0	0.53
730	21.1	2.45	52	10	12.0	0.40
944	27.8	2.45	68	14	12.0	0.40
2003	26.8	7.35	197	39	19.0	0.63
2100	26.25	7.35	193	39	19.0	0.63
2119	13.65	7.35	100	20	22.0	0.73
5025	45.75	7.35	336	67	22.0	0.73
5029	31.2	7.35	229	46	22.0	0.73
5040	33.6	7.35	247	49	21.0	0.69
合计				1284	674.0	22.24

第三节　带凝析气顶碳酸盐岩油藏油气协同开发技术政策

为了更好地论证气顶油藏在衰竭、屏障注水以及屏障 + 面积注水等不同气顶油环协同开发方式下的合理开发参数，针对不同开发方式建立相应的数值模型，模拟开发过程并对比开发效果，从而制订出不同开发方式下的开发技术政策。为此，以让纳若尔油气田 A 南和 Г 北气顶油藏的油藏参数为基础，利用 Eclipse 软件中 E100 数值模拟器建立相应的井组模型，明确不同开发方式下气顶油环协同开发技术政策。

井组模型包含 1 口采气井 ZG、2 口采油井 OP1 与 OP2、1 口屏障注水井 PZ、1 口面积注水井 MJ，如图 6-37 所示，其中红色区域代表气顶区，而绿色区域代表油环区。衰竭开采方式下，只有采气井 ZG 与采油井 OP1、OP2 处于工作状态；屏障注水开发方式下，采气井 ZG、采油井 OP1 和 OP2、屏障注水井 PZ 处于工作状态；屏障 + 面积注水开发方式下，采气井 ZG、采油井 OP1 和 OP2、屏障注水井 PZ 及面积注水井 MJ 均处于工作状态。通过设定不同的井组工作制度，便可以模拟不同开发方式、不同开发参数下的气顶油环协同开发效果。

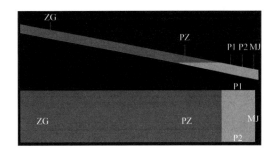

图 6-37　井组模型剖面图及俯视图

一、衰竭开发方式下气顶油环协同开发技术政策

1. A 南油藏衰竭式开发技术政策研究

在研究气顶油环衰竭开采时，主要是针对油环区采油井的不同采油速度和气顶区采气

井的不同采气速度进行设计，确定不同开采速度下的油气界面运移规律、地层压力变化情况以及合同期内的油气采出程度，明确气顶油环衰竭式开发的合理技术政策[11]。设计的采油速度为0.5%~1.5%，采气速度为0~5%（图6-38）。

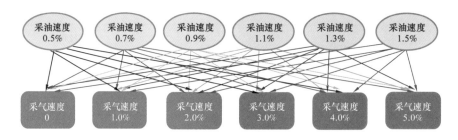

图6-38　衰竭开发数值模拟实验设计图

图6-39　衰竭开发时不同采油速度条件下
油气界面运移情况对比图

在采气速度为1%时，从油气界面运移的侧视图可以看出（图6-39），当采油速度越高时，油气界面运移越快，采油速度为0.9%时油井最先见气，采油速度0.7%次之，采油速度0.5%时，界面运移最慢。

从图6-40、图6-41可以看出，在生产过程中，采油速度过高导致油井气窜严重而关井，严重影响油区的开发效果，导致油气当量采出程度比采油速度为0.5%时要小。故在同

一采气速度下，油井采油速度越大，油区压降越大，气顶越容易发生膨胀，油气界面向油区运移越快，导致油井气窜影响油环的开发效果。

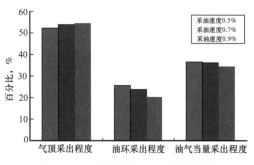

图6-40　不同采油速度下开发效果对比

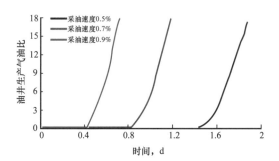

图6-41　不同采油速度下油井气油比对比

当采油速度为0.7%时，研究不同采气速度下油气同采开发效果。通过对比同一时刻的油气界面位置可知，油气界面运移速度随着采气速度增加而逐渐变缓，采气速度小于2%时，外油气界面运移速度始终比内油气界面运移得快，当采气速度大于2%以后，内外油气界面运移速度基本一致，油气界面平稳向油区方向移动（图6-42）。

当采油速度为0.7%时，从图6-43可以看出，随着采气速度增加，油井见气越晚，当采气速度大于2%以后，油井不会因气窜而关井或者油井根本不会见气。随着采气速度增

加，气顶的膨胀作用被大大削弱，导致油气界面运移逐渐变缓，内外油气界面的运移差异也越来越小。一定采油速度下，当采气速度较小时，气顶膨胀能较为充足，容易导致油井因气窜而关井。综上所述，存在一个合理采油和采气速度使得油气藏的开发效果最佳。衰竭式开发方式下，应该以合同期内油气当量采出程度为标准优化气顶油环协同开发技术政策。

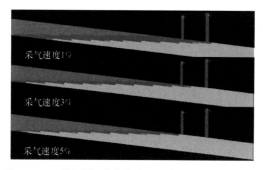

图 6-42　不同采气速度条件下油气界面运移对比图

从图 6-44 可以看出，在同一采油速度下，当采气速度低于 2% 时，气顶采出程度是随着采气速度的增加而增加的，当采气速度大于 2% 以后，气顶的采出程度基本不随采气速度的增加而发生变化。同一采气速度开采气顶时，不同采油速度时的气顶采出程度基本一致，因此影响气顶开发效果的主要是采气速度，采油速度对其影响较小。

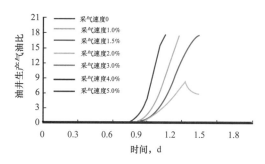

图 6-43　不同采气速度下生产气油比对比图

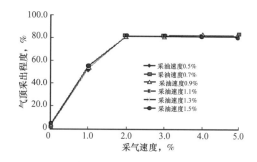

图 6-44　气顶采出程度与采气速度、采油速度关系图

油环采出程度与采气速度、采油速度关系如图 6-45 所示，在采油速度一定时，存在一个合理的采气速度，使得油环采出程度达到最大，合理采气速度与采油速度呈现正相关。其原因是在一定采油速度下，采气速度过低引起的气窜关井和采气速度过高引起的地层压力下降过快都会严重影响油环的开发效果，只有合理的采气速度才能使得气顶膨胀能得到充分的发挥和利用，达到最优开发效果。统计不同采油速度下的最佳采气速度，可以得到图 6-46。例如采油速度 0.5% 时，对应最佳的采气速度为 2.0%；采油速度 1.1% 时，对应最佳的采气速度为 3.0%。

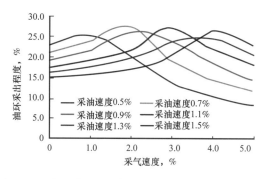

图 6-45　油环采出程度与采气速度、采油速度关系图

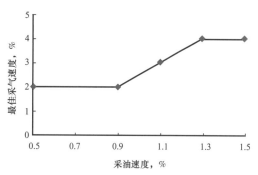

图 6-46　不同采油速度对应合理的采气速度

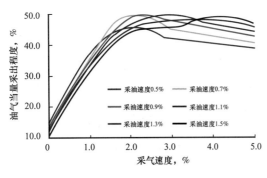

图6-47 油气当量采出程度图

累计产气量按一定的折算方式，可以得到各种情况下总的油气当量采出程度（图6-47）。同时，从各峰值的变化趋势可以看出，随着采油速度增加，最大油气当量采出程度对应的采气速度也随之增加。

2. Γ北油藏衰竭式开发技术政策研究

同样针对Γ北油藏，分析不同采气速度和采油速度条件下气顶油环协同开发效果，对比不同开发方案的油环采出程度和油气当量采出程度，建立了衰竭开发方式下的气顶油环协同开发技术政策图版，明确了衰竭开发下合理的开发技术政策（图6-48、图6-49）。

从图6-48可以看出，在油环采油速度一定的情况下，随着采气速度的增加，油环原油采出程度出现了前期稳定后期下降的变化趋势。这主要是由于Γ北油气藏的气顶指数偏小，当采气速度较小时，气顶膨胀能量削弱的速度相对整个地层能量来说偏小，因此油环的开发效果并未受到较大影响，而当采气速度增大到一定程度之后，气顶膨胀能量下降速度明显加快，油环开发受到的影响增加，此时原油采出程度开始不断降低。在同一采气速度下，油环采出程度随采油速度的增加而增加，但是当采油速度高于1%时，原油采出程度增幅明显放缓。当采油速度为1.2%时，原油采出程度与采油速度为1%时的原油采出程度基本上趋于一致。

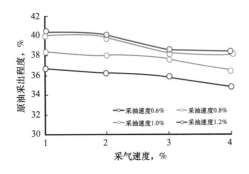

图6-48 油环采出程度与采油、采气速度关系

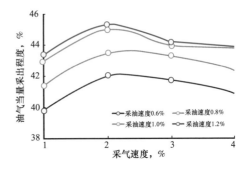

图6-49 油气当量采出程度与采油、采气速度关系

从图6-49可以看出，在油环采油速度一定的情况下，油气当量采出程度随采气速度的增加出现了先增加后下降的变化趋势。其原因是当采气速度较小时，地层能量下降缓慢，油环的开发效果并未受到较大影响，而气顶气在一定程度上提高了油气当量采出程度；当采气速度增大到一定程度之后，地层能量大幅降低，油环开发效果明显变差，气顶气采出程度不足以弥补油环采出程度的下降，导致油气当量采出程度开始降低。在采气速度一定的情况下，与原油采出程度变化趋势一样，油气当量采出程度随采油速度的增加而增大。综合考虑原油采出程度和油气当量采出程度，当Γ北气顶油藏的采油速度为0.6%～0.8%时，其合理的采气速度为2%。

二、屏障注水开发方式下气顶油环协同开发技术政策

1. A 南油藏屏障注水开发技术政策研究

为了能够更好地补充气顶与油环能量，同时隔断气顶与油环间的相互侵入，屏障注水成为带气顶油藏实施油气同采的一种主要开发方式[12]。屏障注水开发方式下，影响气顶油环协同开发效果的主要因素除了采油、采气速度之外，还有注采比。设定不同的采油速度、采气速度以及注采比，利用数值模拟手段优化屏障注水开发方式下气顶油环协同开发技术政策。

首先，以采油速度 0.7% 为例，研究不同采气速度下合理的注采比（图 6-50），当采气速度较低时，在不同注采比条件下，气顶、油环的采出程度基本一致，其原因是低速采气时气窜并不是很严重，实施屏障注水后并未明显改善开发效果；随采气速度逐渐增加，注采比对开发效果的影响逐渐增大。

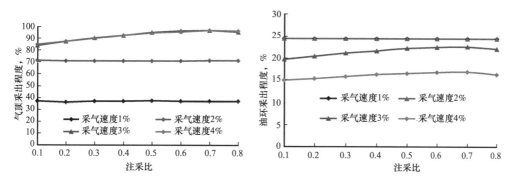

图 6-50 不同采气速度和注采比下气顶和油环采出程度对比（采油速度 0.7%）

在采油速度为 0.7% 时，对比分析不同采气速度和注采比条件下的油气当量采出程度（图 6-51），当采气速度为 1%、2% 时，随着注采比的增加，油气当量采出程度基本一致，屏障注水未明显改善开发效果；当采气速度为 3%、4% 时，油气当量采出程度在注采比 0.6~0.7 时达到最大。在采气速度为 3%、注采比 0.6~0.7 时，屏障注水方式下气顶油环协同开发效果最佳。

同样可以得到采油速度 0.5% 时的油气协同开发技术政策图版（图 6-52）。在采油速度为 0.5% 时，合理采气速度为 3%，合理注采比为 0.7。

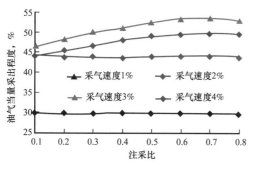

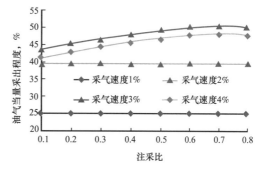

图 6-51 不同采气速度、注采比下油气当量采出　　图 6-52 不同采气速度、注采比下油气当量采出
　　　　程度对比（采油速度 0.7%）　　　　　　　　　　程度对比（采油速度 0.5%）

当采油速度为0.9%，对比不同采气速度和注采比的开发效果得出，采气速度为3%，注采比为0.6～0.7时，可取得最佳开发效果（图6-53、图6-54）。

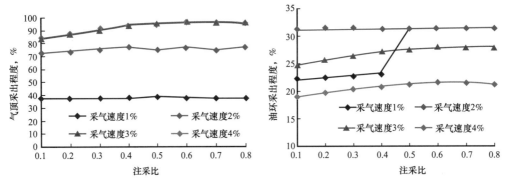

图6-53　不同采气速度、注采比下气顶和油环采出程度对比（采油速度0.9%）

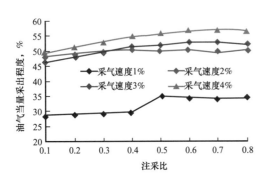

图6-54　不同采气速度、注采比下油气当量采出
程度对比（采油速度0.9%）

综上所述，开展不同采油速度下，注采比与采气速度关系研究得出，采油速度在0.5%～0.9%时，合理的注采比为0.6～0.7，合理采气速度为3%左右。

2. Γ北油藏屏障注水开发技术政策研究

设定不同的采油速度（0.6%、0.8%）、不同的采气速度（1%、2%、3%、4%）、不同的屏障注采比（0.2、0.4、0.6、0.8、1、1.2），同样以油气当量采出程度大小为评判标准，开展屏障注水开发方式下Γ北油气藏气顶油环协同开发数值研究，建立采油速度、采气速度、注采比与油气当量采出程度关系图版（图6-55、图6-56）。

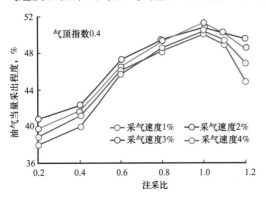

图6-55　不同采气速度及注采比条件下油气
开发效果对比（采油速度0.6%）

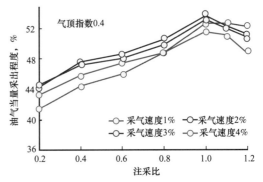

图6-56　不同采气速度及注采比条件下油气
开发效果对比（采油速度0.8%）

从图6-55与图6-56可以看出，气顶指数为0.4的Γ北油气藏在采油速度为0.6%～0.8%时，合理采气速度为2%～3%，合理屏障注水注采比为1，气顶油环协同开发效果最好。

三、屏障＋面积注水开发方式下气顶油环协同开发技术政策

屏障＋面积注水开发方式中除了屏障注水能够补充地层能量外，面积注水还可以进一步补充油环的地层能量，进而更好地提高油环的开发效果。由于涉及屏障注水与面积注水两种注水开发方式，因此两种方式注水量的分配比例也是影响气顶油环协同开发效果的关键因素。设定不同的采油速度、采气速度、屏障和面积注采比以及屏障与面积注水分配比例，开展大量的数值模拟研究，从而优化屏障＋面积注水开发方式下气顶油环协同开发技术政策[13]。

1. A 南油藏屏障＋面积注水开发技术政策研究

为了能够明确不同工作制度下不同开发指标的合理匹配关系，设定采油速度为0.7%、0.9%，采气速度为1%～4%，注采比0.1、0.2、0.4、0.6、0.8，以及注水分配比例为50∶50、55∶45、60∶40、65∶35、70∶30、75∶25、80∶20、85∶15、90∶10，首先研究屏障注入量与面积注入量的合理分配比例。

由图6-57可以得出，合理屏障注水与面积注水分配比例与采油、采气速度和注采比相关，分配比例与采气速度、注采比呈正相关，与采油速度呈反相关，当采气速度1%～4%时，气顶指数3.1的A南油气藏合理分配比例为50∶50～90∶10。

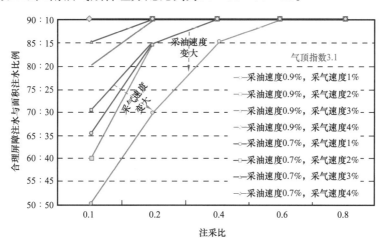

图6-57　合理屏障注水与面积注水分配比例与采气、采油速度及注采比关系图版

在此基础上开展A南油气藏气顶油环同采过程中合理的采气速度、注采比和屏障面积注水比例，从图6-58可以看出，气顶指数为3.1的A南油气藏在采油速度为0.7%～0.9%时，合理采气速度为3%～4%，合理注采比为0.5～0.6。从图6-59可以看出，屏障注入量与面积注入量的分配比例为90∶10时，油气藏开发效果最好。

2. Γ 北油藏屏障＋面积注水开发技术政策研究

针对Γ北油藏，同样以油气当量采出程度大小为评判标准，将采油速度分别设定为0.6%、0.8%、1%，采气速度分别设定为1%、4%，总注采比分别定为0.2、0.4、0.6、0.8、1，屏障与面积注水比例分别定为15∶85、20∶80、25∶75、30∶70、35∶65、40∶60、45∶55、50∶50、55∶45、60∶40等，对比不同开发方案的开发效果，建立合理屏障与面积注水分配比例与采油、采气速度及注采比关系图版，明确不同开发参数下的合理屏障与面积注水分配比例（图6-60）。

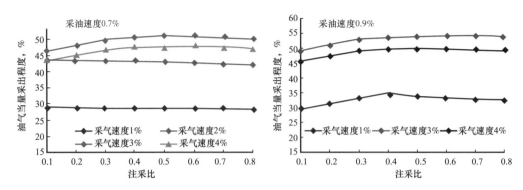

图 6-58　不同采油、采气速度及注采比条件下油气开发效果对比

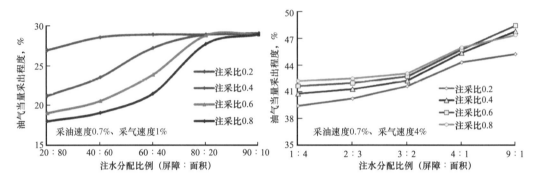

图 6-59　不同采气速度、注采比及屏障和面积分配比例条件下油气开发效果对比

从图6-60可以看出，合理的屏障注水与面积注水分配比例与采油、采气速度和累计注采比相关。随着气顶采气速度、油环采油速度以及注采比的不断增加，合理屏障与面积注水分配比例也在逐渐增加。这是由于当油气藏的开采速度增大后，地层能量的衰竭速度加快，而屏障注水能够同时补充气顶与油环的能量；且屏障注水井在纵向上处于油气藏的中心地带，其注入水的能量能够在较短的时间内波及整个油气藏，因此合理屏障与面积注水分配比例也在不断提升。当采气速度为1%~4%时，气顶指数为0.4的Γ北油气藏合理分配比例为15:85~60:40。

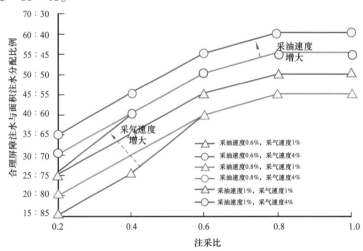

图 6-60　合理屏障与面积注水分配比例与采油、采气速度及注采比关系图

根据前面衰竭开采以及屏障注水开发的开发技术政策研究成果，将采油速度设定为0.8%，采气速度分别设定为2%、4%，注采比分别设定为0.2、0.4、0.6、0.8、1，屏障与面积注水分配比例分别定为20：80、25：75、30：70、40：60、45：55、50：50、60：40，以油气当量采出程度为评判标准，开展屏障+面积注水气顶油环协同开发数值模拟，建立采气速度、注采比、屏障与面积注水比例与油气当量采出程度关系图版（图6-61、图6-62），明确Γ北油气藏在屏障+面积注水开发方式下合理的屏障与面积注水分配比例。

从图6-61和图6-62可以看出，气顶指数为0.4的Γ北油气藏在采油速度为0.8%、注采比为0.6～1的条件下，合理屏障注水与面积注水比例为50：50。

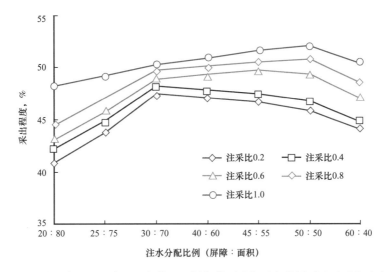

图 6-61　不同注采比及屏障和面积分配比例条件下油气开发效果对比（采气速度 2%）

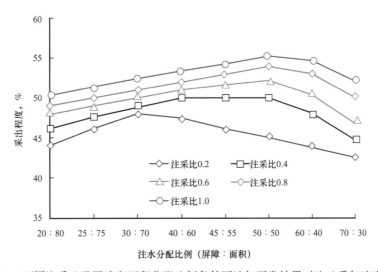

图 6-62　不同注采比及屏障和面积分配比例条件下油气开发效果对比（采气速度 4%）

然后，设定屏障与面积注水比例为1：1，采油速度设定为0.6%、0.8%，采气速度分别设定为1%，2%、3%、4%，注采比分别设定为0.2、0.4、0.6、0.8、1.0、1.2，开展屏障+面积注水开发数值模拟，建立采油速度、采气速度、注采比与油气当量采出程度关系图版，明确Γ北油气藏在屏障+面积注水开发方式下注采参数的合理匹配关系（图6-63、图6-64）。

从图6-63和图6-64可以看出，气顶指数为0.4的Γ北油气藏在采油速度为0.6%~0.8%、屏障与面积注水分配比例为1∶1的条件下，合理采气速度为2%，合理注采比为1。

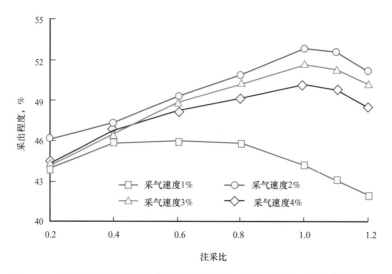

图6-63　不同采气速度及注采比条件下油气开发效果对比（采油速度0.6%）

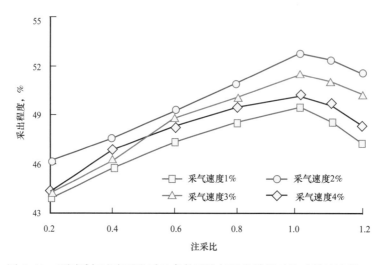

图6-64　不同采气速度及注采比条件下油气开发效果对比（采油速度0.8%）

第四节　让纳若尔油田气顶油环协同开发技术政策

在上一节研究基础上，结合A南、Γ北两个油气藏开发现状，进一步开展开发技术政策研究，指导油气藏气顶油环协同高效开发。

一、气顶油环协同开发方式优化

1. A 南屏障注水井网开发效果分析

为确定最合理的气顶油环开发方式，设计两种开发方案对比油气的开发效果。方案一为 2013 年开采气顶，现有屏障注水井网油气同采，方案二为油气同采（同方案一）并完善屏障注水井网，结果表明方案二油气开发效果优于方案一（图 6-65、图 6-66）。

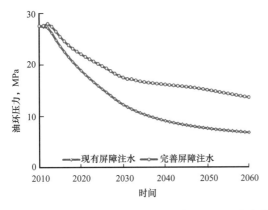

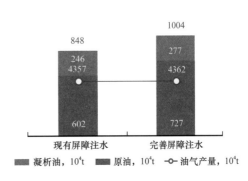

图 6-65　A 南完善屏障注水井网前后油环压力变化　　　图 6-66　A 南完善屏障注水效果评价

完善屏障注水后油环压力保持水平明显上升，原油和凝析油的产量大幅提高。主要原因为现有的屏障注水井在保持气顶油环压力、阻止气顶气油环原油互窜方面起到了一定的作用，但是由于 A 南和 Γ 北油藏具有层状特征，油、水井大多采用多层合采、合注，油、水井产、吸液剖面不均匀，造成纵向上屏障注水效果差异较大；同时屏障注水井在气顶开发前主要起隔挡的作用，防止气顶向油区扩散；气顶开发后，气顶压力下降速度快于油环，主要起稳压作用，大幅度提高原油、凝析油产量，有利于油环和气顶的开采。

2. Γ 北屏障注水加早期循环注气开发效果分析

Γ 北完善屏障注水后气顶地层压力得到很好的保持且开发效果要明显优于现有的屏障注水开发（图 6-67、图 6-68）。

国内外凝析油含量大于 $200 \sim 250 \mathrm{g/m^3}$ 的带气顶油气藏一般采用注气方式开采，既可回收较多的凝析油又减少对油环原油产量的影响。Γ 北凝析气项目前凝析油含量为 $240 \mathrm{g/m^3}$，通过对比早期循环注气开发 5 年和不循环注气开发气顶 2 个方案，

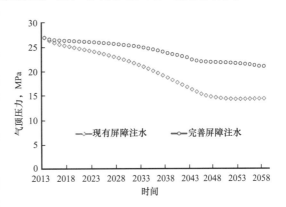

图 6-67　Γ 北完善屏障注水井网前后气顶压力变化

显示早期循环注气开发的整体开发效果较好，故 Γ 北采用了早期循环注气 + 屏障注水的开发方式（图 6-69）。

二、气顶开发时机论证

气顶开发时机不仅影响天然气、原油的产量，还会对气顶中凝析油的回收程度产生影

响，因此需要研究气顶合理的开发时机。以 A 南油气藏为例，将油环以既定的采油速度继续开采，设计气顶开采时间分别为 2013 年、2018 年、2023 年、2028 年，对比不同气顶开发时机对气顶油环开发效果的影响。研究结果表明，气顶气和凝析油产量随采气时机的推迟而降低，但原油采收率随采气时机的推迟而提高；综合考虑油气当量得出气顶开发越早，油气当量越大，油气开采效果越好（图 6-70、图 6-71）。

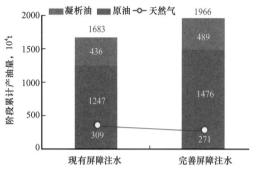

图 6-68　Г 北完善屏障注水效果评价

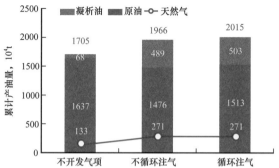

图 6-69　Г 北是否循环注气开发油气产量对比

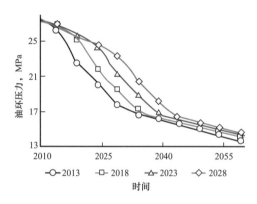

图 6-70　A 南气顶不同开发时机油环压力对比

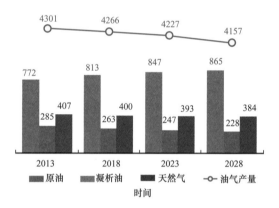

图 6-71　A 南气顶不同开发时机开发效果对比

气顶开发越晚，气顶气和凝析油产量越低的主要原因为气顶油环处于同一压力系统下，油环开发过程中地层压力不断下降，气顶压力随之下降且气顶气不断向油环扩散，造成部分气顶气在气顶开发后难以采出；同时，目前气顶压力已经降至露点压力以下，如果气顶投入开发越晚，气顶压力进一步下降，凝析气反凝析程度升高，也会使更多的凝析油损失到地层中难以采出，因此气顶开发越晚气顶气、凝析油开发期内累计产量会越低。

三、油环合理注采比论证

1. A 南不同注采比开发效果对比

增大注入量是保持地层压力和提高原油水驱效果的重要途径。将注采比分别设为：0.1，0.25，0.4，0.55，0.7，屏障注水与面积注水比例设为 8∶2，预测油气产量开发效果（图 6-72、图 6-73）。

结果表明，屏障注入水带动外围气顶区域与油环注入水形成双向驱油，有利于原油的开发，同时也有利于稳定气顶压力。随注采比增高，油气藏油气总产量呈下降趋势，主要是溶解气产量降低，油气藏阶段油产量越高，但是当注采比达到 0.55 后，原油和凝析油的产量增幅大大降低，在优先考虑油产量的前提下，合理注采比为0.55。

2. Γ北不同注采比开发效果对比

对于Γ北油气藏，气顶油环同采时，对比不同注采比的开发效果，注采比为1时，可以保持气顶油环压力的相对稳定（图6-74、图6-75）。随着注采比升高，原油、凝析油产量增加，注采比大于1以后，增幅减缓，同时油气产量随注采比升高而下降，因为注采比低，压力下降，油区溶解气大量采出，为了保障原油、凝析油产量，合理注采比为1。

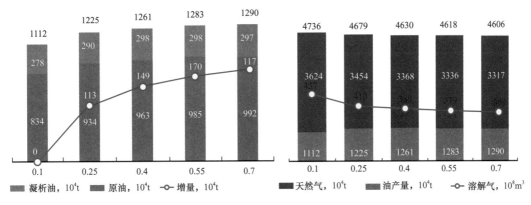

图6-72 不同注采比下原油总产量对比　　　图6-73 不同注采比下油气总产量对比

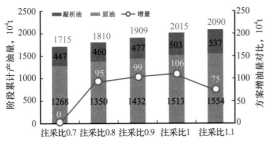 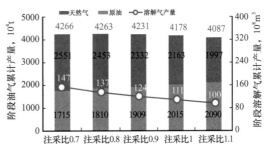

图6-74 不同注采比下原油+凝析油总产量对比　　　图6-75 不同注采比下油气总产量对比

四、气顶合理采气速度

1. A南合理采气速度

将油环以既定的采油速度继续开采，气顶于2013年投入开采，对比不同采气速度对气顶油环的影响。调研国内外与让纳若尔油气藏物性相近的凝析气顶油藏的采气速度，一般为3%～8%。同时根据气藏的稳产年限（表6-10），将气顶开发时机定在2013年，设计采气速度为3%，4%，5%，6%，对比各方案的开发效果。

表6-10 气藏的稳产年限与采气速度

地质储量，10^8m^3	采气速度，%	稳产年限，a
>50	3～5	>10
10～50	约5	5～8
<10	5～6	5～8

结果表明，随采气速度增大，气顶气稳产期逐渐缩短（图 6-76），油环压力下降越快，不利于原油的开采。另一方面，随采气速度的增大，气顶压力快速降低，侵入气顶的原油和反凝析油量增大，不仅损失油气资源，且气顶内形成复杂油气系统，也不利于今后油气的开采。综合考虑，合理采气速度为 4% 时，油气藏的开发效果最好（图 6-77、图 6-78）。

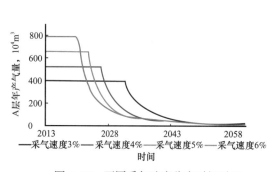

图 6-76 不同采气速度稳产时间对比

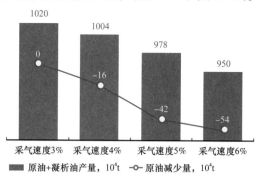

图 6-77 不同采气速度油产量对比

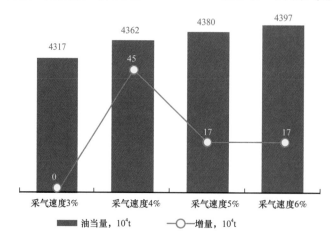

图 6-78 不同采气速度油气总产量对比

2. Γ 北合理采气速度

当 Γ 北油气藏采气速度高于 2% 时，气顶压力下降速度较快，凝析油损失很大，油环原油产量大大降低，通过对比循环注气时不同采气速度的开发效果得出，循环注气前后均采用 2% 的采气速度，原油、凝析油产量及油气总产量均最高（图 6-79 至图 6-81）。

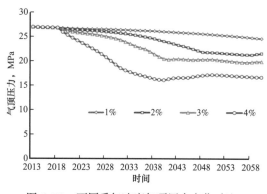

图 6-79 不同采气速度气顶压力变化对比

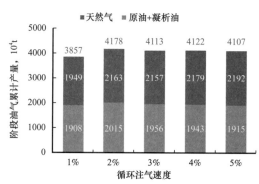

图 6-80 循环注气时不同采气速度油气产量对比

五、面积注水与屏障注水比例优化

1. A 南面积注水与屏障注水比例优化

优化屏障与面积注水比例就是既要充分、合理地利用气顶能量，又要提高注水利用率。如果屏障注水量过大，会造成气顶压力升高，同时，油环因注水量不足而压力下降，油环和气顶压差增大，而油环和气顶压差越大，对油环开发和气顶的封隔越不利。反之如果屏障注水量过小，气顶压力逐渐降低，大量凝析油损失在地下，同时也会造成气顶油侵，影响油环的开采。

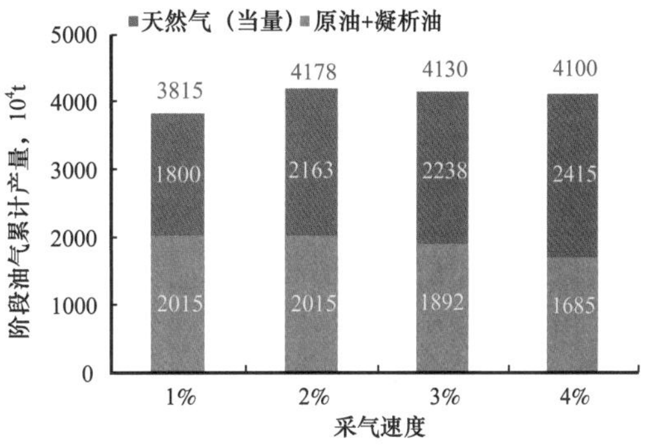

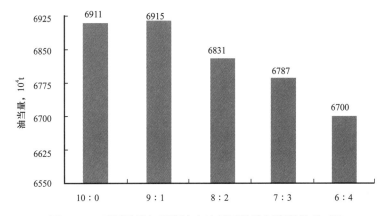

图 6-81　循环注气结束后不同采气速度油气产量对比

将采气速度设定在4%，屏障注水与面积注水比例分别设为10∶0、9∶1、8∶2、7∶3、6∶4，数值模拟结果显示了屏障注水与油环注水比例为9∶1时，油气藏开发效果最佳（图6-82、图6-83）。

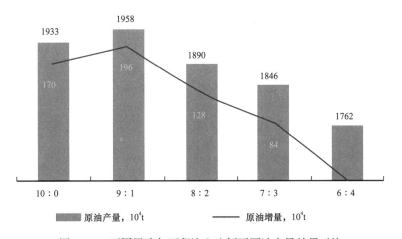

图 6-82　不同屏障与面积注入比例下总油气当量效果对比

图 6-83　不同屏障与面积注入比例下原油产量效果对比

分析表明，由于气顶体积大，当气顶投入开发后，即使单井以最大日注入量注水，也难以保持气顶压力的稳定，因此屏障注水的主要作用是有效阻止油气互窜（目前主要是原油窜入气顶区域）。屏障注入水的比例相对较大，原油损失越小，有利于原油的开采；另一方面，当油环注入水比例大于10%（屏障注水与油环注水比例小于9∶1），油井含水上升过快，产能降低，而当油环注入水比例小于10%，油井不含水，水驱作用不明显，也影响了原油的开采。综合分析，合理的屏障注入水和面积注入水比例为9∶1。

2. Γ北面积注水与屏障注水比例优化

调整面积注水和屏障注水的比例是控制气顶和油环压力平衡的主要手段，当屏障注水和面积注水比例为1∶1时，气顶和油环之间的压力保持相对稳定（图6-86），有利于油气高效开采。当油环压力略高于气顶压力，将会改变地层原油流动方向，有利于将部分难动用的剩余油采出，Γ北面积注水和屏障注水比例为1∶1时，原油和凝析油采出量最高（图6-84、图6-85）。不同比例对天然气的产量影响较小，故综合考虑油气总产量，Γ北的面积注水和屏障注水合理比例为1∶1。

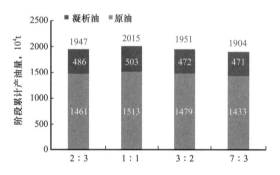

图6-84　不同面积和屏障注水比例下原油及凝析油累计产量对比　　图6-85　不同面积和屏障注水比例下天然气累计产量对比

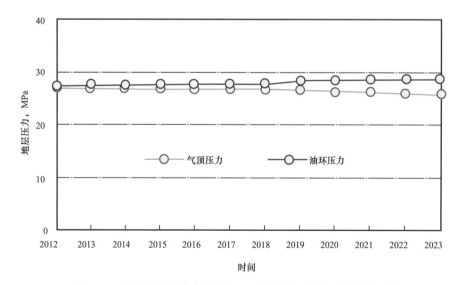

图6-86　面积和屏障注水比例1∶1下气顶油环平均地层压力对比

六、让纳若尔油田气顶油环协同开发技术政策小结

以数值模拟研究为主要手段，物理模拟研究为辅助手段，开展气顶油环协同开发技术政策研究，并系统建立针对不同开发方式的气顶油环协同开发技术政策图版，明确各主控因素间合理匹配关系，为气顶油环协同高效开发奠定基础。

主要开发参数包括采油速度、采气速度、注采比、屏障注水与面积注水比例等，合理匹配关系见表6-11。

表6-11　不同开发方式下A南、Γ北油气藏合理开发技术政策

分类	衰竭式开发		屏障注水开发		屏障+面积注水开发	
	A南	Γ北	A南	Γ北	A南	Γ北
气顶指数	3.1	0.4	3.1	0.4	3.1	0.4
采油速度，%	0.7~0.9	0.6~0.8	0.7~0.9	0.6~0.8	0.7~0.9	0.6~0.8
采气速度，%	2	2	3~4	2~3	3~4	2
注采比			0.6	1	0.5~0.6	1
屏障：面积					9：1	1：1

针对油气藏开发现状开展开发技术政策研究，确定在目前开发基础上继续实施屏障+面积注水可以使气顶油环协同开发的效果最优；并通过进一步研究，最终确定A南、Γ北在目前开发基础上的合理开发技术政策（表6-12）。

表6-12　A南、Γ北油气藏气顶油环协同开发合理开发技术政策

序号	技术政策	A南	Γ北
1	气顶开发时机	在油田处于开发晚期条件下，越早越好	
2	开发方式	面积注水+屏障注水，Γ北气顶早期采用循环注气开发	
3	采气速度，%	4	2
4	合理注采比	0.55	1
5	屏障+注水面积注水比例	9：1	1：1

第五节　让纳若尔油气田气顶油环一体化开发方案及开发效果评价

一、让纳若尔油气田气顶油环一体化开发方案

1. 开发方案设计原则

以稳定让纳若尔油气田原油产量为目的，以井网加密、注采井网完善、注采结构调整

和注水优化为主，储层分层改造、分层注水为辅，改善碳酸盐岩储层动用程度及油水井注采对应关系，提高油田注水利用率，控制含水上升速度，提高并稳定油井产量，减缓老井产量递减速度，实现油田剩余油精细挖潜[14]。2014年以后A南、Γ北两个油气藏的凝析气顶陆续投入开发，实现在原油产量稳定的前提下年产天然气$20 \times 10^8 m^3$以上规模，提升项目公司总体经济效益。

2. 油田开发方案设计及方案优选

共设计3套方案，方案1为基础方案（现有条件开发）；方案2为油环井网加密方案，凝析气顶不投入开发；方案3为油环井网加密，凝析气顶气顶投入开发。

方案1：现有条件开发，不钻新井。

方案2：实施油环加密调整，气顶不开发。共设计新井182口，包括油井144口，注水井38口，老井转注34口。

方案3：实施油环加密调整，凝析气顶投入开发。共设计新井182口，包括油井144口，注水井38口，老井转注34口；另外设计采气井43口，包括现有采气井8口，老井转采气井35口（上返转采气井34口，直接转采气1口），老井转注气井3口。

三个方案预测结果显示方案3油气产量最高，分别比方案1和方案2高出$3169 \times 10^4 t$和$1879 \times 10^4 t$，主要原因是凝析气顶投入开发后可开采出大量的天然气及凝析油产量（图6-87），因此推荐采用方案3。

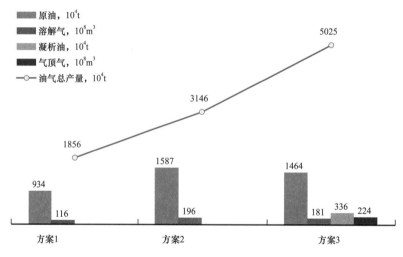

图6-87　设计3个方案开发指标对比

通过凝析气顶开发，新增年产气$27 \times 10^8 m^3$，新增年产凝析油$50 \times 10^4 t$；2015年原油+凝析油+LPG年产量重新恢复到$250 \times 10^4 t$以上，天然气年产量增加到$40 \times 10^8 m^3$以上，油田油气总产量达到$600 \times 10^4 t$以上规模（图6-88）。

二、气顶油环一体化开发方案实施效果评价

2011年以来，让纳若尔油气田以局部井网加密，结合井网、井型转换、层系调整、注采对应关系完善为主要方式，实施油田剩余油综合挖潜，同时进一步完善油藏屏障注水井网，优化屏障与面积注水比例，油田开发效果得到明显改善，同时也为油气田气顶油环协同开发奠定了良好的基础。

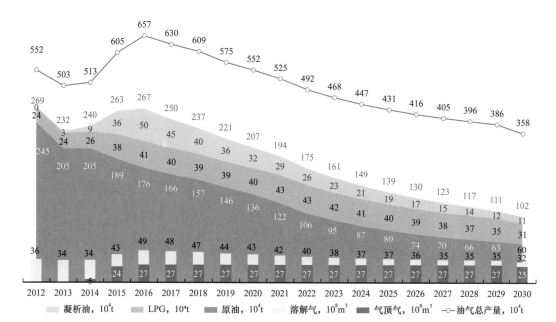

图 6-88 让纳若尔油田油、气产量规划

1. 在剩余油富集区部署加密井取得良好效果

基于流动单元的碳酸盐岩油藏剩余油分布规律研究，部署新井 182 口，投产 146 口，平均单井初产 31.2t/d，达到周围老井的 3 倍以上（图 6-89）。

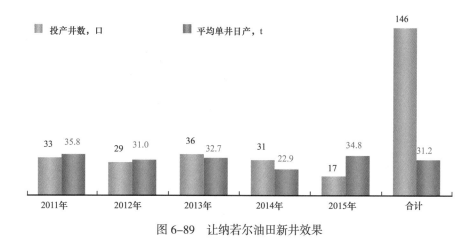

图 6-89 让纳若尔油田新井效果

2. 进一步完善屏障 + 面积注采井网，油田水驱储量控制程度明显提高

2011 年以来共转注 38 口井，其中屏障注水井 15 口，水驱储量控制程度由 2010 年的 46% 提高到 2015 年的 52%，A 南、Γ北油气藏屏障 + 面积注水井网进一步完善（图 6-90、图 6-91）。屏障注水能力大幅度提升，其中 A 南油气藏屏障注水与面积注水比例由 2011 年的 53：47 提高到目前的 86：14，Γ北油气藏屏障注水与面积注水比例由 2011 年的 88：22 降低到目前的 60：40，为两个油气藏的气顶油环协同高效开发奠定基础（图 6-92、图 6-93）。

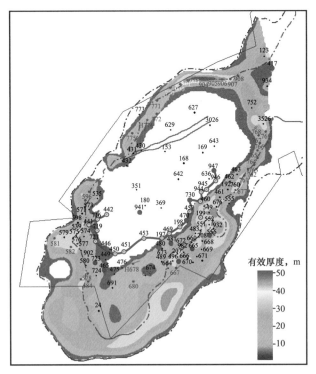

图 6-90　A 南油气藏屏障注水井分布

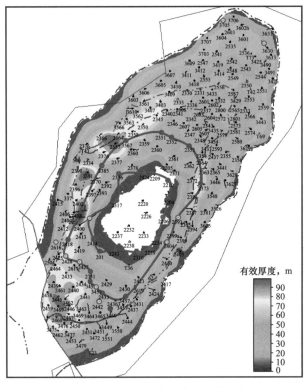

图 6-91　Γ 北油气藏屏障注水井分布

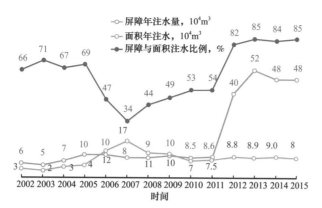

图 6-92　A 南油气藏屏障与面积注水变化

图 6-93　Γ 北油气藏屏障与面积注水变化

3. 综合调整措施效果显著，油田递减明显降低

技术成果推广应用以来，让纳若尔油田自然递减由 2010 年的 19.5% 最低下降到 2014 年的 10.1%（图 6-94）。其中 Γ 北自然递减由 2010 年的 24% 最低下降到 3.5%（图 6-95）。

图 6-94　让纳若尔油气田产量构成图

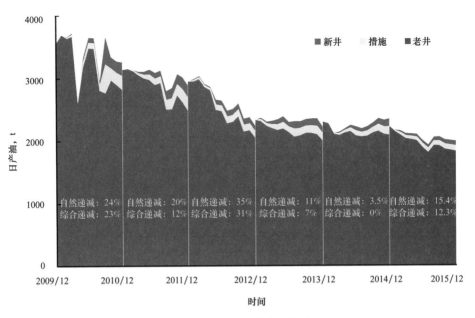

图 6-95　Γ北油气藏产量构成图

4. 气顶投入开发，实现年增天然气 $20 \times 10^8 m^3$、凝析油 $30 \times 10^4 t$ 以上规模

A南气顶于 2014 年 9 月投入开发，年增天然气 $20 \times 10^8 m^3$、凝析油 $30 \times 10^4 t$ 以上规模；同时，通过合理的屏障 + 面积注水方式，实现了气顶压力的缓慢下降（图 6-96）。凝析气顶的开发为让纳若尔油气年产量达到 $500 \times 10^4 t$ 以上、中亚天然气管道哈南线稳定供气提供保障。

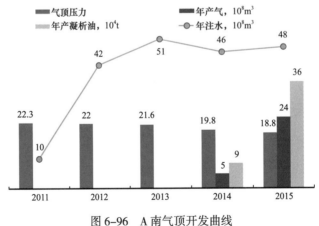

图 6-96　A南气顶开发曲线

参考文献

[1] 袁士义. 凝析气藏高效开发理论与实践 [M]. 北京：石油工业出版社，2003.

[2] 郭平. 凝析气藏提高采收率技术与实例分析 [M]. 北京：石油工业出版社，2015.

[3] 李士伦. 气田与凝析气田开发 [M]. 北京：石油工业出版社，2004.

[4] 廉培庆，程林松，刘丽芳. 裂缝性碳酸盐岩油藏相对渗透率曲线 [J]. 石油学报，2011，32（6）：

1026-1030.

［5］Shad S, Maini B B, Gates I D. Effect of fracture and flow orientation on two-phase flow in an oil-wet fracture：Relative permeability curves and flow structures［C］, SPE 132229, 2010.

［6］郭平，张涛，朱中谦，等.裂缝—孔隙型储层油水相渗实验研究［J］.油气藏评价与开发,2013,3（3）: 19-22.

［7］柳洲，康志宏，周磊，等.缝洞型碳酸盐岩油藏剩余油分布模式——以塔河油田六七区为例［J］,现代地质，2014, 28（2）: 369-378.

［8］王敬，刘慧卿，徐杰，等.缝洞型油藏剩余油形成机制及分布规律［J］.石油勘探与开发，2012, 39 （5）: 585-590.

［9］张淑娟，刘大听，杨玉祥，等.任丘潜山油藏剩余油分布模式及挖潜方向［J］,石油地质与工程，2007, 21（5）: 50-54.

［10］赵伦，卞德智，范子菲，等.凝析气顶油藏开发过程中原油性质变化［J］.石油勘探与开发，2001, 38（1）: 74-78.

［11］刘顺生.利用气顶能量合理开发扎纳若尔油藏的可行性［J］.新疆：新疆石油地质，2003, 24（6）: 594-597.

［12］范子菲.屏障注水机理研究［J］.石油勘探与开发，2001, 28（3）: 54-56.

［13］宋珩，傅秀娟，范海亮，等.带气顶裂缝性碳酸盐岩油藏开发特征及技术政策［J］.石油勘探与开发，2009, 36（6）: 756-761.

［14］赵伦，范子菲，宋珩，等.提高低渗碳酸盐岩储集层动用程度技术［J］,石油勘探与开发，2009, 36（4）: 508-512.

第七章 复杂碳酸盐岩气田群开发技术

与常规碎屑岩气田相比，碳酸盐岩气田储层基质物性差、裂缝较发育、储层非均质性强，边底水容易沿着裂缝侵入气藏，因此碳酸盐岩气田开发难度较大。气田与油田开发不同，气田通常是气田群联合开发，由于气田数量多、储量规模大小不一、单井产能差异大，同时海外项目受合同模式约束，实现整体"有序接替、稳定供气"面临很大挑战。因此需要对气田群开发进行整体优化，实现向下游用户长期稳定供气。

针对上述难题，以土库曼斯坦阿姆河右岸项目为例，详细介绍复杂碳酸盐岩气田群开发技术，包括复杂碳酸盐岩气藏开发技术、阿姆河右岸复杂碳酸盐岩气藏开发技术政策和基于产品分成合同模式的气田群整体协同开发优化技术。

第一节 复杂碳酸盐岩气藏开发技术

阿姆河右岸项目工区呈北西—南东向狭长（长度约 400km）分布，共包括蒸发台地、局限台地、开阔台地、台地边缘、台缘上斜坡、台缘下斜坡 6 个相带。受不同沉积相带和成岩作用的影响，阿姆河右岸碳酸盐岩储层包含孔隙、裂缝、溶洞等多种储集空间，具有储层类型复杂多样、储层空间分布及储层物性非均质性强、气水关系复杂等地质特点。

要实现阿姆河右岸碳酸盐岩气田高效开发，需要解决如下问题：（1）碳酸盐岩储层类型识别。不同类型储层，因储层分布和物性不同，需要采用不同的井型、井网部署及不同的储层改造方式。可以说，储层类型的认识，是一切气田开发活动的基础，也是气田高效开发的基础。（2）低渗透储层直井产能快速评价。阿姆河右岸 B 区礁滩气藏基质低渗透（渗透率小于 1mD），采用常规的回压试井或等时试井方法评价探井和评价井产能需要耗费相当长的时间，测试成本高，同时测试需要燃烧大量的天然气，不符合资源国的环保要求，需解决低渗透储层直井产能快速评价问题。（3）礁滩气藏整体大斜度井网优化。阿姆河右岸 B 区礁滩储层基质低渗透，需采用大斜度井开发；礁滩气藏整体大斜度井网的部署直接决定了气藏钻井成本、产能规模、控水效果，乃至气田最终的开发效益。

本节主要介绍针对阿姆河右岸复杂碳酸盐岩气藏高效开发形成的三项特色技术：碳酸盐岩储层类型静动态多信息识别技术；低渗透储层未稳定回压试井新方法及无阻流量评价；边底水气藏整体大斜度井网多参数同步优化技术。

一、碳酸盐岩储层类型静动态多信息识别技术

碳酸盐岩储层常常发育不同尺度孔、缝、洞且匹配关系复杂，采用单一资料难以准确识别储层类型，最终影响可动用储量计算、井型井网设计及产能综合评价。考虑不同静动态资料的特点，综合利用岩心、测井、测试、钻井显示、流体等静动态资料，形成储层类型静动态多信息识别技术，识别出孔隙（洞）型、缝洞型、裂缝—孔隙型、裂缝型等 4 种

主要储层类型，并明确了各类储层平面分布，为气藏开发模式研究提供重要基础[1]。

1. 利用静态资料识别储集类型

1）岩心描述

岩心作为人们了解地下储层的一个"窗口"，是一口井不可或缺的资料。由于岩心具有直观、具体的特点，这使得岩心描述自然而然成为一种可靠的研究手段。岩心描述主要内容包括裂缝和孔洞的尺寸、密度和充填性，以及裂缝方位、产状、期次的统计和分析。特别是为了研究微观裂缝体系，可采用岩心薄片和 CT 扫描技术更清楚地了解其开度、充填性以及裂缝组系在空间上的展布。总之，岩心描述的主要任务就是通过观测和统计来描述裂缝和孔洞的几何尺寸以及空间分布规律，图 7-1 给出了常见裂缝类型的岩心显示，其中 D、h 为岩心尺寸参数，d 为缝宽。

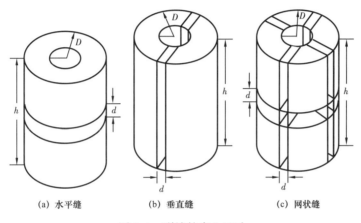

| (a) 水平缝 | (b) 垂直缝 | (c) 网状缝 |

图 7-1　裂缝的岩心显示

另外，通过实验室测定岩石力学参数以及开展岩石力学实验等，结合地质研究，可定性分析构造应力场，进而确定构造裂缝的成因、形成期次和分布规律。

2）常规测井

利用测井资料研究缝、洞及其分布特点的主要依据是缝、洞与基质岩石具有不同的地质、地球物理特征，故在曲线上会有相应的测井响应特征。理论上讲，多数测井曲线都能够对缝洞有所反映，但从矿场实际应用效果来看，能够有效发挥作用的主要有自然伽马法、"三孔隙度"法和双侧向电阻率法 3 种。

（1）自然伽马法。铀元素一般以离子形态存在于地下水中，在地下水运动过程中，裂缝和溶洞的壁面会吸附这些元素，使得铀含量增加，从而造成自然伽马的高值；另一方面溶洞的形成本身就与地层水的活动密切相关，也会引起铀的富集，使伽马值增大。特别地，可以通过自然伽马能谱测井所得的伽马曲线和无铀伽马进行对比，从二者的差异能更为准确地进行判断。

（2）"三孔隙度"法。在测井曲线中，通常将中子、密度和声波速度（时差）3 种曲线合称为"三孔隙度"曲线。显而易见，在裂缝和溶洞比较集中的井段，密度曲线值将减小。

对于近井区未充填的裂缝和孔洞，其内部一般会被钻井液所充满，造成视中子孔隙度增大；如果存在泥质充填，那么由于泥质未压实或压实不充分，其束缚水含量远比正常地层高，也就是说其含氢指数比正常沉积地层中泥质的含氢指数高，此时视中子孔隙度也会增大。即对于充填程度低或无充填的裂缝和洞穴来说，其中子孔隙度将异常增大，但中子测井值通常对单一的高角度缝无明显反映，而只对低角度裂缝或者网状的裂缝才有上述的显示。

当地层中存在低角度裂缝或网状裂缝时，声波的首波必须越过缝壁才能进行传播，当裂缝较为发育时，其幅度会产生很大的衰减，引起首波未被探测而后波反而被加以记录，即产生所谓的"周波跳跃"现象。因此，低角度缝或网状缝发育井段一般具有声波时差增大的定性特征。

（3）双侧向电阻率法。由于碳酸盐岩地层往往比较致密，其电阻率常常具有一个高的背景值。在裂缝及溶洞发育段，双侧向电阻率值的大小除了要受到岩石和流体电阻率的影响以外，还要受缝洞的发育及其填充状况的控制，在裂缝和溶洞的发育段内，双侧向的电阻率整体表现为高背景下的低值。

同时，还可根据双侧向电阻率的相对差异来判别裂缝的产状。对于高角度裂缝和溶洞而言，由于侵入的钻井液能够在浅侧形成良好的回路，使得钻井液对这一侧的电阻率影响较大，因为钻井液的电阻率要远小于基岩的背景电阻率，因此会使浅侧向的视电阻率小于深侧向的视电阻率（$RLLS<RLLD$），也就是出现了双侧向的正差异。而对于低角度裂缝，由于深侧向的径向探测深度大，其探测范围内的钻井液侵入量也就更多，从而使得深侧向电阻率值更小，双侧向就自然而然地呈现负差异（$RLLD<RLLS$）。裂缝产状与双侧向曲线的关系如图7-2所示。

综上所述，在测井曲线上，缝洞发育区一般将表现出高铀异常、声波时差增大、中子值增大和密度测井值减小等特征；对于双侧向电阻率曲线，除了电阻率出现相对低值之外，对于高角度缝，双侧向电阻率值呈现正差异，低角度缝（水平缝）则反之。另外，井径测井和地层倾角测井等曲线也能反映出缝洞段的特征，可以纳入上述曲线来进行辅助分析。

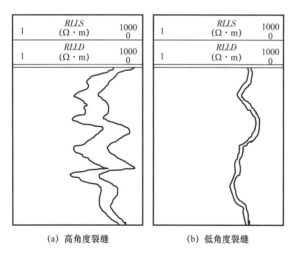

图7-2 裂缝角度与双侧向电阻率关系

3）成像测井

由于常规测井要受到岩性、钻井液侵入和地层各向异性等因素的影响，使各曲线在多数情况下不能共同识别裂缝，这就造成了常规测井对储层响应特征的多重性。近年来微电阻率成像测井技术开始大规模投入应用，它能够清楚、直观地反映岩壁的细微结构，为分析裂缝和孔（溶）洞带来了很大便利。特别是微电阻率成像测井的高垂向分辨率，极大地突破了常规测井技术仅反映了岩石的一维地球物理特征且信息量小的缺点，使识别准确率大大提高，为解决非均质储层的测井评价难题创造了很好的条件。

溶蚀孔洞在电成像图上表现为暗色、大小不均的斑点或团块，如实地反映出了碳酸盐岩储层的非均质情况，同时由于这类孔洞常常和低角度裂缝同时存在，因此比较容易识别。对于洞穴来说，大型未充填溶洞在成像曲线上将出现大段的暗色。不仅如此，成像测井还能够对溶洞的充填度及充填物的类别进行区分。若充填砂岩，则在成像测井的动态图上颜色较亮，但比石灰岩稍暗，泥岩则较砂岩更暗，而巨晶方解石甚至比石灰岩稍亮一些。

高角度裂缝在成像图上表现为黑色或深色的"正弦波状曲线"，根据曲线可计算出裂缝的幅度和倾向；随着裂缝角度的减小，正弦曲线的幅度将逐渐变小，直至水平缝时将退化为一条水平直线（图 7-3）。更为重要的是，成像测井还可以判断裂缝的类型、有效性，并准确地进行裂缝参数计算。

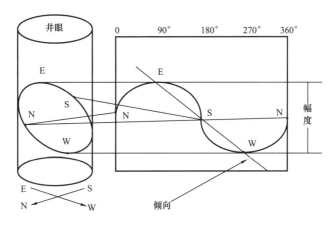

图 7-3　井壁裂缝成像图

4）静态识别的方法与步骤

虽然岩心是研究缝洞储集体最可靠的"武器"，但限于各种工程及经济因素，不可能对全井段都进行取心，而只能得到一些"点数据"。因此，现在静态的做法都是利用岩心和成像测井对常规测井数据进行标定，来识别出孔、缝、洞等储集体的发育特征。然后，对这些储集体在各自储层中所占的比例加以统计，将其绘制成三角图（图 7-4），这样就得到了储层的储集体系组成。有了这个体系，根据《碳酸盐岩储层精细描述方法》（SY/T 6286—1997），就可以按以下原则来确定储层类型：（1）主名在后，副名在前；（2）裂缝发育程度大于或等于 5% 参加定名，大于或等于 25% 定为主名；（3）孔、洞发育程度大于或等于 25% 参加定名，大于或等于 50% 定为主名。例如，对于图 7-4 中的 A 点和 B 点，其所在位置的储层类型分别为裂缝—孔隙型和孔洞型。最终，所有静态手段的研究成果都将综合地反映到测井解释成果图上，以形成储层类型综合解释成果图（图 7-5）。这个成果图完整地包含了裂缝、孔洞的单体特征（如产状、形态和充填性等）和组系特征（如密度和期次等）。

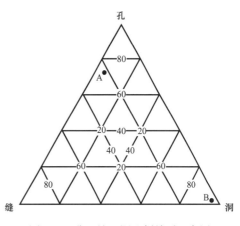

图 7-4　孔、缝、洞比例关系三角图

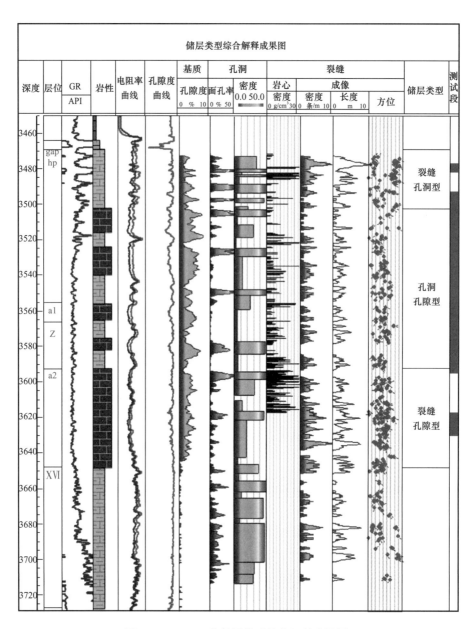

图 7-5　Cha-21 井储层类型综合解释成果图

2.利用动态资料识别储层类型

储层动态描述所依赖的主要是试井所取得的产量和压力资料。对于阿姆河右岸而言，结合这两种资料，可形成以下储层类型识别手段：采气指数曲线、压力恢复曲线、试井双对数曲线，其中，双对数曲线是动态识别手段的核心。由于不同类型储层的渗流机理不同，其产量和压力的响应特征也就不同，因而可以根据曲线形态来判断储层类型。另外，钻井记录和酸化施工曲线等工程方面的资料也能够对缝洞有所显示，可作为缝洞识别的辅助手段。

1）采气指数曲线

（1）采气指数随着测试时间的延长逐渐达到稳定，表现为孔隙型储层的特征。孔隙型储层均质性好，物性变化不大，因而相同的生产压差下的产量能够保持稳定。Wkish-21井 11.1mm 油嘴开井 48 小时，采气指数的下降幅度逐渐减缓，在最后 6 小时基本稳定在 $5.5 \times 10^4 \mathrm{m}^3/$（$\mathrm{d} \cdot \mathrm{MPa}$）左右（图 7-6）。

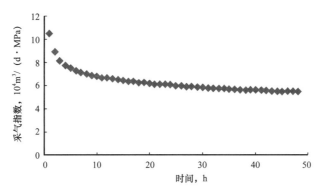

图 7-6　Wkish-21 井 XVac+p 层采气指数曲线

（2）初始采气指数较高，经过一个短暂的快速下降阶段之后逐渐走向平稳，表现为裂缝—孔隙型储层特征。在裂缝—孔隙型储层中，由于裂缝具有高的导流能力，开井之后裂缝中的储量最先动用，这使得初期的采气指数很高，之后基质的储量开始动用，由于基质具有较高的储集能力，当裂缝和基质之间的传递达到动态平衡时，采气指数就可以保持相对稳定。Ber-22 井采气指数明确体现出了裂缝—孔隙型储层的生产特征（图 7-7）。

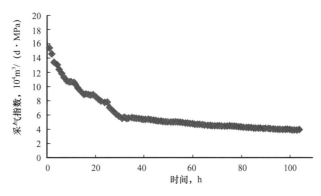

图 7-7　Ber-22 井 XVhp 层采气指数曲线

（3）初始采气指数相对较高但递减极快，即使生产时间很长也难以达到稳定，表现为裂缝型储层的特征。裂缝的高导流能力决定了其初期的相对高产，又由于裂缝的储集能力有限，使得有限的储量被快速采完。Aga-21 井 XVa1-XVhp 层在开井约 90h 内采气指数始终处于下降状态，在同一个工作制度下，产量迅速递减为初期的 25%（图 7-8）。

　　2）压力恢复曲线

（1）关井压力恢复极快，关井 0.5 小时的压力恢复程度可达 95% 以上，压力曲线基本呈一条水平线，表现为溶洞型储层的特征。溶洞中的流动可等同于管流，因此其压力传播速度很快，压力恢复的时间也极短。Gir-21 井关井 0.2 小时的恢复程度达到 99%，恢复过程中压力曲线呈一条水平线（图 7-9）。

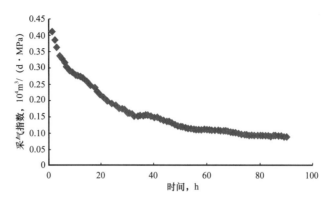

图 7-8　Aga-21 井 XVa1-XVhp 层采气指数曲线

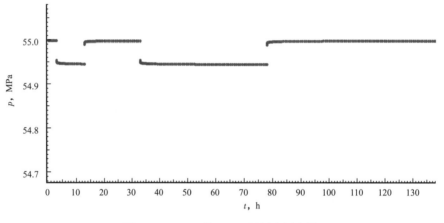

图 7-9　Gir-21 井 XVhp 层压力历史图

（2）压力恢复水平较低，每经过一段时间的地层压力就会产生明显的衰竭，表现为裂缝型储层的特征。由于裂缝的储集能力较低，储量规模有限，因而压力衰竭很快。Aga-21井在大致相同的关井时间下（约 60 小时），一关地层最高压力为 55MPa，而二关地层压力降为 44MPa，其差值达到 11MPa（图 7-10）。

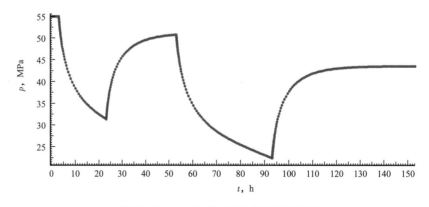

图 7-10　Aga-21 井 XVa2 层压力历史图

（3）压力恢复速度较慢，压力恢复水平较高，这一般是孔隙型储层的特征。相对于裂缝和溶洞，孔隙型储层的渗流能力较差，因此其压力恢复速度较慢，整个恢复过程中压力处在一个缓慢爬升的过程中。但是孔隙型储层的连通区域非常广阔，储层的供应非常充分，使得其压力恢复程度较高，经过一定时间的生产之后压力仍能恢复至原始状态，Wkish-21 井的压力恢复图反映出明显的孔隙型储层的特征（图 7-11）。

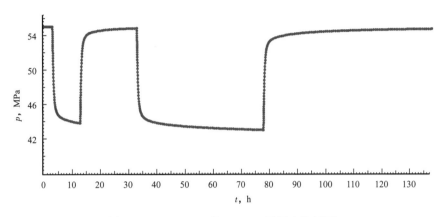

图 7-11　Wkish-21 井 XVac+p 层压力恢复图

3）试井双对数曲线

（1）导数线出现明显的水平段，这是（拟）孔隙型储层的特征。根据不稳定试井理论，均质地层的流动为径向流动，其压力导数在双对数曲线上表现为水平线。Sam-54 井表现出明显的孔隙型储层特征（图 7-12）。

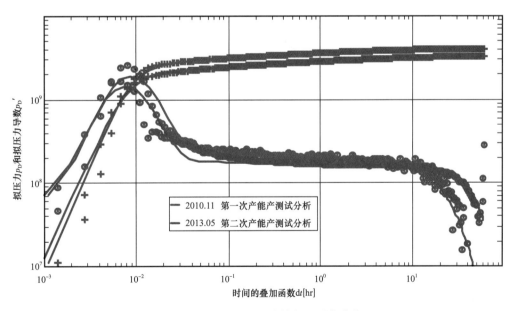

图 7-12　Sam-54 井压力恢复双对数曲线

（2）导数曲线出现明显的"凹子"，这是双重介质储层的特征，即裂缝—孔隙型储层，Uzy-21 井反映出双重介质特征（图 7-13）。如果经过改造措施，井底可能出现无限导流裂缝，其线性流段的特征表现为压力线和导数线均为斜率为 1/2 的平行线，且间距为 0.301，Ber-22 井在酸化后出现了明显的无限导流裂缝特征（图 7-14）。

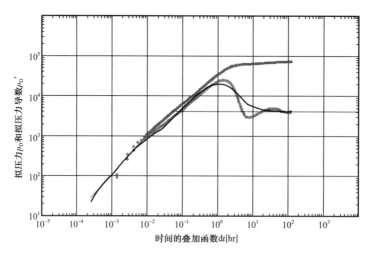

图 7-13　Uzy-21 井压力恢复双对数曲线

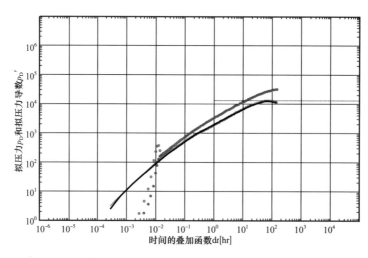

图 7-14　Ber-22 井压力恢复双对数曲线

（3）续流段很短，导数线的位置很低，一般处于 0.1～10，导数线的点子很散，这一般为溶洞型储层的特征。由于压力在溶洞中的传播速度极快，因此其续流段很短，同时，因为其压力很快走平，所以表征压力变化率的导数线较小，而在双对数坐标中，一个较小数的波动会被放大而导致导数线的点子很散，Gir-21 井表现出明显的溶洞生产特征（图 7-15）。

4）酸化施工曲线

若储层中天然裂缝较发育，在进行酸化措施时，酸液比较容易泵入地层，如果地层某处的连通性突然变差，则酸化的泵压也会相应地升高，因此，通过酸化施工曲线可以辅助判断储层中裂缝发育程度及其连通性。Ber-22 井酸化期间的最高泵压仅为 50MPa，随后泵压快速下降到 33MPa，表明储层裂缝比较发育且连通性较好（图 7-16）。

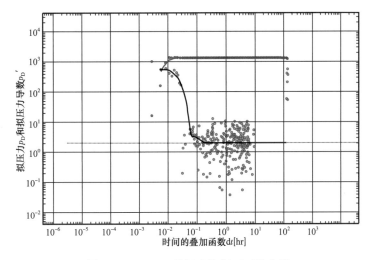

图 7-15 Gir-21 井压力恢复双对数曲线

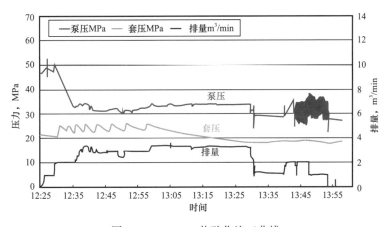

图 7-16 Ber-22 井酸化施工曲线

5）钻井记录

在钻井过程中，如果发生恶性井漏，则表示钻遇了大型的缝洞，特别地，对于大型溶洞而言，可能造成钻具的突然放空。

3. 利用流体资料识别储层类型

1）硫化氢与天然气凝析油含量的关系

天然气中的硫化氢成因主要有含硫化合物热裂解（TDS）、细菌硫酸盐还原作用（BSR）和硫酸盐热化学还原反应（TSR）等，但是岩石中含硫化合物的数量和硫化氢对细菌的毒害作用决定了前两者的硫化氢含量一般不会超过 3%，且往往小于 0.5%，因此，硫酸盐热化学还原反应（TSR）就成了气藏中硫化氢的主要来源[2]。硫酸盐热化学还原反应（TSR）是一系列复杂化学反应的总称，其过程可概括为：烃类 + $CaSO_4 \rightarrow CaCO_3 + H_2S \pm CO_2 + H_2O \pm S$，式中 CO_2 和 S 为中间产物。对于一个化学反应来说，通常需要具备两个条件，即物质条件和环境条件。观察上述方程式可知，发生 TSR 的物质条件为烃类和石膏（$CaSO_4$）；另外，该反应还需要一定的热动力学条件，一般认为 TSR

所需的最低温度在100～130℃之间。根据反应方程式，TSR可以描述为一个消耗烃类生成H_2S和CO_2的过程。在烃类与石膏的反应过程中，由于重烃类（饱和烃）的活化能较低（表7-1），在TSR作用过程中最早参加反应，而甲烷是最难反应的（甚至不能参与TSR反应）。因此，在TSR生成硫化氢的过程中必然优先消耗重烃，这将使得天然气的干燥系数（C_1/C_{1+}）增大和凝析油（C_{5+}）含量减小[3-4]。

以阿姆河右岸气田为例，气田目的层位于侏罗统卡洛夫—牛津阶，其上的钦莫利阶为巨厚膏盐岩层，同时局部地区卡洛夫—牛津阶的上段存在石灰岩和膏盐岩互层，这些都为储层内大量聚集的烃类与膏盐岩直接进行反应提供了条件。气田的现今储层温度介于100～130℃，由于受到喜马拉雅期构造运动的影响，其储层曾经历过更高的温度，通过储层包裹体均一化温度研究发现该层的古地温曾经达到140℃，完全达到了TSR所需的温度。因此，气田所在的储层满足TSR反应发生的条件。

表7-1　不同烃类在硫酸盐热化学还原反应（TSR）中的活化能

序号	反应方程式	Δ_rG, kJ/mol		
		25℃	120℃	140℃
1	$CH_4+CaSO_4 \rightarrow CaCO_3+H_2S+H_2O$	−26.96	−42.74	−44.70
2	$C_2H_6+2CaSO_4 \rightarrow 2CaCO_3+H_2S+S+2H_2O$	−89.26	−102.01	−104.82
3	$C_3H_8+3CaSO_4 \rightarrow 3CaCO_3+H_2S+2S+3H_2O$	−142.89	−159.81	−163.56
4	$C_4H_{10}+4CaSO_4 \rightarrow 4CaCO_3+H_2S+3S+4H_2O$	−194.94	−216.64	−211.46

对气田流体数据按硫化氢含量进行分类（SY/T 6168—1995）统计，可以发现（表7-2），随着硫化氢含量的增加，天然气干燥系数逐渐增大（图7-17），高含硫化氢的气藏其平均天然气干燥系数达到了0.9688，中含硫化氢的气田为0.947，低含硫化氢的气田平均仅为0.9373。凝析油含量则随着硫化氢含量的增大而减小（图7-18），高、中、低含硫化氢的气田其平均凝析油潜含量依次为$22.01g/m^3$、$42.12g/m^3$、$53.79g/m^3$，足见硫酸盐热化学还原反应（TSR）对重烃的消耗作用比较明显。

表7-2　阿姆河右岸气田硫化氢含量与天然气性质统计

编号	H_2S, %	C_1, %	C_1/C_{1+}	C_{5+}, %	凝析油含量, g/m^3
1	4.2211	88.5642	0.9745	0.4306	20.19
2	2.9817	89.9714	0.9720	0.3114	14.37
3	2.9516	89.9621	0.9714	0.3609	15.88
4	2.0526	91.1050	0.9574	0.8117	37.60
5	0.6213	88.3366	0.9371	1.1320	61.13
6	0.5029	91.8899	0.9504	0.7089	37.57
7	0.4092	90.6397	0.9515	0.7113	32.78

续表

编号	H$_2$S, %	C$_1$, %	C$_1$/C$_{1+}$	C$_{5+}$, %	凝析油含量, g/m^3
8	0.2761	90.5056	0.9476	0.7349	39.59
9	0.1415	92.7792	0.9563	0.4219	17.88
10	0.0767	89.6645	0.9402	1.0537	52.55
11	0.0535	88.2516	0.9241	1.5372	77.30
12	0.0259	89.3437	0.9353	1.1678	62.73
13	0.0238	89.4474	0.9362	1.1942	61.61
14	0.0205	89.3385	0.9349	1.2275	64.16
15	0.0186	89.2327	0.9402	0.9895	50.13
16	0.0185	89.5985	0.9382	0.7754	38.71
17	0.0094	89.2995	0.9332	1.4953	78.71
18	0.0067	91.8828	0.9517	0.8968	45.50
19	0.0030	88.9459	0.9295	1.3635	67.48
20	0.0022	87.6171	0.9182	0.9103	42.89

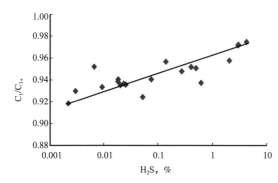

图 7-17　阿姆河右岸气田硫化氢含量与天然气干燥
系数（C$_1$/C$_{1+}$）关系

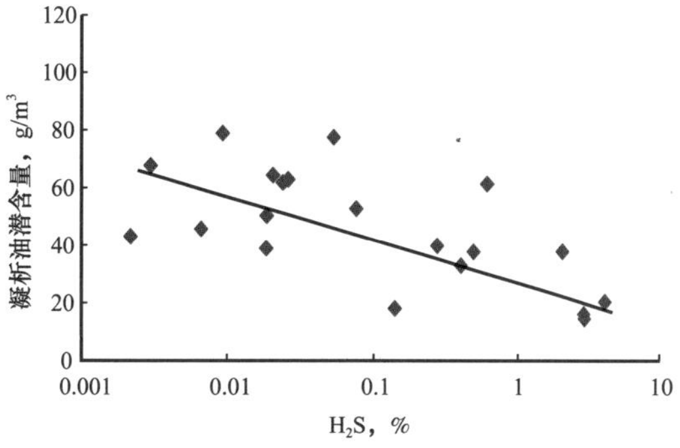

图 7-18　阿姆河右岸气田硫化氢含量与
凝析油含量关系

2）硫化氢含量与储层类型的关系

由于储层中的硫化氢主要由 TSR 所生成，而 TSR 作为一个可逆反应需要在孔隙（洞）型储层中才能大规模的发生，这是因为孔隙（洞）型储层具有较大的储集空间和侧向连通性，既为反应物的互相接触提供了空间，又保证了烃类的继续供给和生成物的不断转移，这些都是 TSR 不断向正方向进行的基础。这也使得裂缝型储层中难以大量形成硫化氢，因此目前发现的含硫天然气基本上都分布于大型的孔隙型气藏中。

另外，由反应方程式可知，1mol 的 CaSO$_4$ 反应后生成 1mol 的 CaCO$_3$，前者的摩尔体积约为 47cm^3，后者约为 37cm^3，因而 1mol 的 CaSO$_4$ 反应后，储层岩石固体的孔隙空间大约增大了 10cm^3。这一过程称为 TSR 的"孔隙增容"作用。同时，TSR 生成大量的 H$_2$S 和

CO_2等酸性气体，这些气体的溶蚀作用对碳酸盐岩储层次生孔隙（洞）的发育具有重要的影响，能进一步改造储层，这也是优质碳酸盐岩储层形成的一种重要机制。即就是说，TSR能够反过来促进孔隙型储层的发育。

因此，TSR与孔隙（洞）型储层有着相互依存关系。孔隙（洞）型储层能够保证TSR的持续进行，而TSR的"孔隙增容"作用以及生成的酸性气体的溶蚀作用又能够反过来促进储层孔隙（洞）的发育。而裂缝型储层则不具备上述条件。

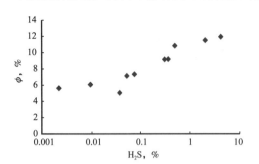

图7-19　阿姆河右岸气田硫化氢含量与
储层孔隙度关系

这一点也可以从阿姆河右岸气田的实际资料中得以证实，表7-3对气田的硫化氢含量与储层特征进行了汇总和分析。从表中可以看出，中—高含硫化氢的井，其储层类型基本为孔隙（洞）型，多发育溶蚀孔洞，且含硫化氢越多，孔隙度越大（图7-19），硫化氢含量较高的Sam-58、Eilj-21和Gad-21等气井，孔隙度基本都在11%以上；低含硫化氢的井普遍发育裂缝，随着硫化氢含量的减小，基质物性也逐渐变差，特别是硫化氢含量较小的Ber-22、Tel-21等井已经接近有效孔隙度下限，形成了裂缝型储层。

表7-3　阿姆河右岸气田硫化氢含量与储层类型

井	H_2S，%	储层描述	孔隙度，%	储层类型
Sam-58	4.2211	褐灰色、浅褐灰色灰岩，质纯，整个储层段物性较好，为中—高渗透储层	8.9～14.9	孔隙（洞）型
Eilj-21	2.0526	褐灰色粉晶灰岩，浅灰色泥—粉晶灰岩，局部孔洞较发育，以小洞为主	11.5	孔隙（洞）型
Gad-21	0.5029	岩性为浅灰色泥—粉晶荧光云岩，储层发育，物性较好	10.8	孔隙型
Yan-21	0.3680	浅灰、浅灰褐色泥—粉晶灰岩，高孔隙度、高渗透率、含水饱和度低	7.4～11.2	孔隙（洞）型
San-22	0.3090	浅灰、浅褐灰色溶孔洞灰岩、生屑灰岩，溶蚀孔洞发育、连通性好	8.6～9.9	孔隙（洞）型
Uzy-21	0.0767	灰褐色及浅灰色泥晶、粉晶灰岩，局部岩心孔洞、裂缝或微裂缝较发育	7.3	裂缝—孔隙（洞）型
Shi-21	0.0535	灰褐、褐灰泥—粉晶灰岩，局部水平缝和高角度缝发育	6.6～7.5	裂缝—孔隙型
Aga-21	0.0378	灰褐色、褐灰泥—粉晶灰岩，储层段密集发育小斜缝	4.2～5.0	裂缝型
Ber-22	0.0094	岩性为深灰色、褐灰色、灰褐色泥晶生物碎屑灰岩，裂缝较发育	4.6～9.8	裂缝—孔隙型
Tel-21	0.0022	灰色、褐灰色泥—粉晶灰岩，岩心裂缝较发育，基质储层欠发育	3.3～5.6	裂缝型

3）流体性质判别储层类型

前面详细地研究了硫化氢含量同天然气干燥系数、凝析油潜含量等流体性质之间的关系，同时又研究了硫化氢与不同储层类型及发育情况之间的内在联系，将二者统一起来就可以得到阿姆河右岸气田的流体分布与储层类型及物性之间的关系。在上述定性认识的基础之上，对气田已测试井的流体资料和储层认识进行全面地统计和类比，就可以形成流体性质识别储层类型判定表（表7-4）。这样一来，对于阿姆河右岸其他区块的一口探井，只要得到了其流体性质资料，就可以快速初步判断储层类型，这对该气田及同类气田的后续勘探具有很好的指导意义。

表7-4　阿姆河右岸气田利用流体性质识别储层类型表

硫化氢含量，%	干燥系数	凝析油含量，g/m³	储层类型	孔隙度，%
0.15~5.8	>0.95	12~40	孔隙（洞）型	9~15
0.01~0.1	0.93~0.94	45~110	裂缝—孔隙型	6~10
<0.003	<0.92	—	裂缝型	<5

4. 碳酸盐岩储层类型静动态多信息识别技术

综合静动态和流体资料，建立碳酸盐岩储层类型静动态多信息识别图版（表7-5），明确阿姆河右岸包括4种主要储层类型：孔隙（洞）型、缝洞型、裂缝型和裂缝—孔隙型。

二、低渗透储层未稳定回压试井新方法及无阻流量评价

回压试井是单井产能测试经典方法，该方法要求开井测试时产量和流压均达到稳定，但阿姆河右岸B区中部为低渗透—特低渗透气藏，流压达到稳定需要的时间长，实施成本高，天然气排放放空气量大[5]。针对这一挑战，改进常规回压试井流程，将前几个工作制度改为等时开井，最后一个工作制度采用延长测试达到稳定。在此基础之上，根据压降叠加原理，提出了"流程转换—流压校正"方法，将原有的未稳定回压测试资料转化为等时试井测试资料来进行分析，改进后的未稳定回压测试流程解决了产能计算和评价问题。该方法实现了低渗透储层单井产能的快速评价，为单井合理配产提供依据。同时，测试时间比常规方法大幅减少，显著节省了测试成本，减少了天然气放空量，提高了测试效率。

1. 低渗透储层未稳定回压试井测试流程

众所周知，回压试井和等时试井是目前现场普遍应用的、经典的气井产能试井方法，前者是通过连续测试若干工作制度，得到各个工作制度下的稳定产量值和稳定流压值来求取单井产能；后者是以相同的时间进行3~4个递增顺序的开井，每次开井后都要进行关井使压力恢复到地层压力，得到几个不稳定产能点，最后一次开井要保证产量和井底流压都达到稳定，得到一个稳定产能点，最终进行关井压力恢复。对于阿姆河右岸B区的低渗透气藏来说，上述两种产能试井方法均需要相当长的测试时间，为了节省成本，现场在两种产能试井的基础上对测试流程进行了改进。

（1）各个工作制度均以相同的时间连续开井生产，得到几个不稳定产能点，各个工作制度之间不进行关井压力恢复，这样可大大缩短测试时间。

表 7-5　碳酸盐岩气田储层类型静动态多信息识别图版

类型	孔隙（洞）型	缝洞型	裂缝—孔隙型	裂缝型
岩心、成像测井	物性均匀，不发育裂缝；若孔洞发育，成像可见均匀、密集小黑点	岩心可见洞穴，成像显示黑色团块；大型溶洞还可导致钻具放空	裂缝呈体系状，基质亦较为发育，成像可见均匀的正弦曲线	岩性致密，裂缝交错生长，成像上具有密集的正弦曲线
采气指数	随生产的进行缓慢趋于稳定	数值较大，快速达到稳定，基本呈一条直线	初期短暂下掉，后期逐渐走平	初值很大，衰减极快，难以达到稳定
试井对数曲线	导数线出现明显的水平径向流段，表现为均质地层的曲线	续流段短，呈"内好外差"径向复合特征，内外区的"落差"较大	导数曲线出现明显的"凹子"；措施后或可出现裂缝线性流特征	续流段很长，压力难以恢复平稳、无明显的流动特征段
压力恢复曲线	压力缓慢爬升，逐渐走平，压力保持程度高	生产压差小；恢复速度极快，基本呈现一条直线	恢复速度受裂缝物性控制，恢复水平受基质孔隙影响	恢复速度较快，但恢复水平较低、地层压力衰竭快
流体性质	硫化氢：0.15%～5.8% 干燥系数：>0.95 凝析油含量：12～40g/m³	—	硫化氢：0.01%～0.1% 干燥系数：0.93～0.94 凝析油含量：45～110g/m³	硫化氢：<0.003% 干燥系数：<0.92
钻井	无井漏或局部井漏	恶性井漏、钻具放空	大规模井漏	

（2）同等时试井一样，在关井压力恢复之前，进行一个工作制度的延长测试，得到一个准确反映地层产能的稳定点。我们称这种测试方法为未稳定回压试井（图7-20）。

2. 低渗透储层未稳定回压试井产能评价技术

回压试井和等时试井都有各自对应的产能方程计算方法[6]。对于阿姆河这种未稳定回压试井方法，以前的做法仅是简单套用等时试井产能方程计算方法，但由于各个制度之间没有像等时试井那样进行关井压力恢复，因而各工作制度开井压降的叠加影响使得压力波及范围不同，由此求出的单井产能误差较大。因此，对于这种未稳定的回压试井，需要寻求一种新的产能计算方法。为此，提出一种"流程转换—流压校正"新方法，该方法步骤如下所示。

（1）流程转换：在前几个未稳定工作制度之间增加几个设想的关井恢复过程并假设井底流压恢复到原始地层压力（图7-21），这样相当于把未稳定回压试井流程转换为等时试井流程。

（2）流压校正：转换为等时试井流程之后，由于增加了关井压力恢复过程，转换后流程中的未稳定流压与实测流压不同，需要进行校正。

（3）产能方程计算：根据校正后的井底流压，采用等时试井产能方程计算方法即可计算出气井的产能。

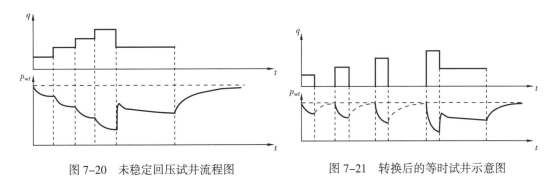

图7-20　未稳定回压试井流程图　　　　图7-21　转换后的等时试井示意图

对于未稳定回压试井，根据压降叠加原理，并注意到其前几个制度为等时开井，则气井在第 j 工作制度下的拟压力生产压差为

$$\left(\psi_{\mathrm{i}}-\psi_{\mathrm{wf}}\right)_{\mathrm{test}-j}=\frac{4.242\times10^{4}\,p_{\mathrm{sc}}T_{\mathrm{f}}}{khT_{\mathrm{sc}}}\,q_{\mathrm{sc}j}\left\{\sum_{k=1}^{j}\frac{\left(q_{\mathrm{sc}k}-q_{\mathrm{sc}(k-1)}\right)}{q_{\mathrm{sc}j}}\lg\left(j-k+1\right)t^{*}+\right.$$

$$\left.\lg\frac{8.091\times10^{-3}K}{\phi\overline{\mu}_{g}C_{\mathrm{t}}r_{\mathrm{w}}^{2}}+0.8686S_{\mathrm{a}}\right\}$$

（7-1）

式中　ψ_{i}——原始地层压力对应的拟压力，MPa²/（mPa·s）；

　　　ψ_{wf}——井底流动压力对应的拟压力，MPa²/（mPa·s）；

　　　K——地层有效渗透率，mD；

　　　h——地层有效厚度，m；

　　　T_{f}——地层温度，K；

p_{sc}，T_{sc}——气体标准状态下的压力和温度，$p_{sc}=0.1013\mathrm{MPa}$，$T_{sc}=293.15\mathrm{K}$；

q_{sc}——气井井口产量（标准状态下），$10^4\mathrm{m}^3/\mathrm{d}$；

t^*——等时生产时间，h；

r——半径，m；

η——气层导压系数，其定义为：$\eta=\dfrac{k}{\phi\overline{\mu}_g C_t}$；

ϕ——气层孔隙度；

$\overline{\mu}_g$——平均地层状况下的气体黏度，$\mathrm{mPa\cdot s}$；

C_t——地层总压缩系数，MPa^{-1}；

r_w——井的半径，m；

S_a——视表皮因子；

下标 test——实际测试。

在相同制度下等时试井的生产压差为

$$\left(\psi_i-\psi_{wf}\right)_{iso-j}=\frac{4.242\times10^4 p_{sc}T_f}{khT_{sc}}q_{scj}\left\{\lg t^*+\lg\frac{8.091\times10^{-3}k}{\phi\overline{\mu}_g C_t r_w^2}+0.8686S_a\right\} \qquad (7-2)$$

式中　下标 iso——等时试井。

那么用式（7-2）减去式（7-1），就可以得出不稳定回压试井的流压校正项，以 $\Delta\psi_j$ 来表示：

$$\Delta\psi_j=\left(\psi_i-\psi_{wf}\right)_{test-j}-\left(\psi_i-\psi_{wf}\right)_{iso-j}=\frac{4.424\times10^4 p_{sc}T_f}{khT_{sc}}q_{scj}\left\{\sum_{k=1}^{j}\frac{q_{sck}-q_{sc(k-1)}}{q_{scj}}\lg\left(j-k+1\right)t^*-\lg t^*\right\}$$

$$(7-3)$$

则有

$$\left(\psi_i-\psi_{wf}\right)_{iso-j}=\left(\psi_i-\psi_{wf}\right)_{test-j}-\Delta\psi_j \qquad (7-4)$$

因此，对未稳定回压试井的测试结果，首先根据其实测的产能数据以及试井解释得到的 Kh 值，用式（7-3）求出校正项 $\Delta\psi_j$，然后代入式（7-4）就相当于将实测的未稳定回压试井的井底流压转换为等时试井的流压。最后，根据几个工作制度下的数据点（q_{scj}，$\dfrac{\left(\psi_i-\psi_{wf}\right)_{iso-j}}{q_{scj}}$），运用等时试井的方法便可以准确求出气井的产能。

3. 数值模拟验证

为验证所提出的未稳定回压试井方法的准确性，特建立如图 7-22 所示的均质低渗透气藏的单井数值模型，分别对回压试井和未稳定回压试井流程进行模拟，采用数值模拟所得的产量和流压数据进行产能计算以验证后者的可靠性。数值模拟中所选用的基础参数列于表 7-6，为了比较未稳定回压试井方法对不同渗透率的适应性，在其他参数不变的情况下，将渗透率分别设置为 0.1mD、0.2mD 和 0.5mD 3 个等级；同时，在每个渗透率下面又模拟了 8h 和 15h 两种等时生产时间，以分析不同的等时生产时间对结果的影响程度，最终的模拟结果列于表 7-7。

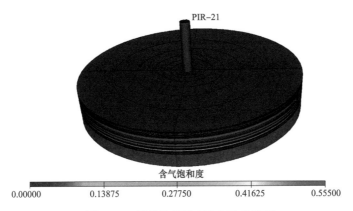

图 7-22　单井数值模型含气饱和度图

表 7-6　数值模拟基础参数

参数	值
p_i, MPa	55.5
ϕ	0.07
h, m	60
r_e, m	1500
T_f, ℃	108
$\bar{\mu}_g$, mPa·s	0.03
Z	1.2
C_t, MPa^{-1}	0.5×10^{-3}
r_w, m	0.108

对比不同产能计算方法结果可以发现：（1）对于相同条件下的未稳定回压试井流程，随着渗透率的降低，计算误差逐渐增大；（2）在相同渗透率下，等时生产时间设置为 15 小时的计算误差要明显小于等时 8 小时下的误差；（3）总体来看，无论是等时生产时间设置为 15 小时还是 8 小时，最终的误差都可以控制在 10% 以下，这说明该方法可以满足气藏工程需要。

表 7-7　不同产能计算方法结果对比表

渗透率 mD	测试方法	数值模拟中给定的产量 10^4m³/d	对应不同产量数值模拟得到的井底流压 MPa	气藏工程方法计算的无阻流量 10^4m³/d	相对误差 %
0.1	回压试井	30，40，50	36.1，25.0，11.3	52.33	—
	未稳定回压试井（等时生产 8 小时）	30，40，50，30	48.2，43.1，37.9，34.7	57.02	8.97
	未稳定回压试井（等时生产 15 小时）	30，40，50，30	45.9，39.2，33.2，33.6	53.91	3.02

续表

渗透率 mD	测试方法	数值模拟中给定的产量 10⁴m³/d	对应不同产量数值模拟得到的井底流压 MPa	气藏工程方法计算的无阻流量 10⁴m³/d	相对误差 %
0.2	回压试井	30，40，50	45.7，40.7，35.6	86.27	—
	未稳定回压试井（等时生产 8 小时）	30，40，50，30	50.0，47.1，43.9，44.5	93.70	8.61
	未稳定回压试井（等时生产 15 小时）	30，40，50，30	48.9，45.3，41.3，43.7	88.41	2.49
0.5	回压试井	30，40，50	48.5，45.1，41.6	110.87	—
	未稳定回压试井（等时生产 8 小时）	30，40，50，30	51.0，48.6，46.2，47.3	118.25	7.80
	未稳定回压试井（等时生产 15 小时）	30，40，50，30	49.9，46.9，44.1，47.1	112.83	1.77

4. 应用实例

低渗透气井 Ber-22 井的渗透率为 0.14mD，考虑到所需的测试时间过长，故产能测试时采用了上述的未稳定回压试井方法，成果数据见表 7-8 及图 7-23。其余相关的气井及储层的参数为：气藏平均压力 59.1MPa，储层有效厚度 101.4m，孔隙度 6.3%，地层温度 121℃，地层条件下的气体黏度 0.0318mPa·s，气体偏差系数 1.25，综合压缩系数 0.007653MPa⁻¹，井径 0.108m。

表 7-8　Ber-22 井产能测试数据

序号	时间，h	工作制度，mm	q_{sc}，10⁴m³/d	p_{wf}，MPa
1	8	9.5	46.4	51.2
2	8	11	54.8	49.2
3	8	12.5	62.1	47.4
4	8	14	77.5	45.0
5	72	12.5	52.8	42.1

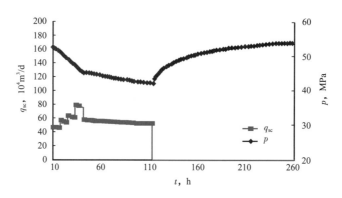

图 7-23　Ber-22 井产能试井流程图

根据行业标准（SY/T 5440—200），测试最后 8 小时内产量波动小于 5%，压力波动小于 0.5%，可视为稳定。分析 Ber-22 井的试井过程可知，前 4 个工作制度等时测试过程中，产量达到稳定，但流压均未达到稳定，延长测试的最后 8 小时内的产量和流压波动小于限定值，可认为达到稳定。

在这个测试结果之下，首先套用修正等时试井的方法计算，以观察这种处理方法对计算结果的影响程度。根据产能分析图（图 7-24），得到 $B=6.4607$，$A=707.272$，计算无阻流量为 $92.7 \times 10^4 \text{m}^3/\text{d}$。从 14mm 工作制度的测试结果来看，在井底流压 45.0MPa 的状态下，产量已达到了 $77.5 \times 10^4 \text{m}^3/\text{d}$，这说明计算结果偏小。

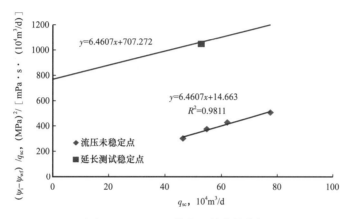

图 7-24　Ber-22 井校正前产能分析图

根据前面所述的方法，将实际的不稳定回压试井流程转换为等效的等时试井流程，并对实测井底流压进行校正，校正后重新计算进行分析（图 7-25）。此时，$B=0.8815$，$A=1001.85$，得到最终的无阻流量为 $114.3 \times 10^4 \text{m}^3/\text{d}$。

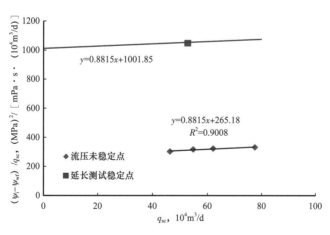

图 7-25　Ber-22 井校正后产能分析图

从本实例也可以看出，未稳定回压试井可以大幅度地缩短测试时间，减少天然气的放空量，Ber-22 井若采用常规回压试井，理论上所需的测试时间为 290 小时，而实际用时仅 104 小时，为原来的 36%，同时天然气放空量也减少为原来的 30% 左右。

三、边底水气藏整体大斜度井网多参数同步优化技术

阿姆河右岸 B 区中部裂缝—孔隙型礁滩气藏基质渗透率低，直井开发难以获得高产、稳产，需采用大斜度井开发。为了提高气田产能规模、稳产能力和开发效益，在裂缝—孔隙型礁滩气藏精细描述基础上，建立了包括大斜度井轨迹（斜井段长度、斜井段走向、避水高度）及总井数在内的整体大斜度井多参数优化模型，通过模型求解，实现了井网和井轨迹参数的最优组合，在保证气田产能的同时减少开发井数及钻井进尺，有效实现了气田稀井高产、高效开发，节约了钻井及地面建设投资，降低了投资风险，取得了很好的开发效果[7]。

1. 大斜度井井网优化影响因素分析

大斜度井井网优化主要包括 5 个参数：入靶点位置（A 点）、斜井段走向、斜井段长度、避水高度和总井数。针对阿姆河右岸气田地质特征复杂的特点，在大斜度井优化过程中需综合考虑气田地质、开发、工程、经济等因素，才能实现大斜度井井位和井轨迹的最优化[8]。表 7-9 中列举了影响上述参数的主要因素。

表 7-9 大斜度井井位优选及井轨迹优化影响因素

优化参数	主要影响因素
入靶点位置（A 点）	构造位置、储层发育程度
斜井段走向	储层分布、构造、裂缝发育方向
斜井段长度	储层渗透率、井筒摩阻、单位进尺钻井费用、储层连续性
避水高度	水体能量、储层纵向渗透率与水平渗透率的比值、隔夹层物性
总井数	储层渗透率、天然气气价、钻井费用

从表 7-9 可以看出，入靶点位置（A 点）和斜井段走向的影响因素对于已知气田来说不确定性相对较小，根据气藏地质特征研究成果，气藏的构造形态、储层发育和裂缝走向已经确定。因此，斜井段长度、避水高度和总井数是优化的重点。

2. 大斜度井井网多参数同步优化模型

以净现值 NPV 为目标函数，建立包含斜井段长度、避水高度和总井数的多变量数学模型：

$$NPV = \sum_{t=1}^{T} \left\{ \left[Q_t(n, L, h') P_{gas} - (Ch + \lambda CL)_t \right] (1 + i_c)^{-t} \right\} \tag{7-5}$$

式中 n——总井数；

L——斜井段长度，m；

h'——斜井段避水高度，m；

Q_t——第 t 年气田年产量，是 n、L、h' 的函数，具体的定量关系可以借助数值模拟方法进行模拟，m^3；

P_{gas}——天然气气价，USD/m^3；

i_c——折现率；

C——直井段单位进尺成本，USD/m；

h——直井段长度，m；

λ——斜井段单位进尺成本为直井段 λ 倍；

T——气田开发年限，a。

对于上述数学模型，给定大斜度井相关参数、总井数，借助数值模拟方法可预测出气田整个开发周期的产量，再考虑钻井成本等因素，就可以计算出气田的开发效益。为了获得最优的井网，可通过对比大量的方案模拟，从中选出相关参数和总井数的最优组合，但这种方法需要大量的数值模拟工作。为了减少数值模拟工作量，这里采用方案正交设计方法来减少对比方案。在建立上述大斜度井多参数同步优化模型基础上，通过数值模拟方法得到气田开发指标，根据大斜度井井网多参数同步优化模型得到大斜度井轨迹和总井数的最优组合，实现气田整体开发效益最大化。

3. 应用实例

别—皮气田位于阿姆河右岸桑迪克雷隆起构造带中部，气藏类型为裂缝—孔隙型碳酸盐岩底水气藏，地质储量为 $677 \times 10^8 \text{m}^3$。储层裂缝发育，非均质性强，气藏井位优选及井网优化难度大。采用大斜度井网多参数优化技术，对别—皮气田大斜度井长度、避水高度和总井数进行优化。优选出最佳方案：（1）斜井段长度为 600m 左右（图 7-26）；（2）大斜度井总数为 19 口（图 7-27）；（3）避水高度为 50～55m，其中构造高部位井避水高度 50m，边部井避水高度 55m（图 7-28）。别—皮气藏井位部署如图 7-29 所示。

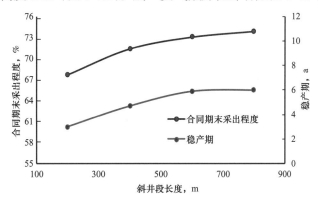

图 7-26　斜井段长度优化

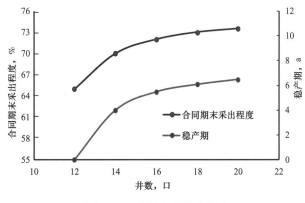

图 7-27　大斜度井井数优化

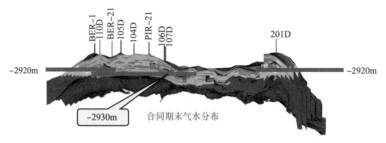

图 7-28　别—皮气田合同期末气水分布示意图

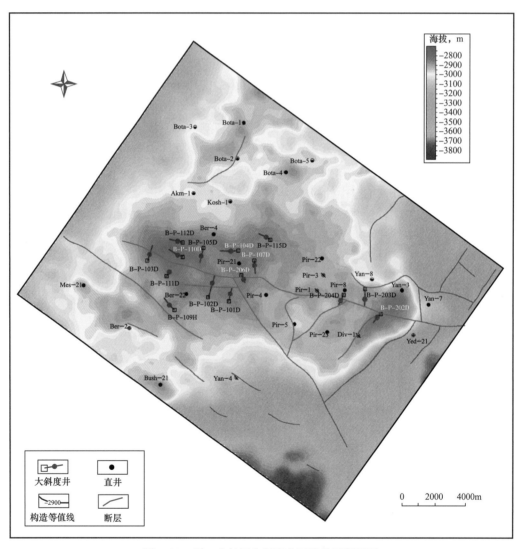

图 7-29　别—皮气田大斜度井开发井网部署图

与常规大斜度井优化方法相比，采用整体大斜度井开发优化技术后，别—皮气田产能从 $25 \times 10^8 \mathrm{m}^3/\mathrm{a}$ 提高到 $30 \times 10^8 \mathrm{m}^3/\mathrm{a}$，提高 20%；钻井总进尺从 $10.41 \times 10^4 \mathrm{m}$ 减少到 $9.06 \times 10^4 \mathrm{m}$，减少 13%；财务净现值从 10.14×10^8 美元增加到 11.05×10^8 美元，增加 9%

（表 7-10，图 7-30）。实施大斜度井后无阻流量高达（534～906）×10^4m³/d。采用该技术不仅节约了钻井成本，同时提高了单井产量和气田开发速度，加快了投资回收，降低了投资风险，取得较好的开发效果。

表 7-10　常规大斜度井优化方案与整体优化方案主要指标对比

方案	大斜度井口	斜井段长 m	钻井总进尺 10^4m	钻开目的层 m	产能 10^8m³/a	财务净现值 10^8 美元
常规优化	24	350	10.41	8400	25	10.14
整体优化	19	600	9.06	11400	30	11.05

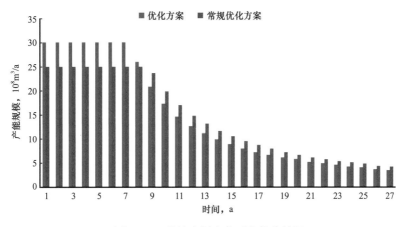

图 7-30　整体大斜度井开发优化结果

第二节　阿姆河右岸复杂碳酸盐岩气藏开发技术政策

合理的气藏开发技术政策是气藏高效开发的基础，本节阐述阿姆河右岸复杂碳酸盐岩气藏开发技术政策，包括气藏开发方式优选、开发层系划分、井型井网优化、单井合理产量评价、气藏合理采气速度优化，最后介绍主力气田优化方案及实施效果。

一、气藏开发方式优选

气藏的开发方式主要分为衰竭式开发和保压式开发两类。衰竭式开发就是利用气田的天然能量进行开发，这种开发方式相对简单、投资较少；保压式开发就是用人工方法向气层内注气、注水，以维持气藏一定的压力水平，从而提高气藏采收率的开发方式，这种开发方式相对复杂、投资较大，气藏的保压式开发主要为循环注气方式。

气藏开发方式的选择需要考虑的因素主要包括流体相态特征、储量规模、地质条件、地饱压差等。对于凝析油含量低、储量规模小、储层连通性差、地层压力远高于饱和压力的气藏，这类气藏反凝析现象影响较小，或由于储量规模小保压式开发经济效益较差，适合采用衰竭式开发；反之，对于凝析油含量高、储量规模大、储层连通性好、地层压力与饱和压力相近的气藏，适合采用循环注气方式开发。

严格来说，气藏开发方式的选择需综合考虑上述因素，通过对比不同方案的经济效益来优选。在凝析油含量方面，根据国内外气藏开发经验，通常以 $250g/m^3$ 作为气藏开发方式的选择标准：即干气藏、湿气藏和凝析油含量小于 $250g/m^3$ 的凝析气藏适合采用衰竭式开发，而凝析油含量大于 $250g/m^3$ 的凝析气藏，如果具有规模储量，会考虑采取保压式开发。

表 7-11　阿姆河项目气田凝析油含量表

气田	凝析油含量，g/m^3
萨曼杰佩	14
麦捷让	10
根吉别克	15
涅列齐姆	15
亚希尔杰佩	170
基什图凡 + 西基什图凡	35
加登 + 北加登	33
伊利吉克 + 东伊利吉克	30
别—皮	60
扬古伊	37
恰什古伊	35
桑迪克雷	33
奥贾尔雷	35.4
基尔桑	56.4
鲍—坦—乌	64.3
伊拉曼	60.4
阿盖雷	15.8
霍贾古尔卢克	39.7
阿克古莫拉姆	12.6

阿姆河右岸项目除亚希尔杰佩气田凝析油含量达到 $170g/m^3$ 属于凝析气藏之外，其他气田凝析油含量均较低，属于湿气藏（表 7-11），而亚希尔杰佩气田储量仅 $15 \times 10^8 m^3$，储量规模非常小，因此阿姆河右岸项目所有气田均适合采用衰竭式开发方式。

二、开发层系划分

对于多层状气藏，要达到较高的采收率和最大的经济效益等目标，避免或减少开发过程中的层间干扰，需要合理划分开发层系。开发层系划分的一般原则有以下几点。

（1）每套开发层系要具备一定的含气厚度、储量和生产能力，单独开发能满足设计的产能规模和稳产期要求。（2）气藏类型不同，储层或流体性质有明显差别时，需要划分开发层系。同一层系的储层性质、天然气性质、埋藏深度、压力系统应大体一致。（3）气层间存在稳定的隔层，且隔层具有一定的厚度、裂缝不发育，能将气藏分割为两个以上的独立压力系统。（4）流体组成差异大、需要单独净化处理（如硫化氢和二氧化碳气体含量差异较大）的气藏单独划分一套开发层系。（5）边底水活跃的层组单独作为一套开发层系。

阿姆河右岸项目气藏具有多个产层，其中 B 区中部和东部气藏发育裂缝，无法形成稳定的隔夹层，B 区西部气藏单层较薄，储量规模较小，单独开发不具有经济效益。A 区气藏主力层为块状灰岩，而次要层为硬石膏与石灰岩互层，储层非均质性较强、储量规模小，若单独作为一套层系开发，经济效益差，因此阿姆河右岸气藏均适合采用多层合采开发。

三、井型优选和井网优化

气藏开发井型主要有直井、水平井和大斜度井 3 种。一般来说，对于气层厚度大，储层相对均质、物性较好的气藏，适合采用直井开发，因为直井开发就能获得高产且钻井成本相对较低；而对于气层厚度小，边底水活跃的气藏，因直井开发难以获得高产且容易导致边底水锥进，适合采用大斜度井或水平井开发。对于第二类气藏，如果气藏隔夹层不发育且纵向连通性较好，底水非常活跃，更适合采用水平井开发来减缓底水锥进；反之，气藏纵向连通性差，底水不太活跃，适合大斜度井开发[9]。

气藏开发井网优化应以提高动用储量、采收率和经济效益为目标，具体原则如下。

（1）不同构造形态和不同构造部位应有不同的井网系统和井网密度。

（2）井网部署要考虑全气藏的均衡开采。

（3）开发井要尽可能远离边底水，力求延长气井无水采气期。

（4）要尽可能寻找裂缝发育带和高产富集区布井。

下面以阿姆河右岸萨曼杰佩气田为例，阐述气田井型优选和井网优化。

萨曼杰佩气田目的层构造形态简单，为一个完整的、平缓的穹隆状背斜构造，构造幅度在 220m 左右，其东北区域已进入乌兹别克斯坦境内（图 7-31）。

萨曼杰佩气田主要目的层是卡洛夫—牛津阶的层状灰岩（XVp）、块状灰岩（XVm），硬石膏灰岩互层（XVac）是次要目的层，气藏平均埋深 2450m，含气面积 244km²，平均含气厚度 118.4m，平均含气饱和度 71.3%，平均孔隙度 10.3%，平均渗透率 52.8mD，原始地层压力 26.8MPa，压力系数 1.1，地层温度 98℃，地温梯度 3.3℃/100m，气田水体不活跃，水体倍数为 1。

在中国石油进入前，萨曼杰佩气田已于 1986 年 12 月底正式投入开发。苏联解体后天然气出口受阻，萨曼杰佩气田于 1993 年 4 月全面停产封存。1986—1993 年开发期间，萨曼杰佩气田累计采出天然气 166.2×10⁸m³，其中土方累计采出 157.5×10⁸m³，高峰期开井 28 口，年产气 33×10⁸m³，单井产量（40～50）×10⁴m³/d，凝析油、水产量少且稳定，地层压力由 26.8MPa 下降到 23.5MPa。苏联开发期间，萨曼杰佩气田已有较为完善的井网部署，截至 1993 年 4 月，共钻 61 口直井，其中在土库曼斯坦境内有 51 口，在乌兹别克斯坦境内有 10 口。

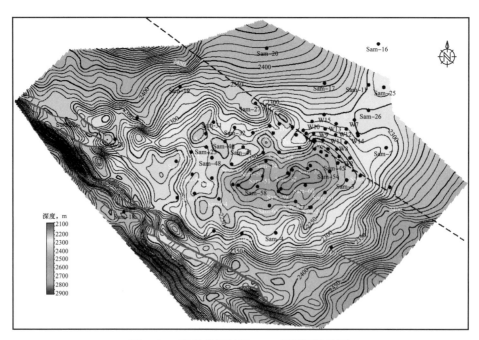

图 7-31　萨曼杰佩气田 XVm 层顶面构造图

中国石油进入后，在气田主体区域采用修复老井投产的方式进行开发，累计修复老井 28 口，平均产量 $60 \times 10^4 m^3/d$，取得了较好的开发效果。在靠近土乌边境区域气田，为应对邻国强采，采用了部署加密井应对强采的开发策略。根据萨曼杰佩气田储层空间展布特征、气藏工程分析以及数值模拟研究成果，综合确定采取大斜度方式钻开 XVac 与 XVp 层，水平方式钻开 XVm 层，能有效提高气藏储量动用程度，并且与直井、斜井相比，采用大斜度+水平井开发，一方面可大幅度提高单井产能，同时在控制边—底水锥进方面更有优势（图 7-32）。

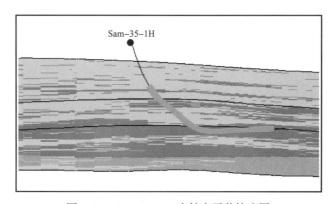

图 7-32　Sam-35-1H 实钻水平井轨迹图

研究结果表明，水平段长度决定水平井的产能，水平段越长，开发效果越好，最终采出程度越高，但随水平段长度增加，产能贡献增加程度和最终采出程度增加幅度越来越小。因此考虑钻井成本、摩擦阻力及水平段过长会使风险增大等因素，水平段不宜太长，水平井的水平段长度取决于气藏规模、气层厚度及气层物性特征。

根据数值模拟研究结果，由于气井产量高，在气藏水平段存在摩擦阻力和非达西流情况下，最佳长度为400~600m，当水平井段长度超过600m时，气井产能增加幅度降低。除此之外，当水平气井产量足够高时还应该考虑产量、油管内径、临界冲蚀流量之间的关系，综合研究认为萨曼杰佩气田大斜度段井斜为75°，水平段长度500m左右为开发效果最佳（表7-12），参考单井模拟结果，新水平井产能确定为（100~120）× $10^4 m^3/d$。

表7-12　井型模拟计算结果对比表

序号	井型		无阻流量，$10^4 m^3/d$	生产压差 1.5MPa 时的产量，$10^4 m^3/d$
1	直井		250	52
2	大斜度井	45° 井斜	287	62
3		60° 井斜	332	74
4		75° 井斜	371	82
5	水平井	400m	436	87
6		500m	473	96
7		600m	498	104
8		700m	511	110
9	大斜度井 + 水平井	60° 井斜 +400m	478	104
10		60° 井斜 +500m	507	107
11		75° 井斜 +400m	530	116
12		75° 井斜 +500m	546	119

四、单井合理产量

气井合理产量的确定作为气藏工程的关键工作之一，历来是气藏开发人员极为关心的问题。在组织新井投产时，首先要确定气井的合理产量，保持合理产量不仅可以使气井实现较长时期稳产，而且可以使气藏能在合理的采气速度下获得较高的采收率，从而获得最好的经济效益。气井合理产量确定的基本过程是，以气井的无阻流量为基础，结合考虑井筒、储层、流体和边界等方面因素来给出气井配产比，最终确定气井的合理配产。因此，气井合理产量确定的关键环节之一就是配产比（即气井合理产量和无阻流量的比值）的确定。

目前，应用较为广泛的气井合理产量确定方法主要有经验法、采气指示曲线法和节点系统分析法。其中，经验方法难以准确地适用于不同类型的气藏条件，采气指示曲线法和节点系统分析法则主要关注某个单一因素对气井合理产量的影响。对于阿姆河右岸这种复杂碳酸盐岩气藏来说，单井合理产量受到众多因素的综合制约，使得上述已有方法难以满足要求。因此，需要紧密结合气田实际，明确影响气井合理产量的主要因素，确定适用于不同具体情况的气井合理配产比。

1. 气井合理产量影响因素

一般来说，影响气井产量的因素可概括为地层、流体、井和工作制度 4 个方面的共计 14 个因素（表 7-13）。其中，地层压力、地层温度、有效厚度、流体性质、井眼半径、水平（斜井）段长度和表皮系数等都是通过决定气井的无阻流量来影响单井产量，生产压差可以人为调节，不是气井的固有属性。因而，影响气井合理配产比的因素就可进一步归结为储层因素和水体因素两个方面。储层因素包括储层物性及储层类型，对于阿姆河右岸这类基质低渗透的气藏而言，储层物性主要取决于其储层类型（缝洞的发育程度）；水体因素则主要体现在水体倍数。

表 7-13 单井产能影响因素汇总表

类别	因素
地层因素	地层压力、地层温度、有效厚度、水平渗透率、垂直渗透率、储层类型、水体活跃程度
流体因素	天然气黏度、天然气偏差系数
井因素	井眼半径、水平（斜井）段长度、避水距离、表皮系数
工作制度因素	生产压差

根据本章第一节中的碳酸盐岩储层类型静动态多信息识别技术的有关研究，阿姆河右岸气田的主要储层类型包括孔隙（洞）型、裂缝—孔隙型、缝洞型和裂缝型 4 种。同时，结合气藏地质研究成果，可以运用水体倍数来表征气藏的水体活跃程度；为方便开展单井合理配产研究，以水体倍数 5 为界限，将气田分为水体不活跃和水体活跃两类。阿姆河右岸典型气田的储层类型及水体活跃程度统计结果见表 7-14。

表 7-14 阿姆河右岸典型气田储层类型及水体发育状况

序号	气田	储层类型	水体状况	
			水体倍数	活跃程度
1	萨曼杰佩	孔隙（洞）型	1.5	不活跃
2	加迪恩—北加迪恩		2.5	不活跃
3	基什图凡—西基什图凡		3	不活跃
4	麦捷让		8	活跃
5	别—皮	裂缝—孔隙型	5	不活跃
6	扬—恰		3	不活跃
7	伊拉曼		4	不活跃
8	布什卢克		7	活跃
9	鲍—坦—乌		6	活跃

续表

序号	气田	储层类型	水体状况	
			水体倍数	活跃程度
10	桑迪克雷	缝洞型	3	不活跃
11	奥贾尔雷		5	不活跃
12	基尔桑		2.5	不活跃
13	霍贾古儿卢克		2.3	不活跃
14	捷列克古伊	裂缝型	2	不活跃
15	阿盖雷		2	不活跃

2. 气井合理配产比

结合阿姆河右岸气田的储层类型及边底水活跃程度的实际情况，可以划分出6种典型气藏类型，即水体不活跃的孔隙（洞）型气藏（Ⅰ类）、水体活跃的孔隙（洞）型气藏（Ⅱ类）、水体不活跃的裂缝—孔隙型气藏（Ⅲ类）、水体活跃的裂缝—孔隙型气藏（Ⅳ类）、水体不活跃的缝洞型气藏（Ⅴ类）和水体不活跃的裂缝型气藏（Ⅵ类）。在此基础上，即可开展特定类型气井的合理配产比研究。

综合分析各气田的单井测试、生产动态及数值模拟结果，最终确定不同类别气藏的配产比如下：（1）水体不活跃的孔隙（洞）型气藏（Ⅰ类）的合理配产比为1/5，最大配产比不超过1/4；（2）水体活跃的孔隙（洞）型气藏（Ⅱ类）的合理配产比为1/7，最大配产比不超过1/5；（3）水体不活跃的裂缝—孔隙型气藏（Ⅲ类）的合理配产比为1/8，最大配产比不超过1/6；（4）水体活跃的裂缝—孔隙型气藏（Ⅳ类）的合理配产比为1/9，最大配产比不超过1/7；（5）水体不活跃的缝洞型气藏（Ⅴ类）的合理配产比为1/10，最大配产比不超过1/8；（6）水体不活跃的裂缝型气藏（Ⅵ类）的合理配产比为1/12，最大配产比不超过1/9（图7-33）。由此可见，缝洞和水体的存在均会显著制约气井合理产能，缝洞越发育、水体越活跃的气井，其配产比越低。

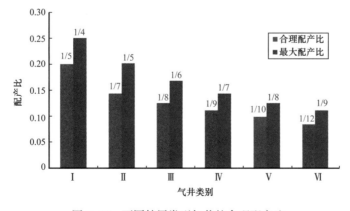

图7-33 不同储层类型气井的合理配产比

明确气井合理配产比后，参照气井无阻流量，即可最终确定气井的合理产量。阿姆河右岸典型气田的气井平均合理产量统计结果见表7-15。

表7-15　阿姆河右岸典型气田合理单井平均配产

序号	气井类别	气田	合理配产比	气井平均无阻流量 $10^4m^3/d$	气井平均合理产量 $10^4m^3/d$
1	I	萨曼杰佩	1/5	310	60
2		加迪恩—北加迪恩		195	40
3		基什图凡—西基什图凡		135	30
4	II	麦捷让	1/7	265	40
5	III	别—皮	1/8	580	70
6		扬—恰		550	70
7		伊拉曼		105	15
8	IV	布什卢克	1/9	365	40
9		鲍—坦—乌		220	25
10	V	霍贾古儿卢克	1/10	740	75
11		桑迪克雷		480	50
12		奥贾尔雷		770	75
13		基尔桑		460	45
14	VI	捷列克古伊	1/12	330	30
15		阿盖雷		240	20

五、气藏合理采气速度

气藏合理采气速度受其储渗性能、气水关系、稳产年限和储量规模等多种因素的影响。（1）储渗性能、气水关系：对于储层渗透率高、非均质性弱、边底水不活跃气藏，采气速度可适当提高；反之，需控制采气速度；（2）稳产年限和储量规模：一般来说，采气速度越高，稳产年限越短；反之，采气速度越低，稳产年限越长。

对于一个气藏，如果采气速度定得过高，在合理单井产能情况下，为了实现过高的产能规模，需要钻大量的开发井，从而影响气藏的开发效益，因此气藏开发应有合理的稳产年限。为保证长期稳定供气，对不同储量规模的气藏，考虑到气藏产能建设周期不同，对其采气速度和稳产年限有不同的标准。参考国内外气藏开发经验，不同储量规模气藏采气速度和稳产年限见表7-16。图7-34是川东石炭系碳酸盐岩气藏统计的采气速度与稳产年限关系。

表 7-16　不同储量大小气藏采气速度和稳产年限表

地质储量，10^8m^3	采气速度，%	稳产期，a
≥50	3～5	>10
10～50	5% 左右	5～8
<10	5～6	5～8

确定阿姆河右岸项目气藏合理采气速度，除了上述因素外，还需考虑两个因素。（1）邻国开发强度：对于边境气田（如萨曼杰佩），确定产能规模时，需考虑邻国开发强度，以保持整个气田均衡开发；（2）气田群整体优化开发：阿姆河右岸项目为气田群联合开发，以实现向国内长期稳定供气。对于气田群开发，为提高整体开发效益，需优化各气田采气速度和投产时间，从而实现整个项目净现值最优。

这里以萨曼杰佩气田为例介绍合理采气速度的确定。萨曼杰佩气田为孔隙（洞）型储层，储层物性好（平均渗透率约52mD），存在边、底水但水体不活跃。萨曼杰佩气田地质储量远大于 $50×10^8m^3$，参考表 7-16 确定采气速度应在 3%～5% 之间。参考川东石炭系碳酸盐岩气藏统计的采气速度与稳产年限关系图（图 7-34），要使气藏稳产年限大于 10a，气藏采气速度要低于 6%。

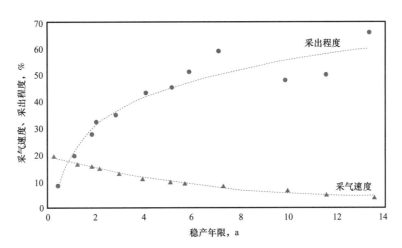

图 7-34　川东石炭系碳酸盐岩气藏采气速度、采出程度与稳产年限关系

由于乌方强采，压力下降快，为保持整个气藏均衡开采，萨曼杰佩气田采气速度按 4%～5% 考虑。在 4%～5% 采气速度区间内，采用气田群整体优化方法确定气田合理采气规模约为 $65×10^8m^3/a$，折算合理采气速度约 4.3%。阿姆河右岸项目其他气田稳产期年产气量及对应的合理采气速度见表 7-17。

表7-17　阿姆河项目各气田稳产期年产气量及对应的合理采气速度

序号	气田	稳产期年产气量，$10^8 m^3$	合理采气速度，%
1	萨曼杰佩	65.0	4.3
2	麦捷让	4.5	4.0
3	亚希尔杰佩	0.8	6.0
4	涅列齐姆	1.0	7.6
5	基什图凡＋西基什图凡	4.4	6.3
6	加登＋北加登	15.6	3.9
7	伊利吉克＋东伊利吉克	7.0	4.5
8	别一皮	20.0	3.7
9	扬一恰	20.0	4.2
10	桑迪克雷	1.5	1.7
11	奥贾尔雷	3.0	6.5
12	基尔桑	1.5	2.6
13	鲍一坦一乌	5.0	3.0
14	捷列克古伊	2.0	5.6
15	布什卢克	5.0	5.1
16	伊拉曼	2.0	3.4
17	南霍贾姆巴兹	3.0	5.0
18	霍贾古尔卢克	13.6	5.2
19	东霍贾古尔卢克	8.5	3.8
20	召拉麦尔根	4.9	2.8
21	戈克米亚尔	5.0	3.1
22	阿盖雷	15.0	2.7
23	阿克古莫拉姆	8.0	4.1

六、阿姆河右岸主力气田方案实施效果

1. 萨曼杰佩气田方案实施效果

萨曼杰佩气田是阿姆河右岸唯一曾经投入开发的气田，1986—1993年试采开发期间，土方累计采出 $157.5 \times 10^8 m^3$ 天然气，中国石油进入后于2009年12月对气田重新投产，2010—2013年年产原料气分别为 $40.3 \times 10^8 m^3$、$50.2 \times 10^8 m^3$、$59.3 \times 10^8 m^3$、$59.8 \times 10^8 m^3$（表7-18）。

表 7-18 萨曼杰佩气田产量历史数据表

年份	年产气，$10^8 m^3$	累计产气，$10^8 m^3$	采出程度，%
1986—1993	157.5	158	11.1
2009	1.2	159	11.2
2010	40.3	199	14.1
2011	50.2	249	17.6
2012	59.3	308	21.8
2013	59.8	368	26.1

2014 年中方编制了开发调整方案。优化方案为动用地质储量 $1413 \times 10^8 m^3$，总开发井数 40 口，平均单井产量 $50 \times 10^4 m^3/d$，设计采气速度为 4.6%，年产气 $65 \times 10^8 m^3$。按照优化方案进行了开发指标的预测。生产井首先采用定产量方式生产，之后采用定井口压力生产方式，最终上压缩机增压生产，最低井口压力取 1.5MPa，预测结果见表 7-19。

表 7-19 萨曼杰佩气田方案产量预测

年份	年产气，$10^8 m^3$	累计产气，$10^8 m^3$	采出程度，%
2014	65.0	433.3	31
2015	65.0	498.3	35
2016	65.0	563.3	40
2017	65.0	628.3	44
2018	65.0	693.3	49
2019	65.0	758.3	54
2020	65.0	823.3	58
2021	55.3	878.6	62
2022	47.0	925.5	65
2023	39.9	965.5	68
2024	33.9	999.4	71
2025	28.8	1028.2	73
2026	24.5	1052.7	75
2027	20.8	1073.6	76
2028	17.7	1091.3	77
2029	15.1	1106.3	78
2030	12.8	1119.1	79

年份	年产气，$10^8 m^3$	累计产气，$10^8 m^3$	采出程度，%
2031	10.9	1130.0	80
2032	9.2	1139.3	81
2033	7.9	1147.1	81
2034	6.7	1153.8	82
2035	5.7	1159.5	82
2036	4.8	1164.3	82
2037	4.1	1168.4	83
2038	3.5	1171.9	83
2039	3.0	1174.9	83

截至 2016 年年底，萨曼杰佩气田投产开发井 40 口，其中新井 13 口（水平井 8 口），老井 27 口。2014—2016 年分别实现年产气 $66.3 \times 10^8 m^3$、$64.2 \times 10^8 m^3$、$65 \times 10^8 m^3$，目前日产气 $2079 \times 10^4 m^3$，平均单井日产 $52 \times 10^4 m^3$。2009 年 12 月至 2016 年 12 月期间累计产气 $406.4 \times 10^8 m^3$，加上 1994 年封存前产气 $157.5 \times 10^8 m^3$，累计产气 $563.9 \times 10^8 m^3$，动用地质储量 $1413 \times 10^8 m^3$，采出程度 40%，与方案预测基本一致。

2. 别—皮气田方案实施效果

别—皮气田气层主要分布在 XV-HP 和 XVa1 层，少量分布在 XVa2 层和 Z 层，具有储量规模大、储层非均质性强、微含凝析油、发育边底水等特点，开发过程中需注意底水上升速度，避免底水锥进。优化方案为动用地质储量 $543 \times 10^8 m^3$，设计采气速度 4.6%，年产气 $25 \times 10^8 m^3$。新钻开发井 23 口。按照优化方案进行了开发指标的预测，预测结果见表 7-20。

表 7-20　别—皮气田方案产量预测

年份	年产气，$10^8 m^3$	累计产气，$10^8 m^3$	采出程度，%
2014	18.8	18.8	3
2015	25.0	43.8	8
2016	25.0	68.8	13
2017	25.0	93.8	17
2018	25.0	118.8	22
2019	25.0	143.8	26
2020	25.0	168.8	31
2021	25.0	193.8	36
2022	22.0	215.8	40

年份	年产气，10^8m^3	累计产气，10^8m^3	采出程度，%
2023	19.4	235.1	43
2024	17.0	252.2	46
2025	15.0	267.2	49
2026	13.2	280.3	52
2027	11.6	292.0	54
2028	10.2	302.2	56
2029	9.0	311.2	57
2030	7.9	319.1	59
2031	7.0	326.0	60
2032	6.1	332.2	61
2033	5.4	337.6	62
2034	4.7	342.3	63
2035	4.2	346.5	64
2036	3.7	350.1	64
2037	3.2	353.4	65
2038	2.8	356.2	66
2039	2.5	358.7	66
2040	2.2	360.9	66
2041	1.9	362.9	67

截至 2016 年年底，别—皮气田投产开发井 23 口井，其中大斜度井 17 口，水平井 2 口，直井 4 口。2014 年实现年产气 $18.8 \times 10^8 m^3$，2015 年为完成冬季保供任务年产气达到 $28.9 \times 10^8 m^3$，采气速度达到 5.3%，较高的采气速度导致部分单井出现见水迹象。以 Ber-22 井为例，水气比从 $6g/m^3$ 上升到 $36.2g/m^3$，单井产量从 $70 \times 10^4 m^3/d$ 下降到 $16.6 \times 10^4 m^3/d$。2016 年产气 $26.5 \times 10^8 m^3$，目前气田开发较为平稳，截至 2016 年年底气田累计产气 $74.2 \times 10^8 m^3$，采出程度 13.7%，气田开发指标与方案预测基本一致。

3. 扬—恰气田方案实施效果

扬—恰气田位于阿姆河右岸 B 区块中部，气藏平均埋深 3474m。储层主要分布于块状灰岩（XVa2）、块状灰岩（XVa1）和礁上层（XVhp）；致密岩层（Z）中也有储层发育，而高伽马泥灰岩段（GAP）和致密层状灰岩（XVI）中几乎没有储层发育。储集空间主要为孔隙和裂缝。储层类型为缝洞型储层，发育边底水。优化方案为动用地质储量 $479 \times 10^8 m^3$，设计采气速度 5.6%，年产气 $27 \times 10^8 m^3$，新钻开发井 16 口。按照优化方案进行了开发指标的预测，预测结果见表 7-21。

表 7-21　扬—恰气田方案产量预测

年份	年产气，$10^8 m^3$	累计产气，$10^8 m^3$	采出程度，%
2014	13.4	13.4	3
2015	27.0	40.4	8
2016	27.0	67.4	14
2017	27.0	94.4	20
2018	27.0	121.4	25
2019	27.0	148.4	31
2020	27.0	175.4	37
2021	27.0	202.4	42
2022	22.1	224.5	47
2023	18.2	242.7	51
2024	14.9	257.6	54
2025	12.2	269.8	56
2026	10.0	279.8	58
2027	8.2	288.0	60
2028	6.7	294.7	62
2029	5.5	300.3	63
2030	4.5	304.8	64
2031	3.7	308.5	64
2032	3.0	311.5	65
2033	2.5	314.0	66
2034	2.0	316.1	66
2035	1.7	317.8	66
2036	1.4	319.1	67
2037	1.1	320.3	67

　　截至 2016 年年底扬—恰气田投产开发井 16 口，其中扬古伊 6 口，恰什古伊 10 口。2014 年实现年产气 $13.4 \times 10^8 m^3$，2015 年为完成冬季保供任务年产气达到 $33 \times 10^8 m^3$，采气速度达到 6.9%，较高的采气速度导致部分单井出现见水迹象。以 Yan-101D 井为例，水气比从 $8g/m^3$ 上升到 $177g/m^3$，单井产量从 $100 \times 10^4 m^3/d$ 下降到 $30 \times 10^4 m^3/d$。2016 年产气 $27 \times 10^8 m^3$，目前气田开发较为平稳，截至 2016 年年底气田累计产气 $73.4 \times 10^8 m^3$，采出程度 15.3%，气田开发指标与方案预测基本一致。

第三节 基于产品分成合同模式的气田群整体协同开发优化技术

阿姆河右岸项目是中国在境外 100% 控股执行的首个大型天然气项目，也是我国西气东输二线的主供气源，阿姆河右岸项目整体高效开发、长期稳定供气对保障国家能源安全、发展低碳经济具有重要战略意义。阿姆河右岸合同区内已发现 30 多个气田，具有气田数量多、储量规模不一、开发动态特征差别大、地理位置分散等特点，实现气田群整体协同优化开发难度较大。本节首先介绍阿姆河右岸项目主力气田储量规模及边底水活跃程度；然后介绍本节的核心内容——基于产品分成合同模式的气田群整体协同优化开发技术。

一、气藏储量规模及边底水活跃程度分析

阿姆河右岸区块位于土库曼斯坦东部阿姆河盆地，位于土库曼斯坦—乌兹别克斯坦边界之间，隶属列巴普州。区块地势南高北低，东南部为山区，向西北部逐步过渡到戈壁。合同区面积约 14314km^2（图 7-35），根据中国石油进入时项目勘探开发程度划分了A、B 两个产品分成合同，其中 A 区块勘探开发程度较高，包含萨曼杰佩、麦捷让、亚希尔杰佩等气田，面积 983km^2；其他部分均属于 B 区块，勘探开发程度较低，包含别—皮、扬—恰等气田，面积 13331km^2。主要气田的储量规模、边底水分布等参数见表 7-22。

表 7-22 阿姆河右岸项目主要气田参数表

区块	主要气田	构造位置	储量规模 10^{8}m^3	边底水类型	水体倍数	边底水活跃程度
A 区	萨曼杰佩	坚基兹库尔隆起中部	1503.3	边水	1.5	不活跃
	麦捷让	坚基兹库尔隆起东南部	179.8	底水	8.0	较活跃
	亚希尔杰佩	坚基兹库尔隆起东南部	13.4	底水	3.0	不活跃
B 区	别—皮	桑迪克雷隆起中部	825	边底水	5.0	欠活跃
	扬古伊	桑迪克雷隆起中部	260.0	边底水	3.0	不活跃
	恰什古伊	桑迪克雷隆起中部	386.4	边底水	3.5	不活跃
	鲍—坦—乌	桑迪克雷隆起中部	182.0	边底水	6.0	欠活跃
	基尔桑	桑迪克雷隆起东部	108.5	边底水	2.5	不活跃
	奥贾尔雷	桑迪克雷隆起南部	60.3	边底水	5.0	欠活跃
	基什图凡 + 西基什图凡 + 北法拉勃	查尔朱隆起东部	228.1	边底水	3.0	不活跃

A 区主要气田位于坚基兹库尔隆起构造带上，其中，以萨曼杰佩为代表的特大型块状边水气田，地质储量为 1503.3×10^{8}m^3。气田构造相对简单，气田主力储层和次主力储层分布清晰，总体上储层向气藏边部变差，水体倍数为 1 倍，结合水样等动态资料分析认为气藏属弱边水气藏（图 7-36）。

图 7-35 阿姆河右岸合同区块示意图

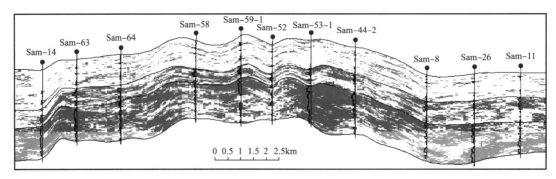

图 7-36 A 区萨曼杰佩气藏剖面图

以麦捷让为代表的中小型构造—岩性复合气藏，构造相对复杂，底水能量强，具有储量规模小（179.8×10⁸m³）、水体倍数大（8 倍）的特点，开发过程中需控制采气速度，防止底水锥进（图 7-37）。

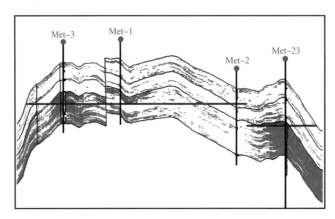

图 7-37 A 区麦捷让气藏剖面图

B 区主要气田位于桑迪克雷隆起构造带上，以别一皮、扬古伊、恰什古伊气田为代表，构造上为基底隆起背景上的披覆构造，且构造幅度大，断层发育，主要为构造—岩性气田群。与 A 区块的大型整装气田萨曼杰佩相比，B 区块气田规模大小不一，构造复杂，多为高压和超高压气藏，不同区域产能差异大，由于气田均未投产，边底水活跃程度还存在一定不确定性。从目前资料看，B 区主要气田水体倍数在 3~6 倍之间，属于欠活跃—不活跃型。

二、基于产品分成合同模式的气田群整体协同开发优化

对于共用一地面处理厂的分散性气田群，由于气田数量多、储层物性差异大、地理位置分散，不同的投产接替次序、产能规模将影响气田群整体开发效益。因此，只有实现气田群整体优化开发，才能实现阿姆河右岸整体开发效益最大化。

1. 气田群整体开发优化模型

油气田开发方案的好坏，需要用某个（或多个）指标进行衡量。评价指标是优化模型的目标函数，对于阿姆河项目选择经济评价指标净现值（NPV）为目标函数。

投资方案的净现值是指按照一定的贴现率（基准收益率），将投资项目寿命期内所有年份的净现金流量折现到计算基准年（如投资之初）的现值然后求和。其计算公式为

$$NPV = \sum_{t=1}^{T}\left(C_I - C_O\right)_t\left(1 + i_c\right)^{-t} \qquad (7-6)$$

式中　NPV——净现值，10^4 美元；

　　$C_I(t)$——第 t 年现金流入量，10^4 美元；

　　$C_O(t)$——第 t 年现金流出量，10^4 美元；

　　$(C_I-C_O)_t$——第 t 年净现金流，10^4 美元；

　　T——合同期限；

　　i_c——基准收益率。

在该模型中，净现值 NPV 是各气田采气速度 $q_D(i, t)$ 的函数，$q_D(i, t)$ 表示气田 i 第 t 年的采气速度。图 7-38 为阿姆河右岸产品分成合同模式图，基于该合同模式，计算阿姆河右岸气田群整体开发优化模型的目标函数 NPV。

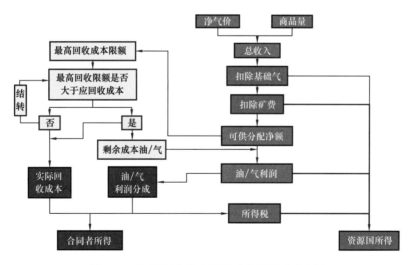

图 7-38　阿姆河右岸产品分成合同模式示意图

（1）第 t 年现金流入量计算公式为

$$C_I(t) = C_r(t) + P_s(t) \qquad (7-7)$$

式中　$C_r(t)$——合同者第 t 年实际回收成本，10^4 美元；

$P_S(t)$——合同者第 t 年利润油气分成，10^4 美元。

当第 t 年应回收成本 $C_S(t)$ 低于最高成本回收限额 $C_L(t)$ 时，实际回收成本 $C_r(t)$ 为应回收成本 $C_S(t)$，剩余成本油、气转入利润气，参与利润气产品分成；当应回收成本 $C_S(t)$ 超过最高成本回收限额 $C_L(t)$ 时，实际回收成本 $C_r(t)$ 为最高成本回收限额 $C_L(t)$，差额部分结转为后续开采时间的应回收成本。

$$C_r(t) = \min\left[C_S(t), C_L(t)\right] \tag{7-8}$$

式中　$C_S(t)$——第 t 年应回收成本，10^4 美元；

　　　$C_L(t)$——第 t 年最高成本回收限额，10^4 美元。

应回收成本 $C_S(t)$ 包括开发投资、操作费及上年未回收成本，发生的成本费用当年可以 100% 回收。因此，合同者第 t 年应回收成本为

$$C_S(t) = I_D(t) + C_p(t) + \left[C_S(t-1) - C_r(t-1)\right] \tag{7-9}$$

式中　$I_D(t)$——第 t 年开发投资，10^4 美元；

　　　$C_P(t)$——第 t 年生产操作费，10^4 美元。

开发投资 $I_D(t)$ 包括开发井投资、老井修复投资及地面集输管线建设投资：

$$I_D(t) = I_{Dw}(t) + I_{Rw}(t) + I_S(t) \tag{7-10}$$

式中　$I_{DW}(t)$——第 t 年开发井投资，10^4 美元；

　　　$I_{RW}(t)$——第 t 年老井修复投资，10^4 美元；

　　　$I_S(t)$——第 t 年地面集输管线投资，10^4 美元。

气田开发投资涉及项目众多，为简化该问题，将开发井投资 $I_{DW}(t)$ 考虑为钻井投资，地面集输管线投资 $I_S(t)$ 考虑为气田与处理厂之间地面集输管线投资，生产操作费 $C_p(t)$ 考虑为单位天然气操作费用与天然气产量的乘积。

$$C_p(t) = C_U Q_g(t) \tag{7-11}$$

式中　C_U——单位天然气操作费用，美元 $/10^8 m^3$；

　　　$Q_g(t)$——第 t 年天然气产量，$10^8 m^3$。

第 t 年天然气产量 $Q_g(t)$ 为

$$Q_g(t) = \sum_{i=1}^{n} q_D(i, t) G_i \tag{7-12}$$

式中　n——气田个数；

　　　$q_D(i, t)$——气田 i 第 t 年的采气速度，%；

　　　G_i——气田 i 的地质储量，$10^8 m^3$。

第 t 年最高回收限额 $C_L(t)$ 为

$$C_L(t) = R_{max}(1 - R_m)(1 - R_B)\left[Q_g(t) P_g R_g + Q_o(t) P_o R_o\right] \tag{7-13}$$

式中　R_{max}——成本回收比例系数；

　　　R_m——矿费率；

R_B——基础气百分比；

P_g——天然气长期价格，美元 $/10^4\text{m}^3$；

R_g——天然气的商品率；

$Q_o(t)$——第 t 年凝析油产量，bbl；

P_o——凝析油长期价格，美元 /bbl；

R_o——凝析油的商品率。

阿姆河右岸第 t 年利润油、气分成 $P_S(t)$ 为可供分配净额与最高成本回收限额之差与剩余成本油、气之和。

$$P_S(t)=R_p\left\{(1-R_{\max})(1-R_m)(1-R_B)\left[Q_g(t)P_gR_g+Q_o(t)P_oR_o\right]+\left[C_L(t)-C_r(t)\right]\right\}$$

（7–14）

式中　R_p——合同者的利润气分成比例，%。

（2）第 t 年现金流出量 $C_o(t)$。

包括开发投资 $I_D(t)$、操作费 $C_p(t)$ 以及所得税 $I_T(t)$，计算公式为

$$C_o(t)=I_D(t)+C_P(t)+I_T(t) \tag{7–15}$$

式中　$I_T(t)$——第 t 年的所得税，10^4 美元。

所得税 $I_T(t)$ 为合同者的应税利润 $P_a(t)$ 与所得税率 R_T 的乘积：

$$I_T(t)=P_a(t)\times R_T \tag{7–16}$$

式中　$P_a(t)$——第 t 年合同者应税利润，10^4 美元；

R_T——所得税率，20% ；

综上所述，目标函数可写为

$$\max(NPV)=\max\sum_{t=1}^{T}\left[C_r(t)+P_S(t)-I_D(t)-C_P(t)-I_T(t)\right](1+i_c)^{-t} \tag{7–17}$$

（3）约束条件。

根据阿姆河右岸气田群的实际情况，结合不同气藏采气速度与稳产期关系的研究成果，总结得出气田群协同开发优化模型的约束条件：

$$\begin{cases} Q_g(t)=Q & t\leqslant T_w \\ Q_g(t)=q_D(i,t)G_i \\ q_D(i,t)=b_i'\left(1-R_{psp}\right)^2-a_i' & p_{sp}<13.79\text{MPa} \\ q_D(i,t)=b_i\left(\dfrac{1}{1-R_{psp}}-a_i\right)^{-1}-c_i & p_{sp}\geqslant13.79\text{MPa} \\ q_{Dimin}\leqslant q_D(i,t)\leqslant q_{Dimax} \end{cases} \tag{7–18}$$

式中　T_w——气田群的稳产时间，a；

Q——管道要求供气量，10^8m^3；

中国石油科技进展丛书（2006—2015年）·海外碳酸盐岩油气田开发理论与技术

G_i——气田天然气地质储量；

R_{psp}——稳产期末气田采出程度；

b_i'、a_i'——稳产期末地层压力低于 13.79MPa 时的地层特征参数；

b_i、a_i、c_i——稳产期末地层压力高于 13.79MPa 时的地层特征参数；

q_{Dimin}，q_{Dimax}——气田 i 采气速度的下限和上限，%。

气田群协同开发优化模型求解的复杂性在于优化气田投产顺序的同时兼顾采气速度的优化，这里采用改进的实数遗传算法，通过改进选择算子、交叉算子和变异算子，使模型不易陷入局部极值点，并且采用三种算子并行运算，提高计算速度。具体求解思路如下：①随机选择一个气田作为建产气田并以最大采气速度进行生产，若不能满足供气要求，则在余下气田中再随机选择一个气田同样以最大采气速度进行生产，如此反复，直到年产气量等于或大于供气要求为止；②若选择出的几个气田最大年产气量之和刚好满足供气要求，则不需要优化各气田采气速度；若最大年产气量之和超过供气要求，则通过改进的实数遗传算法求解出各气田的合理采气速度，其中稳产期最短的气田稳产期为建产气田的稳产期，其后产量开始递减；③在余下气田中随机选择一个气田作为接替气田，在不能满足供气要求时，再随机选择一个气田，直到所有气田全部投产；④再次应用改进的实数遗传算法，优化气田的投产次序。

2. 基于合同模式的气田整体开发优化结果

根据前面建立的气田群协同开发优化方法求解结果，得到右岸西部（第一处理厂）和右岸中东部（第二处理厂）优化结果。

1）西部气田群协同开发

综合气田群协同开发优化方法求解结果，确定西部气田投产次序、产能规模。主供气田萨曼杰佩 2009 年投产，2010 年实现年产气 $40 \times 10^8 m^3$，2016 年实现年产气 $65 \times 10^8 m^3$。接替气田麦捷让、亚希尔杰佩气田 2015—2016 年投产，确保"十三五"期间稳产 $65 \times 10^8 m^3$。2020—2021 年，涅列齐姆、基什图凡 + 西基什图凡、加登—北加登、伊利吉克—东伊利吉克等气田接替投产，确保西部（第一处理厂）年产量 $80 \times 10^8 m^3$ 稳定生产（表 7-23）。

表 7-23 阿姆河右岸西部气田群投产次序优化结果

气田名称	开发井，口	投产时间
萨曼杰佩	40	2009
麦捷让	6	2015
亚希尔杰佩	1	2016
涅列齐姆	1	2020
基什图凡 + 西基什图凡	5	2020
加登—北加登	16	2020
伊利吉克—东伊利吉克	8	2021

- 336 -

西部气田群动用地质储量 $2270 \times 10^8 m^3$，2007 年至合同期末累计新钻开发井 40 口，总生产井数 79 口。天然气高峰产量 $80 \times 10^8 m^3/a$，上产、稳产期 13 年（2010—2023 年），供气气区稳产期末累计产气 $1052 \times 10^8 m^3$，采出程度 46.3%；合同期末累计产气 $1614 \times 10^8 m^3$（包括萨曼杰佩 2007 年以前采出的 $157.5 \times 10^8 m^3$），采出程度 70.1%。

2）中东部气田群快速建产

综合气田群协同开发优化结果，确定中东部气田投产次序、产能规模。主力建产气田别—皮、扬古伊、恰什古伊、桑迪克雷、奥贾尔雷 2014 年投产，2015 年基尔桑、鲍坦乌、捷列克古伊、布什卢克、伊拉曼投产，实现年产气 $70 \times 10^8 m^3$。2018—2020 年南霍贾姆巴兹、霍贾古尔卢克、东霍贾古尔卢克、召拉麦尔根投产，实现年产气 $90 \times 10^8 m^3$。接替气田戈克米亚尔、阿盖雷、阿克古莫拉姆气田 2022—2032 年投产，确保中东部（第二处理厂）年产量 $90 \times 10^8 m^3$ 稳定生产（表 7-24）。

表 7-24 阿姆河右岸中东部气田群投产次序优化结果

气田名称	开发井，口	投产时间
别—皮	27	2014
扬—恰	19	2014
桑迪克雷	3	2014
奥贾尔雷	1	2014
基尔桑	4	2015
鲍—坦—乌	9	2015
捷列克古伊	2	2015
布什卢克	4	2015
伊拉曼	4	2015
南霍贾姆巴兹	4	2018
霍贾古尔卢克	8	2019
东霍贾古尔卢克	6	2020
召拉麦尔根	5	2020
戈克米亚尔	6	2022
阿盖雷	12	2025
阿克古莫拉姆	8	2032

中东部气田群动用地质储量 $3213 \times 10^8 m^3$，2007 年至合同期末累计新钻开发井 95 口，总生产井数 122 口。天然气高峰产量 $90 \times 10^8 m^3/a$，上产、稳产期 10 年（2014—2023 年），供气气区稳产期末采出程度 22.3%；合同期末累计产气 $1684 \times 10^8 m^3$，采出程度 52.4%。

参 考 文 献

［1］成友友，郭春秋，王晖．复杂碳酸盐岩气藏储层类型动态综合识别方法［J］．断块油气田，2014，21
　　（3）：326-329.

［2］朱光有，张水昌，梁英波，等.中国海相碳酸盐岩气藏硫化氢形成的控制因素和分布预测［J］.科学
　　通报，2007，52（增刊Ⅰ）：115-125.

［3］张水昌，帅燕华，何坤，等.硫酸盐热化学还原作用的启动机制研究［J］.岩石学报，2012，28（3）：
　　739-748.

［4］朱光有，费安国，赵杰，等.TSR成因H_2S的硫同位素分馏特征与机制［J］.岩石学报，2014，30（12）：
　　3772-3786.

［5］何自新，郝玉鸿.渗透率对气井产能方程及无阻流量的影响分析［J］.石油勘探与开发，2001，28（5）：
　　46-50.

［6］王晖，张培军，成友友，等.基于改进的回压试井方法评价低渗气藏气井产能［J］.石油勘探与开发，
　　2014，41（4）：453-456.

［7］张宇，钟海全，李永臣，等.底水气藏大斜度井开发优化设计研究［J］.岩性油气藏，2015，27（2）：
　　114-118.

［8］吕恬，梁雪.海上凝析气藏A区块井型井网确定及参数优化研究［J］.自然科学（全文版)，2016(10)：
　　31-37.

［9］张学磊，张守良，樊茹，等.井型对缝洞型碳酸盐岩凝析气藏开发对策的影响［J］.特种油气藏，
　　2011，18（3）：74-77.

第八章　碳酸盐岩油气藏钻采及地面工程关键技术

中亚和中东地区碳酸盐岩油气藏由于储层上覆巨厚盐膏层及流体含酸性气体的特殊性，在钻采及地面工程方面面临很多难点和技术瓶颈，通过一系列技术研究和攻关，形成了具有海外特色的碳酸盐岩油气藏钻采及地面工程关键技术，包括巨厚盐膏层及缝洞型储层安全快速钻完井技术、长井段水平井定剖面非均匀注酸优化设计和评估技术、分散性酸性气田群集输处理技术。

第一节　碳酸盐岩油气藏钻完井工程关键技术

为了实现海外复杂碳酸盐岩油气藏安全高效开发，针对储层上覆盐膏层、缝洞型储层等挑战，通过技术攻关与集成创新，形成了以巨厚盐膏层及缝洞型储层安全快速钻完井、孔隙型碳酸盐岩储层分支井钻完井等为主体的钻完井集成配套技术，解决了复杂碳酸盐岩油气藏钻完井生产难题，大幅度缩短钻井周期。

一、巨厚盐膏层及缝洞型储层安全快速钻完井技术

中亚地区钻遇地层的典型特征是盐膏层厚度大且易含高压盐水，碳酸盐岩储层非均质性强，普遍发育天然裂缝或溶洞，给钻完井作业带来多重难点及井控风险，如阿姆河右岸在 $600 \sim 1200m$ 巨厚盐膏层位发育高压盐水透镜体，在钻井中存在盐结晶卡钻和高压盐水井喷的风险，有可能使全井报废；膏岩层段存在多套高压盐水层，地层盐水为含高浓度钙、镁离子的饱和盐水，严重影响钻井液流变性和滤失量；石膏层容易水化膨胀、垮塌，盐层重结晶后，形成"大肚子"井眼，易造成电测仪器入井困难、携砂能力下降和下套管受阻，盐膏层易蠕变，引起缩颈和卡钻[1]；缝洞型储层裂缝溶洞普遍发育，渗透率高，密度窗口窄，压力敏感，"有进无出"的恶性漏失很常见，使堵漏剂难以在漏层入口处停留并发生有效作用，防漏效果差；若在气层中钻遇天然裂缝或溶洞，一方面储层中的气体与钻井液置换进入井筒，另一方面井漏发生后液面下降导致液柱压力不能平衡地层压力，大量气体进入井筒引发"又喷又漏"，给压井、堵漏带来巨大困难。

以阿姆河右岸气田为例，建立了盐膏层蠕变模型和岩石力学特性剖面，优化了井身结构、井眼轨道、钻头、钻具组合，研发了抗盐钻井液体系与储层特种凝胶堵漏剂[2]。中方进入前，已经钻探 211 口井，地质报废率 36.5%，工程报废率 33.6%，钻井成功率仅为 29.9%，又因其巨厚盐膏层紧邻缝洞型气藏，盐膏层内造斜难度及风险巨大，尚未尝试过水平井开发模式。通过该项技术的推广与应用，首次实现了盐膏层内 $0° \sim 80°$ 的造斜稳斜，现已规模化应用 130 多口井，钻井成功率提升至 100%，钻井周期平均缩短 160%，支撑阿姆河右岸规模建产。

1. 岩膏层井眼缩径模型与钻井液密度图版

岩盐的稳态蠕变速率与岩盐的结构组成及所受温度、压力密切相关，通过优选适用于

钻井工程的岩盐蠕变模式，根据不同的温度、压力条件下的蠕变速率试验结果，确定蠕变特性，并根据不同缩径率确定所需的安全钻井液密度，即井眼缩径模型。

$$\rho_1 = 100\left[\sigma_H - \int_a^\infty \frac{2}{\sqrt{3}} \times \frac{1}{Br}\ln\left(Z + \sqrt{Z^2+1}\right)dr\right]/H \qquad (8-1)$$

其中

$$Z = \frac{Da^2n(2-n)}{2}\left(\frac{a}{r}\right)^2 \qquad D = \frac{2}{\sqrt{3}Aa^2}\exp\left(\frac{Q}{RT}\right)$$

式中 A、B、Q——岩石的蠕变参数；

  a——井眼半径，mm；

  H——井深，m；

  σ_H——水平最大地应力，MPa；

  R——气体摩尔常数（$R=1.987$cal/mol·K）；

  T——热力学温度，K；

  r——积分区域；

  n——井眼缩径率。

通过计算不同缩径率对应的钻井液密度，编制了膏盐层钻井液密度与井眼缩径系数关系图版（图 8-1），图版中"c"表示缩径系数，表征每小时缩径速率，一般认为当 c 大于 0.001 时，会对钻井作业产生较大影响。利用该图版可实现钻井液密度的合理选择，有效保证井壁稳定。通过现场推广应用，实现了井径扩大率由 19% 降为 2%。

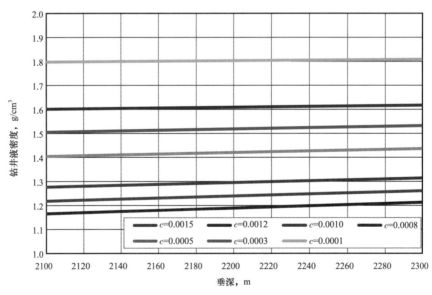

图 8-1 膏盐层钻井液密度图版

2. 巨厚盐膏层抗盐钻井液技术

通过使用饱和盐水聚磺体系钻井液，可以改善钻井液的润滑性和降低流动阻力，同时增强其抗污染能力，可有效避免盐膏层的污染、溶解、缩径、井塌等井下事故。

1）钻井液性能实验

实验证明，经过150℃滚动16小时后的饱和盐水钻井液具有较好的流变性能和润滑性能、较低的中压滤失量和高温高压滤失量，能够满足巨厚盐膏层钻井的需要（表8-1）。

表8-1　盐膏层饱和盐水钻井液性能评价

密度 g/cm³	塑性黏度 mPa·s	表观黏度 mPa·s	动切力 Pa	切力，Pa		酸碱度	中压滤失量 mL/30min	高温高压滤失量 mL/30min	黏滞系数
				$G_{10'}$	$G_{10'}$				
1.85	62.0	52.0	12.0	3.0	10.0	10.5	2.0/0.5	8.0/2.0	0.0524

2）钻井液体系

（1）钻井液体系基本配方。

1%～2%预水化膨润土浆 + 0.5%～1.0%NaOH（烧碱）+ 0.3%～0.5%FA367（包被剂）+ 4%～6%SMP-3（降滤失剂）+ 1.5%～2.0%PAC-LV（降滤失剂）+ 3%～4%RSTF（润滑剂）+ 0.3%～0.5%HTX（稀释剂）+ 0.3%～0.5%SP80（乳化剂）+ 1.0%～1.5%KEJ（抗盐缓蚀剂）+ 0.3%～0.5%NTA-2（盐重结晶抑制剂）+ 30%～35%NaCl + 重晶石。其中，预水化膨润土浆为水基钻井液最基础的配浆材料；NaOH（烧碱）用于调节和稳定盐水钻井液的酸碱性；FA367包被剂用于抑制黏土分散；SMP-3、PAC-LV为降滤失剂，用于降低钻井液滤失量；RSTF为润滑剂，用于调节润滑性，并有辅助防塌作用；HTX为稀释剂，用于调节体系流变性；SP80为表面活性剂，有助于降低钻井液的摩擦系数；KEJ为抗盐缓蚀剂，用于降低盐水体系对钻具腐蚀的影响；NTA-2为盐重结晶抑制剂，用于降低从井下到地面温度下降过程中盐重结晶引发的卡钻风险；NaCl用于调节盐水钻井液体系 Cl⁻含量。

（2）钻井液密度设计。

为应对基末利阶垂深2875m（斜深2910m）的下盐层，以地层压力当量密度1.7g/cm³为例，设计密度附加值介于0.07～0.15g/cm³，要求钻进中采用高限1.85g/cm³（表8-2）。

表8-2　盐膏层钻井液密度设计

层位	显示类别	井段，m		地层压力当量密度 g/cm³	密度附加值 g/cm³	钻井液密度 g/cm³
		垂深	斜深			
基末利阶盐层	高压盐水	2875	2910	1.7	0.07～0.15	1.77～1.85

3. 井身结构与井眼轨道优化技术

1）必封点的选择与高强度复合套管设计

根据该地区地质工程特点，参考同区已钻直井的实钻情况进行分析，确定了纵向上存在两个必封点。必封点为土伦阶上部，由于上部地层含浅层水，且稳定性较差，应予以封隔，减少下部钻井垮塌、卡钻等复杂风险；必封点二为牛津—卡洛夫阶硬石膏底部，以下的储层由于物性较好，为避免出现储层水平段钻进中发生严重的井漏、井喷等复杂事故，应采用套管分隔储层上下不同的压力体系，确保施工安全（图8-2）。

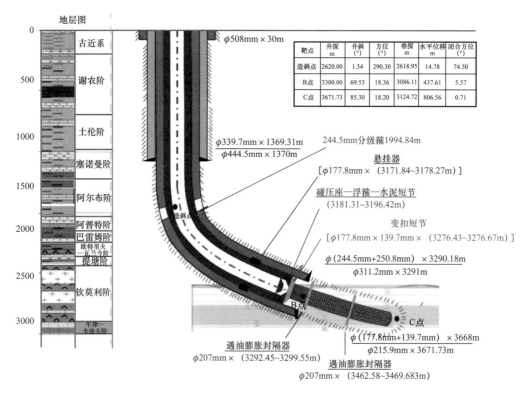

靶点	井深 m	井斜 (°)	方位 (°)	垂深 m	水平位移 m	闭合方位 (°)
造斜点	2620.00	1.54	290.30	2618.95	14.78	74.50
B点	3300.00	69.53	18.36	3086.11	437.61	5.57
C点	3671.73	85.30	18.20	3124.72	806.56	0.71

图 8-2　大斜度井井身结构图

技术套管二开使用 ϕ244.5mm + ϕ250.8mm 复合技术套管。ϕ244.5mm 套管用来封隔盐层上部易垮塌、掉块及易缩径井段，盐膏层用 ϕ250.8mm 外加厚抗挤套管封隔。

生产套管三开使用采用 ϕ177.8mm 套管 + ϕ139.7 筛管，本井段钻穿目的层卡洛夫—牛津阶层状石灰岩和块状石灰岩，采用尾管悬挂回接固井方式，并在高压盐水层下部及 ϕ177.8mm 产套裸眼段安装遇水膨胀封隔器，有效防止高压盐水下窜和高压天然气上窜，以保证井筒完整性。

2）井眼轨道优化

阿姆河右岸实施大斜度井钻井工艺提高单井产量面临着巨大的挑战。首先储层上方紧邻盐膏层，造斜段无法避开盐膏层，且储层在大斜度井中暴露面积大，使安全钻井及轨迹控制难度加大。因此，合理优化井眼轨道、有效控制井眼轨迹是大斜度井成功实施的关键因素。

关于造斜点的确定，鉴于本地区从未钻探过定向井、水平井，没有相关资料进行参考，盐层中能否滑动钻进仍需摸索。为确保地质靶区的实现，给施工留有定向调整的余地，选择盐膏层上的戈捷里夫阶泥岩层进行造斜，在进入盐层之前使井斜达到30°左右，防止在盐层段方位发生较大漂移，同时避免井斜过大导致斜井段和井底水平位移偏大，从而增加扭矩摩阻，加大施工难度。

关于造斜率的优选，结合地质特点，综合考虑较软的盐层中不形成键槽、盐膏层中工具的造斜能力、定向控制井段长度、能顺利下入钻井及固井管柱等方面的要求，确定 ϕ311.2mm 井眼造斜率选择在 4.5°～5.5°/30m，ϕ215.9mm 井眼造斜率选择在 5°～6°/30m。

井眼轨道剖面的优化要满足第一靶点闭合距一般在 500m 左右，结合造斜点和造斜率的确定结果，经过优化计算，确定了"直—增—稳—增—稳"五段制井眼轨迹剖面，以最大限度地减少巨厚盐膏层对轨迹的影响。根据地质靶点的要求，优化了井眼剖面设计参数（表 8-3）。

表 8-3 井身剖面参数

井段	测深 m	井斜 (°)	网格方位 (°)	真方位 (°)	垂深 m	北坐标 m	东坐标 m	狗腿度 (°)/100m	闭合距 m	闭合方位 (°)
直井段	0.00	0.00	18.00	19.02	0.00	0.00	0.00	0.00	0.00	0.00
	2650.00	0.00	18.00	19.02	2650.00	0.00	0.00	0.00	0.00	0.00
定向增斜	2860.00	35.00	18.00	19.02	2847.18	59.13	19.22	5.00	62.17	18.00
稳斜	2881.96	35.00	18.00	19.02	2865.17	71.10	23.11	0.00	74.76	18.00
定向增斜	3266.36	82.41	18.00	19.02	3059.20	374.66	121.76	3.70	393.95	18.00
稳斜	3878.13	82.41	18.00	19.02	3140.00	951.37	309.20	0.00	1000.36	18.00

井眼轨道由初始的七段制优化为五段制，优化后的造斜点下移约 150m 至盐层，实现在盐层中造斜、增斜、稳斜，缩短了定向段长度。二开盐膏层完钻增斜度从 75° 降至 65°，与轨道优化前相比，靶前位移缩短 200m 左右，定向井段缩短 150m 左右，节约钻井周期约 10d。

3）以动力钻具为主的井眼轨迹控制技术

通过摩阻扭矩分析与现场实践证明，中半径大斜度井和水平井在钻进过程中的摩阻、扭矩远比长半径大斜度井和水平井的摩阻、扭矩小，更有利于安全钻井和钻成更长的水平井段。而且通过提高造斜率、缩短靶前位移、缩短斜井段长度，有利于进一步缩短大斜度井和水平井的钻井周期，降低钻井成本，提高经济效益。因此，采用了各种弯螺杆动力钻具组合来实现高造斜率井眼轨迹的稳定控制。

以动力钻具组合钻进为主，以常规钻具组合进行通井、调整造斜率为辅，既可以克服动力钻具循环排量小的不足，调整动力钻具造斜率的偏差和井眼垂深，又可以加大钻压快速钻过可钻性差的地层，是大斜度井和水平井安全钻井的有效技术措施。

（1）盐膏层造斜井段井眼轨迹控制。

造斜井段井眼轨迹控制重点是在不同的井眼条件下，选择不同角度的弯螺杆动力钻具来获得需要的造斜率，通过研究与之相关因素的影响规律，优选了固定角度为 1.25°、1.0° 的螺杆。井眼轨迹控制的对象是井眼全角变化率，使之得到与设计的井眼轨道相符合的连续轨迹点位置和矢量方向。通过模拟优化，采用以动力钻具为主钻进的增斜井段获得了较高造斜率。根据随钻测量工具（MWD）获取的定向参数，严格监控井眼轨迹，并实时调整和控制动力钻具的工具面，获得了较稳定的井眼全角变化率。典型钻具组合为 ϕ311.2mm 钻头 + ϕ215.9mm 弯螺杆 + 配合接头 + 止回阀 + 定向接头 + ϕ203.2mm 随钻测量工具（MWD）+ϕ203.2mm 钻铤 6 根 +ϕ177.8mm 钻铤 6 根 +ϕ158.8mm 钻杆 60 根 +ϕ127mm 钻杆。

对入靶前地层较稳定的大斜度井和水平井，造斜段的施工以弯螺杆动力钻具为主要钻进方式，以常规钻具组合通井清除岩屑床和修整井眼，并完成稳斜段或造斜率较低的调整段，以二至三套钻具组合在二至三趟钻内钻完 0°～90° 造斜段。对入靶前地层稳定性较差的大斜度井和水平井，造斜段的施工以弯螺杆动力钻具与常规钻具组合相结合的钻进方式，用动力钻具在易造斜井段按设计先打出高造斜率，再用常规钻具组合钻掉可钻性差的井段。

（2）水平井段井眼轨迹控制。

水平井段眼轨迹控制采用异向双弯定向工具（DTU）组成的导向钻井系统，典型钻具组合为 ϕ215.9mm 钻头 +ϕ165mm 弯螺杆 + 配合接头 + 止回阀 +ϕ210mm 稳定器 + 异向双弯定向工具（DTU）+ϕ165mm 随钻测量工具（MWD）+ϕ127mm 无磁承压钻杆 1 根 +ϕ127mm 钻杆 +ϕ127mm 加重钻杆 60 根 +ϕ127mm 钻杆。

对地质设计靶区垂深误差要求在 5～10m、而平面误差大于 5m 的大斜度井和水平井，以常规钻具组合为主要钻进方式，采用大排量来提高携岩能力，以两套常规钻具组合用二至三趟钻钻完 500m 左右的水平井段，并备用一套异向双弯定向工具（DTU）或 1° 左右的单弯动力钻具，以弥补常规钻具组合的意外失控。对地质设计靶区垂深误差要求在 5m 之内，而平面误差也小于 5m 的水平穿巷道井，采用异向双弯定向工具（DTU）或 1° 左右的单弯动力钻具与常规钻具组合相结合的方式钻水平段。

4. 钻头优选

1）可钻性与研磨性模型

以岩石抗压、抗剪强度和硬度为基础，用硬度参数直接确定岩石可钻性和计算岩石研磨性，具体步骤如下。

（1）利用单轴抗压强度（C_0）与抗剪强度（τ_0）的经验关系式计算 τ_0。

$$\tau_0 = \frac{C_0}{3.464} \qquad (8-2)$$

（2）压入硬度（Hd）计算公式。

$$Hd = 84.109 \times \tau_0 + 132.59 \qquad (8-3)$$

（3）可钻性级值（Kd）和研磨性（Gd）的计算公式。

$$Kd = 1.9467\ln\left(\frac{Hd}{10}\right) - 2.67 \qquad (8-4)$$

$$Gd = \left(\frac{Kd}{3.641}\right)^{\frac{1}{0.3173}} \qquad (8-5)$$

根据所建立的地层岩石可钻性和研磨性预测模型，逐点处理并解释典型井的测井曲线，并建立了阿姆河右岸地层可钻性、研磨性参数剖面（表 8-4）。

表 8-4　阿姆河右岸气田不同层位的地层可钻性与研磨性

分层	底界深度，m	岩性描述	可钻性级值	研磨性指标，mg
谢农阶	600.0	泥岩为主，夹薄层砂岩，局部夹薄层灰岩及石膏	5.02	4.14
土伦阶	835.0	泥岩为主，夹薄层粉砂岩、砂岩	2.98	0.99
塞诺曼阶	1151.0	泥岩为主，夹薄层粉砂岩与灰岩	5.12	5.46
阿尔布阶	1201.0	上部泥岩夹灰岩，中部砂岩夹泥岩，下部泥岩夹砂岩	4.61	3.62
巴雷姆阶	1643.1	上部泥岩，下部灰岩夹泥岩	5.53	6.24
欧特里夫—瓦兰今阶	1702.0	泥岩为主，夹石膏、砂岩	5.94	6.24
提塘阶	1826.0	泥岩夹粉砂岩及薄层石膏	6.65	9.31
钦莫利阶	2359.3	盐膏层	5.88	7.13

2）钻头选型

根据岩石可钻性级值大小及研磨性等指标，再考虑不同层位的岩石性质，同时结合已钻井的钻头使用情况，合理地优选出不同层位使用的钻头类型（表 8-5）。

表 8-5　阿姆河右岸钻头优选结果

钻头尺寸，mm	井段，m	钻遇地层	推荐钻头型号	备注
444.5	-1740	布哈尔层、谢农阶、土伦阶、塞诺曼阶	STS936RS，聚晶金刚石复合片钻头（PDC）	5 刀翼，19mm 齿
311.2	-3535	阿尔布阶—钦莫利阶	GS605ST，聚晶金刚石复合片钻头（PDC）	5 刀翼，19mm 齿
215.9	-3835	卡洛夫—牛津阶	G505，聚晶金刚石复合片钻头（PDC）BTM605，聚晶金刚石复合片钻头（PDC）	5 刀翼，16mm 齿

3）钻头使用效果评价

优选出的钻头在钻进过程中均获得了较高的机械钻速，应用效果良好。ϕ444.5mm 井眼应用 STS936RS 钻头，机械钻速达到 17.39m/h。ϕ311.2mm 井眼采用 GS605ST 钻头，机械钻速达到 4.92m/h。ϕ215.9mm 井眼采用 G505 钻头，机械钻速达到 4.07m/h；采用 BTM605 钻头，机械钻速达到 1.94m/h。

5. 缝洞型储层安全钻井技术

阿姆河右岸气田大部分井发生井漏，处于构造轴部高点或断裂带附近的井井漏严重，绝大多数井漏发生在卡洛夫—牛津阶碳酸盐岩储层，这类井堵漏难度大，漏失钻井液量多，漏失时间长，常常属于漏喷同层，井控工作压力和风险大。对于这类井漏，桥接堵漏材料根本无法在这类漏失通道中堆积、架桥形成有效堵塞；溶洞、大裂缝中存在天然气，由于堵漏水泥受到天然气置换，难以形成连续有效的堵塞隔墙。实钻和处理复杂过程表明，该井钻遇断裂带附近的主裂缝，且溶洞极其发育，"压力窗口"几乎为零，气液置换严重，为特殊高难度复杂井。解决阿姆河右岸气田复杂井漏问题，除桥浆堵漏、随钻堵漏和水泥堵漏等方法外，还推广其他酸溶性堵漏剂，如智能凝胶，达到降低井漏损失、提高钻井效率目的。

1）窄密度窗口气藏防漏治漏

钻开砂岩段时，在钻井液中加入少量暂堵剂，使其有良好的造壁封堵性能，以增强地层抗拉力；起下钻时，控制好速度，以防压力波动而压漏地层；当钻井液静置时间较长时，要防止开泵时憋漏地层；如果要加重钻井液，要使其密度均匀增加。发现漏失，要确定下列参数：漏失性质、泵压变化、漏失量、漏失时钻井液性能、井眼钻井液液面、漏层上部井壁情况。判断漏失层位特征，将钻具起出，静置时间8～12小时；之后缓慢下放钻具，低排量逐渐恢复到所需值；如果以上方法未能成功，则配制堵漏钻井液20～30m^3，针对上部井段孔隙性漏失加入2%复合堵漏剂；针对下部井段裂缝性漏失，可加入1.5%～2%的单向压力暂堵剂；针对裂缝型和孔隙型漏失，为了使钻井液造浆，加入2%～3%的膨润土。井口可加回压1～2MPa，将堵漏钻井液以8～12l/s的排量用大喷嘴普通钻头注入漏失层，静置时间4～8小时；如仍未能成功，则可以考虑注凝胶材料或水泥。

2）漏喷同层隔断式凝胶段塞堵漏

迄今为止，如何及时有效地堵住裂缝性地层恶性漏失仍然是钻井界面临的重大技术难题。裂缝的大小预测难，堵漏剂颗粒大小不易选择。钻遇缝洞型目的层往往会发生恶性漏失，造成漏喷同层的复杂情况，带来极大的安全隐患。

（1）凝胶堵液。

凝胶是一种移动阻力很大的结构性流体，进入裂缝后自动滞留并充满整个裂缝及孔道空间进而形成完全隔绝地层流体与井筒之间联系的隔断式凝胶段塞，且钻井液液柱压力与漏失压力差值（$p_{钻井液} - p_{漏失}$）小于移动堵漏剂段塞时所需压降，因此，凝胶可以用于处理恶性漏失。使用时有两种选择：① 只用凝胶堵液堵漏；② 在凝胶堵液中加交联剂，以提高凝胶强度堵漏。

凝胶中加入交联剂相当于增强凝胶自身的结构，因而在此将其归纳为只用凝胶堵漏液一大类，以区别于凝胶与其他堵漏剂复合的情况。处理漏失压差较小的恶性漏失时，可选用上述堵漏方案。

（2）凝胶综合堵漏。

处理漏失压差较大的恶性漏失时，若将凝胶堵液与桥塞复合使用，凝胶携带桥塞颗粒进入漏层，凝胶可以形成隔断井筒与地层联系的凝胶段塞，也可防止桥塞被地层流体冲稀；而桥塞在入口附近堆积，可以提高凝胶段塞的承压能力。二者协同作用，可实现对恶性漏失的有效封堵。

凝胶与堵漏钻井液复合作用，先注凝胶，后尾追加油田堵漏用钻井液（速凝钻井液、纤维钻井液等），在凝胶的剪切稀释性和黏弹性作用下，先注入的凝胶进入漏层后流速减慢，凝胶的黏度、结构迅速增加充满整个漏层空间，隔断漏层流体与井筒流体的联系，形成隔断式凝胶段塞，使尾追的水钻井液不再与其他流体混合而被冲稀，使水钻井液的流速减慢也能充满整个漏层而堆积在漏层内的入口附近凝结固化。先注凝胶后尾追堵漏水钻井液复合堵漏技术既可克服只用凝胶堵漏的启动压差较低的不足，又可防止水钻井液被冲稀而流走，充分发挥水钻井液堵漏的功效，从而大大提高恶性漏失堵漏的成功率。

凝胶适合与桥塞、水钻井液、纤维水钻井液等复合使用，实现各种堵漏材料及方法的功能互补，充分发挥各堵漏材料的堵漏功效。对于处理漏失压差较大的恶性漏失地层，提出凝胶综合堵漏技术方案。

方案一：0.8%～1.2%ZND（凝胶）+ 其他常用堵漏剂（如黏土、单封、桥堵剂、果壳、体膨聚合物等）。

方案二：先注 0.8%～1.5%ZND（凝胶），尾追堵漏钻井液（速凝钻井液、纤维钻井液等）。

针对阿姆河右岸缝洞型目的层特点，展开了针对性研究，形成了漏喷同层安全钻井技术，基本解决了恶性井漏造成的井下复杂事故，成功处理"又喷又漏"的恶性井漏 21 井次，堵漏成功率 95.5%。

6. 应用效果

阿姆河右岸已钻成 130 多口井，钻井成功率和固井合格率均为 100%。整个生产过程未发生井喷失控、高压盐水结晶卡钻、套管挤毁等复杂事故，解决了该地区钻井完井过程中的核心技术难题，保障了气井的安全和持续开采，为提高阿姆河右岸项目油气勘探开发综合效益，保证产能建设任务安全顺利完成提供了坚实的工程技术支撑。

二、孔隙型碳酸盐岩储层分支井钻完井技术

中东地区由于钻遇地层复杂且非均质性强，井型较多，存在多套压力系统、大段盐膏层、潜在的裂缝及溶洞并高含硫化氢，为特殊工艺井的优质、快速钻井带来了较大的困难及挑战[3]。以哈法亚油田为例，钻遇地层由上而下包括 7 套不同特点的碳酸盐岩及砂岩储层，其中储量的 80% 来自碳酸盐储层 Mishrif 层和 Sadi 层。为了提升该油田的开发效益，减少钻遇大段盐膏层井段，根据地质、油藏对不同储层开发的研究结果，确定了适合于哈法亚油田的分支井开发方案。实施双分支井钻井主要技术难点在于 ϕ215.9mm 井段碳酸盐岩地层存在原始天然裂缝和孔洞，为该井段的钻井带来较大的漏失风险；Mishrif 层含油储层存在原始天然裂缝，主、分支井钻井过程中存在漏失；目的层 Mishrif 层高含 H_2S 和 CO_2，增加了双分支井的施工风险；主、分支裸眼悬空侧钻初始井段的井壁难以稳定[4]；侧钻点井眼易沉砂和井壁剥落，侧钻点易遇阻，井眼重入风险较高；ϕ152.4mm 井眼水平段长，需要克服钻具与井壁之间高摩阻所造成的黏卡、托压以及水平段井眼轨迹难控制等困难。

为此，提出了裸眼或裸眼下入筛管的一级（TAML1，即分支井分级体系 1 级）分支井完井方案，优化分支井设计。该设计以分支井井壁稳定模型分析和主、分支井井眼轨道的优化为核心，在分支井井眼初始段及连接段的力学稳定性分析基础上，确定了主、分支井井眼的夹角应为 40°～60°。建立了主、分支井井眼方位及轨迹的控制方法，保障了井眼轨迹的精确入靶及井身质量。研发了高性能的防漏钻井液体系，保障了钻井液具有良好的封堵性、流变性、携岩与低摩阻能力以有利于定向井钻进。首次在哈法亚油田成功实施分支井钻井，实现了本区一井多靶的立体开采，形成了适合哈法亚油田孔隙型碳酸盐岩分支井

钻完井配套技术[5]，也为该油田开发降低成本、提高效率提供了工程技术支撑。

1.Mishrif 层分支井井眼力学稳定性分析

建立了分支井井眼初始段及连接段的井壁力学稳定性关系模型，分析表明，在主、分支井井眼没有分开时，井眼附近的最大等效应力总保持在井眼周围最小水平主应力的方向上；主、分支井井眼分开距离在临界破坏宽度范围之内时，随着方位角的增大，井眼附近的最大等效应力位置从主、分支井井眼之间逐渐转移分开到各自井眼，因此分支初始井段如何在最短井眼长度内增大分支井井眼与主井井眼的方位差，如何在主、分支井井眼之间迅速形成夹壁墙，是保证分支井井眼与主井井眼连接处是否稳定的关键。

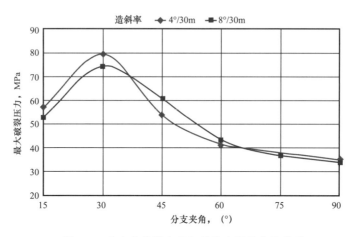

图 8-3　分支井井眼夹角与井壁力学稳定性关系

基于 Mishrif 层碳酸盐岩油藏双分支井井壁稳定性研究，为保证分支井井眼初始井段及分支连接井段的井壁稳定以及更好地控制分支井井眼的井眼轨迹，分支初始段的长度应尽量缩短，为减少分支井连接段的应力集中情况，改善其力学稳定性，降低井壁周围的等效应力，Mishrif 层油藏同侧分支井分支处位于 Mishrif B1 层，钻出分支时井斜角应大于 60°（图 8-3），分支处井壁最稳定，同侧双分支水平井双分支井井眼最优夹角为 60° 并分别与最小水平地应力方位相差 30° 为最佳。

2.分支井井身结构与完井方式优化

Mirshif 层为巨厚稳定的碳酸盐灰岩储层，分支点上下地层和水平段地层岩性坚硬，根据采油工程的研究，Mirshif 层主、分支井井眼的开采不需要进行射孔、分层压裂等作业，只需要进行酸洗作业，酸洗作业可通过随钻测井工具（LWD）+ 连续油管或选用斯伦贝谢开发的多次选择性重入工具（MSRT）实现重入，因此确定了裸眼或裸眼下入筛管的分支井完井方式。为确定主、分支井井眼钻井方式，对比了在 ϕ177.8mm 套管开窗侧钻（方案一）和 ϕ152.4mm 小井眼裸眼侧钻（方案二）两种方案。两种方案区别主要在定向工具、造斜率、稳斜段长度和斜向器斜面位置等方面。如选择方案一，钻穿 ϕ177.8mm 套管鞋后先施工主井眼，主井眼中下入 ϕ114.3mm 打孔筛管完井，再利用斜向器在 ϕ177.8mm 套管开窗侧钻分支井井眼，分支井井眼裸眼完井。方案二是将 ϕ177.8mm 套管下深至侧钻点的顶部，钻穿 ϕ177.8mm 套管鞋后先施工分支井井眼，再在 ϕ152.4mm 分支井井眼中裸眼悬空侧钻主井眼，两个井眼均采用裸眼打孔筛管完井。方案二采用常规水平井钻井工具就可完成分支井的钻井，既简化施工工序，减小钻井风险，节省成本投入，又满足分支井的生产要求，是适用于该油田的经济、有效的钻完井方式。

根据哈法亚油田钻遇地层及地层压力系统的特点，其中上部 1350～1910m 为异常高压盐膏层，地层压力系数达到 2.1，1910m 以下碳酸盐地层的地层压力系数除 Sadi 层（1.24），Tanuma 层（1.24），Khasib 层（1.23）& Shuaiba 层（1.36）略高外，其他地层的地层压力系数为 1.10～1.16。Mishrif 储层分支井采用 5 开的井身结构，ϕ508mm 表层 151.4m，封固浅层疏松漏失地层，ϕ339.7mm 技术套管封固 Lower Fars 高压盐膏层以上的地层（1390.4m）；ϕ244.48mm 技术套管封固 Lower Fars 高压盐膏层（至 1926m）；ϕ177.8mm 油层套管下至 Mishrif 层顶部，侧钻点上部（20m 左右），ϕ152.4mm 分支井井眼水平段长约 600～800m；同样 ϕ152.4mm 主井眼水平段长约 800～1000m，井身结构如图 8-4 所示。

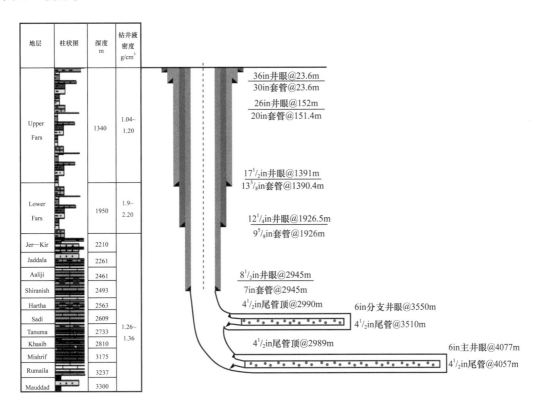

图 8-4　分支井井身结构示意图

3. 主、分支井井眼轨道优化与双分支裸眼侧钻技术

哈法亚油田发育少量正断层，根据水平井井壁稳定的研究结果，为提高水平段钻井的井壁稳定性，水平段钻井的方向应沿水平最小主应力方向，在主、分支井井眼轨道的设计过程中，主、分支井井眼水平井井眼轨道应尽量沿水平最小主应力方向。因此，哈法亚油田已经完钻的 13 口 Mishrif 层分支井，全部为同侧双分支，均采用小井眼裸眼悬空侧钻，造斜点选择在 2000m 以下的 ϕ215.9mm 井眼造斜，造斜率控制在 3°～7°/30m，采用衬管或纯裸眼完井。

1）分支井井眼方位及轨迹的设计与控制

为保证分支井井段井壁稳定，设计第一分支井井眼轨迹在侧钻井眼处迅速增斜并扭方位，尽量在最短井眼长度内使分支初始阶段与主井井眼的井斜角差值最大，留出更多的空间以利于主井井眼的侧钻，并快速形成稳定的夹壁墙。分支井井眼钻井采用的钻具组合为 ϕ152.4mmPDC 钻头 +ϕ120.65 井下涡轮钻具 1.5°+ϕ120.65mm 单向阀 +ϕ120.65mm 随钻测井工具（LWD）+ϕ120.65mm 随钻测量工具（MWD）+ 无磁加重钻杆 +96 根 ×ϕ88.9mm 钻杆 +42 根 ×ϕ88.9mm 加重钻杆 + 随钻震击器 +3 根 ×ϕ88.9mm 加重钻杆。在钻井过程中，为增加井眼轨迹精准度，设置了控制关键点，精心调整测试参数，严密监视钻井液返出情况，并根据实钻井眼轨迹不断调整钻进模式，前期以滑动钻进为主，着陆后以旋转钻进为主。钻完每立柱长度井眼串联泵入 2m^3 低黏度胶液和 4m^3 高黏度胶液，并结合分段循环洗井等措施破坏、清除岩屑床。钻进每约 200m 起钻至 ϕ177.8mm 套管鞋处进行井眼修整和漏失检查。钻遇易漏地层时，加入 LCM 堵漏材料，并适当降低钻井液密度以防止漏失的发生。

2）主井井眼方位及轨迹的设计与控制

主井井眼钻井从 ϕ152.4mm 分支井井眼中选择稳定的井壁，低边悬空侧钻，沿主井井眼方位迅速降斜，主、分支井井眼形成后迅速扭方位形成分支夹壁，主井井眼轨迹的控制方式为降斜、稳斜后增斜，形成分支井井眼扭方位上翘、主井井眼下垂的轨迹形态，在一定程度上利用自然下垂力解决施工过程中钻杆重入以及岩屑堆积问题，保证安全钻井，设计 2～3 个单根内降斜 3°～4°，为迅速降斜，初期选用 1.83° 马达弯角，侧钻成功后选择 1.5° 的马达弯角，沿最小主应力方向采用旋转和滑动复合钻进方式继续定向钻进，为有效控制井眼轨迹，提高机械钻速，选择了斯伦贝谢旋转导向系统，钻具组合主要为：ϕ152.4mmPDC 钻头 +ϕ120.65mm 旋转导向系统（RSS）+ϕ120.65mm 无磁钻杆 ×1 根 +ϕ88.9mm 钻杆 ×95 根 +ϕ88.9mm 加重钻杆 ×21 根 + 随钻震击器 +ϕ88.9mm 加重钻杆 ×4 根。最终两个分支井井眼形成的方位夹角为 30°～50°，分支井井眼同最小地应力方位形成的方位夹角为 0°～50°。分支井开窗侧钻点均位于 Mishrif B1 层，侧钻点主井井眼井斜角在 55°～75° 范围内，典型的分支井井眼轨迹见表 8-6 和图 8-5。

表 8-6　典型的 Mishrif 层分支井井眼轨迹

井段	垂深，m	井斜角，（°）	方位角，（°）	垂深，m	层位
造斜点	2296.0	0.21	132.04	2295.62	Jaddala
分支点	3126.8	75.05	134.95	2944.11	Mishrif B1
主井眼	4296.0	87.03	109.37	3008.45	Mishrif B1
分支井眼	4100.0	87.00	148.78	3007.11	Mishrif B1

为提高定向段的机械钻速，降低水平段钻井的拖压，引入国民油井公司（NOV）新技术水力振荡器，有效降低了摩阻，减小了拖压，在滑动钻进过程中，使用水力振荡器后机械钻速提高了 87%；在旋转钻进过程中，使用水力振荡器后机械钻速提高 20.2%，获得了良好的效果。

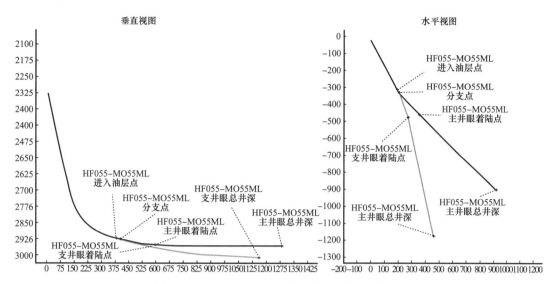

图 8-5 典型的 Mishrif 层分支井井眼轨迹示意图

4. 碳酸盐岩地层防漏堵漏技术

针对哈法亚主要漏层，分别对 Jaddala 层、Aaliji 层、Shiranish 层和 Mishrif 层进行了漏失特性分析，分析表明严重漏失地层 Jaddala 层、Aaliji 层、Shiranish 层裂缝发育，返吐压力大（1.6MPa），Mishrif 层孔隙发育，连通性好，并针对其各自的特点研发了水化膨胀堵漏材料 BZ-SealPRC 和酸溶性堵漏材料 LCM。

1）严重漏失地层的漏失特性分析

通过对严重漏失井钻井参数的分析，如 MishrifA 层，排量变化从 1.4～1.65m³/min，不同井排量在同一个漏层发生的漏失不同（表 8-7），表明工程施工参数不是漏失发生的主要原因，钻遇天然裂缝和孔洞是发生漏失的主要原因，由于裂缝分布随机性较强，因此碳酸盐岩地层的漏失预测较为困难。

表 8-7 漏失井钻井参数与漏失速率

序号	井号	漏失量，m³	漏失地层	钻井参数		漏失速率 m³/h
				密度，g/cm³	排量，m³/min	
1	HF007-M007D1	2000	Mishrif A	1.23	1.4	失返
2	HF008-M008H1	1000	Mishrif A	1.23	1.6	失返
3	HF059-N059	2500（2200）	Jaddala（主要为 Mishrif C）	1.23	1.8	40～45
4	HF083-M083D1	132	Mishrif A	1.24	1.4	0.5～1
5	HF059-M059D1	209	Mishrif A	1.23	1.4	1～2
6	HF107-N107D	847	Mishrif A	1.24	1.6	10
7	HF107-M107D1	3291	Mishrif A	1.25	1.65	失返

通过漏失井漏失时的钻井参数及漏速，反算漏失压力（表 8-8），分析工程施工参数对漏失的影响。如果地层裂缝及孔洞发育，漏失压力低至 1.28～1.33g/cm³。当钻井液的当量密度高于漏失压力，就会发生漏失，如降低钻井液的密度通常又会发生气侵，密度窗口窄，防漏堵漏都存在较大的困难与挑战。

表 8-8　漏失压力统计

序号	井号	漏失量 m³	漏失地层	钻井参数		漏失速率 m³/h	漏失压力 MPa 或 g/cm³
				密度 g/cm³	排量 m³/min		
1	HF059-M059D2	199	Upper Kirkuk	1.25	0.96	1.8	26（1.33）
2	HF107-N107D	847	Mishrif A	1.24	1.6	10	37.95（1.29）
3	HF045-M045D1	286	Sadi A	1.23	1.5	1.5	33.74（1.28）
4	HF-WS-1	677	Sadi B-3	1.25	1.65	4.3	34.3（1.29）
5	HF107-M107D1	3291	Mishrif A	1.25	1.65	失返	37.95（1.29）

2）严重漏失地层的堵漏材料研制

哈法亚油田 Jaddala 层，Aliji 层等严重漏失地层容易返吐，堵漏材料形成的封堵层易被破坏，造成反复漏失，因此要求堵漏材料形成的封堵层必须具备 2MPa 以上的反向突破压力，防止地层流体返吐破坏封堵层，故引入弹性石墨及水化膨胀材料，开发了水化膨胀堵漏材料（BZ-SealPRC），加入 15%～19% 的水化膨胀堵漏材料（BZ-SealPRC）可获得较高的承压封堵能力，对于 0.5mm 和 1mm 裂缝的封堵承压能力最高可达 6MPa，同时返排压力可以达到 2.6MPa 左右，具有较强的抗返吐能力（表 8-9）。

表 8-9　水化膨胀堵漏材料（BZ-SealPRC）承压堵漏效果实验评价

缝宽，mm	堵漏剂加量，%	30min 滤失量，mL					
		1.0MPa	2.0MPa	3.0MPa	4.0MPa	5.0MPa	6.0MPa
1	19	50	36	19	8	6	5
0.5	15	46	33	17	7	6	5

该项技术应用于哈法亚油田，封堵具有返吐能力的 Jaddala 严重漏失层取得显著成效。前期 HF075-N075 井在 Jaddala 层发生严重漏失，采用常规的堵漏材料，并进行三次水泥塞堵漏，共漏失 3166m³；当 M052 井在 Jaddala 层发生严重漏失，采用 BZ-Seal PRC 材料进行堵漏，一次堵漏成功，平均排量由 1.0m³/min 提高至 1.4m³/min，平均机械钻速提高了 37%，φ215.9mm 井眼完钻周期缩短了 52%，大大缩短了因漏失造成的复杂时效。

3）可酸溶堵漏材料研制

由于哈法亚油田碳酸盐岩储层 Mishrif 层、Sadi 层等存在不同程度的漏失，为了满足储层堵漏的要求，研发了酸溶性堵漏材料（LCM），通过室内实验研究，每个配方的酸溶速率都超过 75%，对储层来说已经足够高，能够封堵 1mm 到 5mm 的裂缝，承压能力超过3.5MPa（表 8-10）。形成的封堵层大部分可以短时间内有效地在盐酸中溶解掉，骨架结构被完全破坏，有利于减少酸化后对储层的伤害。

表 8-10 酸溶性堵漏材料（LCM）堵漏效果评价

缝宽 mm	加量，%								评价结果	酸溶率
	可酸溶材料			纤维	弹性材料	超低渗透封堵剂（DLS-06）	膨胀材料	快失水材料		
	粗	中	细							
1	8.0	5.0	5.0	1.0	1.0	1.0	1.0	2.0	承压 6MPa，滤失 264mL	75%
2	8.5	6.0	5.0	1.5	1.0	1.0	1.0	2.0	承压 5MPa，滤失量 180mL	75%
3	9.0	7.0	6.0	1.5	1.0	1.0	1.0	2.5	承压 4.5MPa，滤失量 180mL	75%
4	9.0	8.0	6.0	1.5	1.0	1.0	1.0	3.0	承压 4MPa，滤失量 280mL	75%
5	10.0	9.0	7.0	2.0	1.0	1.0	1.0	3.0	承压 3.5MPa，滤失量 170mL	76%

酸溶性堵漏材料应用于哈法亚油田，封堵 Mishrif 严重漏失层取得显著成效，如M065ML，M076ML，M081ML 3 口井分支井堵漏，一次堵漏成功，堵漏时间从原来的 286h 缩短至 80h，降低 72%；M007D1 井 ϕ215.9mm 井眼 3010m 发生失返漏失，处理井漏卡钻，被迫侧钻，侧钻至 2977m 再次发生失返漏失，多次采用常规堵漏材料堵漏效果不佳，漏失约 800m^3，采用研发的堵漏剂一次堵漏成功。

5. 应用效果

形成的 Mishrif 层一级（TAML1）分支井钻井设计及钻井配套技术在哈法亚油田取得较好的应用效果，开创了伊拉克分支井钻井的先河，得到了伊拉克石油部及国际社会的高度认可，已完钻 Mishrif 层分支井 13 口，钻井成本仅比普通水平井增加 14.7%，产量较普通水平井提高 1.83 倍，如第一口分支井 M121ML 井初始日产量达到 150t。

第二节 碳酸盐岩油气藏采油工程关键技术

伊拉克艾哈代布和哈法亚油田水平井段长达 800～1500m，完井方式为裸眼或裸眼封隔器＋筛管，采用酸化投产措施提高单井产量，如果按照常规的酸化设计理念进行全井段大型酸化，则这些水平井酸化规模至少会在 800～2400m^3，成本十分昂贵，对于追求经济高效的海外项目并不适用，需要研究长水平段水平井酸化新技术。海外碳酸盐岩气藏普遍含 H_2S 和 CO_2，需要开展酸性气田气井井筒经济高效防腐技术研究。

一、长井段水平井定剖面非均匀注酸优化设计和评估技术

碳酸盐岩油气藏的典型特征是储层非均质性强，普遍发育天然裂缝或溶洞。因此，钻完井和生产作业过程容易造成储层伤害。对于碳酸盐岩油藏的水平井，代表储层伤害的表皮系数具有沿井筒方向非均匀的特性。为此，提出了水平井非平均的定量剖面酸化的理念、优化设计方法和技术，该技术以水平井非均匀伤害剖面评价为核心，在复杂碳酸盐岩长水平井段内寻找最佳布酸点，优化非均匀的注酸剖面，以极小用酸量解除水平井的主要伤害，实现既保证酸化效果又大幅度降低用酸成本的最终目标[6]。通过建立定量的复杂碳酸盐岩水平井非均匀伤害动态描述数学模型，模拟水平井酸化双尺度蚓孔生长规律和酸液置放，提出了以全井段和（或）局部非均匀注酸、环空惰性液注入、分段次级转向为主的定点剖面注酸配套工艺方法，形成了高效布酸的水平井定量剖面酸化技术[7-8]。在伊拉克地区规模化应用296井次，平均用酸规模由 $500\sim900m^3$ 以上下降到 $150m^3$，获得了显著的增产效果。

1. 水平井定量剖面酸化的理念和优化设计内涵

定量剖面酸化的理念是在复杂碳酸盐岩长水平井段内寻找最佳的布酸点，并设计非均匀的注酸剖面，实现解除水平井段几个关键区域的伤害，达到以极小的用酸量恢复水平井80%及以上的自然产能。其实质是定点进酸、注酸剖面优化。最佳注酸点从精细伤害描述中选择，注酸剖面则与原始渗透率分布和伤害剖面相关。

定量剖面酸化的优化设计方法主要有4个方面内涵，一是长井段水平井非均匀定量伤害剖面模型，解决定量计算水平井伤害剖面难题；二是长井段水平井酸化蚓孔生长及酸液置放模拟，定量计算酸蚀蚓孔参数及分布剖面；三是适用于长井段水平井酸化的工艺优化方法，定量表征井筒内辅助转向的酸液侵入剖面；四是适用于海外长井段水平井高效酸化的经济评价方法，优化经济高效置酸作业模式。其中最为关键的是水平井表皮系数非均匀性的定量伤害模拟、实施工艺技术及其辅助策略。

2. 水平井定量剖面酸化的优化设计

基于水平井定量剖面酸化的理念，建立了碳酸盐岩储层水平井酸化优化设计的数学模型。在目前的众多数学模型的基础上，增加了水平井储层伤害动态精细描述模型，集成耦合了井筒温度模型、地层温度下的双尺度酸蚀蚓孔生长模型、酸液井筒流动模型，建立了水平井酸液分布模型、产能预测模型和经济评价模型等，为优化设计提供了理论依据。

1）水平井表皮系数非均匀性的定量伤害模拟

应用平面径向渗流理论，耦合 Furui 提出的变表皮系数和滤饼形成模型，建立了水平井非均匀伤害精细化动态描述模型[9]。该模型主要由径向滤饼动态形成模型、伤害半径模型、渗透率分布模型以及水平井非均匀表皮系数模型4部分组成。

采用以上模型，进行渗透率空间非均匀分布敏感性分析。模拟结果表明，当渗透率沿水平井段不变时（即不考虑非均质性），伤害形态为跟端大、趾端小，与前人得出的伤害带呈一端大一端小的圆锥台体的结论一致；各向异性的伤害形态端部为椭圆形，钻井液更易进入高渗透的水平方向，低渗透的垂直方向伤害较小；表皮系数对原始地层渗透率非常敏感，但并不呈正相关。渗透率空间非均匀分布导致了伤害的非均匀分布（图8-6、图8-7）。

2）水平井酸化蚓孔生长和竞争模拟

碳酸盐岩储层基质酸化的效果主要依靠蚓孔效应[10-11]，艾哈代布和哈法亚油田碳酸盐岩的酸岩反应机理为传质控制的复相反应动力学，酸化的体积达到3～8倍孔隙体积时，易于形成主蚓孔（图8-8）。

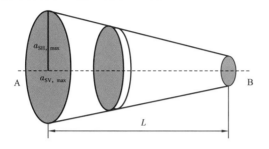

图 8-6　水平段锥台型伤害模型

L—水平段长度；A—水平井眼部；
B—水平井趾部；$a_{SV, max}$—径向垂直最大伤害半径；
$a_{SH, max}$—径向水平最大伤害半径

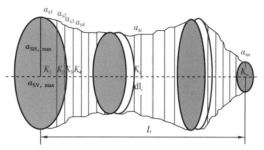

图 8-7　水平井非均匀径向伤害模型

$K_{i(1, 2, \cdots, n)}$—某个轴向位置处的径向渗透率；
$a_{si(1, 2, \cdots, n)}$—某个轴向位置处的径向剖面面积；
dl_i—位置 i 处的轴向截距；
$a_{SV, max}$—径向垂直最大伤害半径；
$a_{SH, max}$—径向水平最大伤害半径

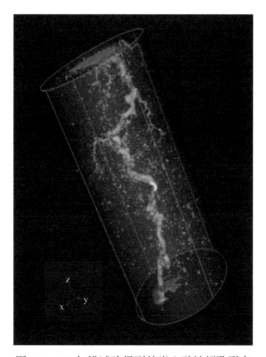

图 8-8　3D 扫描试验得到的岩心酸蚀蚓孔形态

开展酸化过程中蚓孔生长和竞争模拟，以解决定量计算酸蚀蚓孔参数及分布剖面的难题。根据非均匀伤害的模拟结果，在对应位置确定最佳注酸点，形成合理的注酸酸量剖面。在蚓孔生长方面，融合达西尺度（酸液相平衡）、微孔隙尺度（传质和扩散），表征长水平井段的井筒内不同液体条件下的流态对酸岩反应影响的模拟；生长模型综合考虑了压

力场、浓度场、温度场和非均质孔隙度分布[12-13]。

在蚓孔竞争方面，提出蚓孔竞争的预测采用两个原则：（1）当酸液遇到天然裂缝时，酸蚀蚓孔首先沿天然裂缝优先形成；（2）水平井筒壁面没有天然裂缝时采用 A.D.Hill 等模型计算，通过模拟蚓孔附近的压力场预测基质酸化中蚓孔分布的竞争。

在酸液置放方面，对于水平井酸液的非均匀置放则采用化学微粒分流酸化模型和连续油管拖动酸化模型。最后，采用势的叠加原理替代传统产能因子模型，耦合碳酸盐岩储层伤害、蚓孔增长、转向酸流变模型和产能预测方法，有效地表征储层非均质性，并反映水平井段间干扰和跟趾效应。

酸化蚓孔生长和竞争模拟可在不同注酸工艺下的模拟，主要有全井段连续油管笼统酸化、全井段连续油管非均匀酸化、水平井局部非均匀酸化等工艺方法。

3）水平井定量剖面酸化模式优化方法

定量剖面酸化的优化设计首先要依据水平井非均匀定量伤害剖面模拟结果，选择伤害严重点为基本参考注酸点；其次依据伤害的剖面设计参考注酸剖面，如全井段注酸剖面，局部酸化的注酸剖面（可分为二段、三段等，各段之间不连续）；最后形成不同的酸化方案，依据各种方案进行水平井定量剖面酸化模拟，得到蚓孔分布、酸化后孔隙度和渗透率分布、酸化后表皮系数分布，并进行产能预测和经济评价（图 8-9）。

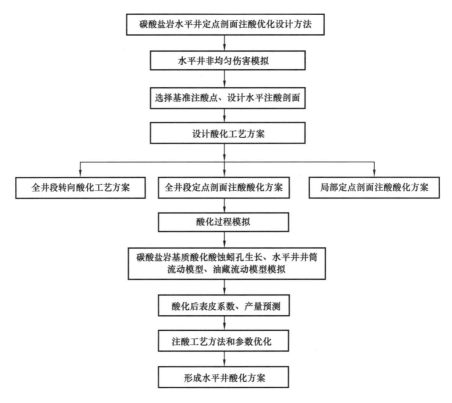

图 8-9　碳酸盐岩储层水平井基质酸化模式优化方法图

以伊拉克艾哈代布碳酸盐岩油藏水平井 AD1-52H 井为例，井深 2925～3020m，水平井段长 1200m，采用裸眼完井方式，平均渗透率为 25mD，孔隙度和渗透率分布如图 8-10

所示,酸化实验突破体积为 3.5PV(孔隙体积)。注入浓度为 15% 的酸液,所有工艺均采用 $1^3/_4$in 连续油管,注酸排量为 0.8～1.5m³/min。

选择 5 种注酸酸化工艺方案进行优化设计,设定酸化后综合表皮系数为 –1,酸化后油井配产为 500m³/d。按照定点剖面注酸的布酸工艺方法,设计了 5 种工艺模式,计算用酸量和酸化后增产效果(表 8–11),分别模拟不同工艺方法下的蚓孔分布剖面(图 8–11)。和其他方法相比,局部定点剖面注酸 3 用酸量最小,酸化后既达到配产产量,又大幅度降低了用酸规模。

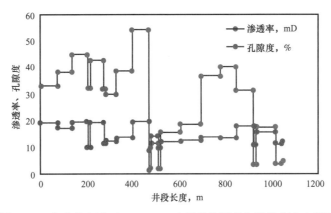

图 8-10 艾哈代布油田 AD1–52H 水平井渗透率和孔隙度分布剖面

表 8–11 艾哈代布油田 AD1–52H 水平井定点剖面注酸优化设计

工艺方法	笼统酸化(锥形注入)m³	全井段转向酸化注酸 m³	局部定点剖面注酸1(4 段注酸点)m³	局部定点剖面注酸2(3 段注酸点)m³	局部定点剖面注酸3(3 段注酸点)m³
示意图					
排量,0.8m³/min	912	426	298	258	242
排量,1.0m³/min	846	391	216	206	186
排量,1.5m³/min	786	328	182	172	152
酸化后产量,m³/d	529～583	522～579	518～578	516～565	515～566

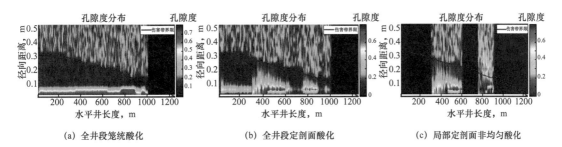

(a) 全井段笼统酸化　　　　(b) 全井段定剖面酸化　　　　(c) 局部定剖面非均匀酸化

图 8-11 不同工艺下的水平井酸化蚓孔分布

3. 水平井非均匀定量剖面布酸的实施工艺及其辅助策略

水平井非均匀定量剖面布酸主要依靠连续油管变速拖动、局部（射孔）完井等手段，辅助布酸策略（含环空辅助布酸方法、化学辅助布酸方法）的有序组合来实现（表8-12）。

表8-12　非均匀定量剖面工艺方法

项目	工艺分类	裸眼完井、筛管完井、射孔完井
主要布酸工艺	定量剖面酸化工艺	全井筒非均匀定量布酸技术： （1）连续油管变速拖动布酸工艺 （2）机械方法实现层段隔离：连续油管+双封隔器 （3）连续油管布酸技术 局部非均匀定量布酸技术： （1）连续油管选择性局部酸化技术 （2）局部完井（射孔），局部布酸技术
辅助布酸策略	环空辅助布酸工艺	（1）连续油管+油管环空注入惰性流体（如柴油） （2）连续油管+油管环空注入液氮、CO_2或泡沫
	分段辅助布酸化学方法	（1）转向酸 （2）溶解性颗粒暂堵剂（不同粒度分布） （3）纤维

1）全井筒非均匀定量布酸技术

以往认为井筒的地层伤害是呈椭圆锥台体的，采用均匀布酸就会造成不必要的浪费，通常采用锥形注入布酸技术。但由于水平井渗透率分布的非均质性，很显然不会是规则的椭圆锥台，因此需按照地层伤害形态采用非均匀布酸。一种方式是连续油管变速拖动酸化，即在施工时，上提油管的速度不再是逐渐放慢的方式，而是随时改变连续油管拖动速度来满足次级布酸需求，在每一小段再采用相应的措施分段均匀布酸。另外一种方式是连续油管定点酸化，在水平井段选择固定的点，每一个点的布酸依据非均匀布酸的设计原则来布酸。

每个阶段连续油管的回收过程与酸化过程是一致的，每一个井段的酸化可以作为一个独立连续的注酸过程。工作时间和注酸量取决于连续油管的拖拽速度和每一小段的长度。

研究表明，采用合理的非均匀布酸方式，常规布酸酸量的25%就可获得水平井75%的产能，实现大幅度降低用酸成本。对于大尺度非均质性的情况（如溶洞），其酸液漏失不可避免，利用酸液波及长度有限的特点，可以不注酸或少量注酸，以造成不必要的浪费。

2）局部非均匀定量布酸技术

对于水平井段超过1000m以上的情况，采用全井筒非均匀布酸，用酸量也是很大。因此，提出了局部非均匀酸化技术，即根据油井情况选择最佳用酸量、注酸速度和酸化处理的区段及长度，从而减少总的用酸量。最典型的推荐做法是选择伤害最严重的井段进行局部酸化，这一技术既能消除对油井的大部分伤害，达到酸化的目的，又可减少作业费用和对环境的危害，实现酸化经济高效。局部酸化技术意味着只消除几个关键井段的地层伤害，其他部分井段则不进行处理。尽管酸量减少，但经过优化后，仍可达到酸化效果，产生显著的增产效果。

这一工艺对于极长井段的水平井酸化较为适用。例如一个长达 1200m 井段的水平井，获得 80% 的产量至少需要酸化其中的 60%，即酸化 720m（不是任意的 720m），如果采用全井段均匀布酸至少需要 400m³ 以上的酸化规模，因此需要开展局部非均匀布酸剖面设计。

对于裸眼完井、筛管完井或全井段射孔完井，采用连续油管选择性酸化部分井段；还可以对水平井段进行局部完井，即只射开其中的部分井段，对射开井段进行局部酸化。

3）水力喷射技术

水力喷射压裂技术通过安装在施工管柱上的水力喷射工具，利用水击作用在地层形成一个（或多个）喷射孔道，从而在近井地带产生微裂缝，裂缝产生后环空增加一定压力使产生的微裂缝得以延伸，实现水力喷射压裂的造缝。在中东地区的筛管完井方式中，造缝只能靠喷嘴注酸完成，因此形成的裂缝极其有限，在排量不足以使喷射速度达到 160～200m/s 的情况下，甚至无法形成喷射裂缝，只能完成深穿透的酸化。即便如此，采用旋转水力喷射酸化也能相对改善致密层或者伤害严重层段的进酸量。

4）环空辅助布酸工艺

由于在连续油管和油管环空存在酸液窜流，将极大地影响连续油管的布酸效率。因此在连续油管注入酸液的同时，采用连续油管 + 油管环空辅助布酸的方法来保证酸液的分布或置放。环空注入惰性流体是常用的方法之一，如芳香烃溶剂或者柴油，也可以是压裂液基液、活性水等；另外一种方式是泡沫，如液氮、CO_2 等，泡沫具有较高的转向效率，对地层伤害小。

5）分段辅助布酸化学方法

采用转向酸、暂堵剂对裂缝、溶洞、渗透率极差大地层具有较大局限性，很难通过黏度的急剧增加或颗粒能够堵塞大尺度裂缝和溶洞，因此，这类方法仅能在一定程度上解决孔隙尺度非均质性的布酸，更适合作为辅助的布酸手段。分段辅助布酸化学方法主要包括转向酸、各种粒度级别的颗粒暂堵剂和纤维。暂堵剂类型较多，可以采用油溶性树脂（油井）或水溶性暂堵剂（注水井）、碳酸钙颗粒、黏性小球等。这些方法可以针对孔隙非均质性强的储层，以及微细裂缝储层的堵塞。

4. 实施效果

艾哈代布碳酸盐岩油藏埋藏深度 2800～3300m，采用丛式水平井开发，水平井段长 800～1500m，采用打孔筛管完井。根据试井解释结果，完井后表皮系数为 8～20。初期水平井酸化规模为 400～900m³，酸化后采油指数增加 1.1 倍，而直井酸化后采油指数增加 2.5～9.4 倍，与直井相比水平井酸化效果不理想。

对于艾哈代布油田的水平井酸化设计，需要根据水平井表皮系数的非均质分布，设计具有针对性的布酸剖面，将前期采用的锥形注入布酸修正为非均质布酸，即采用水平井连续油管变速拖动实现非均匀注入，采用转向酸辅助分段均匀布酸，喷嘴实现定点喷射，达到长井段水平井高效酸化的目的。

AD1-5-2 井采用非均匀注酸，设计用量 150m³，酸化后产量从 394m³/d 上升到 570m³/d，采油指数从 1.31t/（d·MPa）上升到 3.11t/（d·MPa），获得了显著增产效果。截至 2013

年 12 月，艾哈代布油田累计酸化 292 次，酸化后单井增产 1.4 倍以上。水平井酸化后单井产油量均超过 500m³/d，部分井达到 1000m³/d 左右（图 8-12），水平井平均产油量是直井产油量的 2.5 倍以上。直井和大斜度井酸化 83 井次，酸化后产量是酸化前产量的 2.5 倍以上。

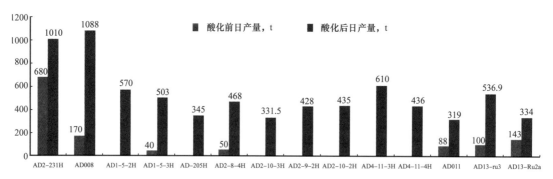

图 8-12　典型水平井连续油管酸化前后产量对比

二、复杂结构高产水平井气举管柱结构设计、电潜泵快速诊断技术

中东主力油田丛式水平井、分支井均为长井段（500～1000m）的水平井，复杂结构井单井配产为 300～1500t/d，国内水平井单井产量仅为 15～22t/d。因此，在采油举升工艺方面存在很大差别。主要采油技术难点体现在：井身结构复杂、电潜泵下入难度大，高产和高气油比下的井筒流态有所不同；气举面临大排量举升的问题；同时要求满足井下防腐防垢等特殊条件，要求气举井下工具可靠性高。

针对采油难点，开展了人工举升工艺、管柱和工具研究，完善工况诊断方法、优化举升工艺及参数，形成了含硫油田复杂结构井电潜泵配套技术，改进了电泵工况宏观评价方法；建立了变质量流气举仿真动态计算方法，研制了 $3\frac{1}{2}$in、4in 大尺寸举升井下工具，使气举采油技术适应产量由 152m³/d 扩大至 935m³/d。

1. 含硫油田电潜泵举升技术及工况宏观控制图诊断方法

在电泵井生产管理过程中，常见的电潜泵机组故障诊断方法有 3 种：（1）电流卡片诊断法；（2）憋压诊断法；（3）电泵参数生产宏观控制图诊断法。常用的是电流卡片法和宏观控制图诊断法。常规的电泵宏观控制图法，将排量效率作为横坐标，将井底流压作为纵坐标。海外油田对单井井底流压测试较少，直接将其作为纵坐标不方便；排量效率上下限的确定与各个油田的电泵应用经验有关，没有统一值供参考，给应用带来不便。因此，提出了排量合理度指标，以其作为横坐标，以吸入口气液比或吸入口压力作为纵坐标，建立电泵工况控制图版，可更直观快捷地评价出电泵工况。合理排量度计算方法：

$$排量合理度 = \frac{日产液量 - 泵合理排量下限}{泵合理排量上限 - 泵合理排量下限}$$

合理排量度大于 1 时，说明泵型偏小；合理排量度小于 0 时，表明泵型偏大；合理排量度处于 0 和 1 之间时，说明泵型合理。将电泵工况划分为 9 个区（图 8-13、图 8-14）。

在图 8-13 中，A 区泵入口气液比高，泵型偏大；B 区泵入口气液比高，泵型合理；C

区泵入口气液比高，泵型偏小；D 区泵入口气液比合理，泵型偏大；E 区工况合理；F 区泵入口气液比合理，泵型偏小；G 区泵入口气液比低，泵型偏大；H 区泵入口气液比低，泵型合理；I 区泵入口气液比低，泵型偏小。

在图 8-14 中，A 区泵入口压力高，泵型偏大；B 区泵入口压力高，泵型合理；C 区泵入口压力高，泵型偏小；D 区泵入口压力合理，泵型偏大；E 区工况合理；F 区泵入口压力合理，泵型偏小；G 区泵入口压力低，泵型偏大；H 区泵入口压力低，泵型合理；I 区泵入口压力低，泵型偏小。

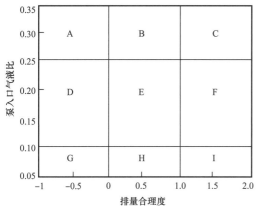 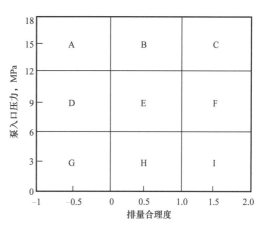

图 8-13　泵入口气液比—排量合理度宏观控制图　　图 8-14　泵入口压力—排量合理度宏观控制图

以艾哈代布油田为例，建立了艾哈代布油田 3 套生产层系（Kh2、Mi4&Ru1 和 Ru2&Ma1）电泵工况宏观控制图，以快速评价电泵运行状态，诊断电泵工况，分析电泵举升与油藏开发的适应性。针对不同类型井开展参数及工艺优化，并将优化结果及时反馈给现场，建议得到采纳并实施后，提高了泵效，延长了检泵周期并取得了增产效果。开展电潜泵优化设计 160 口井，平均单井产量提高 146t/d；电潜泵工况及单井提液潜力分析 65 口井，提高产量 1125t/d（平均单井产量提高 17.3t/d）；电潜泵快速诊断及建议 60～80 口井/月；电泵检泵周期由初期的 116 天提高到 507 天；目前电泵井产量占油田总产量的 70% 以上。

2. 复杂井身结构高产井多功能气举管柱设计及大尺寸气举工具研制

由于国内单井产量低，一般气举井的产量在 150m³/d 以下，这就造成了常规气举工具和管柱不能满足中东高产井的要求。为满足油田高产井（200～400t/d）的生产需要，且同时需要解决油井中含硫化氢、高含蜡、沥青质的问题，开展高产气举井举升工艺及配套技术研究，开发了防 H_2S、CO_2 的大规格气举完井工具，配套辅助工具形成了大尺寸气举完井工艺。

1）多功能气举管柱结构设计

大尺寸气举完井工艺管柱主要由卸荷气举阀（多级）、工作气举阀、滑套、封隔器、坐放短节、伸缩短节、化学注入阀及井下安全阀等组成，是一套集气举生产、化学注入、洗井、不压井等多种功能于一体的气举完井管柱。

该管柱适合高产井（单井产量大于 200m³/d），可直接在地面实现产量调节；运动部件少，寿命长，能实现 3 年不动管柱；气举阀可通过钢丝作业进行更换，检修方便；完井管柱可实现测试、井下关井、注入化学药剂和不压井作业，不受砂、气等因素的影响；操作简单，生产容易实现集中化和自动化管理，运行成本低。

2）大尺寸气举工具研制

（1）大尺寸系列气举工作筒。

开发了 $3\frac{1}{2}$in 和 $4\frac{1}{2}$in 的 KPX 大尺寸投捞式偏心工作筒（表 8-13），填补了国内的大尺寸气举工具空白。内装气举阀，与油管连接，下到设计位置，可以进行气举采油、气举排液、排水采气、气举诱喷、气举解堵以及分层注水和分层注气等注采工艺。此类工作筒在不起油管柱的情况下可通过钢丝投捞作业更换气举阀，在气举采油、分层注水和分层注气中广泛应用。

表 8-13　KPX 大尺寸系列气举工作筒技术指标

规格型号	最大外径 mm/in	总长 mm/in	通径 mm/in	抗内压强度 MPa/psi	抗拉强度 kN/lbf	连接螺纹	适用套管内径 mm/in	材料
KPX-140	140/5.512	2066/81	72.82/2.867	35/5075	704/158372	$3\frac{1}{2}$TPEX	≥150.4/5.921	L80
KPX-168	168/6.614	2250/88	89.28/3.515	35/5075	1281/288176	$4\frac{1}{2}$TPEX	≥180.3/7.1	L80

（2）化学剂注入工作筒。

油管回收化学剂注入工作筒，为需要进行井下化学剂注入作业提供了一种经济的解决方案。它们组成了整个采油管柱的一部分，并使用了 9.525mm 的不锈钢管线作为化学剂注入通道。本次采用的化学剂工作筒最显著的特点，是可以通过使用与气举阀相同的钢丝作业工具和方法将化学注入阀投入它的阀袋孔中或从阀袋孔中捞出，这样就可以长期保证化学注入系统的功效，并且延长整个管柱的有效期。

化学剂注入工作筒内通径与油管相同，投捞测试方式与气举工作筒相同，投捞作业和测试方便；化学注入工作筒的研制符合 NACE 标准要求，可以在含 H_2S、CO_2 气举井中使用；配套的化学注入阀具备双单流结构，可有效防止油管内的液体或气体回流到套管环空或化学注入管线。

（3）钢丝作业滑套。

钢丝作业滑套连接在油管柱中的适当位置，通过钢丝作业打开或关闭套管与油管之间的通道，为油、水、气井提供压井和洗井通道。钢丝作业滑套可以多次打开和关闭，广泛应用于油田的各种类型的油、水、气井中。在一套管柱中，可下入多个滑套。在钢丝作业工具串中接入移位工具就能方便地打开或关闭任一或所有滑套。钢丝作业滑套内通径较大，可通过各种投捞测试工具。

滑套由上接头、中间接头、下接头、内滑套和上下封隔组件组成。滑套配套专用移位工具，连接标准钢丝作业工具串，可通过向上或向下震击工具串实现开关功能，开关可靠、简单、快速；专用移位工具设计有安全销，可震击脱手，保证钢丝作业安全；滑套中部的平衡槽可平衡油套压差，确保滑套顺利打开或关闭；内滑套设计有上移、下移台肩及起锁定作用的弹性定位爪，使移位工具能准确地对滑套进行打开和关闭作业。

（4）平衡单流阀。

平衡式单流阀主要用于闭式气举管柱，安装在油管底部作为单流阀使用，或待压力建立后，对油管进行测试。还可用于坐封液力封隔器。平衡式单流阀主要由打捞头、钢球、球座、套筒、平衡芯轴、密封芯轴、V 形密封圈组成。

平衡式单流阀工作筒可用于放置平衡式单流阀、井下测试工具、堵塞器、仪表悬挂器等，以便进行气举管柱完井、液力坐封封隔器的坐封和对管柱进行测试，与丢手封隔器一起实现不压井作业等操作。

目前多功能气举完井管柱及配套井下工具已在伊朗现场顺利施工 54 口井，一次施工成功率 100%，标志着该工艺管柱可以投入现场进行应用。北阿扎德干油田应用的大规格气举完井工艺管柱是目前国内气举完井管柱功能最全、结构最复杂、施工难度最大的气举完井管柱。

第三节　分散性酸性气田群集输处理技术

土库曼斯坦阿姆河右岸合同区块地处卡拉库姆大沙漠中，地面固定沙垄广布，植被稀疏。气田地理位置偏僻，自然环境恶劣，交通不方便。社会依托条件差，物资后勤保障基础薄弱，人力资源少，同时气田群的气藏数量多，单井位置分散。针对阿姆河右岸气田群分散特点，在气田地面工程建设中，加强了对国内外相关成熟技术的集成，开展地面集输工程技术创新，形成一套适用于阿姆河右岸特点的集输处理技术[14-15]。

一、分散性气田群集输工艺优化技术

1. 气田地面集输概况

阿姆河右岸合同区分 A、B 两个区块，工程分期建设。A 区块面积 983km^2，已发现气田 5 个，其中萨曼杰佩气田是主力气田，属于高含硫凝析油整装气田，A 区块共设置天然气处理厂 1 座（年处理能力 $55 \times 10^8 m^3/a$，改造后达 $80 \times 10^8 m^3/a$），萨曼杰佩集气总站 1 座，集气站 1 座，单井站约 39 座。2009 年年底已经开始供气。A 区的工艺流程为各单井原料气输至集气站，经集气管道气液混输至第一天然气处理厂。处理厂处理后的净化气由 A 区 DN900 外输管道输往位于 B 区的外输增压站，由外输增压站增压后，再经 DN1050 管道输往土乌边境的交气点。

B 区块面积 13331km^2，已发现 16 个气藏，其中别列克特里气田、皮尔古伊气田、扬古伊气田、恰什古伊气田是二期工程的主力气田，四大主力气田的产能规模为 $70 \times 10^8 m^3/a$。B 区块共设置天然气处理厂 1 座，原则上每个气田设 1 座集气站，共设集气站 4 座，单井站约 30 座。A、B 区共用净化气外输增压站 1 座。整个 B 区块产能规模达到 $90 \times 10^8 m^3/a$。

总体工艺方案为在气田 A 区、B 区相对中心位置，分别建两座油气处理厂，两处理厂净化气进入 B 区处理厂附近外输首站增压后，由外输管道输向土乌边境，与中亚天然气管道相接。在各气区中心位置设置集气站，从多条集气干线进入相应的油气处理厂。

2. 地面集输工艺优化技术

1）遗传算法优化集输管网布局

B 区管网利用软件实现混合遗传粒子群算法（HGAPSO），对集气站布站位置、管网形式筛选，最终得到全局最优的管网布局方案，减少管网总投资。别—皮、扬—恰气田的集输管网布局既需满足本身的工艺要求，也要具有全局的经济性，同时还要满足周边气田后期接入的需要。通过混合遗传粒子群算法计算得到集气站布站结果与管网连接方式（图8-15）。优化前后的投资对比结果见表8-14，遗传算法集输管网布局优化共计节省投资 361×10^4 美元。

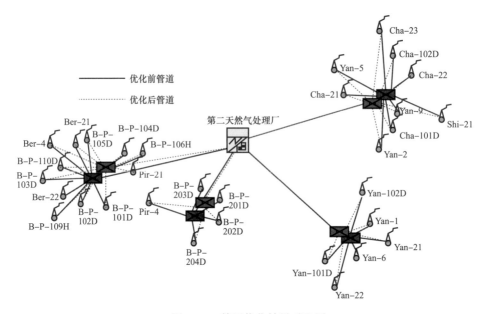

图 8-15　管网优化结果对比图

表 8-14　混合遗传粒子群算法布站节省投资估算表

所属集气站		优化前 km	优化后 km	平均单价 10^4 美元/km	优化前投资 10^4 美元	节省投资 10^4 美元
别列克特里	采气管道	41.7	44	17	709	−39
	集气干线	12.5	10.6	109.43	1368	208
皮尔古伊	采气管道	8.3	10.2	17	141	−32
	集气干线	8.2	7	64	525	77
扬古伊	采气管道	14.8	18.2	17	252	−58
	集气干线	13	11.6	83.42	1084	117
恰什古伊	采气管道	32.1	36.2	17	546	−70
	集气干线	12.7	10.8	83.42	1059	158
合计					5684	361

2）单井工艺优化技术

研发了单井放空太阳能电点火系统，该电点火系统以发明专利太阳能电点火系统（专利号 ZL 200110242546.4）、实用新型专利一种用于放喷池的大流量火炬头（专利号

ZL 201320163504.6）为基础，采用太阳能供电对放空天然气进行点火。B 区别—皮、扬—恰气田 37 口单井采用电力线路供电投资为 770×10^4 美元，太阳能供电投资为 135×10^4 美元，采用太阳能电点火工艺可节省投资 534×10^4 美元。

B 区 Shi–21、Tan–601、Tan–602、Tan–402 和 Bota–101 井的井口温度较低，按 B 区常规的中压集气方式，在输送过程中可能会形成水合物（表 8–15）。因此该部分单井需采取措施防止水合物形成，一般采用加热方案，即在单井设置加热炉将原料气加热。这种方案需在各单井设置加热炉，同时要新建 1 条燃料气管道为加热炉供气。

表 8–15　单井温降计算表

单井	井口温度 ℃	井口压力 MPa	节流后温度 ℃	节流后压力 MPa	采气管道长度 km	输送末点温度 ℃	水合物形成温度 ℃
Shi–21	65.36	33.73	18.5	8.9	6.3	12.2	15.8
Tan–601	68.50	26.72	41.6	11.1	9.3	16.3	16.5
Tan–602	69.90	30.00	37.3	10.4	8.4	16.3	16.5
Tan–402	62.80	37.80	23.8	9.2	5.7	12.6	16.5
Bota–101	70.00	28.82	38.4	10.4	9.0	16.4	16.5

结合合同区单井压力高、输送最低温度距水合物形成温度相差不大的特点，考虑充分利用地层能量，将可能形成水合物的单井进行高压输送（单井的输送压力达到 14～10MPa，设计压力 16MPa），减小原料气在井口的节流效应，从而提高介质起点温度。原料气输送到集气站后再集中加热、节流、与其他单井汇合。从而减少了投资也方便运行管理。

高压集气与中压集气投资相比，5 座单井共节省投资 207×10^4 美元。

综上所述，B 区地面工程采用单井放空太阳能电点火技术及高压集气工艺，共计节省投资 741×10^4 美元。

3. 地面集输工程防腐技术

根据阿姆河天然气公司巴格德雷合同区域区块的地质资料，该区块气田碳酸盐岩储层埋藏深度为 2200～4200m，地层温度为 94～129℃，地温梯度约 2.9℃ /100m，属正常温度系统。气藏原始地层压力为 22～67MPa。区块中、东南部气田压力系数为 1.5～1.93，为高压、超高压气藏。含水方面，根据水分析资料，其总矿化度在（52.4～114.5）× 10^3mg/L，Cl^- 含量在（30.4～70.2）× 10^3mg/L，密度值为 1.03～1.08g/cm³。B 区天然气中 CO_2 含量约为 4.2%，H_2S 含量为 0.3%。气田生产前期的集气管线内气体压力为 7.2MPa，集气管线内 CO_2 分压约为 0.3MPa，H_2S 分压约为 0.02MPa，以 CO_2 腐蚀为主。针对 B 区地面集输腐蚀条件，地面集输工程防腐技术包括管道选材、焊接工艺腐蚀评估、筛选缓蚀剂、腐蚀监测。

1）集输管道选材和应用

（1）材料选择的基本原则。

腐蚀控制的原则是在设备和管道的运行期间内，不会发生腐蚀造成的穿孔、开裂、爆破等事故。因此在气田集输系统的腐蚀环境中，材料的选择首先必须考虑能有效地防止应力腐蚀开裂，同时还要能减缓均匀腐蚀，防止点蚀和缝隙腐蚀。

在含 H_2S 的环境中，硫化物应力开裂容易引发承压管道和设备的爆破，造成重大事故。电化学腐蚀除通过选材进行控制外，还可通过清管、加注缓蚀剂、控制流速、温度等内腐蚀控制措施进行控制。而硫化物应力开裂只能通过选材进行控制，因此在集输系统的材料选择中，应根据输送酸性介质的腐蚀特点，重点考虑硫化物应力开裂，并遵循以下原则进行管材选择：① 必须确保金属材料的抗 SSC 性能，防止破裂、失控重大事故；② 输送管、焊缝和压力容器具备抗 HIC 性能；③ 耐一般电化学腐蚀且局部腐蚀较低；④ 材料应具有良好的加工性和焊接性；⑤ 从经济角度考虑生产周期内维护成本和效益的比例，选择性价比高的材料。

（2）B 区腐蚀工况下的材料选择。

碳钢不会发生氯化物应力开裂，选择符合 ISO 3183-3 要求的 C 级钢管，可避免酸性环境中的硫化物应力开裂。但碳钢耐电化学腐蚀能力差，如果采用碳钢必须考虑腐蚀余量以及加注缓蚀剂进行保护。该方案虽然一次性投资较经济，但在后续生产过程中会不断发生维修作业费、缓蚀剂购置费以及其他的附加费用等，同时还需要充分考虑缓蚀剂的使用效果。应保证缓蚀剂通过实验室测试，同时在现场也能确定达到要求的缓蚀效率（通常高于 90%），以使腐蚀速率能够控制在设计的要求范围内。并通过清管、加注缓蚀剂、控制流速、温度等内腐蚀控制措施来减缓电化学腐蚀。

耐蚀合金有许多类别，如奥氏体不锈钢、马氏体不锈钢、双相不锈钢、镍基合金等。不同耐蚀合金的抗腐蚀性能和应用限制是不同的，其材料成本的高低也相差较大。由于其材料成本远高于碳钢，一次性投入很大，因此除产量极高且腐蚀性特别严重的情况下使用外，通常较少采用。

由于阿姆河右岸区块的环境为酸性环境，采集气管道的 H_2S 分压大于 0.1MPa，双金属复合管的耐蚀层材料应选用抗硫性能较好、耐蚀等级高的镍基合金，如 UNS N08825、UNS N06625，则价格较昂贵，生产厂家较少，因此不推荐采用。

玻璃钢管一般采用 API 螺纹、承插或法兰连接，由于其脆性大，现场接口的施工质量不易保证，因此在集气管线上还未推广，因此不建议采用。

根据 API-6A《Specification for Wellhead and Christmas Tree Equipment》，按 CO_2 分压划分腐蚀程度（表 8-16），B 区气田的 CO_2 腐蚀作用较明显。另外 CO_2 腐蚀受温度的影响较大，最严重的 CO_2 腐蚀将发生在温度为 60~100℃ 范围内，B 区气田集输管线在井口节流后的温度小于 60℃，CO_2 腐蚀作用不严重。同时 B 区气田含有凝析油，根据国内外工程经验，B 区无须采用昂贵的耐蚀合金管道，传统的碳钢 + 缓蚀剂防腐设计就可保证 20 年设计寿命内集气管网系统的安全可靠性。

表 8-16 CO_2 腐蚀作用划分表

序号	CO_2 分压，MPa	腐蚀情况
1	>0.21	有明显作用
2	0.05~0.21	应考虑腐蚀作用
3	<0.05	一般不考虑腐蚀作用

（3）管道材料选择。

采气管道压力 25MPa，H_2S 分压 0.465～0.95MPa，由于钢级越高，强度越大，应力开裂的敏感性越高，因此推荐高压采气管道采用 L245 C 级钢，即 L245NCS，此种钢级碳钢在国内外高酸性气田高压采气管道上已得到成熟应用，并且 L245NCS 已有成熟的焊接工艺，可保证在酸性环境下的焊接性能。集气管线由于设计压力较低，H_2S 分压低，而且管径较大，为节省投资，推荐选用 L360C 级钢管。

2）管道焊接工艺腐蚀评估

（1）焊接要求。

焊接工艺评定应符合《钢质管道焊接及验收》（SY/T 4103—2006）的有关规定。根据评定合格的焊接工艺，编制焊接工艺规程。管道接头采用与主干线不同的焊接方法、焊接材料时，应进行焊接工艺评定。焊工应具有相应的资格证书。焊工能力应符合中国标准《钢质管道焊接及验收》（SY/T 4103—2006）的有关规定。

对于钢种和焊接材料，在焊接生产开始前，均应进行焊接工艺评定和焊缝的抗 SSC 和抗 HIC 评定试验。管道焊接工艺试验和评定应符合《钢质管道焊接及验收》（SY/T 4103—2006）的有关规定和《石油和天然气工业油、气生产中含硫化氢（H_2S）环境下使用的材料》（ISO 15156）的有关规定。所有试件在检验前均应进行焊后热处理。

（2）焊接工艺腐蚀评估。

用于酸性环境的集气干线和含硫凝析油管道的焊接工艺评定应包括焊缝硬度检测、抗 SSC 和抗 HIC 评定，HIC 按照 NACE TM0284 规范，采用 A 溶液对管道进行 HIC 检测。验收准则为单个截面 CLR≤15%、CTR≤5%、CSR≤2%。SSC 采用四点弯曲法，加载应力 85% 名义屈服强度（SMYS），验收指标为在 10 倍显微镜下观察，试样在受拉力面上的任何表面裂纹或开裂将认为试样失败，除非能证明裂纹不是由 SSC 引起的。

冲击试验及评定的实验温度为 –30℃，其夏比 V 型缺口冲击吸收能量平均值不小于 34J，单个最小值不小于 27J。焊缝硬度试验测试应按照 ISO 15156 要求进行，硬度值不超过 250HV10，试验方法应按 GB/T 4340.1 规定的维氏 HV10 或 HV5 进行。硬度检测结果应写入焊接工艺评定报告中，包括硬度检测位置示意图和对应的硬度值。

焊接材料评定试验包括生产焊接中所需的所有尺寸的焊接材料，每种型号和牌号的焊接材料均应进行评定试验。基于碳当量的评定范围限制在等同于试焊中使用的材料最大碳当量水平、相同强度等级和热处理状态。

3）缓蚀剂筛选

（1）缓蚀剂筛选方案。

针对阿姆河 B 区气田地面工程，结合工程应用需求，对缓蚀剂进行筛选评估，筛选出适用于该工况的高效缓蚀剂。进行缓蚀剂与模拟地层水和凝析油的溶解分散性评估、缓蚀剂与模拟地层水和凝析油的乳化倾向性评估、缓蚀剂与模拟地层水和凝析油的起泡倾向性评估，开展常温常压下的缓蚀剂电化学阻抗性能评估和对比分析、现场腐蚀工况的失重挂片腐蚀评价、环保安全性能分析评估、现场配伍性评估。共推荐 14 种缓蚀剂样品参加筛选，分别由各厂家直接送样。开展缓蚀剂的溶解性、乳化趋势、稳定性等评估筛选，继而对缓蚀剂进行电化学性能评估，筛选性能较好的缓蚀剂样品，进行在模拟现场工况条件下的腐蚀失重测试、缓蚀剂对气田水和凝析油的配伍性、闪点物性测试以及环保安全性评估，优选出适用的缓蚀剂样品。筛选出的缓蚀剂性能见表8-17。

表8-17　筛选出的缓蚀剂性能对比

缓蚀剂	RN587	CPI	CS2-6
溶解性	水溶	油溶水分散	水溶
乳化性	两相界面无变化，无第三相出现	两相界面无变化，无第三相出现	油相界面上移，中间出现了第三相
起泡性	产生大量泡沫	未产生泡沫	产生大量泡沫
电化学性能	好	好	好
安全环保性	闪点：38.9℃（属于易燃液体）	闪点：>65℃（属于一般化学品）	闪点：约为30℃（属于易燃液体）
在模拟环境下的腐蚀速率	<0.076mm/a	<0.076mm/a	<0.076mm/a
现场配伍性	好	好	好

（2）缓蚀剂加注方案。

RN587和CPI缓蚀剂样品的起泡倾向性较强，建议同时加注适量消泡剂，避免缓蚀剂起泡性带来的不利影响，具体使用工艺应根据现场腐蚀监测反馈及时进行优化调整。

投产初期，在线腐蚀探针数据15～30天下载一次；运行稳定后，各个在线腐蚀监控点的腐蚀数据下载频次根据腐蚀检测结果进行调整，同时记录每个监测点或附近管线的温度和压力数据；记录气体中硫化氢、二氧化碳的浓度和产水量，当产水量出现连续性增加时，应观察、下载腐蚀探针数据和产出水中的铁离子浓度的变化，取出腐蚀挂片进行分析，然后根据这些数据所反映出的腐蚀信息采取相应的措施，诸如加大缓蚀剂加注浓度、加强对易腐蚀区域的腐蚀监测等。

在现场可以采集到水样时，就应定期开展硫酸还原菌的测试工作，并根据测试结果决定是否要进行杀菌处理。如果存在微生物，则应加注灭菌剂，灭菌剂类型和加注量应通过后期分析确定。

加注量是根据最恶劣工况来定，具体加注可以根据腐蚀监测情况来调整。当腐蚀挂片的测试结果和腐蚀监测结果显示的管道腐蚀速率超过设计要求，或平均腐蚀速率超过0.076mm/a或出现点蚀时，应及时对缓蚀剂加注进行调整和优化，如调整缓蚀剂加注工艺或重新选择缓蚀剂。

4）腐蚀监测技术

（1）在线腐蚀分析评估。

B区气田属酸性凝析气田，除含有H_2S之外，还具有气田水中Cl^-（最高70200mg/L）、CO_2（4.15%～4.28%）含量较高的特点。在重要位置，如采气管道末端、集气干线末端等具有代表性的特殊位置设置腐蚀监测设备，检测缓蚀剂缓蚀效果和管道内腐蚀情况。

在线腐蚀试验系统的开发可以进一步了解介质中硫化氢、二氧化碳、氯离子、流体压力、温度、流速、压降、凝析油等因素对材质腐蚀的作用，并开展现场实际工况下的材料和焊接工艺腐蚀评估以及缓蚀剂筛选试验。同时，研制可远程开闭、可调整加注量、可与凝析油和其他化学剂混合加注、可与腐蚀监测反馈联动的多功能缓蚀剂加注装置，实现缓蚀剂加注的全自动化控制，减少操作误差，提高气田运行管理效率，节省人力资源成本。

（2）在线腐蚀试验橇。

在线动态腐蚀试验橇设计压力为 16MPa，最大试验流量为 $100 \times 10^4 m^3/d$，适用于 B 区任意一口单井介质的腐蚀试验。该设备主要包括腐蚀试验罐、腐蚀试验段、腐蚀监测段三个功能区。

腐蚀试验罐设置高压快开盲板，便于快捷取样及开闭方便，用于现场实际工况下管道、容器等材料耐蚀性能挂片试验、焊接工艺评定挂片试验等。腐蚀试验段包括直管和弯管、焊缝等，可拆卸式，用于现场实际工况下的管道耐蚀性能和焊缝腐蚀试验。腐蚀监测段包括三个腐蚀监测点，分别设置一套 ER 探针、一套 LPR 探针、一个在线交流阻抗电化学监测仪。

（3）腐蚀监测系统。

腐蚀监测系统常用于监测管道腐蚀情况，一般在有代表性的位置设腐蚀监测系统。比较常用的腐蚀监测方法包括：失重挂片法、电阻法（ER）、线性极化（LPR）、FSM 法、测试短节等。这些监测技术可与常规的无损检测、目视检测等结合起来使用来确定生产系统的腐蚀状况。

考虑在 4 个集气站各选取一口产量较大的单井来气管线末端设置一个腐蚀监测点，并安装电阻探针、失重挂片各一套。在第二天然气处理厂集气装置区 4 条集气干线末端各设置一个腐蚀监测点，并安装腐蚀探针、失重挂片各一套，即需要电阻探针 8 套、失重挂片 8 套。

管道内腐蚀监测点宜选择在紧邻截流阀后的管段、弯头、三通和处于低洼地段的管道，容器的内腐蚀监测点宜选择在进出口气四周、气液交界面、积液包等位置。

同时，需定期对分离器排出污水进行分析，如果存在微生物，则应加注灭菌剂，灭菌剂类型和加注量应通过后期分析确定。

2015 年 9 月，对阿姆河右岸腐蚀监测系统中的部分腐蚀挂片和腐蚀探针进行了取样分析，取样地点为别列克特里集气站腐蚀探针数据、皮尔古伊集气站腐蚀挂片，分析结果显示腐蚀速率小于规定的 0.076mm/a。

二、酸性气体净化处理技术

阿姆河右岸第一天然气处理厂气源以萨曼杰佩气田为主，萨曼杰佩气田单井气量大，压力高，井口温度高，原料气中富含 H_2S、CO_2，且含有有机硫；第二天然气处理厂气源主要以列克特里、皮尔古伊、扬古伊、恰什古伊 4 个气田为主，气田较为分散，原料气中 CO_2 含量高。针对气田特点，需对原料气进行脱硫脱碳、脱水、脱烃、酸气处理等深度净化，确保产品天然气满足国际标准的要求和环保要求 [16-19]。

1. 天然气处理厂设计要求及总工艺流程

1）设计要求

第一天然气处理厂位于主力气区——萨曼杰佩气区东南，紧靠萨曼杰佩气区边界线，距离原萨曼杰佩预处理站约8km，占地约$68 \times 10^4 m^2$，建筑面积约为$37696m^2$，共63座建筑单体。第二天然气处理厂是阿姆河二期工程的主体工程，也是阿姆河天然气公司的主要生产单元。该处理厂位于阿姆河右岸B区主力气区的中心位置，位于扬古伊气区西侧和皮尔古伊气区东北侧，占地约$80 \times 10^4 m^2$，建筑面积约为$44618m^2$，共53座建筑单体，距离州首府纳巴特市约140km，距离第一天然气处理厂约80km。

第一天然气处理厂设计原料气处理能力为$65 \times 10^8 m^3/a$，凝析油稳定装置设计处理能力为$27.12 \times 10^4 t/a$，天然气外输规模为$60 \times 10^8 m^3/a$，凝析油外输规模为$27.12 \times 10^4 t/a$。全厂共设置4列天然气处理装置以及辅助生产设施和公用工程。该处理厂主要生产装置由4列脱硫脱碳装置、4列脱水装置、4列脱烃装置、4列酸气处理装置、2列凝析油稳定装置、1列胺液净化装置及辅助设施及公用工程（中央控制室、给排水系统、消防系统、循环冷却水系统、供配电系统、通信系统、锅炉房、空气氮气站）等构成。第二天然气处理厂设计原料气处理能力为$90 \times 10^8 m^3/a$，凝析油稳定装置设计处理能力为$54.16 \times 10^4 t/a$，天然气外输规模为$86 \times 10^8 m^3/a$，凝析油外输规模为$45.74 \times 10^4 t/a$。全厂共设置4列天然气处理装置以及辅助生产设施和公用工程。该处理厂主要生产装置由4列脱硫脱碳装置、4列脱水装置、4列脱烃装置、2列酸气处理装置、2列凝析油稳定装置、1列胺液净化装置以及辅助设施及公用工程（中央控制室、给排水系统、消防系统、循环冷却水系统、供配电系统、通信系统、锅炉房、空气氮气站）等构成。

第一、第二天然气处理厂的原料是来自各集气站和集气总站的天然气、气田水和凝析油，进厂油气组成见表8-18。第一处理厂和第二处理厂生产的产品气质量符合天然气商品气气质要求，有关参数分别见表8-19、表8-20。

表8-18　处理厂进厂油气（不含气田水）参数

第一处理厂		第二处理厂	
组分	摩尔组成，%	组分	摩尔组成，%
C_1	89.835	C_1	87.911
C_2	1.882	C_2	3.796
C_3	0.329	C_3	0.939
$i-C_4$	0.062	$i-C_4$	0.103
$n-C_4$	0.077	$n-C_4$	0.333
$i-C_5$	0.034	$n-C_5$、$n-C_6$	0.409
$n-C_5$	0.028	$n-C_7$	0.231
$n-C_6$	0.053	$n-C_8$	0.176
$n-C_7$	0.113	$n-C_9$	0.130
$n-C_8$	0.111	$n-C_{10}$	0.085
$n-C_9$	0.055	$n-C_{11}$	0.059
$n-C_{10}$	0.019	$n-C_{12}$	0.041

续表

第一处理厂		第二处理厂	
组分	摩尔组成，%	组分	摩尔组成，%
N_2	0.291	$n-C_{13}$	0.081
CO_2	4.398	N_2	1.819
H_2S	2.713	CO_2	3.358
合计	100.00	H_2O	0.429
有机硫组分	含量，mg/m^3	H_2S	0.1
MeSH 甲硫醇	25.21	合计	100
EtSH 乙硫醇	17.76		
IPrSH 异丙硫醇	5.42		
nPrSH 正丙硫醇	2.43		

表 8-19　第一处理厂产品质量要求表

产品	指标	产品要求
产品气	温度	≤35.5℃
	水露点	≤-2℃（夏季）（7.5MPa 压力条件下） ≤-7℃（冬季）（7.5MPa 压力条件下）
	烃露点	-5℃（4.5～10MPa 压力条件下）
	CO_2 含量	≤2%
	H_2S 含量	≤7mg/m^3
	硫醇硫含量	≤16mg/m^3
	总硫含量	≤100mg/m^3
凝析油	蒸汽压（37.8℃）	≤66.661kPa（夏季）
		≤93.325kPa（冬季）
硫黄	硫（S）质量分数	≥99.5%（干基）
	H_2O 质量分数	≤2%
	H_2S 质量分数	≤50mg/L
	灰分质量分数	≤0.1%
	品质	9950

表 8-20　第二处理厂产品质量要求表

产品	指标	产品要求
产品气	温度	≤30℃
	水露点	≤-2℃（夏季）（7.5MPa 压力条件下） ≤-7℃（冬季）（7.5MPa 压力条件下）
	烃露点	-5℃（4.5～10MPa 压力条件下）
	CO_2 含量	≤2%
	H_2S 含量	≤7mg/m³
凝析油	蒸汽压（37.8℃）	≤66.661kPa（夏季） ≤93.325kPa（冬季）

2）第一处理厂总工艺流程

原料气通过输气管道进入集气装置的段塞流捕集器，经一级气液两相分离器初步分离后，液相进入缓冲沉降罐后进入凝析油稳定装置，气相进入二级气液分离器，再经气液两相分离后，含硫原料气分别进入 4 列脱硫脱碳装置，经过降温后进入吸收塔脱除 H_2S 和部分 CO_2（湿净化气中 H_2S≤7mg/m³）。湿净化气先经脱烃装置换冷，然后进入脱水装置进一步脱除天然气中的水，使天然气的水露点达到 -20℃，以满足天然气外输所需的水露点要求和后续脱烃装置制冷深度所需的水露点要求。随后，干净化气进入脱烃装置以回收天然气中的重烃，使产品气烃露点达 -5℃后，压力为 5.45MPa 的产品气进入净化气外输装置外输。

集气装置气液分离器出来的凝析油和气田水混合液与脱烃装置来的轻油一起进入 2 列凝析油稳定装置三相分离器，分离出的含硫气与凝析油稳定塔顶气一起进入脱硫脱碳装置进行处理后作为工厂燃料气；分离出的气田水送至处理厂内气田水处理装置，处理后回注；分离出的凝析油经稳定后送至凝析油罐区储存，并外输至亚希尔杰佩凝析油站。

自脱硫脱碳装置出来的酸气进入硫黄回收装置，回收酸气中的硫黄，硫黄回收装置的液体硫黄输送至硫黄成型及装车设施，经成型包装后外运。

3）第二处理厂总工艺流程

来自 16 个气区的天然气经集气干线气液混输，按照含硫量的不同分别进入处理厂集气装置的高、低含硫集气系统。高、低含硫天然气在集气系统分别经段塞流捕集器、重力分离器进行气液两相分离。

经气液两相分离后，其中 H_2S 含量为 0.3% 的天然气进入第 1、2 列脱硫脱碳装置，H_2S 含量为 0.1% 的天然气进入第 3、4 列脱硫脱碳装置，脱除 H_2S 和部分 CO_2。湿净化气先经脱烃装置换冷，并分离出液体，然后进入脱水装置，进一步脱除天然气中的水，使天然气的水露点达到 -30℃，以满足天然气外输所需的水露点要求和后续脱烃装置制冷深度所需的水露点要求。随后，干净化气进入脱烃装置以回收天然气中的重烃，使产品气烃露点达 -5℃后，压力为 5.0MPa 的产品气进入净化气外输装置外输。

集气装置气液分离器出来的凝析油和气田水混合液与脱烃装置来的轻油一起进入凝析

油稳定装置三相分离器，分离出的含硫气与凝析油稳定塔顶气一起进入脱硫脱碳装置进行处理后作为工厂燃料气；分离出的气田水送至处理厂内气田水处理装置进行处理，处理后回注；分离出的凝析油经稳定后送至凝析油罐区储存，并外输至第一天然气处理厂罐区。

由于原料气中硫化氢含量较低，自脱硫脱碳装置出来的酸气进入酸气处理装置直接焚烧排放。

2. 配方型胺液脱硫脱碳工艺包

针对阿姆河右岸原料气碳硫比高的特点，以及对净化气中 CO_2 的指标有着高标准要求，要求把净化气的 CO_2 含量脱除到 1% 以下，目前普通选择性脱硫脱碳溶液已经无法满足要求，需要寻求新技术和新溶剂来实现这一目标。针对这种要求研发了配方型胺液脱硫脱碳工艺包，溶液循环量降低 30%，同时能够满足深度净化 CO_2 的需要。

为了满足不同应用领域对净化气指标中 H_2S、CO_2 以及其他含硫杂质脱除的要求，例如 LNG 工厂中要求对原料气进行深度脱除 H_2S 和 CO_2。近年来，国内外各种配方溶剂的开发比较活跃。其中混合胺类溶剂是将一乙醇胺（MEA）或二乙醇胺（DEA）与 N- 甲基二乙醇胺（MDEA）复配，组成混合溶剂，常用的是 DEA-MDEA 溶剂。混合胺溶剂不同于 MDEA 溶剂，其可在脱除 H_2S 的同时增强 CO_2 的脱除，达到深度脱碳的目的。但 MDEA 和 DEA 的性质决定其脱除有机硫的能力仍然有限。

空间位阻胺是另一种可用于脱硫脱碳的胺类化合物，它们是在与氮原子相邻的碳原子上具有一个或两个体积较大的烷基或其他基团从而形成空间位阻效应的新型有机胺。位阻胺系列溶剂是在位阻胺溶剂的基础上，复配以各种助剂而成的配方溶剂。代表性的 Flexsorb 系列溶剂中，Flexsorb SE、FlexsorbSE+Flexsorb@SE 主要用于选择性脱除 H_2S；而 Flexsorb PS 为位阻胺和环丁砜水溶液，类似于 Sulfinol-D，可大量脱除 H_2S、CO_2、COS、RSH；而 Flexsorb HP 因在位阻胺中加入了碳酸钾和（或）碳酸氢盐，而具有深度脱碳的能力。

活化 MDEA 法采用 45%～50% 的 MDEA 水溶液，并添加适量的活化剂以提高二氧化碳的吸收速率。MDEA 不易降解，具有较强的抗化学和热降解能力，腐蚀性小，蒸汽压低，溶液循环率低，并且烃溶解能力小，是目前应用最广泛的气体净化处理溶剂。活化 MDEA 溶剂主要用于大量脱碳的场合，对于天然气中 H_2S 和 CO_2 均可达到较深的脱除程度。

目前深脱 CO_2 技术领域使用的化学溶剂主要是通过添加活化剂等配方来达到这一目的[20-22]。目前使用的活化剂包括一乙醇胺、二乙醇胺和哌嗪。一乙醇胺在净化过程中与原料气中的二氧化碳会发生副反应，生成的碳酸盐可转变为恶唑烷酮，再经一系列反应生成乙二胺衍生物。由于乙二胺衍生物比一乙醇胺碱性强，故难以再生复原，从而导致溶剂损失，而且还会加速设备腐蚀。同时，一乙醇胺具有比其他胺类更高的蒸汽压，再生温度较高，蒸发损失高，能耗高；二乙醇胺对热降解不稳定，在再生时容易发生降解损失；哌嗪沸点较低，容易挥发，同时，哌嗪在脱碳溶液中的浓度不能过高，否则，溶剂损耗量大，接触脱碳溶液的设备和管道腐蚀严重。

现有的脱碳溶剂在使用过程中还存在一些不足和缺点，N- 甲基二乙醇胺水溶液在吸收了二氧化碳、氧气和天然气中的其他酸性杂质后，将发生降解，导致溶剂损失。脱碳溶液中溶剂降解产物和天然气中酸性物质将对脱碳系统设备和管道产生均匀腐蚀、电化学腐蚀、缝隙腐蚀等。同时脱碳溶液中溶剂降解产物、悬浮的固体颗粒、原料天然气中携带的游离烃等，都将引起脱碳溶液产生气泡，从而降低脱碳效果、增大溶液损失等，甚至造成脱碳系统停工。

根据原料气中含有机硫的气质特点和具体的气质组成，对配方溶剂的组分的选择和配比进行了专门的研究和复配。根据深度脱除 CO_2 的要求，通过系统的活性剂筛选试验，挑出具有良好脱除 CO_2 效果的活性添加剂。另外根据试验数据，优化脱硫脱碳工艺流程的关键控制参数，优化吸收塔、再生塔核心设备的内构件。通过对溶剂、工艺参数、设备结构全方位优化，形成了一套以活化配方 MDEA 溶剂为核心的具有深度脱除 CO_2 能力的工艺处理技术。

结合阿姆河右岸气质组成中既含 H_2S 又含 CO_2 等特点，选择了在 MDEA 溶剂的基础上添加活化剂的工艺。在保证 H_2S 达标的前提下尽量对 CO_2 进行深度脱除，并满足合同中对净化气中 CO_2 含量小于 2% 的要求（中国二类净化天然气指标中对 CO_2 含量要求为小于 3%）。对添加的活性剂进行了筛选，使其既能满足 H_2S 的脱除要求，又能对 CO_2 进行深度脱除。吸取以往在活性 MDEA 配方溶剂开发中的经验，不断地优化配方的选择和配比，在提高溶剂的酸气负荷、腐蚀性、抗降解性等方面进行了优化。

3. 大型复合深度同步脱有机硫技术

1）脱有机硫技术问题与分析

阿姆河右岸 A 区随着气田开发的不断深入开发，发现原料气中含有有机硫，第一天然气处理厂的脱硫脱碳装置采用湿法 MDEA 脱硫脱碳工艺，由于 MDEA 对有机硫的脱除率低，继续沿用 MDEA 溶剂脱硫脱碳将会导致产品气总硫含量超标，无法满足与土库曼斯坦签订的产品分成合同中产品气气质要求。

目前国际上深度处理高酸性含有机硫气体主要有 Exxon Mobil 公司开发的 Flexsorb 专利溶剂与环丁砜混合使用，该工艺不仅一次性投资，还会增加生产运行操作费用，如在第一天然气处理厂进行使用，还需根据专利工艺包对脱硫脱碳装置进行改造。

结合第一天然气处理厂湿法 MDEA 脱硫脱碳工艺，砜胺法工艺流程与 MDEA 脱硫脱碳工艺相同，但采用砜胺法仅能脱除原料气中约 75% 的有机硫，不能满足产品分成合同中产品气气质要求。第一天然气处理厂的原料气中含有 H_2S、CO_2 和有机硫，因此脱硫脱碳装置采用砜胺法中的 Sulfinol-M，即环丁砜和 MDEA 混合溶剂。该法既能选择性地脱除 H_2S，也能脱除有机硫。第二天然气处理厂原料气中仅含有 H_2S 和 CO_2，因此选择 MDEA 法。

2）复合深度同步脱除有机硫工艺

目前国内外主要采用砜胺法处理含有机硫气体，第一天然气处理厂采用该工艺不能满足产品气气质要求。因此需要基于现有的技术，打破天然气处理厂装置单一功能，提出高度集成同步联合处理有机硫的技术思路。经过对脱有机硫工艺地不断摸索和研究，认为湿法脱硫和固体脱硫相结合的方式对脱除有机硫会有很好的效果。第一天然气处理厂的脱水装置采用分子筛脱水，优化分子筛吸附塔的复合床层结构，使脱水装置具备增加不同分子筛床层就能实现同时多种脱除的功能，可采用砜胺法粗脱有机硫，脱水装置精脱有机硫，形成"胺法＋分子筛"同步脱有机硫技术（图 8-16），突破了以往的单个装置仅具有单一天然气处理功能的局限，使得独立的脱硫装置和脱水装置成为联合装置，同时淘汰了以前较为常用的先碱液脱硫醇，再分子筛脱水的工艺，实现有机硫综合脱除率大于 95%。

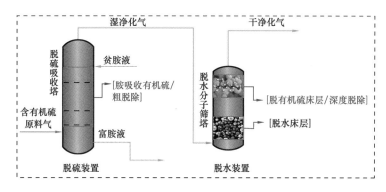

图 8-16　复合深度同步脱除有机硫工艺流程图

采用砜胺法脱有机硫工艺粗脱有机硫，主要由环丁砜和 N- 甲基二乙醇胺以及水组成的砜胺溶液通过气液逆流接触进行脱硫，溶液具有物理及化学吸收特性，在常温、高压下将天然气中的酸性组分及约 75% 有机硫吸收，然后在常压、高温下将吸收的组分解析出来。该工艺采用的溶液中 MDEA 对 H_2S 的吸收有较好的选择性，循环量较少，节能效果更好，其工艺流程如图 8-17 所示。

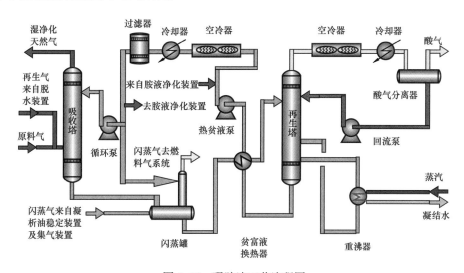

图 8-17　砜胺法工艺流程图

采用分子筛脱有机硫工艺精脱有机硫，在胺法脱有机硫后，气体中硫容量降低，正好能够满足分子筛吸附硫含量较低的要求，因此在分子筛脱水吸附塔中加入脱有机硫分子筛进一步地脱除有机硫。分子筛在很低的分压下有很强的吸水能力，可确保脱出天然气中的水分，同时可进一步脱除有机硫，使之达到脱除有机硫和水露点的要求，分子筛脱水脱有机硫工艺流程如图 8-18 所示。

4. 应用效果

通过复配 MDEA 溶剂，结合优化脱硫工艺过程及设备内构件，实现了脱硫脱碳工艺的升级，首次在常规天然气净化过程中实现了对原料气中 CO_2 杂质的深度脱除，该升级工艺已经在阿姆河右岸第二天然气处理厂得到了成功应用，自 2014 年投产至今，原料气 CO_2 含量比设计值（3.38%）偏高了近 1.0%，原料气 H_2S 含量比设计值（0.30%）偏高了近 0.07%，产品气仍保持合格，证明是一项成熟工艺，减少温室气体 CO_2 排放，具有很好的应用前景和推广价值。

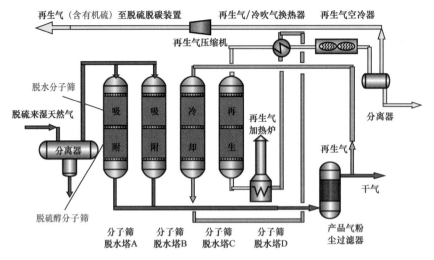

图 8-18　分子筛脱水脱有机硫工艺流程图

通过工艺原理和工艺流程的有机整合，首次提出胺液 + 分子筛整合脱有机硫解决方案，在天然气净化过程脱有机硫方面实现"1+1"大于"2"目标。目前国内的分子筛脱水装置仅是将天然气中的水脱除，保证天然气的水露点要求。第一天然气处理厂中的分子筛脱水装置中突破以往的做法，集成工艺打破了以往单个装置仅具有单功能的惯例，使独立的脱硫脱碳装置和脱水装置成为联合装置，实现了天然气中有机硫的深度高效处理，打破了国外产品的市场垄断，大幅度节约了项目成本，在类似含有机硫的天然气地面建设工程中具有推广价值。

参 考 文 献

[1] 曾义金. 深部盐膏层蠕变关系研究 [J]. 石油钻探技术, 2004, 32（3）: 5-7.

[2] 李汉桥, 张献丰, 毛瑞华, 等. 哈萨克斯坦 SLK3 井巨厚盐层钻井液技术 [J]. 钻井液与完井液, 2008（4）: 46-48.

[3] 卢运虎, 等. 各向异性地层中斜井井壁失稳机理 [J]. 石油学报, 2013（3）: 563-568.

[4] 李小丰. 哈法亚油田水平井快速钻井技术研究 [J]. 中国石油和化工标准与质量, 2011, 31（6）: 148+182.

[5] 石崇东, 王万庆, 谌建祁, 等. CB3-1 双分支水平井钻井工艺 [J]. 石油钻采工艺, 2009, 31（2）: 27-31.

[6] Xiaohe Li, Ahmed Gomaa, Andrea Nino-Penaloza, et al. Integrated carbonate matrix acidizing model for optimal treatment design and distribution in long horizontal wells [J]. SPE 173606, 2015.

[7] Kenji Furui. A rigorous formation damage skin factor and reservoir inflow model for a horizontal well [R]. SPE 84964, 2003.

[8] 曾文广, 米强波. 水平井射孔完井表皮系数分解计算方法 [J]. 钻井液与完井液. 2005, 22（B05）: 105-106.

[9] Furui K, Burton R C, Burkhead D W, et al.A Comprehensive Model of High-Rate Matrix-Acid Stimulation for Long Horizontal Wells in Carbonate Reservoirs：Part Ⅱ—Wellbore/Reservoir Coupled-Flow Modeling and Field Application [J].SPE Journal, 2012, 17（1）：280-291.

[10] Maheshwari P, Ratnakar R R, Kalia N, et al.3-D simulation and analysis of reactive dissolution and wormhole formation in carbonate rocks [J].Chemical Engineering Science, 2013, 90：258-274.

[11] Izgec O, Zhu D, Hill A D.Numerical and experimental investigation of acid wormholing during acidization of vuggy carbonate rocks [J].Journal of Petroleum Science and Engineering, 2010, 74（1）：51-66.

[12] Mishra V, Zhu D, Hill A D, et al.An Acid Placement Model for Long Horizontal Wells in Carbonate Reservoirs [C].SPE 107780, 2007.

[13] Eckerfield L D, Zhu D, Hill A D, et al.Fluid Placement Model for Horizontal-Well Stimulation [J].SPE Drilling & Completion, 2000, 15（3）：185-190.

[14] 康宝霞.研究油气集输工艺流程的应用和发展 [J].化学工程与装备, 2016（2）：177-178.

[15] 周军, 李晓平, 邓清, 等.集输系统优化设计研究的体系结构与发展方向 [J].油气储运, 2014, 33（7）：707-713.

[16] 孔伟, 王洪松, 伍建军, 等.塔中油田汽提法原油脱硫化氢工艺技术 [J].天然气与石油, 2012, 34（3）：34-36.

[17] 桂召龙, 李毅.普光高含硫气田水中 H_2S 去除技术研究 [C].2010 年石油天然气注水及水处理研讨会论文集, 2010：105-111.

[18] 董正军.高酸性油气田污水处理工艺 [J].石油化工应用, 2011, 30（4）：70-72.

[19] 孙先长, 万涛, 罗云.油田采出水处理新技术与新工艺 [J].工业水处理, 2010, 30（5）：19-22.

[20] 韩淑怡, 王科, 黄勇, 等.醇胺法脱硫脱碳技术研究进展 [J].油气加工, 2014, 32（3）：19-22.

[21] 石会龙, 李春虎, 张祥坤, 等.高含硫天然气 CCJ 脱硫脱碳复合溶剂的中试研究 [J].石油与天然气化工, 2016, 45（1）：25-35.

[22] 王治红, 颜丽.某天然气脱硫脱碳装置溶剂配比优化研究 [J].油气加工 2015, 33（3）：39-44.

第九章　海外碳酸盐岩油气藏开发面临的挑战及技术展望

"十二五"期间中国石油在海外碳酸盐岩油气藏开发方面取得系列研究新进展。创新大型生物碎屑灰岩油藏整体优化部署技术，有力支撑了中东油气合作区快速建成，实现了"十二五"新增原油年产量超过 $6000 \times 10^4 t$；探索气顶油环协同开发技术，支撑哈萨克斯坦阿克纠宾公司形成了油气并举新格局和油气年产量 $1000 \times 10^4 t$ 以上稳产 5 年；发展复杂碳酸盐岩气田群高效开发技术，实现阿姆河右岸建成年产 $150 \times 10^8 m^3$ 产能；优化井眼轨迹、钻头、钻具组合，初步形成含高压盐膏层碳酸盐岩油气藏安全快速钻井技术，支撑阿姆河右岸和哈法亚项目钻井周期缩短 $8\% \sim 25\%$；集成创新碳酸盐岩油气藏采油采气工程关键技术，实现安全生产和有效提高单井产量。中国石油海外碳酸盐岩油气藏要实现持续高效开发，必须深入分析油气田开发工程方面面临的挑战及研究方向，展望未来海外碳酸盐岩油气藏开发的技术前景，制订出相应的技术对策，持续研发先进适用的新技术。

第一节　海外碳酸盐岩油气藏开发面临的挑战

随着海外碳酸盐岩油气藏开发的不断深入，大型生物碎屑灰岩油藏、带气顶碳酸盐岩油藏以及边底水碳酸盐岩气藏面临着不同的难点和挑战。

一、大型生物碎屑灰岩油藏注水开发面临的挑战

伊拉克大型生物碎屑灰岩油藏是持续上产和稳产的主力油藏，纵向存在高渗透"贼层"，注水先导试验表明水窜严重；衰竭式开发地层压力快速下降，采出程度只有7%，合同模式要求达到高峰产量后还需实现 $7 \sim 13$ 年的稳产期，保障稳产高效开发面临巨大挑战。目前注水开发仍是补充地层能量的主要方式，所以急需研究注水开发技术问题。

伊拉克大型生物碎屑灰岩油藏虽然也属于碳酸盐岩油藏，但与国内碳酸盐岩油田相比具有很大差别（表9–1）。

表 9–1　伊拉克生物碎屑灰岩油藏与国内碳酸盐岩油藏的主要区别

特征分类	国内碳酸盐岩油藏	中东生物碎屑灰岩油藏	伊拉克生物碎屑灰岩油藏
构造期次	多期、改造强	期次少、稳定	期次少、稳定
岩石类型	石灰岩、白云岩为主	生物碎屑灰岩	生物碎屑灰岩
圈闭类型	潜山、风化壳、岩性	岩性—构造	岩性—构造（背斜）
沉积环境	台地相碳酸盐岩	陆棚台地—滨外滩	台地礁滩、台内生屑滩
埋藏时代	古生界、古老深层	新—古生界	中生界

续表

特征分类	国内碳酸盐岩油藏	中东生物碎屑灰岩油藏	伊拉克生物碎屑灰岩油藏
储层类型	岩溶缝洞型为主	孔隙型、缝洞型、裂缝—孔隙型	孔隙型，中高孔低渗透
控制因素	后生成岩改造	沉积控制＋成岩改造	沉积控制为主＋成岩改造
油藏特征	规模小，分散，一洞—藏	规模大、块状、层状	规模大，巨厚，非均质性强
开发特点	衰竭为主＋注水	衰竭、注水开发	衰竭开发（早期）＋注水
采油速度	早期2%～3%，后期迅速降低	≤1%	约1%，长期稳产
合同模式	多为矿税制	技术服务、回购合同	技术服务合同
单井产量要求	产量要求相对不高	<20t/d，即关井	低于100t/d，即无效益

以上差别表明国内碳酸盐岩油藏注水开发经验无法应用到伊拉克生物碎屑灰岩油藏，同时生物碎屑灰岩油藏的高效注水开发一直都是世界性难题，也没有成熟的经验可供借鉴。

伊拉克生物碎屑灰岩油藏的注水开发，主要面临着以下技术挑战：

（1）生物碎屑灰岩储层非均质性特征的定量描述与空间展布刻画。由于生物碎屑灰岩储层中存在大量的灰岩隔夹层与高渗透层，其储层性质在平面及纵向上呈现无序分布状态，同时由于开发过程的动态变化，高渗透层也呈现出动态变化的趋势，如何定量描述隔夹层和动态刻画高渗透层的空间展布是实现生物碎屑灰岩油藏有效注水的技术难题[1]。

（2）生物碎屑灰岩油藏水驱油渗流规律认识不清。油藏储集空间类型、结构以及流体在微观孔隙结构中的赋存特征直接决定着地层流体的流动特性[2]。伊拉克艾哈代布、哈法亚等油田的大型孔隙型生物碎屑灰岩油藏普遍存在中高孔低渗透现象，生物碎屑灰岩油藏储层孔隙类型多变，孔渗物性变化较大，孔渗相关性差，微观孔隙结构复杂，流体赋存形态多样，低渗透生物碎屑灰岩水驱油机理不清。

（3）薄层生物碎屑灰岩油藏水平井注水恢复压力与含水快速上升的矛盾日益突出。由于生物碎屑灰岩油藏非均质性强，局部区域见水快，同时由于采用水平井开发，生产井控制含水生产方面的手段受到极大限制；加上储层薄，水平井含水呈现快速上升的态势，从而导致开发效果变差。如何控制薄层水平井开发中含水上升，提高开发效果，是艾哈代布等油田面临的主要挑战。

（4）巨厚生物碎屑灰岩油藏的高效注水问题。哈法亚、鲁迈拉和西古尔纳等油田的Mishrif油藏，储层厚度超过了100m，纵向非均质性强，隔夹层、"贼层"和巨厚储层重力差异影响注水开发效果。如何采用合理有效注水开发方式与技术对策，从而提高巨厚强非均质生物碎屑灰岩油藏注水波及体积及动用程度，改善油田注水开发效果，保障哈法亚、西古尔纳、鲁迈拉等油田快速规模上产和持续稳产是目前面临的挑战。

（5）大型生物碎屑灰岩油藏规模注水整体优化部署问题。伊拉克主要是沙漠地区，地表水资源缺乏；注海水开发技术不成熟，且海水淡化投资巨大。一方面是生物碎屑灰岩油藏需要大规模注水，另一方面是伊拉克项目属于技术服务项目，桶油报酬费有限，大规模注水将导致项目经济效益降低。因此需要对各油田的规模注水进行整体优化部署，实现高效利用有限水资源，节约项目投资，保持伊拉克项目长期高产稳产，提高合同期采出程度，实现项目经济效益最大化。

二、带气顶碳酸盐岩油藏油气协同开发动态调整面临的挑战

哈萨克斯坦让纳若尔带气顶碳酸盐岩油藏经过多年注水开发，但地层压力保持水平低，储层动用程度低的局面没有得到根本改善；气顶气资源动用影响油环开发效果。目前虽然针对让纳若尔油田气顶油环协同开发开展了大量的机理和开发技术政策等方面研究，但在改善油环注水开发效果、气顶油环协同开发动态调整等方面仍然存在储多的挑战。

1. 改善油环注水开发效果

（1）地层压力保持水平低。哈萨克斯坦让纳若尔和北特鲁瓦油田地层压力保持水平仅有 50%～60%；同时，受储层非均质性强影响，注水容易沿高渗透条带突进，造成油田稳产或恢复地层压力与控制采油井水淹速度矛盾突出[3]。

（2）储层纵向动用程度低。让纳若尔和北特鲁瓦油田采用多层合采合注开发，受层间强非均质性影响，储层纵向动用程度差，目前仍有 30% 左右的油层厚度难以动用或动用较差。

（3）双重介质储层剩余油分布规律复杂[4]。让纳若尔碳酸盐岩油藏处于注水开发中后期，储层非均质性和裂缝发育造成注入水突进，油环地层压力保持在饱和压力以下造成气顶向油环扩散、地层原油脱气和原油收缩，导致储层中油、气、水三相分布规律复杂，注入水在平面及纵向上的波及特征难以描述，剩余油精细表征难度大。

2. 气顶高效开发

（1）气顶凝析油反凝析造成难以采出。让纳若尔油田气顶气为中高含凝析油天然气，受储层非均质性、地层压力保持水平低、气顶投入开发单井采气量影响，气顶局部压力下降过快，造成凝析气在地层中发生反凝析，大量凝析油吸附在孔隙表面难以采出。

（2）气顶采气井见水造成单井产量快速下降。在油气同采过程中，气顶采气速度比油环采油速度大，造成气顶地层压力下降速度快于油环，屏障注入水以向气顶方向流动为主，同时受单井注入量及储层非均质影响，局部注入水突进到采气井，易造成部分气顶气被水锁及采气井水淹现象发生，引起气井采气量快速下降。

3. 油气协同开发动态调整

（1）油气同采以后，容易造成油侵或气侵现象发生。碳酸盐岩油气藏储层纵向及平面非均质性强，尽管在油气边界处实施屏障注水将气顶和油环分割开来，但是注入水受屏障注水井井距、储层非均质性及气顶和油环之间的压力差影响，往往不能在平面和纵向上形成完善的水障，因此油气同采过程中仍然存在油侵、气侵等现象，原油侵入气顶难以采出，影响油气藏整体开发效果。

（2）采油井气窜造成单井产量降低。屏障注水井通常位于油气内边界，屏障注水井排与油气外边界间存在大量的气顶气，屏障注入水会把这部分气顶气推向油环，造成油气界面附近采油井气窜和单井产量下降。

（3）油气同采过程中油气界面位置难以监测和动态调整。让纳若尔油气田气顶大小不一（气顶指数 0.1～3.1），气顶投入开发后造成气顶油环之间压力失衡，气顶指数大小对

油环开发效果影响程度不同。油气同采过程中采用屏障注水＋油环面积注水开发方式，实施屏障注水后，油气界面附近变成油、气、水三相流动，造成油气界面总体运移状态监测难度加大，从而影响油气协同开发过程中开发技术政策的优化调整。

三、边底水碳酸盐岩气藏高效开发面临的挑战

土库曼斯坦阿姆河右岸碳酸盐岩气藏沉积环境复杂，既有粒间溶孔、粒内溶孔、生物铸模孔等次生孔隙发育的礁滩型气藏，也有受断裂和埋藏溶蚀作用影响的缝洞型气藏，盐下礁滩体刻画和裂缝预测难度大；另外，气藏高速开发造成地层压力快速下降，裂缝发育及边底水活跃造成底水锥进。总之，由于碳酸盐岩储层的强非均质性和气水关系的复杂性，气田高效开发面临较大的挑战[5-6]。

（1）储层精细描述和刻画。受上覆剧烈形变盐膏层的影响，碳酸盐岩气藏构造形态和储层非均质性表征难度大，而受古地貌、成岩及成岩后溶蚀等地质作用的影响，礁滩沉积体有效储层分布复杂；同时由于多期次构造运动形成的构造裂缝大大加剧了储层非均质性，裂缝分布异常复杂，如何精细描述和刻画礁滩储层和裂缝型储层的空间分布是实现该类气藏高效开发的主要技术难题。

（2）气水分布及活跃程度评价。储层类型和储层成因的不同，决定了不同气藏的流体分布和边底水活跃程度的差异性。单一点礁形成独立气水系统，虽然气水系统简单，但储量规模有限，以礁滩储层为主的构造岩性气藏气水分布受构造、沉积、岩性、物性等多种因素的控制，裂缝发育造成该类气藏过早水淹，因此如何评价该类气藏流体分布的复杂性、水体大小极其活跃程度成为制约这类气藏高效开发的关键。

（3）单井控制动态储量评价。目前碳酸盐岩气藏单井控制储量评价还是借用碎屑岩储量评价方法，即容积法，然后用动态法进行验证。但碳酸盐岩储层空间分布和储层物性非均质性很强，采用类似砂岩的储量评价方法存在较大的不确定性。

（4）边底水侵入机理。碳酸盐岩储层非均质性强，裂缝发育，边底水分布复杂，地下流体渗流规律、边底水侵入机理及其对气藏开发的影响程度不清。

（5）边底水碳酸盐岩气藏控水稳产问题。边底水侵入气藏使得气藏含水饱和度增加，天然气渗流通道有效空间减小，导致气相渗透率和单井产能降低；天然气为非润湿相，水为润湿相，边底水很容易沿裂缝或高渗透带突进，造成气藏局部空间被水分隔开来，部分区域形成"死气区"，天然气采收率下降。需开展边底水碳酸盐岩气藏控水稳产技术对策研究，提高边底水气藏开发效果[7-8]。

四、复杂碳酸盐岩油气藏钻完井工程面临的挑战

中亚低压缝洞型碳酸盐岩储层钻完井漏失严重，造成水平段钻进困难，优质储层钻遇率低，固井质量难以保证；中东碳酸岩盐储层上覆泥页岩段易垮塌，机械钻速慢，现有技术难以实现高效安全钻完井，需创新复杂碳酸盐岩油气藏钻完井关键技术[9]。

（1）压力敏感性缝洞型储层延长水平段钻井的挑战。阿姆河右岸气田碳酸盐储层是以破碎性、溶洞—裂缝性为主的地层，在钻井过程中极易出现恶性井漏。油藏研究表明水平段600m为最优，部分井由于井漏严重不得已提前完钻，水平段仅能达到300m左右，严

重影响单井产量。目前，阿姆河右岸气田大部分构造已全面进入以钻大斜度井和水平井为主的开发阶段，大斜度井段和水平井段经常横向穿越破碎性、溶洞—裂缝性碳酸盐岩地层，其钻井液密度窗口窄（只有 $0.02\sim0.05g/cm^3$），加之定向工具、定向仪器对井漏处理能力的制约，更加剧了恶性井漏和井涌（井喷）处理困难程度，经常发生因井漏诱导的井口关井压力高，造成现场井控安全风险极大。

（2）异常低压储层安全钻井的挑战。随着阿姆河右岸气田的开采，储层压力保持程度越来越低，钻井难度越来越大。目前，萨曼杰佩地区储层压力系数已经下降到 0.5～0.7 左右，其他已开采地区压力系数亦有不同程度的下降，现有钻井液体系无法适应异常低压地层；异常低压储层井漏处理难度大；在异常低压储层钻大斜度井和水平井时，定向工具无法有效传递信号。

（3）孔隙型碳酸盐岩储层分支井钻完井面临的挑战[10-11]。哈法亚油田孔隙型碳酸盐岩储层分支井虽然已完成多口井，但其钻完井仍面临多重挑战，如上覆地层存在两套压力体系，多层段含黏土、泥页岩夹层，井身结构需进一步优化，泥页岩层段井壁坍塌严重，井径扩大率可达200%，易出现卡钻、钻头泥包等井下复杂事故，轨迹控制难度大；第二分支采用裸眼侧钻，无定位及导向机构，效率低且下步作业重入困难；6in 分支井小井眼托压严重，机械钻速慢，引入提速增效工具成本高。

五、复杂碳酸盐岩油气藏采油采气工程面临的挑战

纵向碳酸盐岩储层动用程度低，老井重复改造效果差；注入水或边底水沿高渗透层突进，造成油气井产能快速下降；高气液比井及气举中后期举升接替工艺储备不足。需要创新碳酸盐岩油气藏采油、采气关键技术，助推海外油气田高效开发。

（1）复杂井身结构井低成本高效控水完井的挑战。中东地区建产采用了大量的复杂井身结构井、水平井和分支井，储层的非均质性导致生产过程中产液剖面不均、局部见水后含水快速上升等现象，采用裸眼或筛管完井方式，实施分段改造和堵水难度大的问题逐渐暴露出来。因此，急需解决分支井和长井段水平井等复杂井身结构井的低成本高效控水完井难题。

（2）海外高气液比条件下的举升工艺挑战。由于高气液比影响，电泵和气举井人工举升效率低，举升工艺制约了油田的稳产上产。

（3）裂缝—孔隙型碳酸盐岩油气藏难动用储层控水改造难题。中亚地区低渗透储层动用程度低（1/3 以上未动用），老井重复改造增产效果差，需要采用碳酸盐岩加砂压裂或体积改造的方式解放储层，获得经济产量。

（4）高矿化度碳酸盐岩油藏堵水调剖难题。中亚、中东地区碳酸盐岩储层非均质性强、地层水矿化度高（82000～200000mg/L），生产过程中直井纵向吸水能力差异大，长井段水平井注水剖面严重不均，油井水窜速度快，一些油井局部含水率上升较快。需解决高矿化度碳酸盐岩油藏直井堵调工艺、水平井控水增油工艺问题。

第二节　海外碳酸盐岩油气藏开发技术展望

碳酸盐岩油气藏开发是中国石油海外"十三五"主要拓展领域和核心业务，海外碳酸盐岩油气藏发展潜力巨大，具备持续上产空间，目前的技术不能满足未来优质高效发展的需求，需要系统组织不同类型碳酸盐岩油气藏开发技术攻关，创新一套适应海外碳酸盐岩油气藏特点的开发理论和技术体系，支撑海外碳酸盐岩油气藏高效开发。

一、碳酸盐岩油气藏储层非均质性定量评价技术展望

（1）生物碎屑灰岩储层非均质性定量评价与表征。开展生物碎屑灰岩储层非均质性成因分析、储层微观孔隙结构评价等，建立岩石类型的测井定量识别标准与方法。生物碎屑灰岩储层纵向存在高渗透层，注水、注气波及体积低，难以实现高效补充能量。开展高渗透层的成因与定量识别、隔夹层定量识别与多尺度分布预测，表征高渗透层的空间展布规律，从而形成一套生物碎屑灰岩储层非均质性定量评价与三维地质模型建模技术。

（2）裂缝—孔隙型层状碳酸盐岩储层非均质性定量评价与表征。碳酸盐岩储层孔、缝、洞组合关系复杂，孔渗关系规律性差，储层非均质性强，裂缝预测和储层表征难度大。开展裂缝—孔隙型碳酸盐岩储层微观特征和组合方式研究，确定碳酸盐岩储层微观非均质模式；制订裂缝—孔隙型碳酸盐岩岩石组构和孔隙结构测井定量识别方法，定量表征隔夹层分布规律，形成一套裂缝—孔隙型碳酸盐岩储层非均质性定量评价与建模技术。

（3）缝洞型碳酸盐岩储层精细描述和刻画技术。开展针对巨厚盐丘下的变速成图技术研究，搞清礁滩储层发育控制因素分析，定量评价溶蚀、构造裂缝等次生作用对碳酸盐岩储层的影响程度，形成礁滩体刻画和裂缝预测技术。

（4）不同类型碳酸盐岩储层水淹规律及剩余油分布规律表征技术。评价孔隙型、裂缝—孔隙型、孔—缝—洞复合型等不同类型储层水淹特征，搞清水淹规律，明确控制因素，落实开发中后期水驱波及与驱油规律，建立不同类型储层剩余油分布模式，确定剩余油挖潜技术对策和部署方案，形成不同类型碳酸盐岩储层水淹层定量表征及剩余油分布挖潜技术。

二、碳酸盐岩油气藏开发基础理论展望

（1）低渗透生物碎屑灰岩油藏水驱开发基础理论。研究不同孔隙结构类型储层水驱油渗流特征，搞清基质—高渗透条带系统水驱油渗流规律，厘清低渗透生物碎屑灰岩油藏注水水质引起的多相流运移机理，揭示注水离子组成及不同矿化度提高原油采收率机理，制订适应伊拉克地区生物碎屑灰岩油藏的注水水质标准。

（2）裂缝—孔隙型碳酸盐岩油气藏气顶油环协同开发基础理论。研究在气顶循环注气、油气界面附近屏障注水＋油环面积注水开发方式下，影响气顶油环同采时流体界面稳定的主控因素，揭示气顶油环协同开发机理；建立气顶油藏不同开发方式适应性筛选标准和气顶油环协同开发动态调整方法，实现带凝析气顶油藏气顶油环协同高效开发。

（3）边底水碳酸盐岩气藏水侵机理。基于碳酸盐岩储层精细描述和刻画，采用物理模拟和数值模拟手段相结合，揭示碳酸盐岩气藏水侵机理，为气藏治水对策制定提供基础。

（4）复杂结构井井筒油气水多相管流动态预测理论。针对海外高产量、高气液比和存在油、气、水三相情况下，已有管流模型计算出的压力值普遍偏低问题。发展大斜度井和考虑分支间干扰的分支井井筒多相流生产系统优化技术理论，为优化生产制度、延长自喷期提供理论基础。

三、碳酸盐岩油气藏注水开发技术展望

（1）薄层灰岩油藏水平井整体注水稳油控水及综合挖潜技术。分析水平井注水开发特征，建立水平井开发效果评价体系和评价方法；明确水平井注水开发含水上升规律及主要影响因素，确定水平井注水井和生产井之间的剩余油分布模式，从而制订水平井注水开发稳油控水技术对策，形成水平井注水开发综合调整与挖潜技术。

（2）巨厚生物碎屑灰岩油藏高效注水开发技术。认清巨厚生物碎屑灰岩储层纵向分布特征，明确影响巨厚储层注水开发效果的主控因素，优化合理的注采井型与注采井网；总结高渗透层的动态分布特征，建立高渗透层的动态识别方法，建立与高渗透层相对应的注采对应模式和技术对策以提高巨厚储层的动用程度，从而提高巨厚生物碎屑灰岩油藏波及效率及注水开发效果。

（3）大型生物碎屑灰岩油藏注水开发整体部署优化技术。伊拉克各油藏大型生物碎屑灰岩油藏分区分阶段投入开发后，造成油藏各区域在平面和纵向上压力分布差异很大，注水后压力恢复效果差异明显。优化压力保持水平、合理注水时机，优选油田整体注水开发部署，明确分区分层注水开发技术政策，确保有限水资源高效利用和分区分块高效注水开发，形成大型生物碎屑灰岩油藏注水开发整体部署优化技术。

（4）裂缝—孔隙型碳酸盐岩油气藏注水、注气开发调整技术。明确双重介质碳酸盐岩油藏注水、注气开发效果的主控因素，建立双重介质储层注水、注气开发技术政策图版。优化强非均质性储层高含水区周期注水开发技术政策，减缓含水上升速度，稳定油田产量。探索伴生气回注实现混相驱开发的可行性，减缓低渗透区地层压力下降速度，提高合同期内开发效果。拓展开发中后期油田开发模式，评价气水交替、聚表剂驱油等开发方式的适应性，为提高油田采收率储备技术。

四、边底水碳酸盐岩气藏开发技术展望

（1）碳酸盐岩气藏气水分布及活跃程度评价方法。综合各种动静态资料分析流体分布的控制因素，明确不同类型气藏的气水分布模式，建立水体能量评价方法和水体活跃程度评价标准，指导气田的高效开发。

（2）大斜度井试井解释及气藏动态描述技术。发展大斜度井试井解释理论与方法，建立异常高压气藏单井控制动态储量评价方法，评价异常高压条件下裂缝对气藏开发效果的影响程度，建立单井初始合理产能及产能递减规律评价方法。

（3）裂缝—孔隙型边底水气藏控水稳产及综合调整技术。明确边底水气藏出水规律与控制因素，优化边底水气藏控水稳产技术对策，确定单井与全气藏合理产量，形成边底水气藏综合调整技术。

五、复杂碳酸盐岩油气藏钻完井技术展望

（1）压力敏感性缝洞型储层延长水平段钻井技术。以解决窄压力窗口问题、减轻储层伤害、降低压差卡钻概率、提高钻速和水平井段延伸能力为目标，发展延长缝洞型碳酸盐岩储层水平段钻井技术。压力敏感性缝洞型储层延长水平段钻井技术是以精细控压钻井技术为核心，包括随钻井底环空压力测量、减阻降扭等技术。该技术通过利用一整套井下仪器、地面设备，实现在钻井循环时直接实时监测、动态控制井底压力；在停止循环时，利用井口压力补偿方式，动态控制井口压力，最终实现井底压力或井下某一压力敏感地层压力稳定，并通过轻微轴向振动井下钻具组合，改善井下钻压传递效果，明显降低钻具与井壁之间的摩阻。

（2）异常低压储层安全钻井技术。针对地层压力持续降低、压力亏空大而导致的钻井液体系与性能难以满足钻井要求的挑战，通过超低密度钻井流体技术与随钻测量工具的研发，解决现有钻井液体系无法适应异常低压地层的问题，有效预防并治理异常低压储层井漏，实现在异常低压储层钻大斜度井和水平井时定向参数的实时测量与传递。异常低压储层安全钻井技术的发展是以超低密度钻井液体系及配套设备为核心，包括了气体钻井、可循环微泡沫钻井液、电磁波无线传输等技术的集成与创新。通过国内外技术调研，目前空气（氮气）雾化、空气（氮气）雾化泡沫、可循环微泡沫钻井液体系均可以实现较低钻井液密度，为异常低压地层的钻进提供了有效技术手段

（3）上覆易垮塌泥页岩段碳酸盐岩储层分支井钻完井技术。孔隙型碳酸盐岩储层分支井钻完井技术发展方向为优化分支井井身结构优化设计，发展易塌泥页岩段井眼轨迹控制及防塌技术，研发或优选分支井钻井新工具，建立提高分支井钻井速度的新方法。同时，根据地质、油藏条件和采油方式，优选分支井完井类型和钻井方法（主要包括套管开窗锻铣侧钻、预设窗口、裸眼侧钻、径向分支井方法、膨胀管定位侧钻和智能分支井等），以达到降低钻井成本、提高油气层纵向动用程度的目的。

六、复杂碳酸盐岩油气藏采油采气技术展望

（1）海外高产量和高气液比条件下的人工举升技术。建立气举井远程诊断平台，评价气举井系统效率，研发高气液比井气举辅助电潜泵采油技术，解决气举开发后期高气液比井人工举升难题。

（2）碳酸盐岩油气藏难动用储层控水改造技术。大规模注水开发进一步加大了储层改造与有效控水的矛盾，碳酸盐岩低渗透边际油藏采用常规酸化、酸压技术难以实现有效动用。开展碳酸盐岩酸压不同尺度裂缝延伸、转向机制及其蚓孔扩展耦合理论研究，发展复杂碳酸盐岩油气藏无级次转向酸压技术，优化碳酸盐岩储层复合深度改造设计，创新碳酸盐岩边底水油气藏控水改造技术，实现有效提高单井产量。进一步发展碳酸盐岩储层加砂压裂技术及水平井体积酸压裂技术，解放低渗透储层。

（3）分层注水及堵水调剖工艺。厘清不同注水水质对储层的伤害机理，优化隔夹层欠发育储层分注工艺设计，发展分层注水及其实时测调技术，提高注水波及体积。研发和优选抗盐耐温堵调体系液，优化巨厚储层直井堵调工艺、薄储层水平井控水增油工艺，形成高矿化度碳酸盐岩油藏堵水调剖技术，减缓注入水突进与油井含水上升速度。

（4）碳酸盐岩气藏治水技术。碳酸盐岩气藏发育高角度裂缝，边底水沿裂缝或高渗透条带容易突进到生产井。研发缝洞型储层大斜度井不同完井方式下找堵水配套工具，发展大斜度井找堵水工艺。研发孔洞型低压酸性气井泡沫排水剂，形成低压酸性气藏排水采气工艺。

参 考 文 献

[1]何登发，何金友，等.伊拉克油气地质与勘探潜力［M］.北京：中国地质大学出版社，2010：277-299.

[2]柏松章.碳酸盐岩潜山油田开发［M］.北京：石油工业出版社，1996：52-74.

[3]袁士义.裂缝性油藏开发技术［M］.北京：石油工业出版社，2004.

[4]毛琼，孟庆青，赵明千，等.裂缝碳酸盐岩油藏开发后期精细描述与挖潜技术［J］.资源与产业，2011，13（3）：116-122.

[5]陈建军.天然气开发新技术论文集［M］.北京：石油工业出版社，2008.

[6]李士伦.气田与凝析气田开发［M］.北京：石油工业出版社，2004.

[7]刘建升，彭彩珍，毕建霞，等.有水气藏开发方式及提高采收率技术综述［J］.长江大学学报：自然科学版，2011，8（9）：63-66.

[8]王小东，王记俊，韩明彬，等.边底水气藏提高采收率技术对策研究［J］.吐哈油气，2012，17（1）：40-44.

[9]陈曙东，辛俊和，崔明月，等.中国石油海外钻采工程技术现状与展望［J］.石油钻采工艺，2014，36（2）：15-17.

[10]韩振元，朱景萍，秦菡.国内外多分支井技术发展综述［A］.钻井承包商协会论文集［C］.北京：石油工业出版社，2004：58-65.

[11]王亚伟，石德勤.分支井钻井完井技术［M］.北京：石油工业出版社，2000：19-27.